PHP+MySQL开发技术详解

仲林林 编著

01

02

03

中国铁道出版社
CHINA RAILWAY PUBLISHING HOUSE

内 容 简 介

本书全面、系统地介绍了在 PHP + MySQL 架构下进行 Web 开发的方方面面。每章都提供了大量浅显易懂且具有针对性的实例程序供读者参考。另外，为了帮助读者更高效、直观地学习，每章重点内容都专门录制了对应的教学视频。这些视频和本书所有的程序文件一起收录于配书 DVD 光盘中。

本书旨在帮助 PHP 初学者理解并掌握 PHP+MySQL 架构下的 Web 开发；其次，书中的开发思维与经典案例对于有一定基础的中、高级 PHP 开发人员具有非常好的参考价值。

图书在版编目（CIP）数据

PHP+MySQL 开发技术详解 / 仲林林编著. — 北京：中国铁道出版社，2013.5

ISBN 978-7-113-16192-7

Ⅰ. ①P… Ⅱ. ①仲… Ⅲ. ①PHP 语言－程序设计②关系数据库系统 Ⅳ. ①TP312②TP311.138

中国版本图书馆 CIP 数据核字（2013）第 040074 号

书　　名：PHP+MySQL 开发技术详解
作　　者：仲林林　编著

责任编辑：荆　波　　　　**读者服务热线：**010-63560056
特邀编辑：赵树刚　　　　**封面设计：**付　巍
责任印制：赵星辰

出版发行：中国铁道出版社（北京市西城区右安门西街 8 号　　邮政编码：100054）
印　　刷：三河市华业印装厂
版　　次：2013 年 5 月第 1 版　　2013 年 5 月第 1 次印刷
开　　本：787mm×1092mm　1/16　**印张：**30.25　**字数：**708 千
书　　号：ISBN 978-7-113-16192-7
定　　价：69.80 元（附赠光盘）

前 言 Foreword

PHP 是当下流行的一种服务器端脚本语言，英文全称是 PHP: Hypertext Preprocessor（超文本预处理语言）。作为一种 HTML 内嵌式语言，PHP 的语法混合了 C/C++、Perl、Java 的语法风格，简单易学，功能强大，受到 Web 开发人员的广泛欢迎。另外，PHP 可以免费使用，而且开放源代码，并可以运行在 UNIX、Linux、Windows 等多种操作系统上，具有极强的跨平台性。使用 PHP 开发 Web 程序，可以缩短开发时间，提高开发效率。可以说 PHP 是 Web 开发的一把利器。

MySQL 是一个被广泛使用的关系型数据库管理系统，体积小、速度快、而且开放源码，是许多中小型网站的首选数据库。MySQL 数据库虽然先后被 MySQL AB、Sun、Oracle 等几家公司拥有，几经波折，但仍然风头不减。其与 Apache、Linux、PHP 搭配组成的 LAMP 架构，是国际上成熟的 Web 框架，被很多流行的商业 Web 应用所采用。

本书由浅入深地介绍了 PHP 开发的方方面面，包括 HTML、PHP 、MySQL、JavaScript 等相关知识，以及完整的网站开发。书中的每一章都提供了大量的实例程序，以方便读者进行练习和学习。每个例程都经过精挑细选，具有很强的针对性，适合各阶段的读者学习。本书既注重基础知识，又注重实践操作，读者可以快速上手并迅速提高。通过学习本书内容，读者可以全面掌握 PHP + MySQL 的开发技术。

本书的特点

1. 每章都提供对应的教学视频，学习高效、直观

为了便于读者高效、直观地学习本书中的内容，编者对每章的重点内容都特意制作了教学视频，这些视频和本书的实例文件一起收录于配书光盘中。

2. 结构合理，内容全面、系统

本书详细介绍了 PHP 开发的方方面面，包括 HTML、PHP 、MySQL、JavaScript 等相关知识，以及完整的网站开发。在内容安排上，则根据读者的学习习惯和内容的梯度合理安排，更加适合读者学习掌握。

3. 叙述翔实，例程丰富

本书有详细的例程，每个例子都经过精挑细选，有很强的针对性和代表性。书中的程序都有完整的代码，便于读者学习和调试。读者也可以部分使用这些代码来解决自己的问题。

4. 结合实际，编程技巧贯穿其中

PHP 编程非常灵活，所以本书写作时特意给出了大量的实用编程技巧，这些技巧的灵活使用，将会让你事半功倍。

5. 语言通俗，图文并茂

对于程序的运行结果，本书给出了大量的图片。本书不仅注重基础知识，而且非常注重实践操作，让读者快速上手，迅速掌握 PHP + MySQL 的开发知识。

本书内容体系

本书共 19 章，具体内容介绍如下。

第 1~5 章，主要介绍与 PHP 相关的一些基础知识，包括网站的工作原理、PHP 的概况、HTML 的基本概念、PHP 在 Windows 和 Linux 两大操作系统上开发环境的搭建、PHP 基本语法的介绍以及 PHP 三大流程控制的讲解。

第 6~13 章，主要介绍了 PHP 中数组、函数、面向对象的概念和应用，同时还介绍了 PHP 处理字符串和正则表达式、操作文件系统、处理图像、操作日期和时间、管理会话的方法。

第 14~17 章，主要介绍了 MySQL 相关的一些基础知识，包括 MySQL 的基本操作（光盘中）、SQL 语句、MySQL 的可视化管理工具 phpMyAdmin、PHP 操作 MySQL 的方法，同时还介绍了 PHP 操作 XML 文档的方法，以及 PHP 环境下的 AJAX 编程，此外还介绍了 Smarty 模板技术和 ThinkPHP 开发框架。

第 18~19 章，主要以二手书网站的开发为例介绍了一个完整网站的开发流程，同时还介绍了在 PHP + MySQL 的实战中如何实现用户身份认证和安全事务处理（光盘中）的一些方法。

附赠光盘

随书附赠光盘中，我们特意针对每章的重点内容制作了教学视频；同时让本书达到最优性价比，我们把原稿中第 14 章（MySQL 数据库基础）和第 21 章（保障业务：使用 PHP 和 MySQL 实现安全事务）做成 PDF 格式的电子档放到光盘中，图书中不再体现。

特别提醒读者：光盘中的教学视频包含了第 14 章（MySQL 数据库基础）和第 21 章（保障业务：使用 PHP 和 MySQL 实现安全事务）。

本书读者对象

- PHP 初学者；
- 想全面、系统地学习 PHP 的人员；
- PHP 技术爱好者；
- PHP 开发人员；
- 大中专院校的学生和老师；
- 相关培训学校的学员。

编　者

2013 年 2 月

目 录 Contents

第 3 章 PHP 开发环境

第 4 章 PHP 基本语法

第 5 章 PHP 流程控制

第 6 章 PHP 数组

第7章 PHP函数

第8章 PHP中的面向对象

第10章 文件操作

第11章 图像处理

第 12 章 日期与时间操作

第 13 章 会话管理

第 14 章 PHP 与 MySQL

第 15 章 PHP 与 XML

第16章 Smarty模板技术

第17章 PHP开发框架基础

第 18 章　校园二手书交易网站开发

第 19 章　加强安全：使用 PHP 和 MySQL 实现身份验证

第 1 章 初识 PHP

电影《社交网络》中，主人公马克·扎克伯格入侵了学校的网络，并制作了一个网站，把同学的照片放到网站上供大家比较欣赏。在惊叹主人公非凡的计算机技能时，不知你是否注意到他所用的编程语言正是 PHP。在现实生活中，扎克伯格创立的 Facebook 已成为全球最大的 PHP 站点，它每月拥有 570 000 000 000 的页面浏览量，每秒处理 1 200 000 张照片。其实不仅 Facebook，Google、百度、腾讯、新浪等众多主流的中英文站点都在大量使用 PHP 技术，越来越多的 Web 开发者也加入 PHP 的阵营中。本章将为你揭开当前最流行的一种服务器端脚本语言——PHP 的神秘面纱。

1.1 网站是如何工作的

无论是网上购物还是网络游戏，真正吸引众多网民的是那成千上万的网站。作为一个普通网民，当我们在浏览器的地址栏里输入网址或者在收藏夹里点击网站链接，浏览器就会呈现给我们一张张丰富多彩、图文并茂、有声有色的网页，我们从来没有关心也没有必要关心这一切是如何做到的。然而作为 Web 开发者，我们不仅要能够设计出让用户赏心悦目且功能强大的网站，更要了解这一切背后的玄机，即网站是如何工作的。

首先介绍以下几个名词：

（1）Web 服务器

Web 服务器也称 WWW（World Wide Web）服务器，是因特网上能够响应网页浏览器请求，并将存储的相关文件发送给浏览器的一类计算机程序和相关硬件。软件层面的代表有 Microsoft IIS、Apache、Tomcat 等。

（2）网页浏览器

通过在地址栏中输入 Web 服务器地址，进而从 Web 服务器获取相关文件并解析显示，同时让用户与这些文件进行交互的一种软件。例如 Internet Explorer、Mozilla Firefox（火狐）、Google Chrome、Safari、Opera 等。

（3）域名

用点分隔的字符串，代表因特网上某一台计算机或计算机组的名称，用于在数据传输时标识计算机的电子方位。例如 www.baidu.com、www.google.com 等。

（4）IP 地址

用于标识互联网上各类计算机和服务器的唯一地址，由 32 位二进制数组成，分成四段，每段 8 位。例如 202.117.3.24、115.154.92.6 等。

（5）HTTP 协议

HTTP（Hypertext Transfer Protocol）协议又称超文本传输协议，它是 TCP/IP 协议的一部分，允许将超文本标记语言文档（HTML 文档）从 Web 服务器传送到网页浏览器。

网站是随因特网的出现应运而生的，早期的网站只能存储简单的文本，现在的网站图像、声音、动画、视频，甚至 3D 技术都被广泛应用来提高用户体验。然而不管网站的内容如何丰富、网站的功能如何强大，网站的核心工作机理都是一样的。当用户打开网页浏览器，输入网址，按回车键，很快浏览器就会呈现一张网页，有文字有图片有声音又有影像。这些漂亮的元素从何而来？难道浏览器是魔术师，它变出了这些图片文字？事实当然不是，如图 1.1 所示。

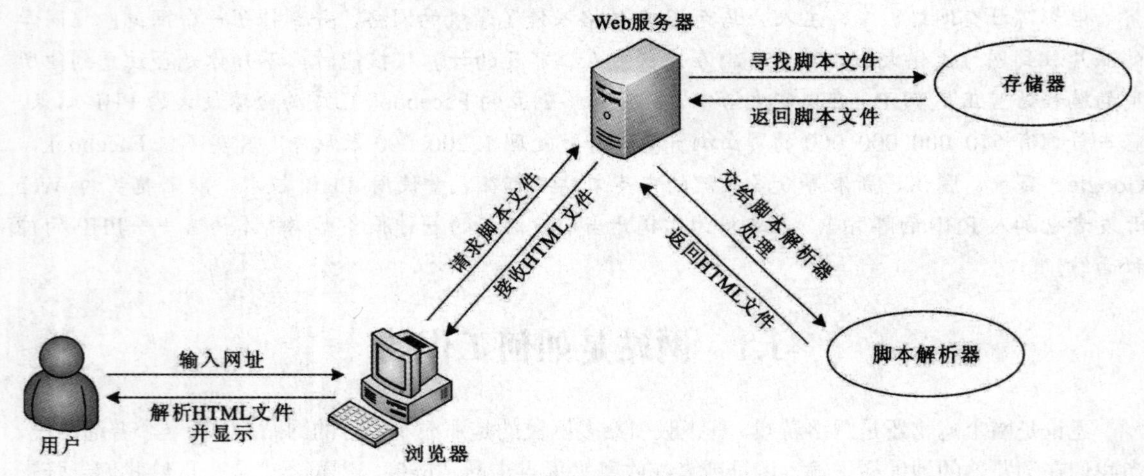

图 1.1 网站工作原理示意图

一次完整的网站访问至少需要有 3 种力量的参与：用户所用的网页浏览器、Web 服务器、服务器端脚本解析器。访问的过程是（如图 1.1 所示）：首先网页浏览器向 Web 服务器发送请求，告诉服务器用户需要一个什么样的文件，Web 服务器收到请求之后，就从对应的存储器中寻找浏览器想要的文件，找到该文件后，如果是文本文件，例如 HTML 文件，就直接发送给浏览器；如果是某种脚本文件，例如 PHP 文件、JSP 文件，就先交给脚本解析器处理一下变成文本文件，然后发送给浏览器，浏览器接收到服务器发来的文件（一般是 HTML 文件）后，就按照 HTML 的规则解析出文件中的元素，并显示给用户。在这短短的时间内，浏览器先是当了一回发报员，再当了一回收报员，待收到信息后又当了一回译码员，角色转变之快、动作之迅速让人不禁想起谍战片中的特工人员。

也许你要问世界上有那么多的 Web 服务器，浏览器怎么知道它要的文件存在哪个服务器上呢？对于这个问题，你只要想想寄信的情景，再想想你在浏览器地址栏里输入网址的情景就会明白了。邮递员怎么知道你的信要送往何方？当然是根据你写在信封上的收信人地址来寻找的。浏览器同样是根据你在地址栏里输入的网址（域名）来决定请求信息发往哪个 Web 服务器的，因为互联网上的每台 Web 服务器都有唯一标识——IP 地址，至于网址（域名）是如何变成 IP 地址的，当然这不是本章要讨论的话题。

例如，我们在浏览器地址栏中输入“http://www.baidu.com/ index.php”，然后按下回车键，浏览器便根据我们输入的内容来判断：首先，这是一个 HTTP 请求，服务器的地址（域名）是 www.baidu.com，要请求的文件是根目录下的 index.php 文件，然后浏览器就与对应地址的服务器建立连接并发送请求，服务器收到请求后就到根目录下寻找 index.php 文件，找到后发现它是一个 PHP 脚本文件，于是把该文件送给 PHP 脚本解析器处理，PHP 脚本解析器处理完毕生成一个 HTML 文件返回给服务器，服务器将该文件发给当初请求它的浏览器，浏览器收到后就按照 HTML 文件的规则解析，解析出来的结果就是显示的一个百度的首页，如图 1.2 所示。

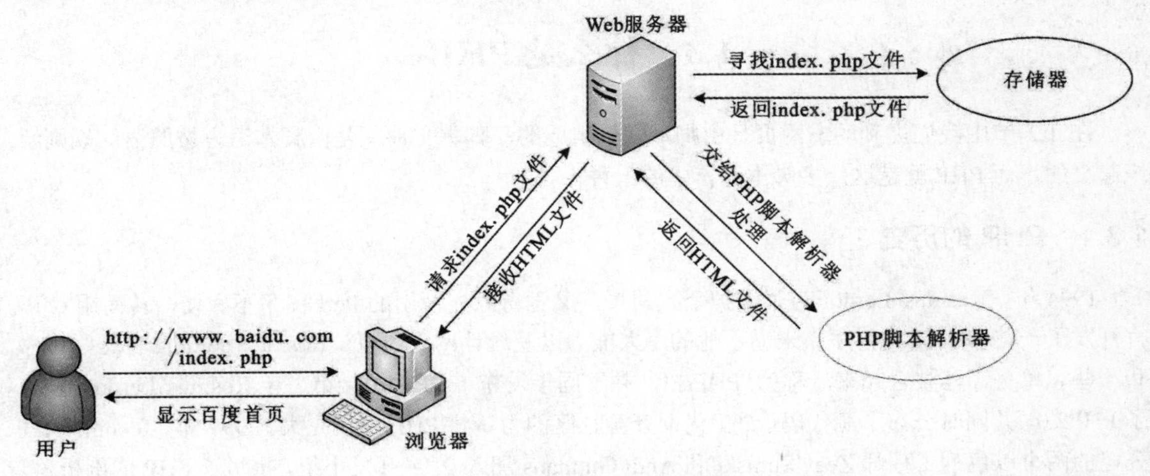

图 1.2 访问百度首页的示意图

当然，网站的工作原理远比上面介绍的复杂得多，仅是 TCP/IP 协议就可以写成一部厚如辞典的书。作为 Web 开发人员，了解上面介绍的知识有助于我们理解本书后续章节的内容，但是要成为真正的 Web 开发高手，还需要日积月累学习关于 Web 更深层次的知识。

1.2 静态网页与动态网页

在 1.1 介绍网站工作原理时曾提到，浏览器向 Web 服务器请求的文件有的是单纯的文本文件（如 HTML 文件），有的则是脚本文件（如 PHP 文件、JSP 文件），前者服务器找到后直接发送给浏览器，后者则是由服务器先交给脚本解析器处理一下变成 HTML 文件，然后再发送给浏览器。在 Web 开发中，前者请求的网页称为静态网页，后者请求的网页称为动态网页。

静态网页由纯粹的 HTML 文件组成，文件的扩展名多为.htm、.html、.shtml。除非网页设计者自行修改网页内容，否则静态网页的内容是不会自动变化的，静态网页由此得名。每个静态网页都有一个固定的 URL，它的内容相对稳定，容易被搜索引擎检索，而且处理速度快。早期的网站都是由静态网页组成的，在那个信息共享困难的年代，静态网页确实为人们共享信息做出了巨大贡献。然而，静态网页内容固定，不具有可编程性，也不能与数据库交互，因此不可能完成诸如网络游戏、电子交易等复杂功能。

动态网页不同于静态网页，它是由脚本文件组成的，文件扩展名根据脚本种类的不同而不同，常见的为.php、.jsp、.asp、.aspx、.perl。脚本文件对用户不具有可见性，用户看到的都是经过脚本解析器处理过后的 HTML 文件。动态网页由于具有编程性，可以根据设计者的要求动态地改变网站的内容。同时动态网页可以与各式各样的数据库进行交互，因此可以完成许多静态网页完成不了的功能，上面提到的网络游戏、电子交易等功能都可以通过动态网页来实现。

静态网页与动态网页各有各的优点，网站采用静态网页还是动态网页，主要取决于网站的功能要求和内容。如果网站功能比较简单，内容更新量不是很大，采用纯静态网页的方式会更简单；反之，一般要采用动态网页技术来实现。现在许多网站都采用“动静结合”的方式组成，既有动态网页又有静态网页，这样能更好地发挥二者的优势。

1.3　什么是 PHP

在 1.2 节中我们提到动态网页是由脚本文件组成的，脚本文件又是由脚本语言按照语法规则组织起来的，而 PHP 就是这众多脚本语言中的一种。

1.3.1　PHP 的历史

1994 年，Rasmus Lerdor 为了维护个人网页，又觉得原先使用的 Perl 程序不好使，转而用 C 语言开发了一些 CGI 工具程序集来显示他的个人能力以及统计网页流量。Rasmus Lerdorf 将这些程序和一些表单直译器整合起来，称为 PHP/FI，并于同年发布了 PHP1.0。第二年 Rosmus Lerdorf 发布了 PHP2.0，并同时公布了源代码，希望借助开源社区的力量将 PHP 发扬光大。1997 年，Technion IIT 公司的两个以色列工程师 Zeev Suraski 和 Andi Gutmans 加入 PHP 开发小组，重写了 PHP 的剖析器，并发布了 PHP 3.0。Zeev Suraski 和 Andi Gutmans 不仅重写了 PHP 的核心引擎（称为 Zend Engine），还成立了一家公司 Zend Technologies 来管理 PHP 的开发。2000 年 5 月 22 日，以 Zend Engine 1.0 为基础的 PHP 4.0 发布。2004 年 7 月 13 日，以 Zend Engine 2.0 为基础的 PHP 5.0 发布。

PHP 这个名字颇有点 GNU（GNU’s Not Unix）的味道，它的英文全称是 PHP: Hypertext Preprocessor。从 1995 年 Rosmus Lerdorf 发布 PHP 1.0 到 2004 年，使用第二代 Zend Engine 的 PHP5 发布，PHP 逐步完善了它的功能，变得更强大更简便，并确立了它在动态网页脚本中的地位。PHP 图标如图 1.3 所示。

图 1.3　PHP 图标

1.3.2　PHP 在 Web 开发中的地位

在 Web 开发中使用的脚本语言可分为两大类：客户端脚本语言和服务器端脚本语言。客户端脚本语言以 JavaScript 为代表，由客户端浏览器负责解析。服务器端脚本语言以 PHP、JSP、ASP 为代表，由服务器端的脚本解析器负责解析。Web 开发主要就是编写这两种脚本语言。

客户端脚本语言在用户的浏览器上运行，它们主要是用来美化页面、改善用户体验以及减轻 Web 服务器的压力。而服务器端脚本语言则肩负着建设动态网页的重任。网站的大部分功能都要由 PHP 这类服务器端脚本语言来实现。换句话说，PHP 程序编写好了，网站的大部分功能也就完成了。相反，PHP 程序编写不好，网站的许多功能就不能实现。同时，服务器端脚本语言的编写很大程度上决定了网站的安全程度，很多时候网站被黑，原因就是服务器端脚本有漏洞被黑客发现并利用。所以，PHP 作为服务器端脚本在 Web 开发中具有举足轻重的地位。

1.3.3　PHP 与其他编程语言的比较

计算机语言的种类非常多，总体来说可以分为机器语言、汇编语言、高级语言三大类。机器语言由一串串二进制代码组成，不仅晦涩难懂，而且编写起来非常困难。汇编语言使用英文缩写的标识符来代替二进制代码，具有比机器语言更好的可读性和可写性。高级语言则在前两种语言的基础上前进了一大步，它不但将许多相关的机器指令合并为单条指令，而且去掉了与具体操作有关但与完成工作无关的细节，从而大大简化了代码的编写，降低了出错的概率。然而正是这种进步使得高级语言编写的代码不能直接被机器识别，必须经过转换才能在计算机上执行。转换的方式有编译和解释两种，编译是在程序执行前将源代码整个“翻译”成可以执行的机器码，解释则是在程度执行过程中一边“翻译”成机器码一边执行。常见的 C、C++、Java、C#、Visual Basic 等属于编译型的高级语言，而前面所讲的 PHP、JSP、ASP、JavaScript 等脚本语言则属于解释型的高级语言。

编译型的高级语言由于其目标程序能够脱离具体的语言环境而独立运行，因此使用方便，执行效率高，事实上大部分应用程序和操作系统都是用编译型高级语言开发的，甚至解释型语言的核心解释器都得用 C 语言这类的编译型语言开发。解释型的高级语言虽然不能生成独立运行的可执行文件，但是却可以动态地调整、修改程序，非常灵活，而且现在很多脚本语言经过优化后其执行效率也非常高。

而在众多脚本语言中，尤其是服务器端脚本语言中，PHP 凭借其简单易学的语法和出色的性能博得了许多开发者的芳心。TIOBE 公布的 2012 年 1 月编程语言排行榜中，PHP 排名第 6 位，而在它之前没有一个解释型的高级语言。由此可以看出，PHP 在脚本语言的世界里可以算是独领风骚，如表 1.1 所示。

表 1.1　TIOBE 公布的 2012 年 1 月编程语言排行榜

排　名	编 程 语 言	占 有 率
1	Java	17.479%
2	C	16.976%
3	C#	8.781%
4	C++	8.063%
5	Objective-C	6.919%
6	PHP	5.710%
7	(Visual) Basic	4.531%
8	Python	3.218%
9	Perl	2.773%
10	JavaScript	2.322%
11	Delphi/Object Pascal	1.576%
12	Ruby	1.441%
13	Lisp	1.111%

续表

排　名	编 程 语 言	占 有 率
14	Pascal	0.798%
15	Transact-SQL	0.772%

1.4　如何学习 PHP

PHP 作为当下最流行的服务器端脚本语言之一，并不是高深难懂的；相反，PHP 极容易上手。

不管是学习哪门编程语言，都要从基本语法开始学起。PHP 具有类 C 和 Perl 的语法风格，如果你熟悉以上两种语言中的一种，那么 PHP 语法将是小菜一碟。如果你是个编程新手，也不用担心，跟随本书的节奏学习 PHP 语法并非难事。

初步了解语法后，就需要大量的实践练习，这是学好任何一门编程语言的不二法门。只有在实践中才能真正理解书上所讲的内涵，才能真正掌握 PHP 的语法。同时不可操之过急，对于会话、图像处理、文件操作、数据库等 PHP 高级应用的学习不可一蹴而就，需要慢慢学习慢慢调试，在调试中才能学到书上讲不到的实战经验。有些人 PHP 才学了一点皮毛，就又开始去学习 JSP、ASP，这是万万不可的。在一开始就要选好学习的方向，认真学好一门语言后再去涉猎其他语言。

在学习 PHP 的过程中不可避免地会遇到各种各样的问题，这时我们就要学会求助于身边的工具。最好的 PHP 工具当然是 PHP 官方手册了，手册上详细阐述了 PHP 的各种特性以及各种函数的用法，是我们学习 PHP 最好的老师。此外也可以求助于互联网，或是通过搜索引擎搜索解决方案，或是到 PHP 相关论坛去向高手请教。

下面列举一些网站供读者学习 PHP 时参考：

http://www.php.net/manual/zh/　　PHP 官方手册中文版

http://www.php.net/manual/en/　　PHP 官方手册英文版

http://www.php100.com/　　PHP 文档分享门户

http://www.phpchina.com/　　PHP 开源社区门户

http://bbs.php.cn/　　PHP 中文论坛

http://bbs.phpchina.com/　　PHP 中国论坛

http://bbs.php100.com/　　PHP100 论坛

http://www.w3school.com.cn/php/　　W3School PHP 教程

1.5　本章小结

本章首先介绍了网站的工作原理，了解了什么是静态网页，什么是动态网页，然后介绍了 PHP 的发展历史和概况以及在 Web 开发中的地位，并比较了 PHP 与其他编程语言的异同，最后介绍了学习 PHP 的方法和注意事项。网站的工作原理是本章的重点，需要好好掌握。

第 2 章将为大家打好 Web 开发的基本功，介绍超文本标记语言 HTML 的语法和标记。

第2章 HTML基础

第1章我们讲解网站工作原理时就曾提到，静态网页由HTML文件组成，动态网页由动态脚本文件组成，而静态网页是动态网页的基础。事实上，无论是PHP、JSP还是ASP，最终都要转换成HTML文档发送给用户，供浏览器解析。即使不懂HTML，也能用PHP写成类似"Hello World"的程序，但对于一个Web开发者而言，如果不了解HTML，就根本不可能写出优秀的PHP程序。因此，本章将将HTML的基础知识向读者详细讲述，为后面的学习夯实基础。

2.1 什么是HTML

最早的HTML仅能展现文本信息，但很快人们就开始琢磨在网页上放置图片和图标。1993年一个名叫Marc Andreessen的大学生在他的Mosaic浏览器上加入了<img>标签符用来放置图片，后来他成立的Netscape浏览器公司曾经风靡一时。

HTML继续发展着，不断有新的、功能强大且生动有趣的标记符被加入。1995年，HTML2.0版本诞生。1996年，HTML3.2正式成为W3C（World Wide Web Consortium，万维网联盟）标准。随后几年HTML继续完善，到2000年，基于严格语法的HTML4.01成为ISO（International Standard Organized，国际标准化组织）和IEC（International Electrotechnical Commission，国际电工委员会）的标准。

2.1.1 HTML概述

HTML（Hypertext Markup Language）的中文全称是超文本标记语言，它不是一种编程语言，而是用来描述网页文档的标记语言。所谓超文本，是因为HTML可以加入图片、声音、动画、多媒体等内容，而且它还可以从一个文件跳转到另一个文件，与世界各地主机上的HTML文件进行互联。

1990年互联网之父、英国科学家Tim Berners-Lee爵士创立了HTML。起初的HTML以文本格式为基础，可以使用任何文本编辑器来创立和修改，而且它只包含为数不多的几个标记符（TAG），却可以在不同平台和浏览器上运行，任何人用一个下午的时间就能掌握HTML。网络从此迅猛发展，人人都开始在网上发布信息。

目前，功能更加强大的HTML5已被W3C接受，并正在横扫整个Web开发世界，许多基于HTML5的网站如雨后春笋般涌现，主流浏览器都开始支持HTML5。

2.1.2 HTML 与 PHP 的关系

也许很多读者会有疑问：本书的焦点是PHP开发技术，为什么要喧宾夺主讲解HTML呢？

经过第1章的讲解我们知道，HTML是静态网页的基础，而PHP等动态脚本语言则是动态网页的灵魂。无论是PHP还是JSP，最终都要转化为HTML文档，才能被浏览器解析，也就是说HTML是PHP等动态脚本的最终表现形式。换句话说，如果不了解HTML，Web开发者将不能很好地表现他们的想法。

事实上，许多PHP程序都是以嵌入到HTML文件中的方式存在的，即使一个独立的PHP文件，经过运算处理，或者直接输出成HTML文件，或者成为HTML文件中的某些元素。

如果一个网站只有HTML文档，那么它将是“一潭死水”，内容固定不变，没有用户交互；如果一个网站只有PHP文件，那么虽然它可以实现复杂的功能，但是对用户而言，它只是一堆没有排版的乱七八糟的文字或数字。只有HTML与PHP相互配合，才能既实现复杂的功能，又能提供良好的用户体验。

说到这里，也许不少了解HTML的读者会说：网页的表现光靠HTML还是不够的，还需要CSS、JavaScript等。不错，现代的网页表现几乎不能离开这几种技术其中的某一项，但是从前台与后台、表现与逻辑的分工来看，PHP程序员了解HTML和JavaScript的基础知识就足够了，至于CSS文件的编写就留给网站美工设计人员吧。

2.2 HTML 基本概念

HTML不是一门编程语言，没有像C/C++、Java那样复杂的语法，其表现形式非常简单。但简单并不意味着可以随心所欲地编写HTML文件，既然作为一种国际标准，HTML文件的组织还是有着它特殊的规定。

2.2.1 HTML 的组成与结构

操作系统通过文件扩展名来区分文件的类别和作用，扩展名一般跟在文件名的后面，由符号“.”隔开。HTML文件的扩展名是.html或.htm，一般情况下，双击这类文件，系统将默认使用网页浏览器打开，我们看到的将是浏览器解析该HTML文件后展示的效果。如果要查看页面代码，可以使用浏览器查看页面源代码的功能或者直接使用文本编辑器（例如记事本）打开。

图2.1所示为某个HTML文件通过网页浏览器打开后的运行结果：

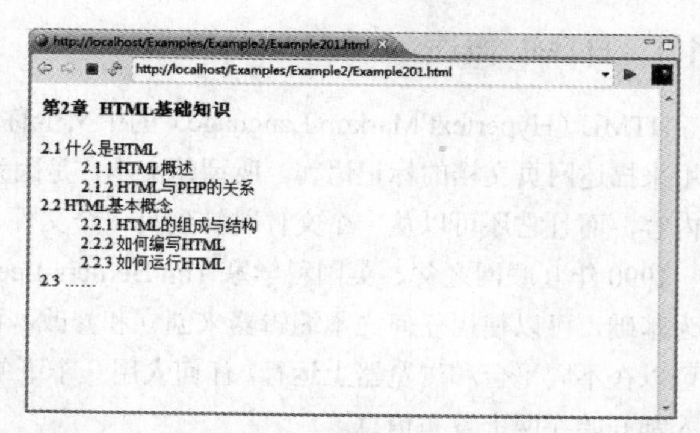

图2.1 双击某个HTML文件后的结果（在IE下）

通过在该网页上右击，选择“查看源

文件（V）”，将会看到如下代码：

```
1 <!DOCTYPE html>
2 <html>
3 <head>
4 <meta http-equiv="Content-Type" content="text/html; charset=UTF-8">
5 <title>PHP+MySQL 开发技术详解</title>
6 </head>
7 <body>
8   <h3>第 2 章 HTML 基础知识</h3>
9   <dl>
10        <dt>2.1 什么是 HTML</dt>
11             <dd>2.1.1 HTML 概述</dd>
12             <dd>2.1.2 HTML 与 PHP 的关系</dd>
13        <dt>2.2 HTML 基本概念</dt>
14             <dd>2.2.1 HTML 的组成与结构</dd>
15             <dd>2.2.2 如何编写 HTML</dd>
16             <dd>2.2.3 如何运行 HTML</dd>
17        <dt>2.3 ……</dt>
18  </dl>
19 </body>
20 </html>
```

代码说明：

（1）HTML 代码的第一行是声明部分，即告诉浏览器这是一个 HTML 文档。

（2）从第二行开始是 HTML 的正体，其基本结构如下（其中“<!-- … -->”中是注释内容，通过浏览器运行时将不会显示出来）：

```
<html><!-- HTML 开始标记 -->
<head><!-- HTML 头部 -->
<title>文档标题</title><!-- HTML 标题 -->
</head>
<body>
<!-- HTML 主体内容 -->
</body>
</html>
```

（3）不难看出，上面的 HTML 代码由层层嵌套的标记符和标签符之间的内容组成。HTML 标记符由形如“<tag>”“</tag>”的标签组成，“<tag>”称为开始标签，</tag>称为结束标签，HTML 内容则放置在开始标签和结束标签之间。

（4）除了“<link>”和“<base>”，所有的标记符都应该由开始标签开始，同时由结束标签结尾，但有些情况下默认可以省略结束标签，例如“<p>”、“<div>”

（5）HTML 标记符可以嵌套，被嵌套的“子标记符”应该完全被包含在“父标签符”内，而不能相互包含，例如不能这么写：

```
<html>
<head>
</html>
</head>
```

而应该这样写：

```
<html>
<head>
</head>
</html>
```

此外，HTML 中还可以嵌入其他文件，例如 PHP 文件、JavaScript 文件。

2.2.2 如何编写 HTML

因为 HTML 是纯文本文件，因此任何一个文本编辑器都能够创建和编辑 HTML。在 Windows 环境中，最简单的编辑器当属 Windows 记事本了。我们只要打开记事本，即可创建和编辑 HTML 文档。事实上，IE 浏览器中查看源文件的功能，默认就是用 Windows 自带的记事本来打开 HTML 文件的。然而记事本的功能毕竟简单，例如它没有语法高亮显示的功能，这对于查看复杂的 HTML 文档来说极为不便，因此在这里我们介绍几款可以取代记事本的的高级 HTML 编辑器。

1．EditPlus

EditPlus 是由韩国 Sangil Kim 出品的编辑器，它小巧玲珑，启动速度很快，但功能强大，除了可以编辑 HTML 文档外，还可以编写 Java、C/C++、PHP 等多种编程语言。EditPlus 支持语法高亮显示、拼写检查、列数标记、自动换行、自动完成、正则表达式等多种功能。同时 EditPlus 内嵌网页浏览器，通过单击工具栏的预览按钮或者快捷键【Ctrl+B】可以直接在工作区打开浏览器预览编写的 HTML 文件。不过遗憾的是，EditPlus 并不是一款免费软件。

2．Notepad++

Notepad++是 Windows 环境下一款免费开源的代码编辑器。尽管免费，但功能毫不逊色，同时支持几十种编程语言的编辑。除了常见的语法高亮显示功能外，它还支持正则表达式查找替换、书签、拖动、宏指令等，与 EditPlus 相比，Notepad++没有内嵌浏览器，无法直接预览 HTML 文件。

3．Dreamweaver

Dreamweaver 是 Adobe 公司的网页开发利器。这是一款“所见即所得”的工具，不用编写 HTML 代码，即可制作 HTML 网页。Dreamweaver 功能强大，可以方便地在编辑状态和预览状态之间切换，不仅支持语法高亮显示，而且还有强大的代码提示功能。尽管不用编写代码就能生成 HTML 文档，但很多时候，无论是程序员还是美工设计人员，还是乐意手写代码来定制自己的网页，这些手写的代码比起计算机自动生成的代码可读性更高，也更符合要求。

此外，现在互联网方兴未艾，网上涌现出许多在线 HTML 编辑器，可以不用安装任何工具，直接在网上编辑自己的 HTML 文档。例如 http://www.zzsky.cn/tool/webeditor2/、http://htmledit.squarefree.com/、http://www.free-online-html-editor.com/、http://www.onlinehtmleditor.net/等。

2.2.3 如何运行 HTML

HTML 文档是通过网页浏览器运行的，一般情况下，双击 HTML 文件即会默认用浏览器打开，否则，可以通过浏览器的文件打开功能加载 HTML 文件。

网页浏览器的种类很多，同样一个 HTML 文件用不同的浏览器运行后的结果可能会有所不同，有时即使是同一种浏览器的不同版本之间在运行结果上也会有差异。开发者在设计网页时需要兼顾各种主流的浏览器，目前的主流浏览器主要包括 IE、Firefox（火狐）、Chrome、Opera（欧朋）、Safari 等。

2.3　HTML 常用标记

通过 2.2 的学习我们已经知道，HTML 是由许多标记符组成的，不同的标记符表示不同的功能。丰富多彩的网页正是通过一对对标记符来实现的。

2.3.1　字体

字体标签<font></font>是 HTML 文档中最常见的标记符之一，通过字体标记符我们可以设置文档字体的类型、大小和颜色。基本用法如下：

```
<font face="value" size="value" color="value"> ... </font>
```

其中，face 为客户端的字体属性，size 为字体大小，color 为字体颜色，value 为相应的设置值。

字体属性 face 可以设置为客户端系统上拥有的任意字体，如黑体、宋体、华文彩云、Comic Sans MS 、Times New Roman 等。

例如：

```
<font face="黑体">黑体</font><br>
<font face="宋体">宋体</font><br>
<font face="楷体">楷体</font><br>
<font face="华文彩云">华文彩云</font><br>
<font face="Comic Sans MS">Comic Sans MS</font><br>
<font face="Times New Roman">Times New Roman</font>
```

效果如图 2.2 所示。

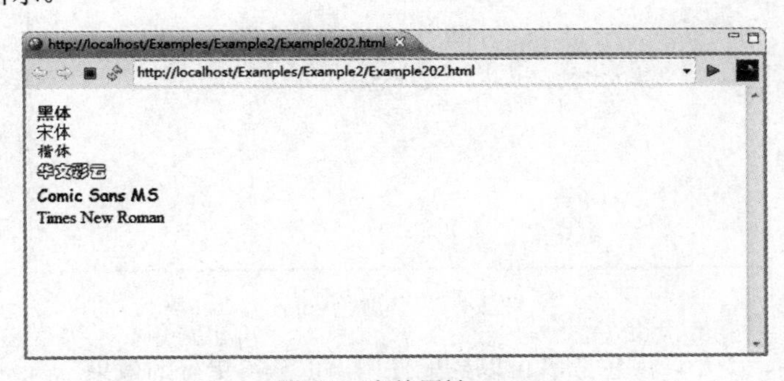

图 2.2　字体属性 face

字体大小 size 可以设置成数字 1、2、3、4、5、6、7 中的一个，数字越大表示字体越大。甚至还可以使用诸如“+1”、“+2”、“-3”这样的符号来表示增大字体大小或减小字体大小。

例如：

```
<font size="1">1 号字体</font><br>
<font size="2">2 号字体</font><br>
<font size="3">3 号字体</font><br>
```

```
<font size="4">4 号字体</font><br>
<font size="5">5 号字体</font><br>
<font size="6">6 号字体</font><br>
<font size="7">7 号字体</font>
```

效果如图 2.3 所示。

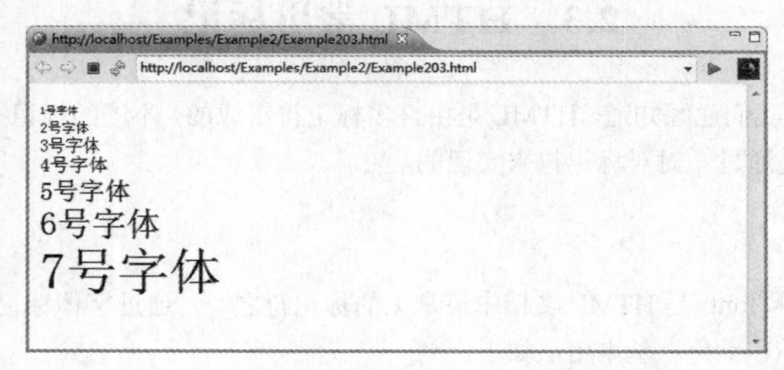

图 2.3　字体大小 size

字体颜色 color 可以使用预定义的色彩符号，如 red、black、green、purple、silver 等，也可以使用 6 位十六进制数字来设置，如 FFFFFF、FFFF00、D02090 等。

例如：

```
<font color="red">红色</font><br>
<font color="green">绿色</font><br>
<font color="blue">蓝色</font><br>
<font color="000000">黑色</font><br>
<font color="FFFF00">黄色</font>
```

效果如图 2.4 所示。

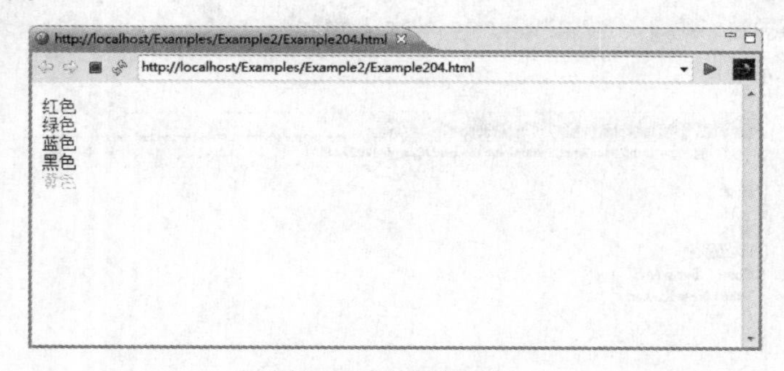

图 2.4　字体颜色 color

当然，字体属性、大小、颜色三者可以搭配使用，以获得更好的效果。

此外，HTML 中还支持一种标题字体标记符，格式如下：

```
<h#>……</h#>
```

其中#可取 1、2、3、4、5、6 中的一个，数字越大则字体越小。该标记符中的字体属性将使用黑体，同时会在内容后面自动插入一个空行。

例如：

```
<h1>我是标题党 h1</h1>
<h2>我是标题党 h2</h2>
```

```
<h3>我是标题党 h3</h3>
<h4>我是标题党 h4</h4>
<h5>我是标题党 h5</h5>
<h6>我是标题党 h6</h6>
```

效果如图 2.5 所示。

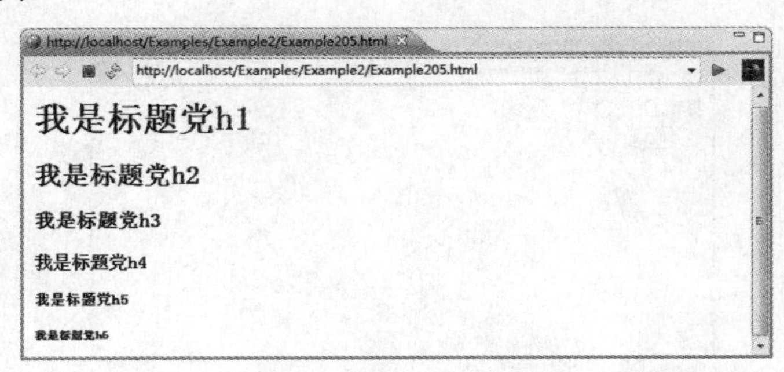

图 2.5　标题字体

2.3.2　超链接

超链接标签<a></a>应该是 HTML 文档中最普遍的标记符，整个互联网正是通过超链接才联系到一起的。通过超链接标记符可以让浏览者从当前页面跳转到另一个页面，这个页面可能与当前页面在同一个主机上，也可能在十万八千里外的另一台主机上。基本用法如下：

```
<a href="value" target="value" title="value"> ... </a>
```

其中，href 为跳转页面的地址，target 则用来设置在当前窗口打开还是在新的窗口打开，而当鼠标在超链接上悬停时将显示 title 的属性值，value 为相应的设置值。

跳转地址 href 的值既可以是 URL 地址，也可以是文件的路径，甚至可以是网页上的书签。例如：

```
<a href="http://www.baidu.com/">百度一下</a>
```

该链接将跳转到百度主页。

```
<a href="hello.txt">Hello</a>
```

该链接将在网页中打开当前目录下的文件 hello.txt。

书签链接的设置需遵循一定的要求，例如：

```
<a href="#chapter1">第 1 章</a>
<a href="chapter1">第 1 章 初识 PHP</a>
```

该链接将从“第 1 章”跳转到“第 1 章　初识 PHP”。这一功能在电子书网页设计上尤为有用。

有时我们希望在当前窗口中打开链接的网页，有时我们又希望在新窗口中打开链接的网页，这时就需要设置 target 的属性值，该值有两个选择，_self 表示在当前窗口中打开链接的网页，_blank 表示在新窗口中打开链接的网页。例如：

```
<a href="http://www.baidu.com/" target="_self">百度一下</a>
```

该链接将在当前窗口中打开百度首页。

```
<a href="http://www.baidu.com/" target="_blank">百度一下</a>
```

该链接将在新窗口中打开百度首页。

如果我们希望在用户点击链接之前提供一些提示信息，可以设置 title 属性，设置这一属性后，浏览者的鼠标悬停在链接文字上时将会出现 title 的属性值。例如：

```
<a href="http://www.baidu.com/" title="百度">百度一下</a>
```

效果如图 2.6 所示。

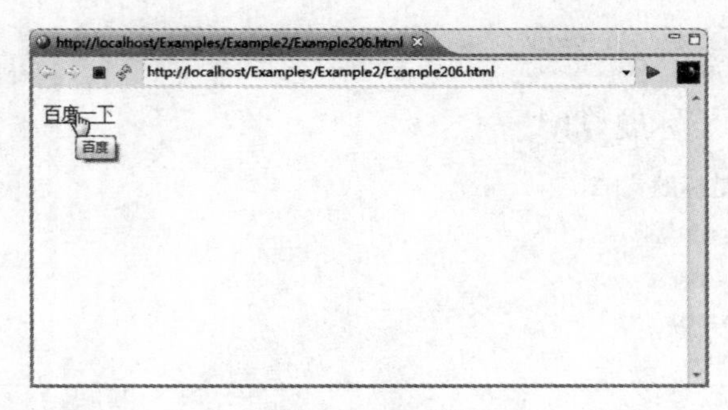

图 2.6　title 属性

2.3.3　图像

早期的网页只能显示文本，现在的网页大多都是图文并茂的。HTML 通过<img>标记符来展示各式各样的图片。其基本用法如下：

```
<img src="value" width="value" height="value" align="value" border="value" alt="value" >
```

其中，src 用来设置图像的路径，width、height 分别设置图片的宽度和高度，align 用来设置图片与文字的对齐方式，border 用来设置图片的边框宽度。而 alt 的作用有两个：一是当鼠标悬停在图片上时会显示 alt 的属性值，二是当图片没有成功加载时会显示 alt 的属性值作为提示。

图片的路径既可以是本地地址，也可以是远程地址。例如：

```
<img src="baidu.gif">
```

使用本地地址显示百度的 LOGO，而：

```
<img src="http://www.baidu.com/img/baidu.gif">
```

则使用远程地址显示百度的 LOGO，二者显示的效果是一致的，如图 2.7 所示。

图 2.7　本地地址显示图片（左）和远程地址显示图片（右）

网页中图片的显示大小默认是图片本身的大小，但我们可以通过 width 和 height 调整图片的大小。设置值的单位可以是百分比也可以是像素，推荐使用像素。例如，一台 1 280×800 的显示器，意味着水平方向上有 1 280 个像素点的宽度，垂直方向上有 800 个像素点的宽度。我们设置图片大小时就可以以此为参照。例如：

```
<img src="baidu.gif" width="100" height="50"><br>
<img src="baidu.gif" width="200" height="100">
```

显示效果如图 2.8 所示。

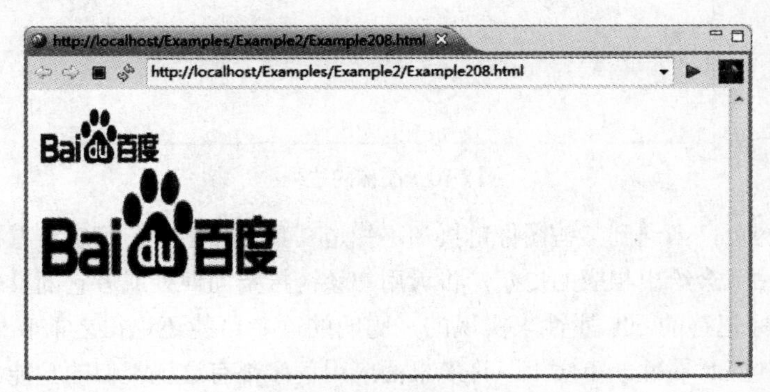

图 2.8　图像大小

图片的对齐方式有绝对对齐方式和相对对齐方式两种，这在图文混排时特别有用。这里只介绍相对对齐方式，对应的 align 的值可取：middle（居中）、top（居上）、bottom（居下）、left（图片在文字左侧）、right（图片在文字右侧）。例如：

```
<img src="baidu.gif" width="100" height="50" align="top">百度<p>
<img src="baidu.gif" width="100" height="50" align="middle">百度<p>
<img src="baidu.gif" width="100" height="50" align="bottom">百度
```

效果如图 2.9 所示。

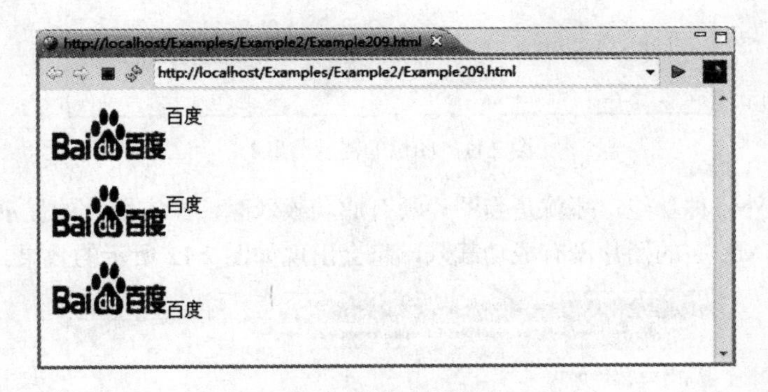

图 2.9　图像的对齐方式

有时想要给图片添加边框，就好像我们给相片配上相框一样。在 HTML 中这一功能是通过图像标记符的 border 属性来设置的，border 可以设置边框的宽度，单位是像素，但是 border 无法设置边框的颜色，当图片没有添加链接时，边框是黑色的，当图片添加链接时，边框的颜色与链接文字的颜色一致。例如：

```
<img src="baidu.gif" border="5">
<a href="http://www.baidu.com/"><img src="baidu.gif" border="5"></a>
```

显示效果如图 2.10 所示。

图 2.10　图像的边框

有时我们浏览网页，当遇到某些图像链接却不知道其具体作用时，可以将鼠标悬停在图片上，这时设计良好的网站就会给出相应的提示，告诉用户该链接指向何处或者它的具体用途是什么。这一功能是通过图像标记符的 alt 属性来实现的，聪明的读者可能还记得之前我们讲超链接标记符<a></a>时也曾提到过 alt 属性。事实上，许多桌面应用程序都有这样类似的功能。该属性在用户将鼠标悬停在图片上时将会给出提示信息，信息的内容就是 alt 的属性值。例如：

```
<img src="baidu.gif" alt="点击进入百度的首页">
```

效果如图 2.11 所示。

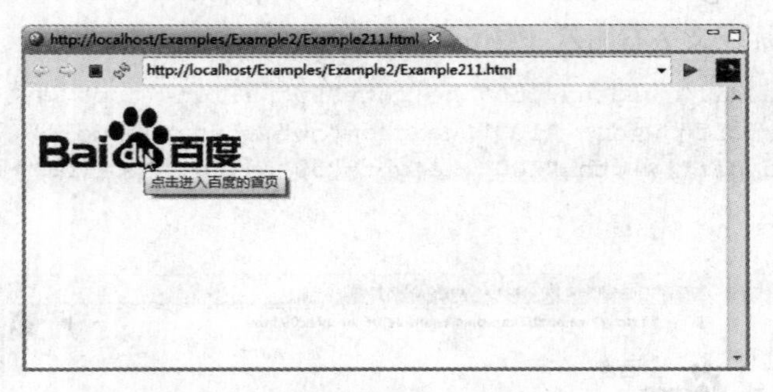

图 2.11　图像的提示信息 1

alt 属性还有另外一种功能，那就是当图片没有成功载入时，原本图片的显示位置会显示 alt 的内容。假如上面 HTML 中的图片没有成功载入，将会出现如图 2.12 所示的效果。

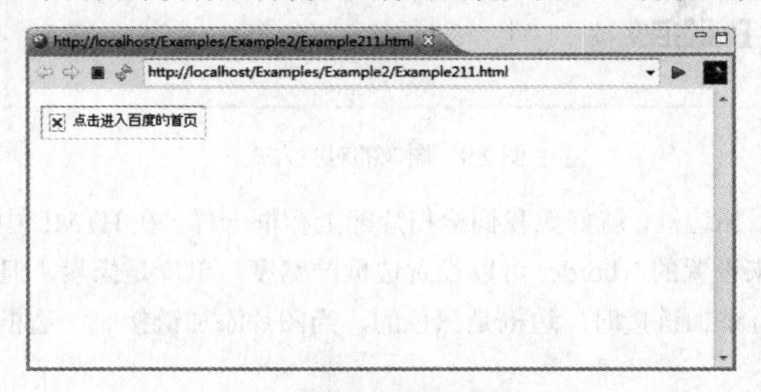

图 2.12　图像的提示信息 2

因此我们在设计网页时要尽量压缩图片的大小，因为越大的图片，网络传输的时间越长，不能成功载入的概率越大，也就越影响视觉效果。

2.3.4　表格

表格除了传统意义上的数据展示功能外，在级联样式表（CSS）出现之前，网页的排版布局也主要依靠表格。在 HTML 中，表格的所有内容被包含在<table>与</table>之间，基本用法如下：

```
<table>
<caption>
    <!-- 标题标记符 -->
</caption>
<tr>
    <!-- 行标记符 -->
    <td>
        <!-- 单元格标记符 -->
    </td>
</tr>
</table>
```

<table></table>是表格最外层的标记符，<caption></caption>用来显示表格的标题，<tr></tr>用来表示表格中的一行，<td></td>用来表示每一行中的单元格。例如下面一个两行三列的表格：

```
<table>
    <caption>课程表</caption>
    <tr>
        <td>星期一</td>
        <td>星期二</td>
        <td>星期三</td>
    </tr>
    <tr>
        <td>高等数学</td>
        <td>大学物理</td>
        <td>大学化学</td>
    </tr>
</table>
```

显示效果如图 2.13 所示。

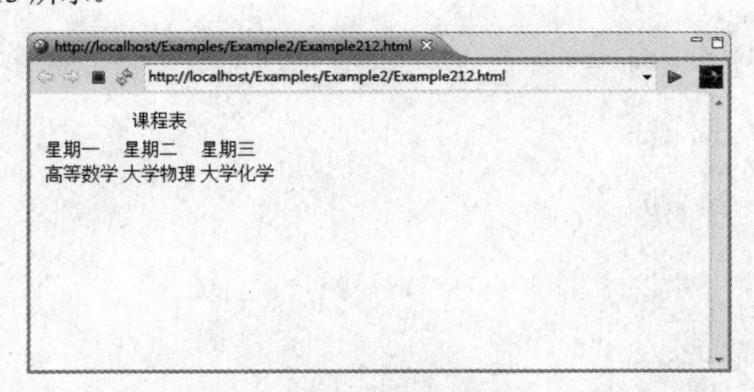

图 2.13　2×3 的表格

上面的表格并没有显示出表格的边框，但我们可以通过修改 border 属性来显示边框。border 的默认值为 0，因此并不显示边框，只要将 border 的属性值改成某个大于 0 的值，表格将显示宽度为该设置值个像素的边框。不同于图像的边框，表格的边框允许通过 bordercolor 属性来修改边框的颜色，甚至可以通过 bgcolor 属性来修改表格的背景颜色。例如：

```
<table border="2" bordercolor="red" bgcolor="yellow">
    <caption>课程表</caption>
    <tr>
        <td>星期一</td>
        <td>星期二</td>
        <td>星期三</td>
    </tr>
    <tr>
        <td>高等数学</td>
        <td>大学物理</td>
        <td>大学化学</td>
    </tr>
</table>
```

通过上面的设置，表格边框被设置成宽度为 2 像素，边框颜色为红色，表格背景为黄色，效果如图 2.14 所示。

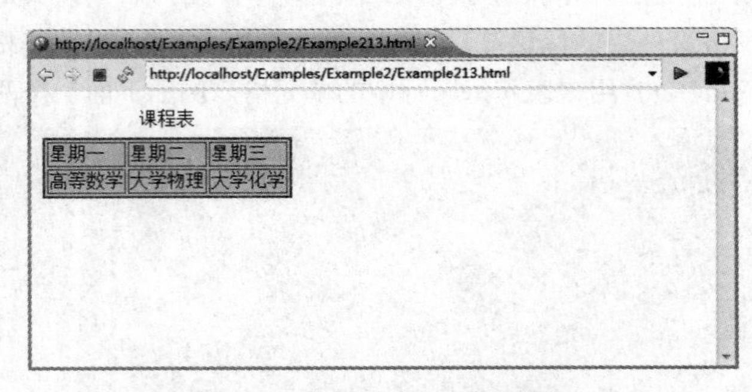

图 2.14　表格的边框与背景颜色

在<table></table>中设置边框的颜色、表格的背景色等属性，将会在整个表格范围内生效。如果我们只想改变某一行的属性呢？值得庆幸的是，HTML 允许我们通过修改表格行标记符<tr></tr>的属性值来改变表格某一行的属性。但是，我们不能单独设置某一行的边框宽度。如果不在<table></table>中设置边框宽度，使之不为 0，在<tr></tr>设置的边框颜色也将失效。例如：

```
<table border="2">
    <caption>课程表</caption>
    <tr>
        <td>星期一</td>
        <td>星期二</td>
        <td>星期三</td>
    </tr>
    <tr bordercolor="red" bgcolor="yellow">
        <td>高等数学</td>
        <td>大学物理</td>
        <td>大学化学</td>
    </tr>
</table>
```

上面这段代码设置了全局的边框宽度为 2 像素，表格第二行的边框颜色为红色，表格第二行的背景色为黄色，效果如图 2.15 所示。

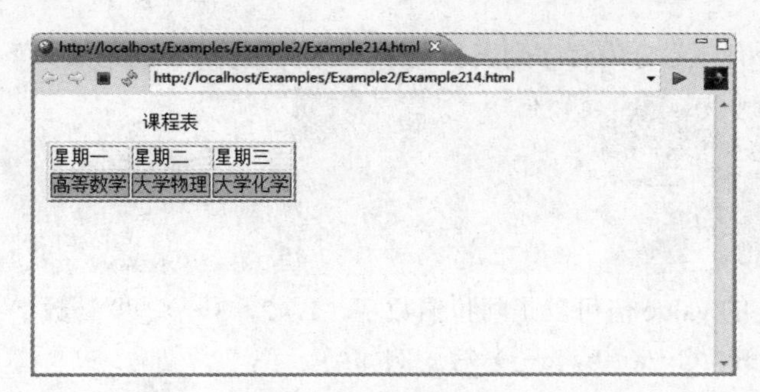

图 2.15　表格的行属性

除了表格的边框、颜色，HTML 还允许我们设置整个表格的高度、宽度，甚至可以通过修改<tr>或者<td>的属性值，单独设置行的高度和列的宽度。例如：

```
<table border="2">
    <caption>课程表</caption>
    <tr height="100">
        <td width="120">星期一</td>
        <td>星期二</td>
        <td>星期三</td>
    </tr>
    <tr>
        <td>高等数学</td>
        <td>大学物理</td>
        <td>大学化学</td>
    </tr>
</table>
```

上面代码中，表格第一行的高度被设置为 100 像素，第一列的宽度被设置为 120 像素，效果如图 2.16 所示。

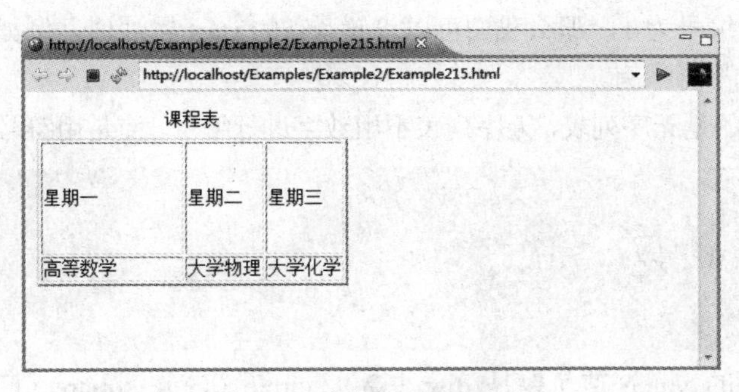

图 2.16　表格的宽度和高度

表格的属性很多，除了上面介绍以外，还有内边框的设置、对齐方式的设置、单元格合并等，这里不再一一介绍。

2.3.5　列表

我们在使用 Word 等字处理软件编辑文档时，常常需要给标题、段落编号，以使文档结构更清晰。在进行网页设计时同样会遇到这样的需求，HTML 通过列表标记符来完成这样的功能。

列表标记符按是否有序号分为有序列表和无序列表。有序列表的用法如下：

```
<ol type="value">
    <li> <!-- 项目 1 -->
    <li> <!-- 项目 2 -->
    ……
</ol>
```

有序列表<ol></ol>的 value 值可以是阿拉伯数字（1，2，3…）、罗马数字（Ⅰ，Ⅱ，Ⅲ…i，ii，iii…）、英文字母（A，B，C…a，b，c…）等。例如：

```
<ol type="I">
    <li>打散鸡蛋
    <li>热锅
    <li>倒油
    <li>倒入打散的鸡蛋
    <li>炒鸡蛋
</ol>
```

效果如图 2.17 所示。

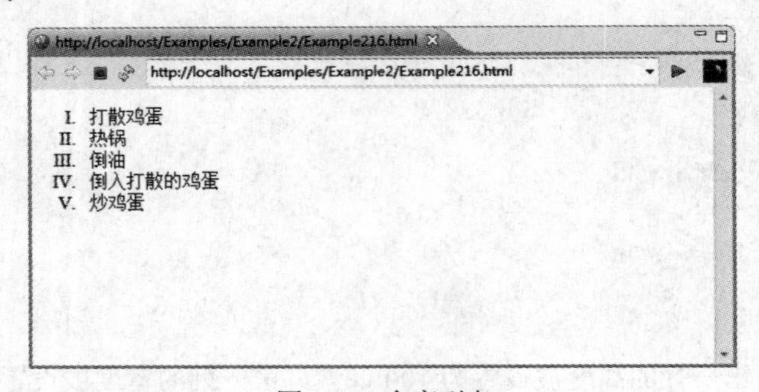

图 2.17　有序列表

有时我们不想起始编号为 1，那么我们可以设置<ol>的 start 属性值，例如 start=3，则列表编号将从 3 开始起编。这里不再举例。

与有序列表相对应的是无序列表，无序列表不用数字进行编号，而是用符号进行编号，用法如下：

```
<ul type="value">
    <li> <!-- 项目 1 -->
    <li> <!-- 项目 2 -->
    ……
</ul>
```

有序列表<ul></ul>的 value 值可以是 disc（●）、circle（○）、square（□）中的一个，默认是 disc（●）。例如：

```
<ul type="circle">
    <li>打散鸡蛋
    <li>热锅
    <li>倒油
    <li>倒入打散的鸡蛋
    <li>炒鸡蛋
</ul>
```

效果如图 2.18 所示。

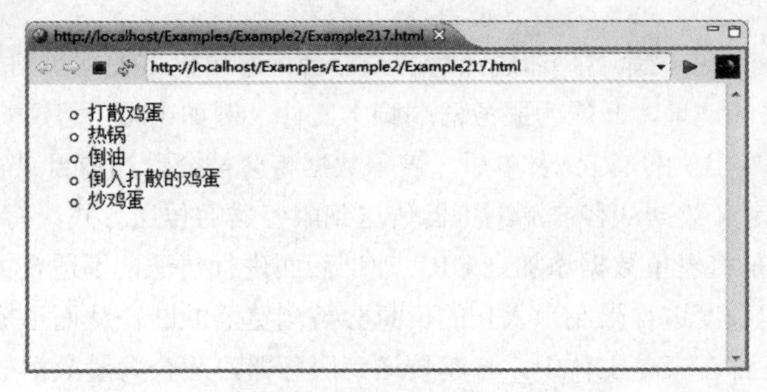

图 2.18　无序列表

HTML 还支持一种自定义列表，主要用来进行名词解释。每个自定义列表以<dl>标记符开始，保护若干个列表项，每个列表项以<dt>标记符开始，列表项后面跟着对该列表项的解释，列表项的解释以<dd>标记符开始。例如：

```
<dl>
    <dt>程序猿</dt>
    <dd>一种没日没夜写 code 的生物，昼伏夜出，喜食快餐盒饭。</dd>
    <dt>女程序猿</dt>
    <dd>程序猿的一种，极为罕见，大多天赋异禀。</dd>
</dl>
```

效果如图 2.19 所示。

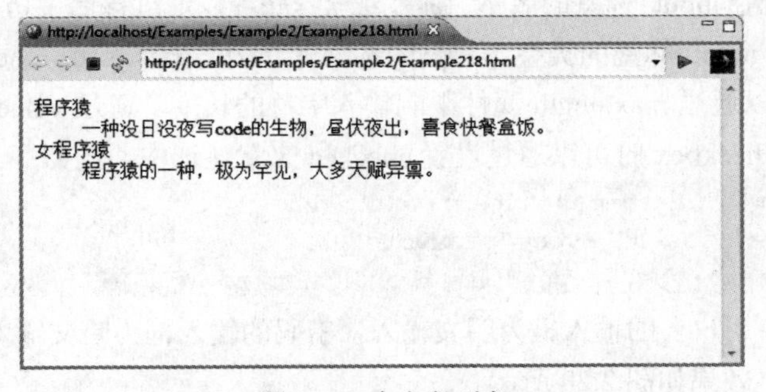

图 2.19　自定义列表

列表中的内容不一定是文字，事实上，列表项可以是图片、链接，甚至可以是其他列表。许多华丽的网页导航栏菜单便是通过嵌套的列表再加上 CSS、JavaScript 实现的，这里不再一一讨论。

2.3.6　表单

如果说超链接的出现使得彼此远隔千山万水的主机互联起来，用户浏览的信息量大大增加了，那么表单的出现则让用户与后台主机有了直接的交互，网站开始变得“动态”起来。某种程度上，HTML 的各个标记符中，与 PHP 关系最为紧密的就要算表单标记符了。HTML 表单的种类很多，常见的表单标记符有<form>、<input>、<button>、<select>、<option>、<textarea>等。

<form>标记符是表单中最重要也是最基础的标记符，几乎所有需要提交给后台的数据都必须包含在<form>与</form>之间。其基本用法如下：

```
<form name="value" action="value" method="value">
</form>
```

name 属性用来设置表单的命名，通过该命名，后台程序可以方便地访问表单数据。action 属性用来设置表单处理程序的地址，一般为服务器端脚本文件（例如 PHP 程序）或 CGI 程序的地址。例如 action="check.php"，当用户提交表单后，表单数据将会被交给当前目录下的 check.php 文件处理。method 属性用来定义数据从客户端浏览器传送到服务器的传送方式，有两个可选项：GET 和 POST。GET 传送方式是将表单数据添加到 URL 地址后面进行传送，不适合大量数据的传送，因为有的浏览器会对信息的长度进行限制，太长的信息会被浏览器截断，从而造成信息丢失。POST 传送方式是将表单数据包含在表单主体中，一起传送到服务器，适合大量数据的传输，而且不会在浏览器地址栏中显示出表单数据，相对 GET 方式来说比较安全。若不指定 method 属性，浏览器将默认使用 GET 方式传输表单数据。例如：

```
<form action="check.php" method="post">
……
</form>
```

上面这段 HTML 代码在执行时，将会以 POST 的方式将表单数据传送给服务器端的 check.php 文件进行处理。

<form></form>标记符一般不会单独使用，而是与<input>、<option>这些标记符搭配使用。

<input></input>标记符作为文本输入框，用来接收用户输入的少量信息，用法如下：

```
<input name="value" type="value" >
```

name 属性用来设置<input>标签的名字，后台处理程序可以通过该名字访问<input>标签的数据。type 属性则用来设置<input>标签的类型，常见的选项有 text、password、checkbox。当类型为 text 或 password 时，还可以通过 maxlength 属性限制输入字符的长度，通过 value 设置<input>文本框中的默认值。当类型为 checkbox 时可以通过设置 checked 来默认选中。例如：

```
用户名<input name="username" type="text"><br>
密码<input name="passwd" type="password"><br>
<input name="logintype" type="checkbox" checked> 记住登录信息
```

上面这段代码中，用户名的输入框为明文输入，密码的输入框为暗文输入，checkbox 默认选中以表示记住登录信息。效果如图 2.20 所示。

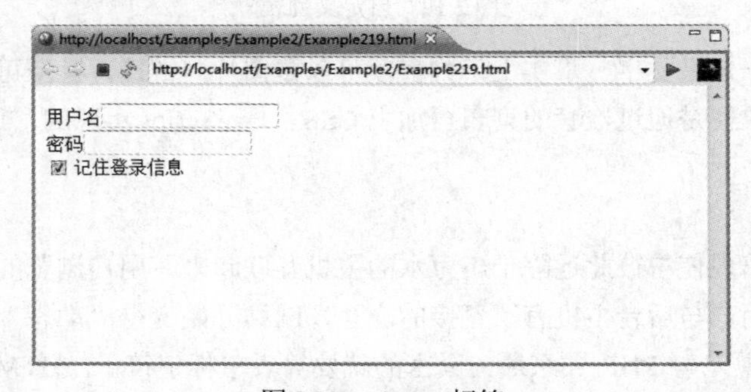

图 2.20　<input>标签

<input></input>标记符还可以作为按钮，主要用来单击确认提交用户的数据，用法如下：

```
<input name="value" type="button | submit" value="value">
```

name 属性作为标记符的命名，其用法和作用与<input>作为文本输入框时相同，type 属性有两种选择，当 type="button"时，该按钮是普通按钮，主要用来配合 JavaScript 进行表单处理，即单击按钮后将执行一个 JavaScript 程序。当 type="submit"时，该按钮是提交按钮，主要用来提交用户的表单数据，提交给<form>标记符的 action 属性所指示的处理文件处理。例如：

```
<input name="hello" type="button" value="点击打招呼" onclick="sayhello()">
<script type="text/javascript">
function sayhello(){
    alert("Hello,world!");
}
</script>
```

单击上面这段代码所生成的按钮，将会执行一个简单的 JavaScript 程序 sayhello()，效果如图 2.21 所示。

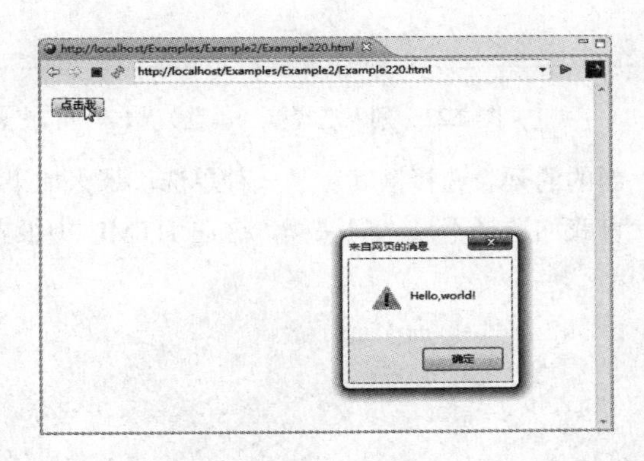

图 2.21　普通按钮

有时我们并不要求用户自己输入表单数据，而是让他们从一些备用选项中选择数据来提交，这时就需要使用列表选择框标记符<select></select>。基本用法如下：

```
<select name="value">
    <option value="value">选项 1
    <option value="value">选项 2
    ......
    <option value="value" selected>选项 n
    ......
</select>
```

与<input>一样，name 属性是用来方便后台程序处理表单时通过命名获取数据，每一个<option>表示一个可选项，选项的值用 value 属性表示。需要注意的是，选项的值并不是页面上显示的文字。事实上，表单数据传递时并不是传递的“选项 1”、“选项 2”这些页面文字，而是传递的每个选项的 value 属性的值。如果某个<option>选项用 selected 标识，则表示该列表选择框将默认选择该选项。例如：

```
<select name="lesson">
    <option value="1">高数
    <option value="2">大物
    <option value="3">大化
```

```
        <option value="4" selected>思修
        <option value="5">英语
        <option value="6">体育
    </select>
```

上面代码显示的列表选择框默认选择“思修”，效果如图 2.22 所示。

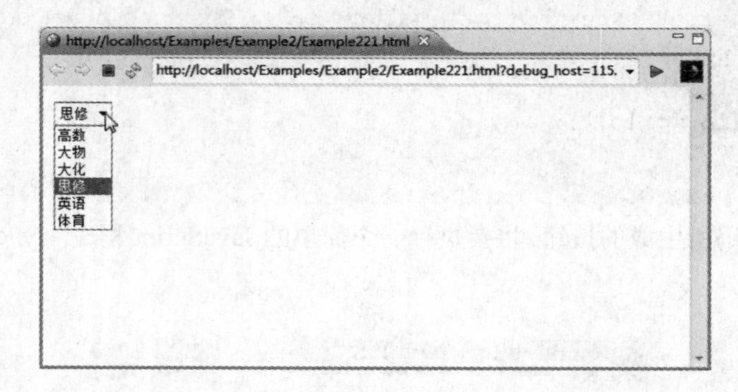

图 2.22　列表选择框（单选）

也许读者已经发现，上面的的列表选择框其实是一种单选，那么如果我们要实现多重选择呢。例如一个选课系统，可以允许我们选择不只一门课程。这在 HTML 中很容易实现，只需在<select>中添加 multiple（多选）标识。例如：

```
    <select name="lesson" size="6" multiple>
        <option value="1">高数
        <option value="2">大物
        <option value="3">大化
        <option value="4">思修
        <option value="5">英语
        <option value="6">体育
    </select>
```

按住【Ctrl】键，即可通过鼠标进行多项选择。此外，上面代码中的 size 属性表示一次显示选项的数目为 6，如果 size 的值小于 6，将会出现垂直滚动条，通过滚动条可以看到其余的选项，效果如图 2.23 所示。

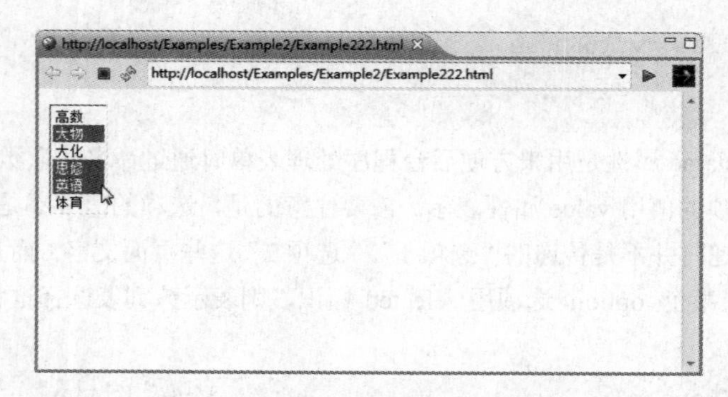

图 2.23　列表选择框（多选）

<input>实现的文本输入框是单行输入，只能输入少量字符，对于留言板这样的多行文本输入功

能就无能为力了。HTML 通过多行文本输入框<textarea>标记符来实现多行输入，用法如下：

```
<textarea name="value" rows="value" cols="value">
</textarea>
```

name 属性的用法与<input>、<select>相同，这里不再赘述。rows 属性定义了多行文本输入框的行数，cols 属性则定义了文本框的列数。例如：

```
请留言：<br>
<textarea name="message" rows="10" cols="30">
</textarea>
```

这段代码定义了一个 10 行 30 列的多行文本框，效果如图 2.24 所示。

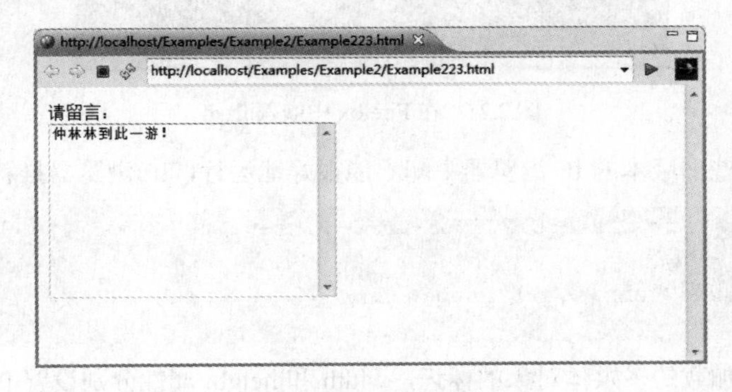

图 2.24　多行文本框

表单标记符还有诸如<label>、<fieldset>、<legend>等，因为不太常用，这里不再一一讨论。

2.3.7　多媒体

多媒体网页的出现使得人们的上网生活变得丰富多彩，在网页上听音乐看视频早已不是什么新鲜事了。然而现行版本的 HTML 在对多媒体的支持上却存在先天不足，以至大多数分音乐视频网站都是借助于 Adobe 的 Flash 技术或微软的 Silverlight 技术来实现多媒体。这是因为现行的 HTML 标准并没有给浏览器带来直接播放多媒体文件的能力，所有的多媒体文件都需要借助外在的插件来播放，这就使得不同浏览器调用多媒体插件的方式不尽相同。换句话说，在某个浏览器上可以运行的包含多媒体的 HTML 文件，在另外一种类型的浏览器上可能就无法运行。这给开发者带来了无尽的烦恼，也给用户带来了许多不便。例如：

```
<bgsound src="arirang.mp3" loop=3>
```

这段代码的意思是播放一个名为 arirang 的 MP3 文件作为背景音乐，而且循环播放 3 次。在 IE 浏览器及其以 IE 为内核的浏览器中可以正常播放，但是在 Firefox（火狐）中却失效，因为 Firefox 不支持<bgsound>标记符。

通常，IE 内核的浏览器用<object>标记符来展示多媒体，而 Firefox、Chrome、Safari 却只支持<embed>标记符来显示音频和视频。网页设计者在播放多媒体文件时不得不考虑各种浏览器之间的兼容性，例如同样是播放一个 flash 文件，在 Firefox、Chrome 中运行的 HTML 文件一般这么写：

```
<embed type="application/x-shockwave-flash" src="bubble.swf" width="100%"
height="100%">
```

其中，type 属性声明了多媒体文件的类型为 flash，src 属性则提供该 flash 文件的路径及文件名，width 和 height 分别设置 flash 的宽度和高度，效果如图 2.25 所示。

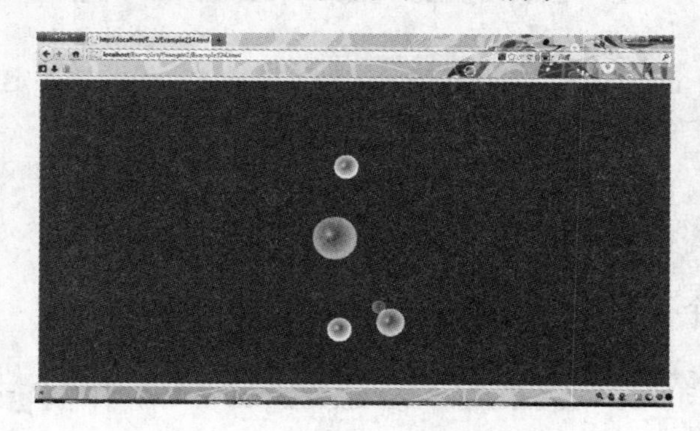

图 2.25　在 Firefox 中嵌入 flash

而这段代码在有些旧版本的 IE 浏览器中却不能很好地运行，IE 浏览器推荐这么写：

```
<object    classid="clsid:D27CDB6E-AE6D-11cf-96B8-444553540000"    width="100%"
height="100%">
    <param value="bubble.swf" name="movie">
</object>
```

其中，classid 是加载的多媒体对象的标识，width 和 height 属性分别设置 flash 的宽度和高度，<param>标记符则提供了多媒体文件的类型和源地址，效果如图 2.26 所示。

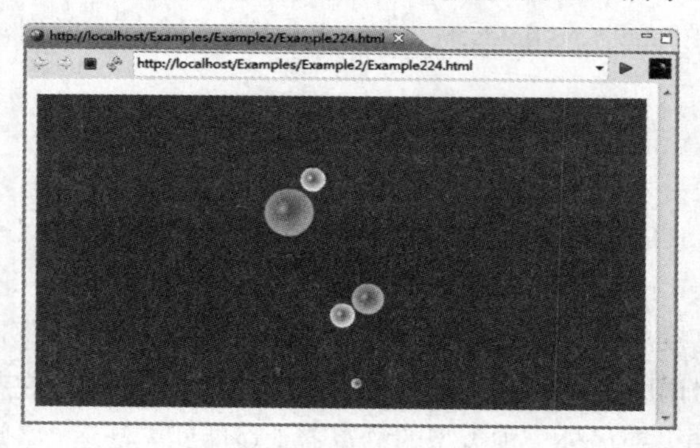

图 2.26　在 IE 中嵌入 flash

为了能够兼容这两种写法，Adobe 给出了折中的方案，那就是将<object>标签包裹在<embed>在外，具体代码如下：

```
<object    classid="clsid:D27CDB6E-AE6D-11cf-96B8-444553540000"    width="100%"
height="100%">
    <param value="bubble.swf" name="movie" >
    <embed src="bubble.swf" type="application/x-shockwave-flash" width=”100%”
height=”100%”>
</object>
```

这样就能既运行在 IE 浏览器上，又能运行在非 IE 浏览器上。

现在的 Web 设计人员大多会选择通过 JavaScript 脚本来设计兼容良好的多媒体网站，例如著名的 swfobject.js 就可以实现在各种版本的浏览器上加载 flash，流行的 JavaScript 框架 Jquery 也有很多优秀的第三方插件来完成 flash 的显示。不过最新的 HTML 5 已经不再将多媒体对象绑定在<object>或<embed>中，而是引入了专有的视频标记符和音频标记符，而且一直不能很好兼容 W3C 标准的 IE 也开始走 HTML 5 之路，这都给 Web 设计人员带来了福音。

2.3.8　框架

为了方便在一个页面显示多个网页，HTML 引入了框架标记符<frameset></frameset>。具体用法如下：

```
<frameset>
    <frame src="value">
    <noframes> ... </noframes>
</frameset>
```

属性 src 用来指定网页的源地址，当浏览器不支持 frame 标记时将会显示<noframes></noframes>标签中的内容。例如：

```
<frameset>
    <frame src="http://www.baidu.com/">
    <noframes>百度一下，你就知道</noframes>
</frameset>
```

这段代码将会显示一个百度首页，如果浏览器不支持框架标记符，那么将会显示“百度一下，你就知道”的提示文字。

如果需要同时显示多个网页，就要指定这些网页是横排还是竖排，各自占的比例是多少。例如：

```
<frameset rows=50%,25%,25%>
    <frame src="http://www.qq.com/">
    <frame src="http://www.sina.com/">
    <frame src="http://www.163.com/">
</frameset>
```

这段代码将以横排的形式显示 3 个网页，各自占据 50%、25%、25%的大小，效果如图 2.27 所示。

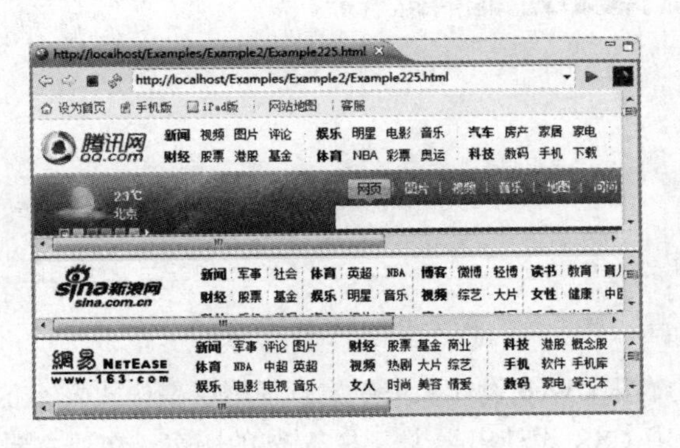

图 2.27　横排显示 3 个网页

如果要竖排显示，则只要将 rows 改成 cols 即可。

2.3.9 布局

在前面的举例中曾经出现诸如<p>、
这样的标记符，这在 HTML 中属于布局类的标记，主要用来使得网页看起来更整齐更美观。例如，<p>是段标记符：

```
有一只狼来到溪边，与喝水的小羊遇上，于是狼就找借口，想要吃掉这只小羊。<p>
这只狼对小羊说道：“你怎么把这水给弄脏了？” <p>
小羊感到莫名其妙，回答：“我是在你下方。”
```

它的效果是生成一个空行，效果如图 2.28 所示。

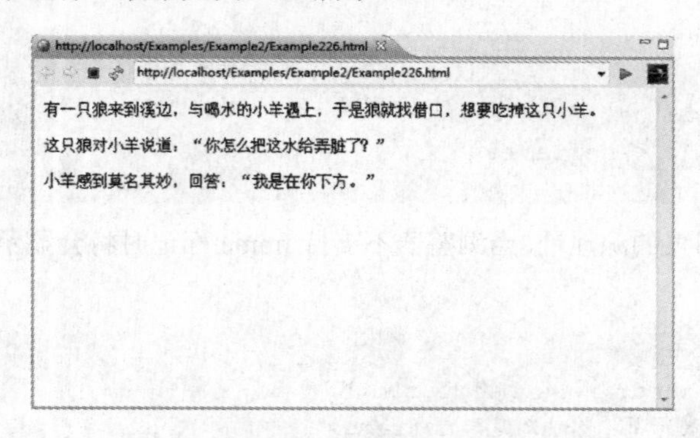

图 2.28　段标记符<p>

又再如，
是换行标记符，它的效果是强制 HTML 元素换行，而<nobr>则是强制不换行，这里不再举例。还有<div>块标记符，多用来将 HTML 文档分割成相互对立的部分，例如：

```
    <div style="color: red">有一只狼来到溪边，与喝水的小羊遇上，于是狼就找借口，想要吃掉这只小羊。</div>
    <div style="color: yellow">这只狼对小羊说道：“你怎么把这水给弄脏了？” </div>
    <div style="color: blue">小羊感到莫名其妙，回答：“我是在你下方。” </div>
```

这段代码将文档分成 3 个部分，效果如图 2.29 所示。

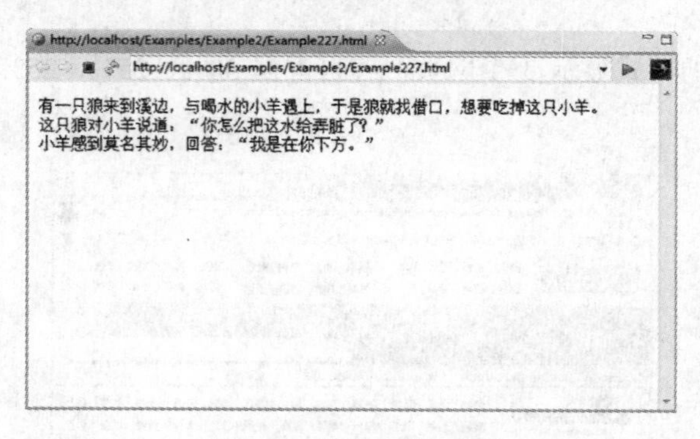

图 2.29　块标记符<div>

由于 HTML 布局能力有限，Web 设计人员更愿意使用层叠样式表（CSS）来进行页面布局。CSS 功能强大，曾经有人完全用 CSS 设计出一个多啦 A 梦的图案。布局主要属于网站美工设计人员的任务，我们在这里不再展开。

2.4　本章小结

本章首先介绍了HTML的概况以及它与PHP的关系，强调了在正式学习PHP前了解一些HTML知识是必要的。然后介绍了 HTML 的结构，并向读者推荐了几款优秀的 HTML 编辑器。接下来通过说明加举例的方式介绍了 HTML 中常见的 9 种标记符，让读者对 HTML 标记有了一定的了解。第 3 章将介绍 PHP 开发环境的搭建，为学习 PHP 语法做准备。

第 3 章　PHP 开发环境

无论何种脚本语言都有它所依赖的运行环境，PHP 作为一门服务器端的脚本语言当然也不例外。因此，本章将介绍 PHP 开发环境的搭建，为接下来学习 PHP 开发做进一步准备。

3.1　PHP 运行的软、硬件环境

从硬件上来看，PHP 既然是一种运行在服务器上的语言，那么构建 PHP 的运行环境首先需要的是一台服务器。然而，服务器是个“烧钱的主”，价格很昂贵，对普通开发者而言，在开发阶段也没有必要花钱买一台专业服务器，普通的个人计算机经过软件安装和配置，即可满足我们的开发需要。事实上，即使在网站部署阶段，很多中小企业也会选择使用价格更低的虚拟主机，而不会购买价格更贵的专业服务器。

从软件上来看，PHP 是一种解析型的脚本语言，要运行 PHP 文件，首先需要的是一个脚本解析器，由它负责将 PHP 文件翻译成可供浏览器解析的 HTML 文件；其次，PHP 又是一种运行在服务器端的语言，要运行 PHP 文件，就需要先运行服务器软件，这里主要是指 Web 服务器，由它来控制服务器工作运行，管理服务器系统资源，监控服务器配置；最后，PHP 构建的动态网站，不可避免地需要与后台数据库“打交道”，因此，完整的 PHP 运行环境还需要数据库软件的支持，由它来组织、存储和管理数据，如图 3.1 所示。

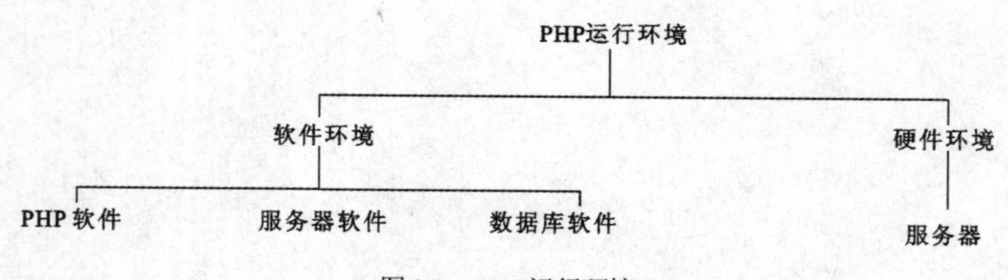

图 3.1　PHP 运行环境

对于 PHP 软件，我们有唯一的选择，那就是 PHP 官网（www.php.net）上提供的免费开源的 PHP 安装包。对于服务器软件和数据库软件，我们的选择就多了，既有免费的开源软件，也有收费的商业软件。例如服务器软件，我们可以选择免费开源的 Apache，也可以选择商业付费的 IIS。又如数据库软件，我们可以选择开源的 MySQL、PostgreSQL，也可以选择商业的 Oracle、DB2、SQL Server

等。可能很多人都有一个误区，认为免费的商品一定不如付费的商品，然而至少在软件领域，这一观点是不对的。如 Apache，它作为免费开源的软件在开源社区的共同努力下，早已经成为世界上最流行的 Web 服务器，稳定运行在各种类型的主机上。

那么，我们该选择何种软件来构建我们的 PHP 运行环境呢？ 实践是检验真理的唯一标准，PHP 从创立至今，经过了多年的发展，早已经摸索出最流行的软件框架——LAMP 架构。LAMP 是由 Linux+Apache+MySQL+PHP 四个单词首字母组成，即服务器操作系统为 Linux、服务器软件为 Apache、数据库为 MySQL、脚本解析器为 PHP。广义的 LAMP 架构中，P 不仅代表 PHP，还代表 Perl 和 Python 两种脚本语言。根据统计显示，全球 70%的网站流量来自 LAMP 架构。LAMP 稳定的性能和低廉的价格吸引了无数中小企业和站长，成就了许多淘金者的梦想，甚至一些大企业也投入了 LAMP 的怀抱。LAMP 不愧是当今最强大的网站架构之一。

3.2　Windows 环境下搭建 PHP 运行环境

Windows 是当今最流行的桌面操作系统，但这并不意味着 LAMP 架构无法触及 Windows 领域。事实上，由于 Windows 操作系统昂贵的授权费用，许多资金有限的中小企业和站长都加入了 LAMP 的阵营。虽然 Windows 操作系统上天然集成了微软的 IIS 服务器，但 IIS 配置起来更容易，然而无论是稳定性还是安全性（不可否认 IIS 6 以后的版本安全性得到大幅提升），无论是扩展性还是开发性，Apache 都更胜一筹。但考虑到我们的主要工作环境还是 Windows 操作系统，因此在 Windows 上搭建开发环境是必要的，本节的运行环境为 Windows XP+Apache+MySQL+PHP。

3.2.1　Apache 服务器的安装与配置

在 Apache 的官方网站上可以下载最新版本的软件，本书以 Apache 2.2 为例，下载链接为 http://httpd.apache.org/download.cgi#apache22，因为我们的运行环境是 Windows 操作系统，下载时请注意选择正确的操作系统。当然你也可以使用本书附带光盘中的软件。

双击 httpd-2.2.22-win32-x86-no_ssl.msi 安装文件，进入安装程序，弹出图 3.2 所示的对话框。

单击 Next 按钮，弹出图 3.3 所示的软件授权协议界面。

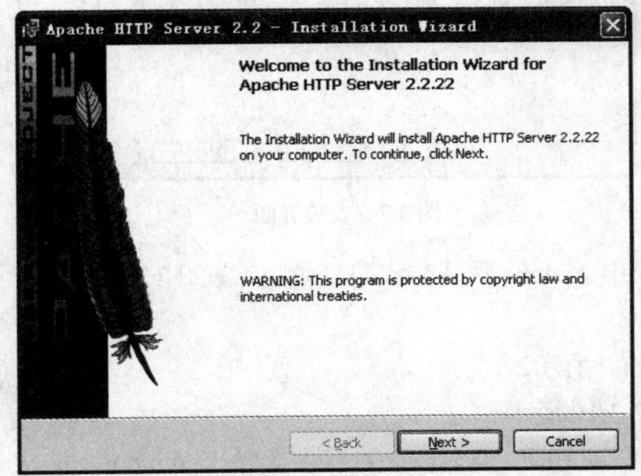

图 3.2　安装界面

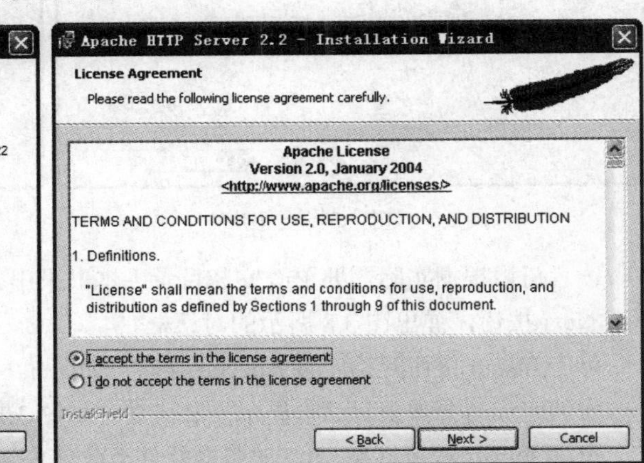

图 3.3　安装界面

选择“I accept the terms in the license agreement”，然后单击 Next 按钮，弹出软件自述说明界面，如图 3.4 所示。

单击 Next 按钮，弹出服务器配置界面，如图 3.5 所示。在开发测试环境中，这些配置都无关紧要，只要格式正确即可，但在实际的服务器环境中，Server Name 应为指定的域名。本书中 Network Domain 为 phptest.cn，Server Name 为 www.phptest.cn，Administrator’s Email Address 为 admin@phptest.cn。

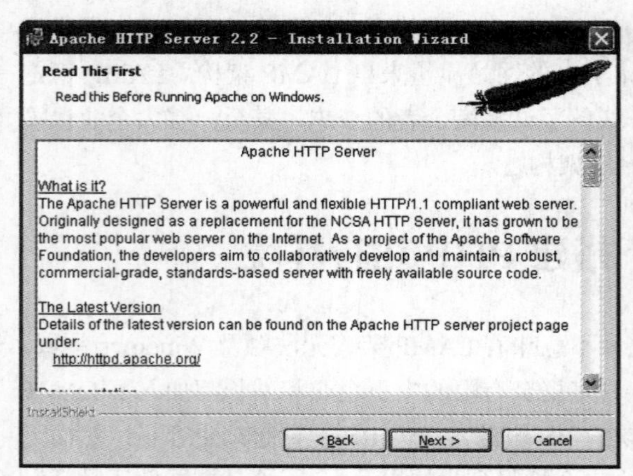

图 3.4　安装界面

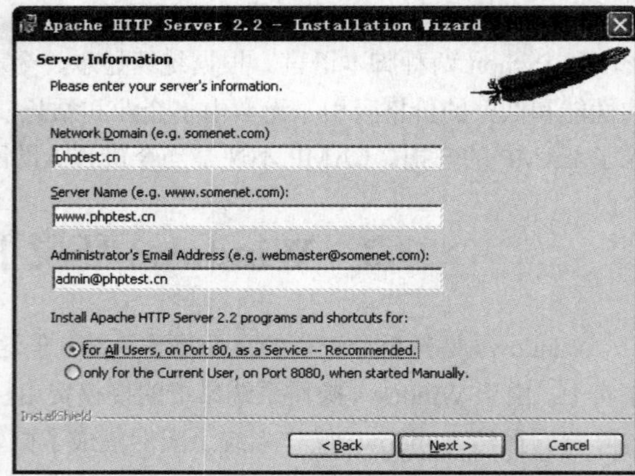

图 3.5　配置界面

填写完毕后，单击 Next 按钮，弹出安装类型对话框，如图 3.6 所示。

选择“Typical”典型安装方式，并单击 Next 按钮，弹出安装目录选择对话框，如图 3.7 所示。

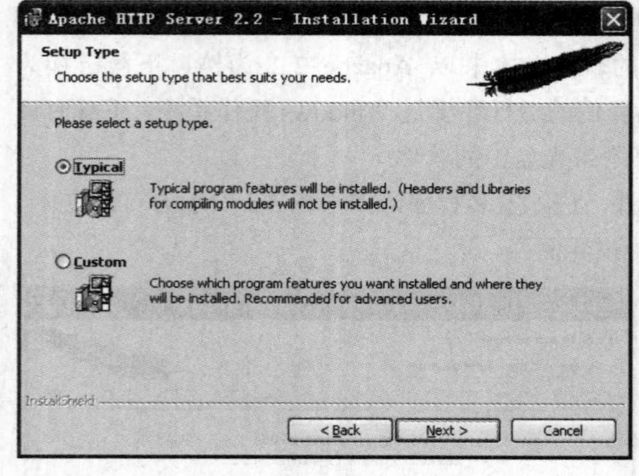

图 3.6　选择安装类型图

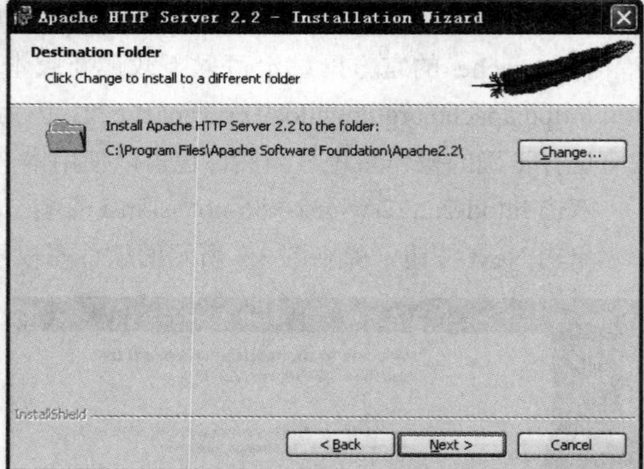

图 3.7　安装界面

读者可以根据实际需要更改安装目录，本书采用 Apache 默认的安装目录。设置好安装目录后，单击 Next 按钮，弹出图 3.8 所示的对话框。

单击 Install 按钮开始安装 Apache 软件，如图 3.9 所示。

安装完成后会弹出对话框提示安装成功，如图 3.10 所示。

单击 Finish 按钮，Apache 服务器软件至此就安装完成。有时安装过程中会弹出 Windows 防火墙的报警信息，单击“解除锁定”按钮后即可顺利安装。

为了测试 Apache 安装是否成功，可以打开浏览器，在地址栏中输入“http://127.0.0.1”或者“http://localhost”，然后回车，如果出现图 3.11 所示的界面就说明安装成功。

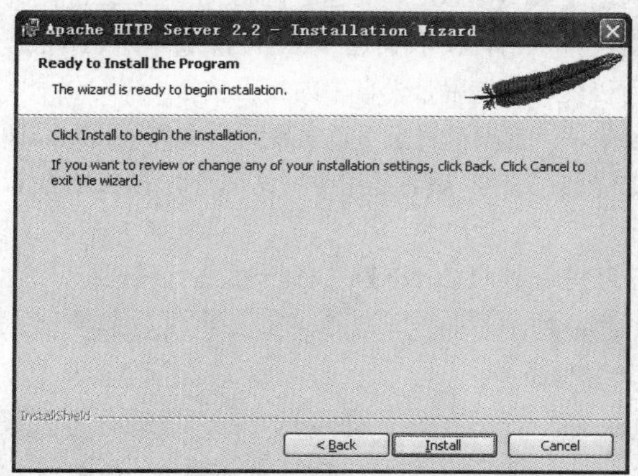

图 3.8　安装界面

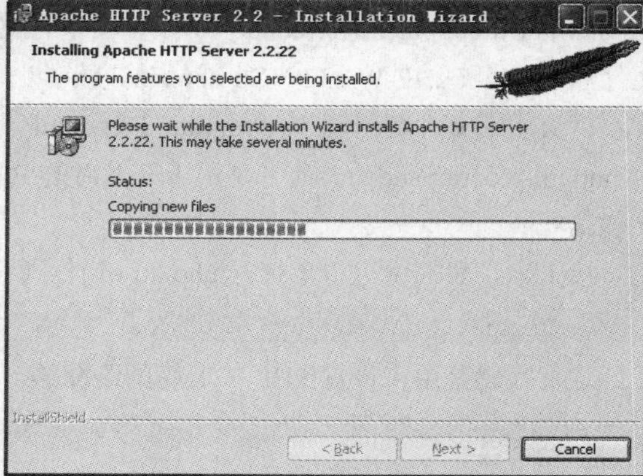

图 3.9　安装界面

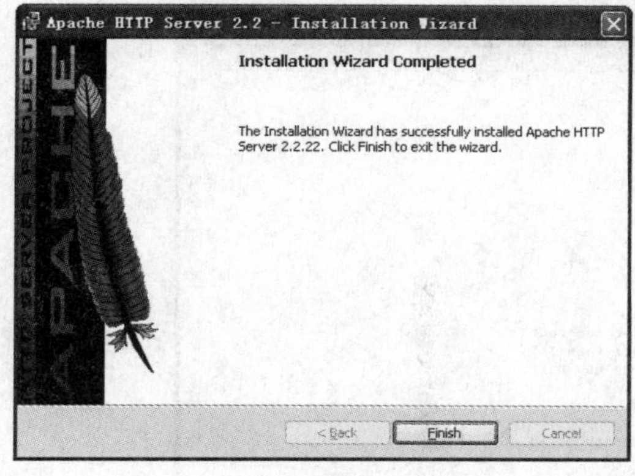

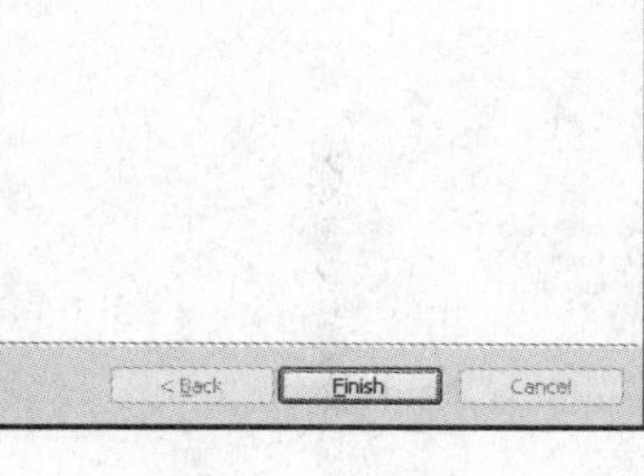

图 3.10　安装完成图

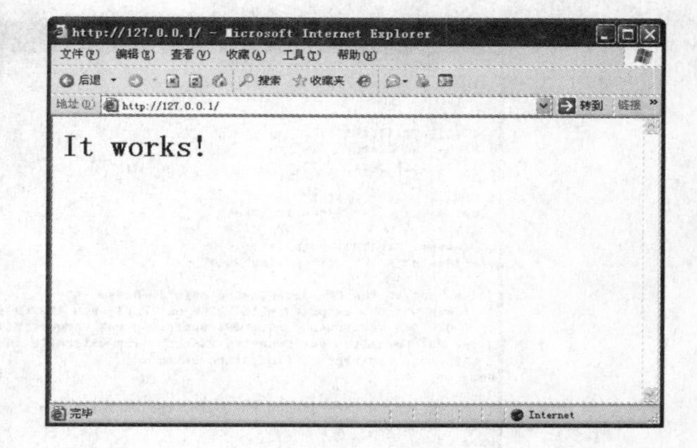

图 3.11　检测界面

Apache 服务器安装完成后，桌面右下角会出现一个羽毛图标（见图 3.12），双击该图标，弹出 Apache 服务器的控制面板（见图 3.13），通过面板上的按钮可以方便地启动（Start）、停止（Stop）、重启（Restart）Apache 服务。

图 3.12　安装完成

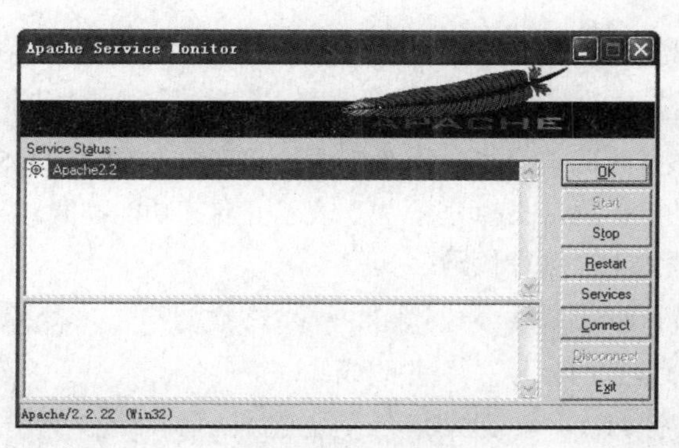

图 3.13　控制面板界面

3.2.2 PHP 的安装与配置

下面我们来安装 PHP。首先要去 PHP 官网上下载 Windows 上运行的 PHP，下载链接为 http://windows.php.net/download/。下载选项中有安装包和压缩包，我们选择压缩包，版本为 PHP5.2，文件名为 php-5.2.17-Win32-VC6-x86.zip。读者也可以使用本书附带光盘中的相应软件。

将该压缩文件解压到 C:\Program Files\PHP 目录下，观察该目录可以发现两个文件 php.ini-dist 和 php.ini-recommended。前者是用于开发时的 PHP 配置文件，后者是用于网站运营时的 PHP 配置文件。

接下来，我们用记事本打开 php.ini-dist，通过查找命令（【Ctrl+F】）找到下面这行代码：

```
extension_dir = "./"
```

这行代码是用来设置 PHP 扩展库的路径的，将其修改为：

```
extension_dir = "C:/Program Files/PHP/ext"
```

这旨在将 PHP 扩展库的路径设置为绝对路径（注意目录中的斜线是/，而不是\），如图 3.14 所示。

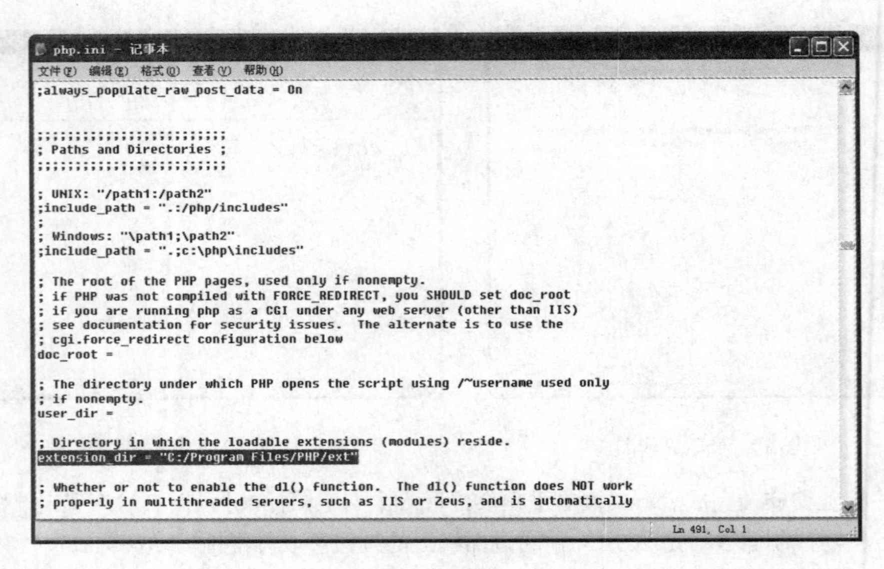

图 3.14

再次通过查找命令找到下面这行代码：

```
;extension=php_mysql.dll
```

将该行代码前面的分号“;”去掉，开启 PHP 对 MySQL 数据库的支持，如图 3.15 所示。表示禁用某功能扩展，去掉分号“;”表示开启某功能扩展。

再找到下面这行代码：

```
;session.save_path = "N;/path"
```

去掉该行的分号“;”并改成：

```
session.save_path = "c:\windows\Temp"
```

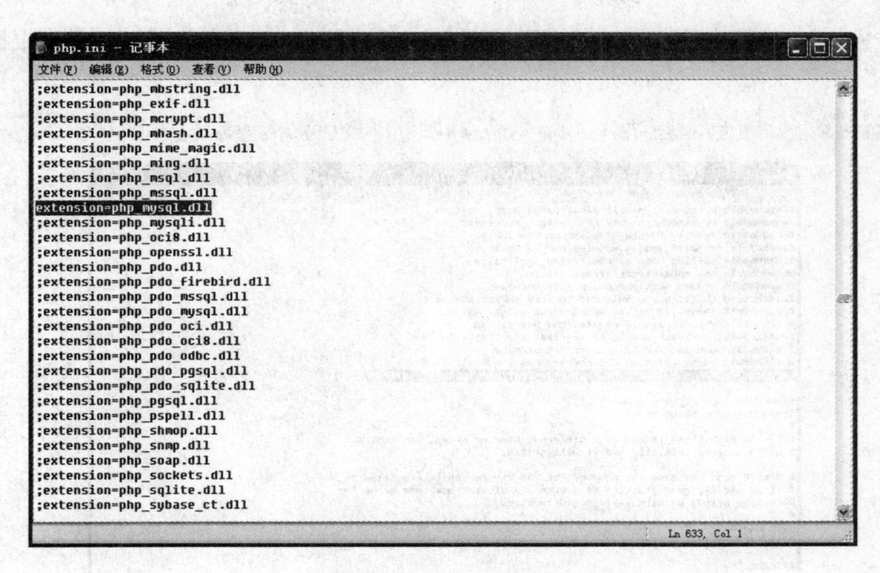

图 3.15　执行命令界面

如图 3.16 所示，这表明 SESSION 变量将会被保存在 C:/windows/Temp 目录下。

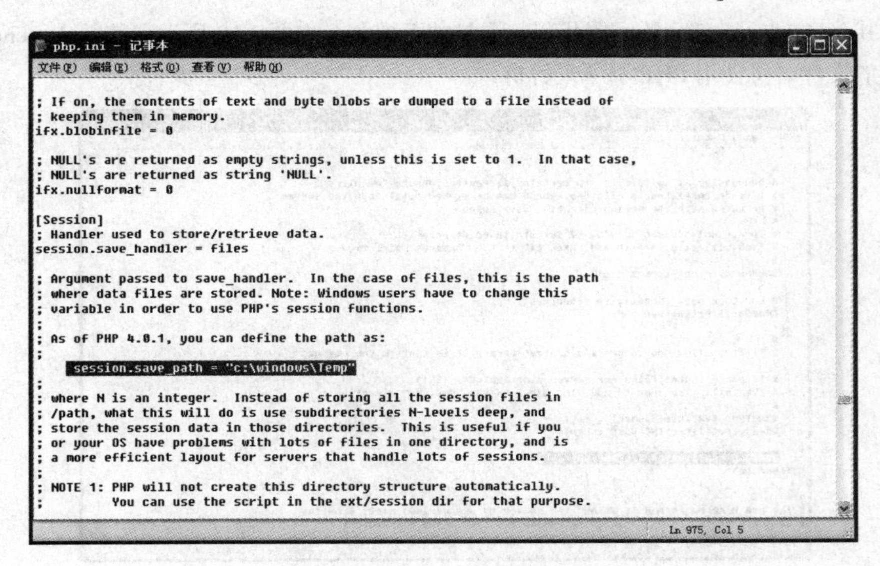

图 3.16　检测 SESSION 变量

修改完成后，保存该文件并退出记事本。然后将文件重命名为 php.ini，并复制到 C:\windows 目录下。

至此，PHP 的配置已经完成。为了使 Apache 服务器能够支持 PHP，我们还需对 Apache 服务器进行相应的配置。

首先，用记事本打开 Apache 的配置文件 httpd.conf，该配置文件位于 Apache 安装目录下的 conf 文件夹中。

找到 LoadModule 部分的配置代码，添加如下内容（见图 3.17），将 PHP 模块加载到 Apache 服务中，使得 Apache 能够支持 PHP，其中引号中为 php5apache2_2.dll 的路径，读者应根据自己的实际情况设置。

```
LoadModule php5_module "C:/Program Files/PHP/php5apache2_2.dll"
```

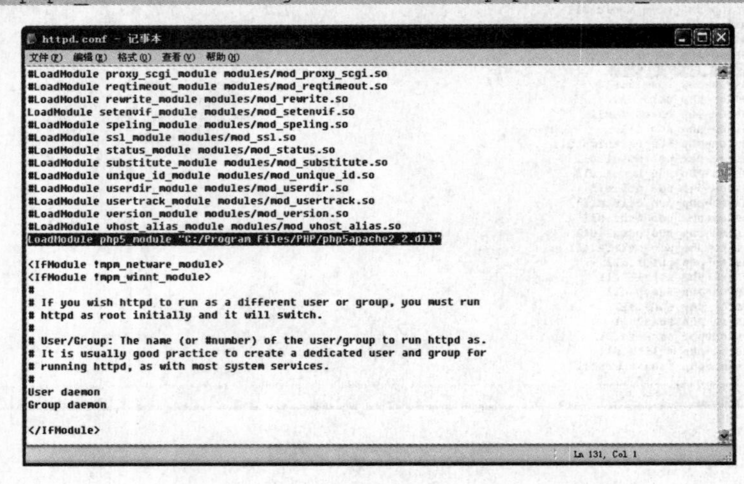

图 3.17　添加 PHP 模板

接下来找到 AddType 部分的配置代码，添加如下内容，如图 3.18 所示，使得 Apache 在遇到扩展名为.php 的文件时将使用 PHP 引擎来解析。

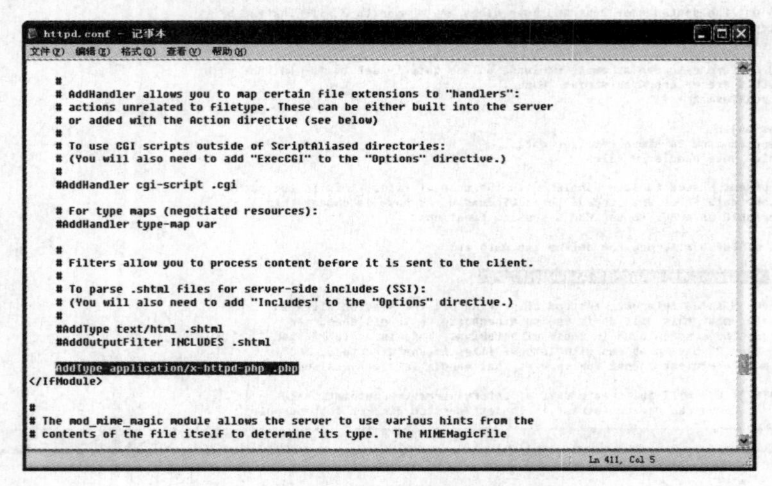

图 3.18　修改后缀

最后找到 DirectoryIndex 部分的配置代码，代码如下：

```
<IfModule dir_module>
    DirectoryIndex index.html
</IfModule>
```

该行配置告诉 Apache，在访问某个目录时，默认访问的文件是 index.html。例如，当我们在浏览器地址栏中输入 http://127.0.0.1，则默认访问的是 http://127.0.0.1/index.html。我们需要修改该配置，使得 Apache 在访问目录时默认访问的是 index.php 文件，修改后如下（见图 3.19）：

```
<IfModule dir_module>
```

```
    DirectoryIndex index.php
</IfModule>
```

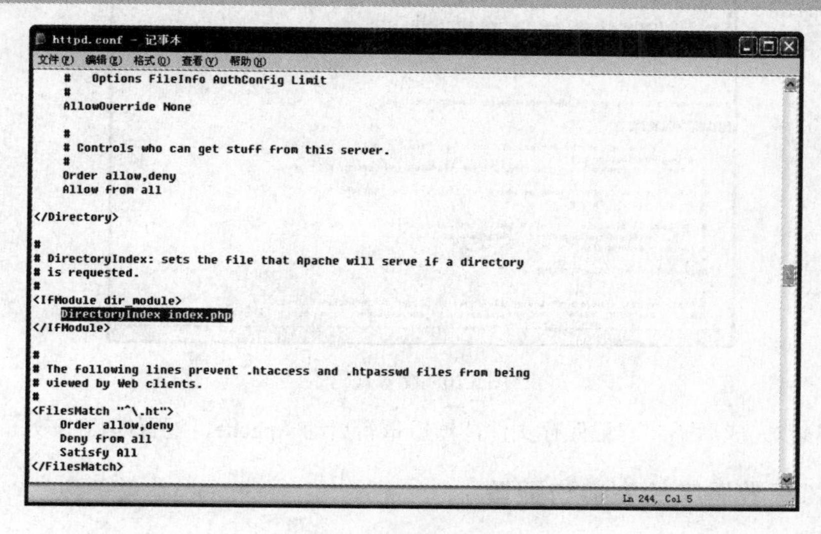

图 3.19　修改 index 文件

此外，我们还可以根据需要来设置网站的根目录。找到如下这行配置代码：

```
DocumentRoot "C:/Program Files/Apache Software Foundation/Apache2.2/htdocs"
```

以及下面这行配置代码：

```
<Directory "C:/Program Files/Apache Software Foundation/Apache2.2/htdocs">
```

将上面这两行配置代码引号中的路径设置成自己需要的网站根目录，二者需要保持一致。例如我们要将 F:\www 设置成根目录（注意，设置该目录之前要确保该目录已经存在），则配置代码应为（见图 3.20）：

```
DocumentRoot "F:/www"
<Directory "F:/www">
```

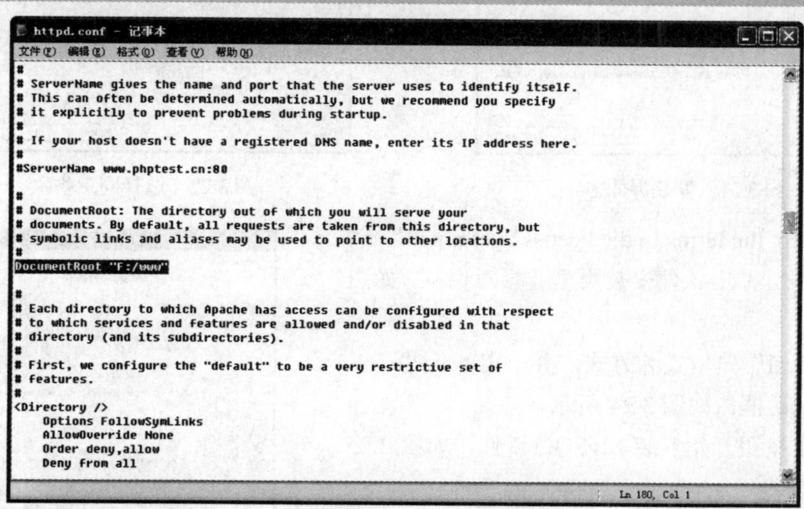

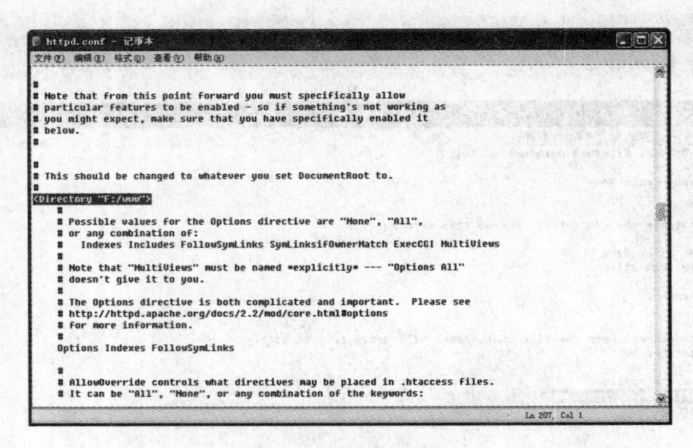

图 3.20　配置代码

配置文件修改完成后不要忘记保存文件，然后重新启动 Apache，配置即可生效。

3.2.3　MySQL 数据库的安装与配置

为了能够使用数据库功能，我们需要安装 MySQL 数据库。首先，要去官网下载 MySQL 安装包，下载链接为 http://www.mysql.com/downloads/mysql/5.1.html#downloads，本书选择的版本为 MySQL 5.1，安装包名为 mysql-essential-5.1.62-win32.msi。读者也可以使用本书附带光盘中的相应软件。

双击安装文件，进入安装界面，如图 3.21 所示。

单击 Next 按钮，弹出图 3.22 所示的软件授权协议界面。

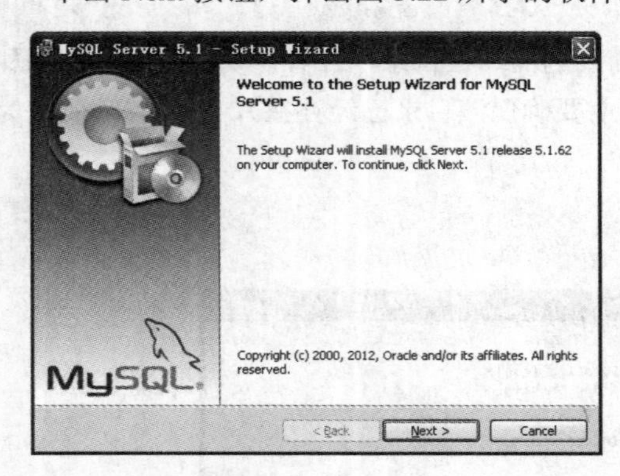

图 3.21　安装界面

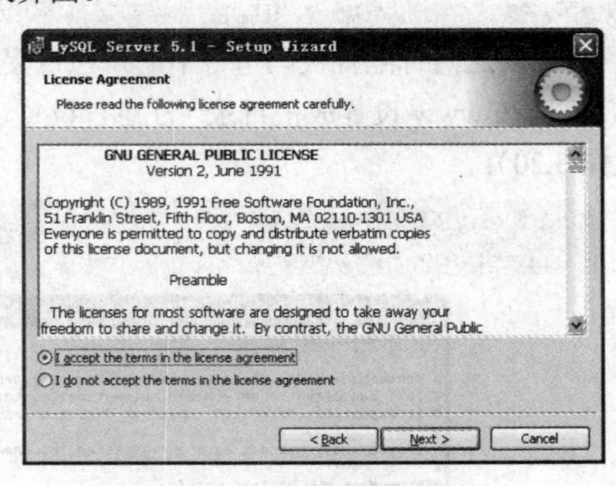

图 3.22　选择同意条款

选择“I accept the terms in the license agreement”，然后单击 Next 按钮，弹出软件安装类型选择对话框，如图 3.23 所示。

选择“Typical”典型安装方式，并单击 Next 按钮，弹出开始安装对话框，如图 3.24 所示。

单击 Install 按钮开始安装 MySQL 软件，如图 3.25 所示。

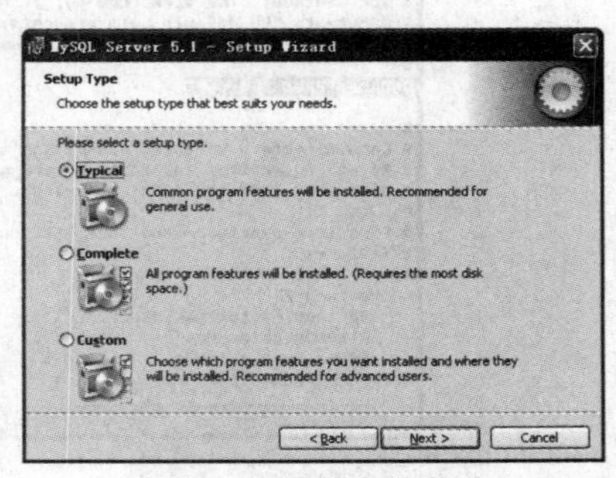

图 3.23　选择安装类型

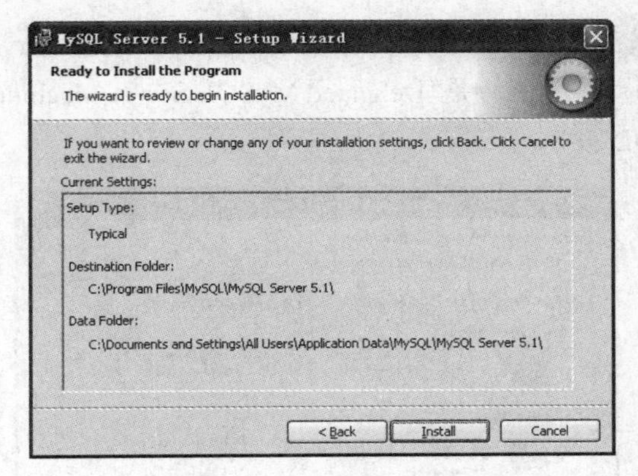

图 3.24　安装界面

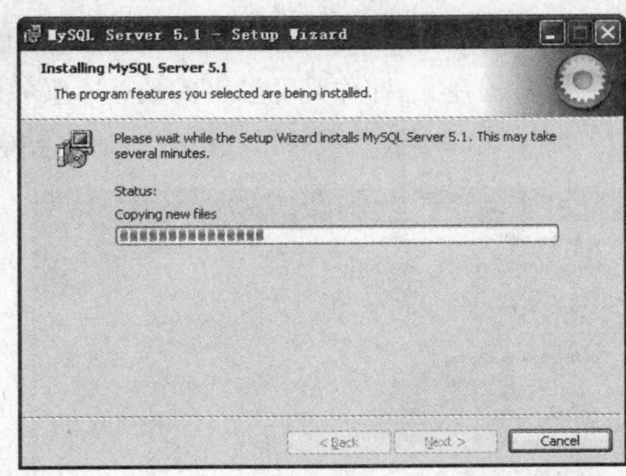

图 3.25　等待安装

在安装过程中会弹出介绍 MySQL 其他产品的对话框，如图 3.26 所示，直接单击 Next 按钮即可。

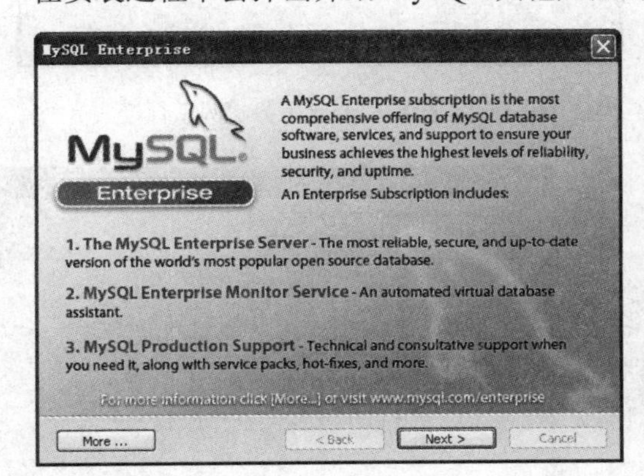

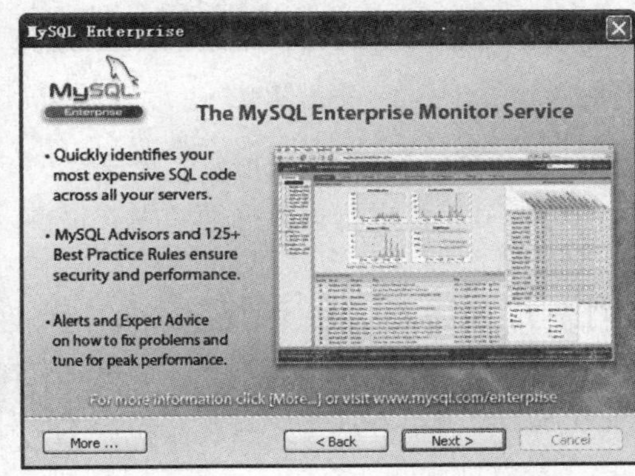

图 3.26　介绍产品

安装完成后会弹出图 3.27 所示的对话框。

单击 Finish 按钮，结束安装并弹出 MySQL 的配置对话框，如图 3.28 所示。

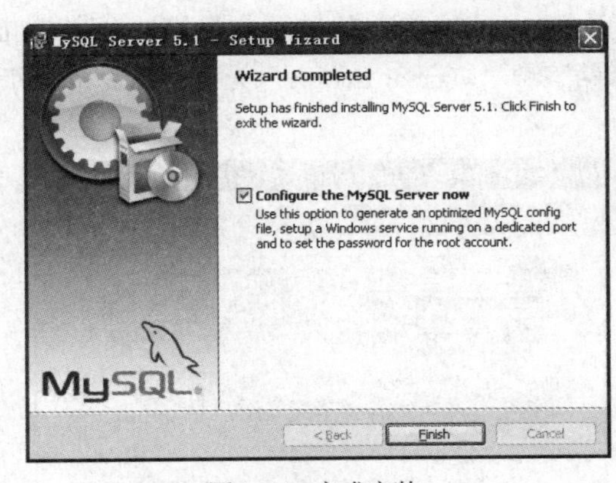

图 3.27　完成安装

图 3.28　配置 MySQL 界面

单击 Next 按钮开始进行 MySQL 配置，如图 3.29 所示。

选择“Detailed Configuration”详细配置选项，然后单击 Next 按钮，弹出如图 3.30 所示的对话框来选择 MySQL 服务实例运行模式。

第一种是“Developer Machine”开发模式，占用资源较少，适用于本地测试开发；第二种是“Server Machine”服务器模式，即作为非独占的数据库服务运行；第三种是“Delicated MySQL Server Machine”专有服务器模式，即整个服务器只运行一个 MySQL 服务。

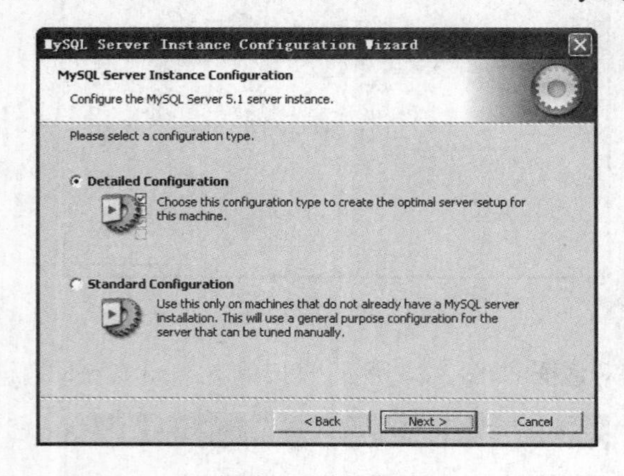

图 3.29　选择类型

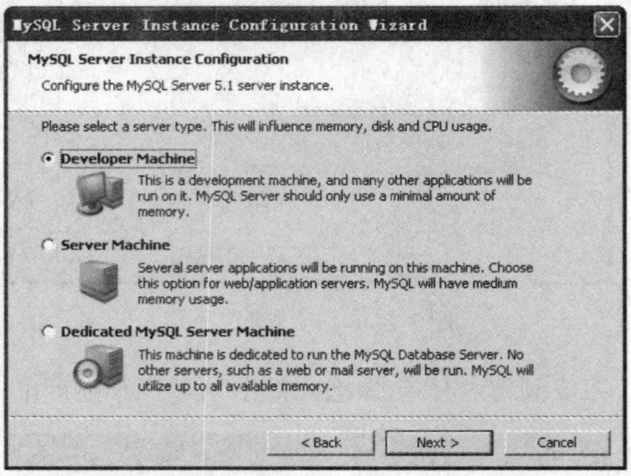

图 3.30　选择 Mysql 服务实例运行模式

我们选择“Developer Machine”开发模式，然后单击 Next 按钮，弹出选择数据库类型对话框，如图 3.31 所示。

我们选择“Multifunctional Database”，这样可以使用 MyISAM、InnoDB 等多种数据库引擎。选择后单击 Next 按钮，进入数据库文件保存路径选择对话框，如图 3.32 所示。

读者可以根据自己的实际情况来设置自己的数据库文件保存路径，本书选择默认路径，然后单击 Next 按钮，弹出 MySQL 连接数设置对话框，如图 3.33 所示。

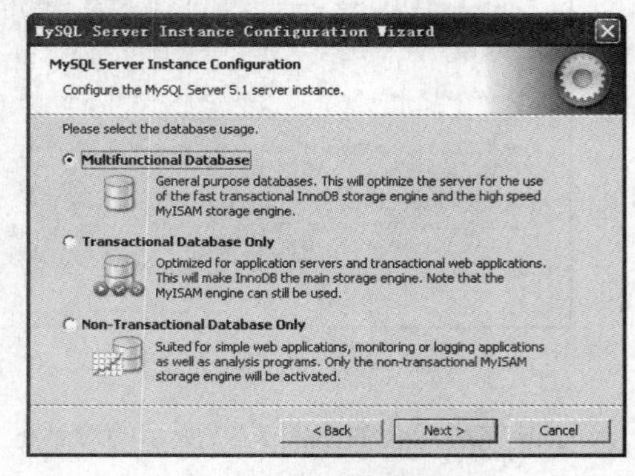

图 3.31　选择开发模式

第一种“Decision Support(DSS)/OLAP”，是 MySQL 相对优化的连接数；第二种“Online Transaction Processing(OLTP)”，最大连接数为 500；第三种“Manual Setting”为手动设置项，可手动设置最大连接数。

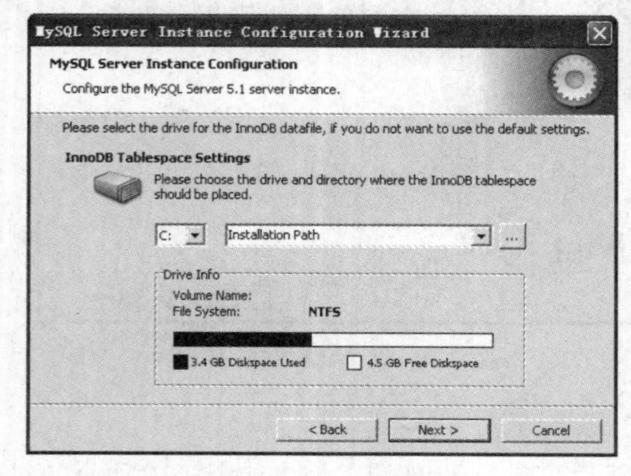

图 3.32　等待安装

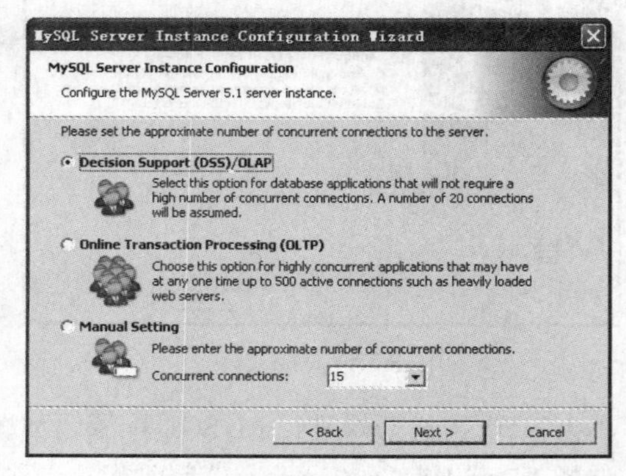

图 3.33　默认安装

我们选择第一个选项，然后单击 Next 按钮，弹出 MySQL 网络配置选项，如图 3.34 所示。

MySQL 的默认端口号为 3306，读者可以根据自己的实际情况来设置。“Enable Strict Mode”选项表示在执行 SQL 语句时进行严格的检查。

本书使用默认端口号，并勾选“Enable Strict Mode”选项，然后单击 Next 按钮，弹出字符集选择对话框，如图 3.35 所示。

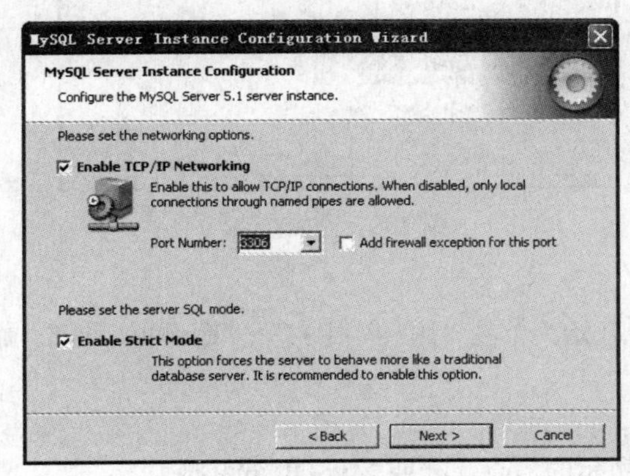

图 3.34　端口设置

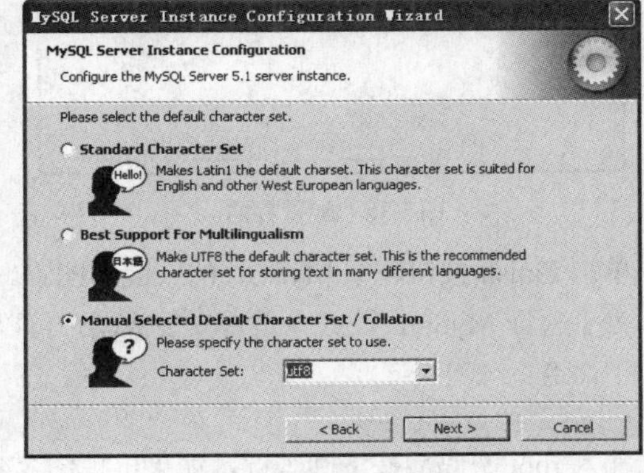

图 3.35　字符集选择

本书推荐使用 utf8 字符集，设置完成后单击 Next 按钮，弹出图 3.36 所示的对话框。

我们选择安装 MySQL 服务，并且使得开机自动运行该服务，同时勾选“Include Bin Directory in Windows PATH”，将 MySQL 的可执行文件添加到 Windows 环境变量中，使得在任何目录下都可以直接执行 MySQL 命令。

单击 Next 按钮，弹出图 3.37 所示的数据库账户设置对话框。

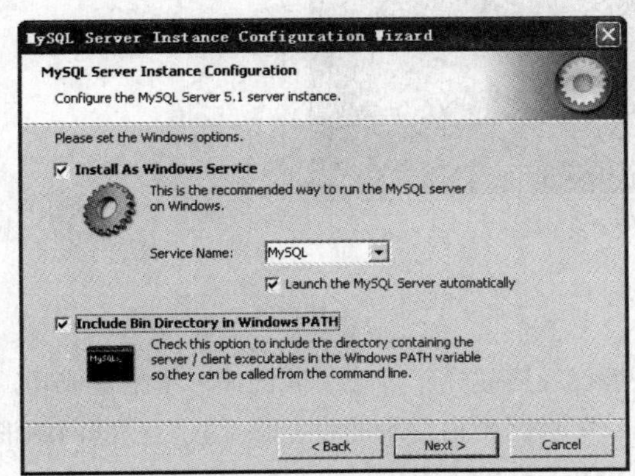

图 3.36　使用 utf8 字符集

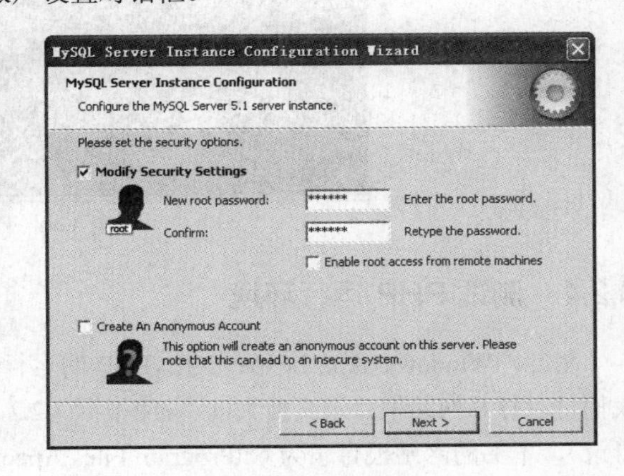

图 3.37　账号设置

设置管理员（root）密码，并牢记。至于是否允许远程连接数据库和建立匿名用户，读者可根据实际情况设置。设置完成后单击 Next 按钮，弹出图 3.38 所示的对话框。

单击 Excute 按钮开始执行配置，配置完成后会弹出图 3.39 所示的对话框。

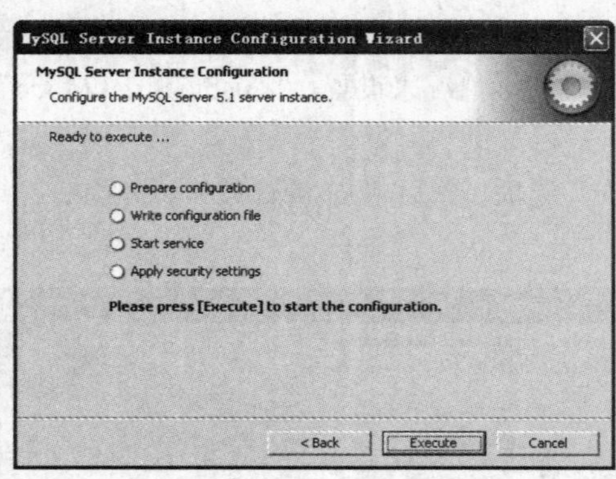

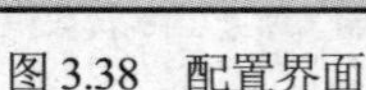

图 3.38　配置界面

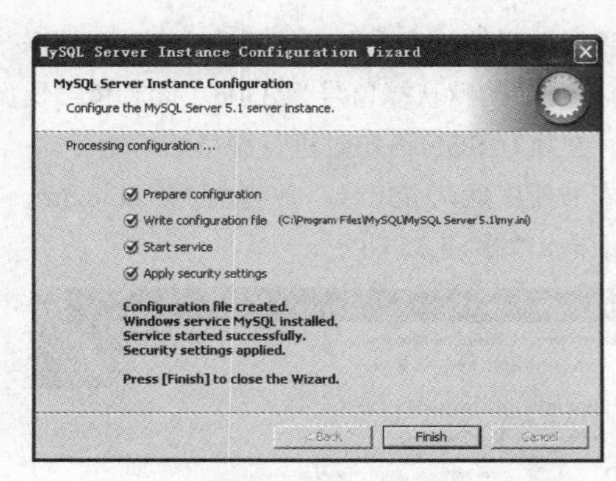

图 3.39　完成安装

单击 Finish 按钮完成 MySQL 的安装和配置。

为了验证 MySQL 数据库是否安装成功，可以在开始菜单的“附件”中打开“命令提示符”，输入如下命令：

```
mysql -u root -p
```

输入 root 密码后按下回车键，如果出现图 3.40 所示的信息，表明 MySQL 安装成功。

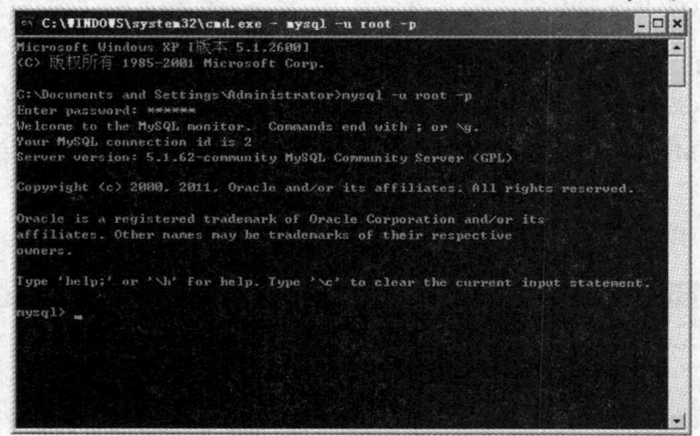

图 3.40　检测安装

3.2.4　测试 PHP 运行环境

至此，Windows+Apache+MySQL+PHP 的运行环境已经搭建完毕。为了验证该环境搭建成功，我们可以打开网站根目录文件夹(读者应根据 3.2.2 小节中对网站根目录的设置来寻找自己的网站根目录)，本书的网站根目录为 C:\Program Files\Apache Software Foundation\Apache2.2\htdocs。进入该目录，可以发现一个名为 index.html 的文件，这就是之前测试 Apache 的网页文件。用记事本在该目录下新建一个名为 index.php 的文件，在文件中添加如下内容：

```
<?php
    phpinfo();
?>
```

添加完毕后保存文件，然后打开浏览器，在地址栏中输入“http://127.0.0.1”，按下回车键。如果出现图 3.41 所示的界面，即说明 PHP 安装成功。

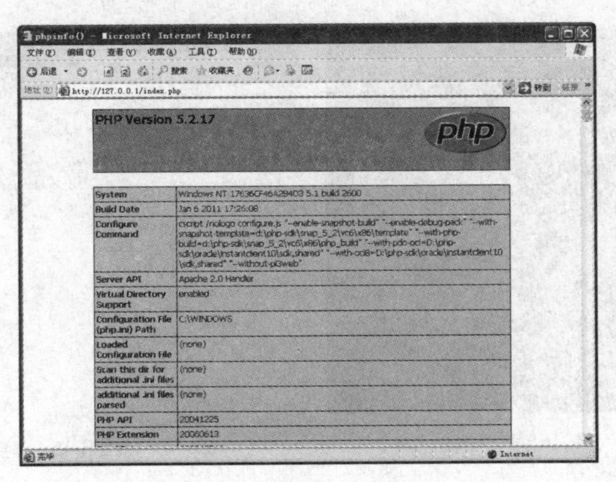

图 3.41　安装成功检测

3.3　Linux 环境下搭建 PHP 运行环境

3.2 节是在 Windows 环境下搭建 PHP 运行环境，但毕竟真正的 LAMP 架构是建立在 Linux 操作系统基础上的。本节将讲述如何在 Linux 环境下搭建 PHP 运行环境。Linux 的发行版本非常多，本书将基于现在最流行的 Linux 桌面发行版 Ubuntu 进行讲解，所使用的版本为 Ubuntu 10.04。

3.3.1　Apache 服务器的安装与配置

通过程序→附件→终端，或者快捷键【Ctrl+Alt+T】激活终端，然后输入如下命令（见图 3.42）：

```
sudo apt-get install apache2
```

按下回车键后，会提示输入用户密码，输入正确密码后再次按下回车键，出现如图 3.43 所示的提示符。

图 3.42　执行命令

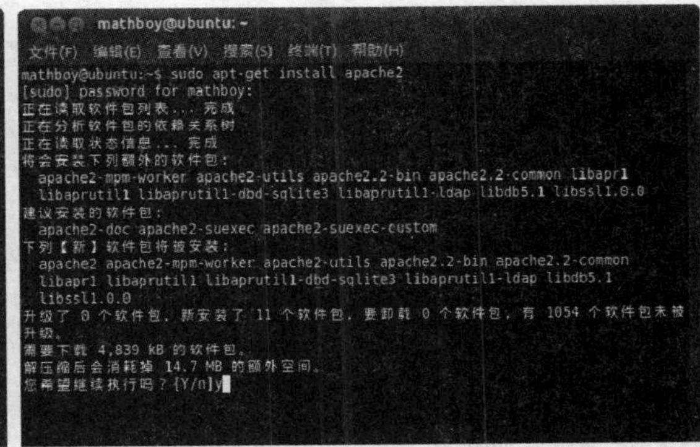

图 3.43　执行界面

输入 y 并按下回车键，开始安装，安装完成后会出现图 3.44 所示的提示符。

为了验证 Apache 安装是否成功，我们可以打开浏览器，在地址栏中输入 http://127.0.0.1，按下回车键后，如果出现图 3.45 所示的页面，即说明 Apache 安装成功。

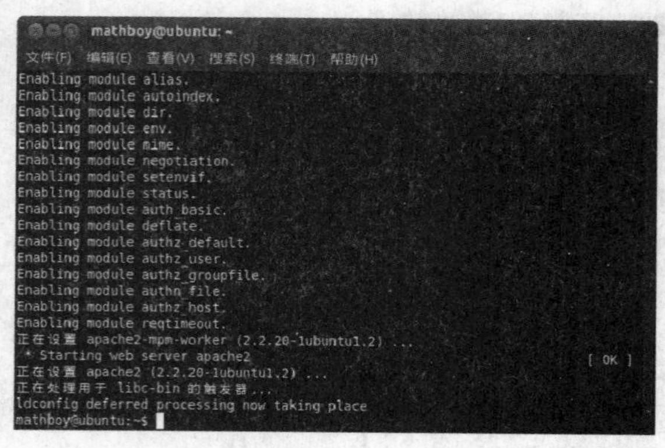

图 3.44　安装界面

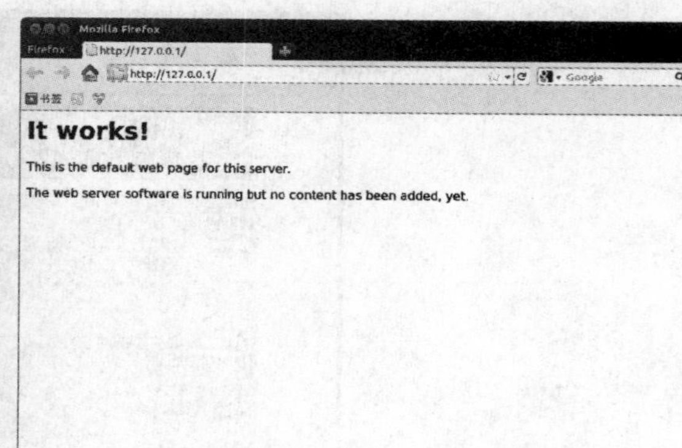

图 3.45　检测安装

Ubuntu 下 Apache 的配置文件为/etc/apache2/apache2.conf，默认的网站根目录为/var/www/，该目录下有一个文件名为 index.html，内容如图 3.46 所示，这就是图 3.45 显示的网页内容。

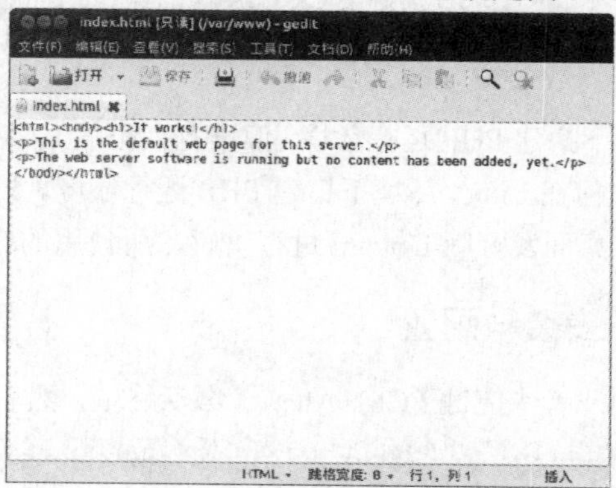

图 3.46　index.html

3.3.2　PHP 的安装与配置

选择程序→附件→终端菜单命令，或者按快捷键【Ctrl+Alt+T】激活终端，然后输入如下命令（图 3.47）：

```
sudo apt-get install php5
```

按下回车键后，出现图 3.48 所示的提示符。

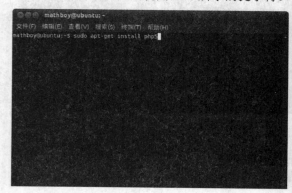

图 3.47　执行命令

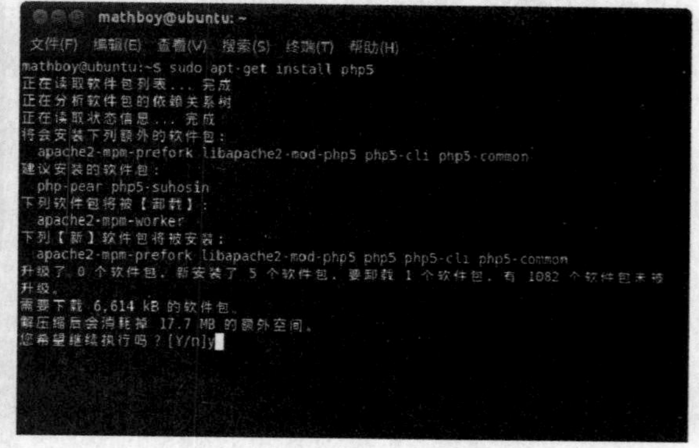

图 3.48　安装界面

输入 y 并按下回车键，开始安装，安装完成后会出现图 3.49 所示的提示符。

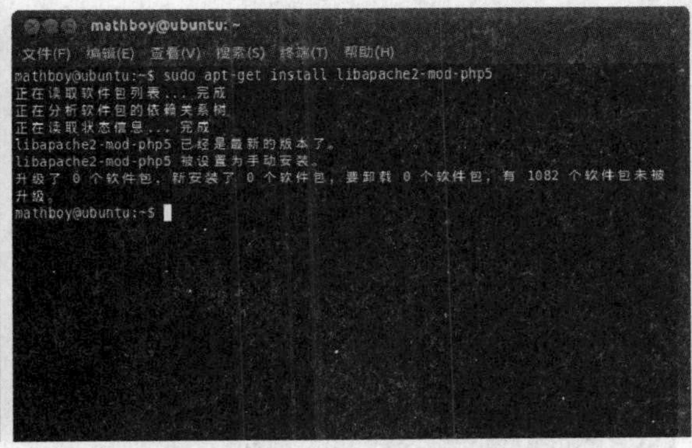

图 3.49　执行界面

PHP 安装完成后，需要在终端输入如下命令重启 Apache（见图 3.50）：

```
sudo /etc/init.d/apache2 restart
```

有时在安装完 PHP 后，可能还需要在终端下输入如下命令（见图 3.51），手动安装 libapache2-mod-php5 包。

```
sudo apt-get install libapache2-mod-php5
```

图 3.50　重启 Apache

图 3.51　手动添加包

3.3.3　MySQL 数据库的安装与配置

选择程序→附件→终端菜单命令，或者按快捷键【Ctrl+Alt+T】激活终端，然后输入如下命令（见图 3.52）：

```
sudo apt-get install mysql-server
```

按下回车键后，会提示输入用户密码，输入正确密码后再次按下回车键，出现图 3.53 所示的提示符。

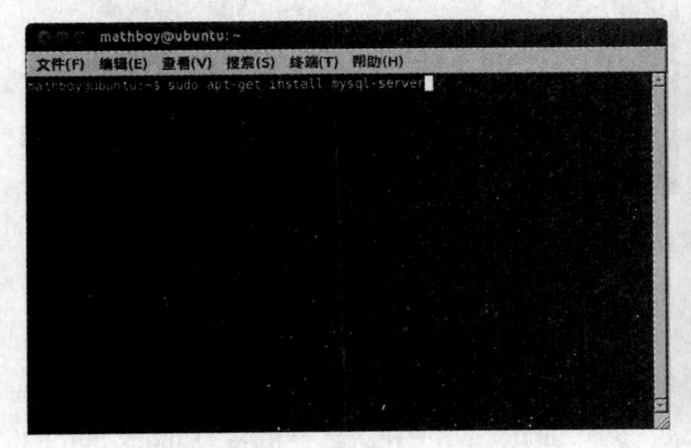

图 3.52　执行命令

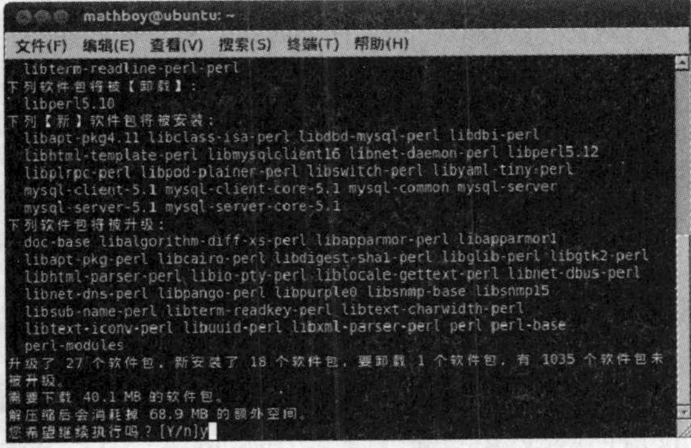

图 3.53　安装界面

输入 y 并按下回车键，开始安装。安装过程需要设置 root 密码，安装完成后，输入如下命令：

```
sudo apt-get install libapache2-mod-auth-mysql
```

按下回车键后开始安装 libapache2-mod-auth-mysql 包，安装完成后如图 3.54 所示。

接着在终端输入如下命令：

```
sudo apt-get install php5-mysql
```

按下回车键后开始安装 php5-mysql 包，安装完成后如图 3.55 所示。

最后输入如下命令重启 Apache（见图 3.56）：

```
sudo /etc/init.d/apache2 restart
```

为了验证 MySQL 数据库是否安装成功，可在终端输入如下命令：

```
mysql -u root -p
```

输入 root 密码后按下回车键，如果出现图 3.57 所示的信息，表明 MySQL 安装成功。

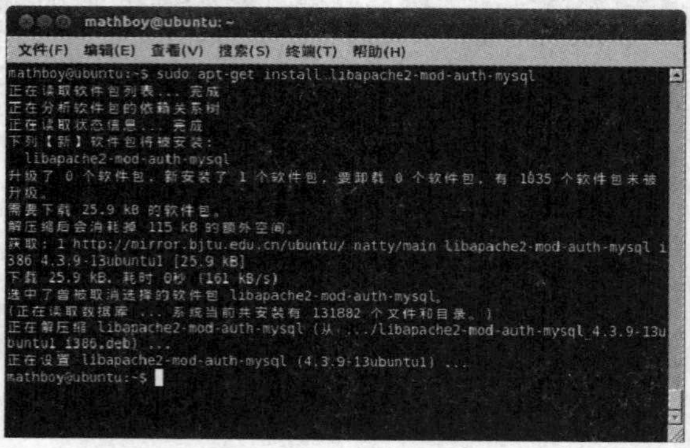

图 3.54　执行命令

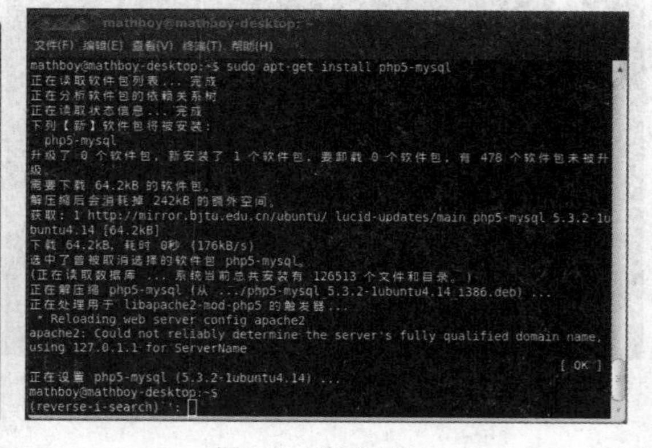

图 3.55　完成安装

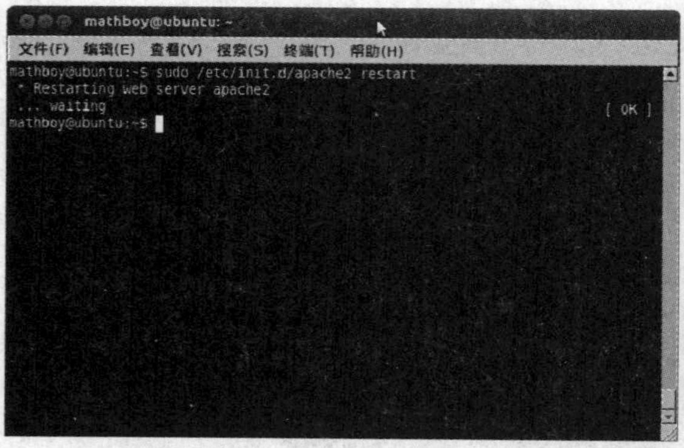

图 3.56　重启 Apache

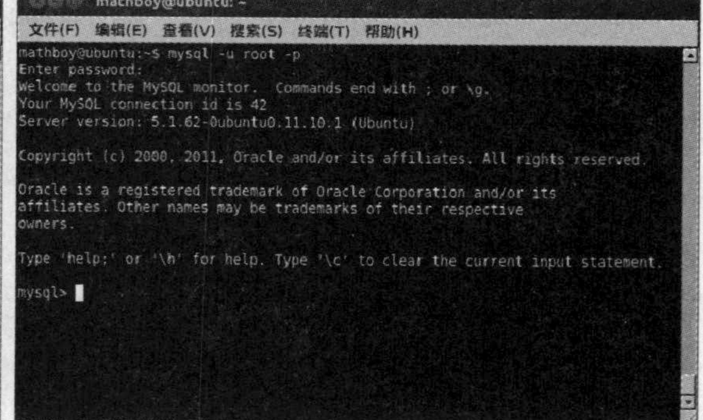

图 3.57　检测界面

3.3.4　测试 PHP 运行环境

与 Windows 下测试 PHP 运行环境类似，为了验证 Linux 下搭建 PHP 运行环境是否成功，我们可以打开网站根目录文件夹/var/www/，进入该目录，删除 index.html 并新建一个名为 index.php 的文件，添加如下内容（见图 3.58）：

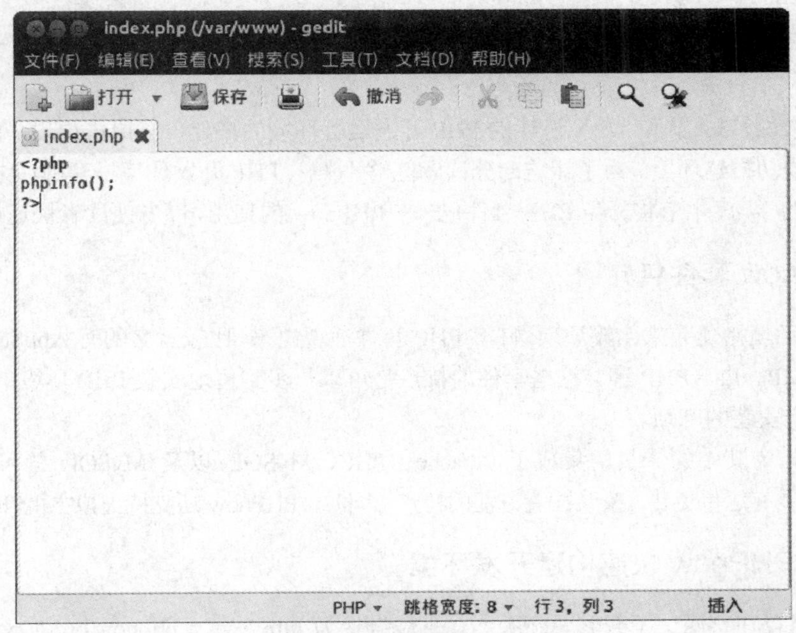

图 3.58　index.php

```
<?php
    phpinfo();
?>
```

在终端中输入的命令可以是：

```
sudo rm /var/www/index.html
sudo gedit /var/www/index.php
```

保存文件后，打开浏览器，在地址栏中输入 http://127.0.0.1，按下回车键后，如果出现图 3.59 所示的页面，即说明 PHP 环境搭建成功。

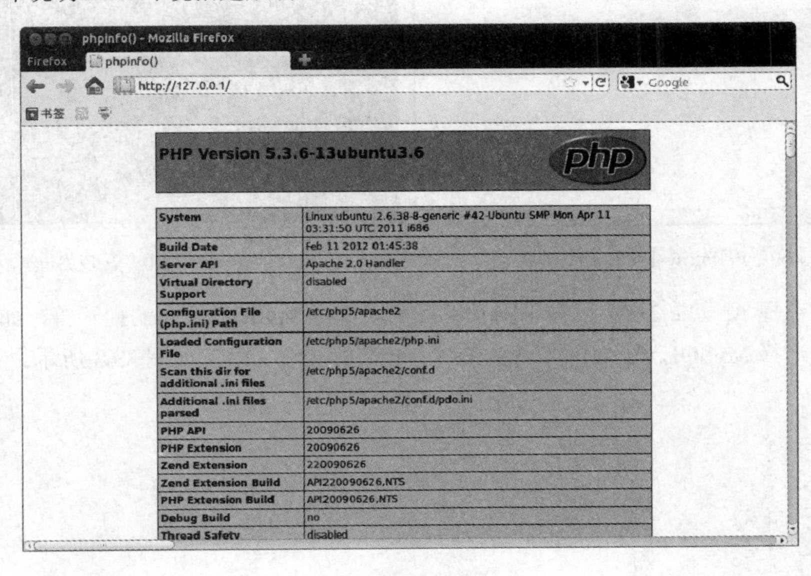

图 3.59　检测安装

3.4 PHP 套件

对初学者来说，3.2 节和 3.3 节讲述的 PHP 开发运行环境的搭建可能比较烦琐，而且容易出错，有时甚至无法成功搭建环境。为了让这部分读者能够不陷入 PHP 开发环境搭建的泥泞，而快速进入 PHP 语言本身的学习，本节将介绍 PHP 套件包——PHPnow 的使用，以方便读者快速构建开发环境。

3.4.1 PHPnow 套件包介绍

由于 PHP 环境搭建起来比较烦琐，许多 PHP 套件涌现出来，比较著名的有 AppServ、PHPHome、PHPnow、WAMP、EasyPHP 等。这些套件的特点是可以一步到位地安装 PHP 环境中的所有必要软件，省去了逐个安装的麻烦。

PHPnow 作为其中的一员，集成了 Apache、PHP、MySQL 以及 MySQL 的可视化管理工具 phpMyAdmin，具有绿色免费、安装配置方便的特点。同时，PHPnow 还支持虚拟主机管理和插件管理。

3.4.2 使用 PHPnow 快速构建开发环境

PHPnow 可以在官网上下载到最新版本，下载链接为 http://www.phpnow.org/download.html，本书使用的版本为 PHPnow-1.5.6.zip。读者也可以使用本书附带光盘中的相应软件。

解压缩 PHPnow-1.5.6.zip，并进入 PHPnow-1.5.6 文件夹，可以发现该文件夹下有一个 Setup.cmd 文件，如图 3.60 所示。

双击 Setup.cmd 文件开始安装。首先要选择 Apache 服务器软件的版本，如图 3.61 所示。

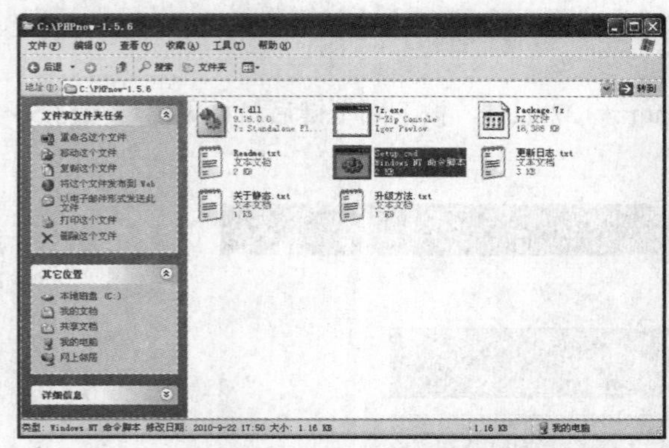

图 3.60　PHPnow-1.5.6 文件夹

图 3.61　安装界面

输入 20，选择 Apache 2.0.63，按下回车键，出现选择 MySQL 版本的提示符，如图 3.62 所示。

输入 50，选择 MySQL 5.0.90，按下回车键，开始解压缩文件，如图 3.63 所示。

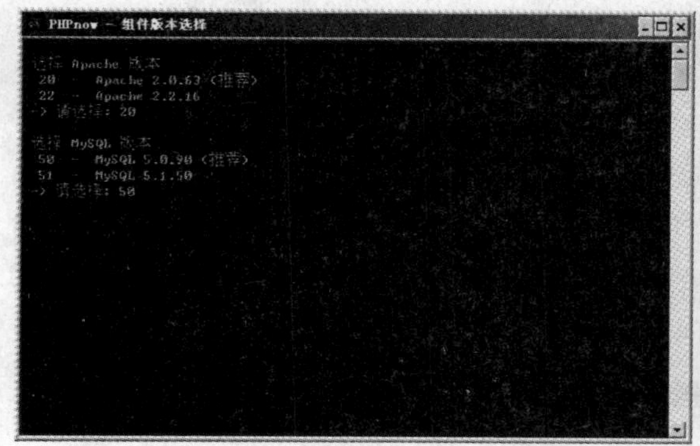

图 3.62　MySQL 版本提示符

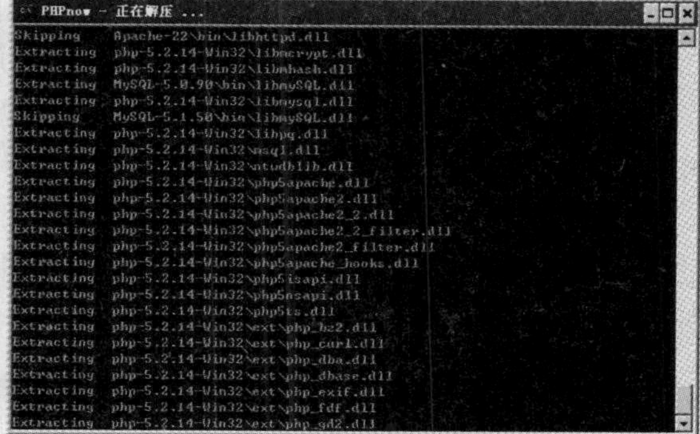

图 3.63　安装界面

解压缩完成后，会出现询问是否执行 Init.cmd 初始化的提示符，如图 3.64 所示。

输入 y 表示执行 Init.cmd 初始化，按下回车键，出现图 3.65 所示的安装提示符，安装完成后会提示要求输入 MySQL 的管理员（root）密码。

图 3.64　是否执行 Init.cmd

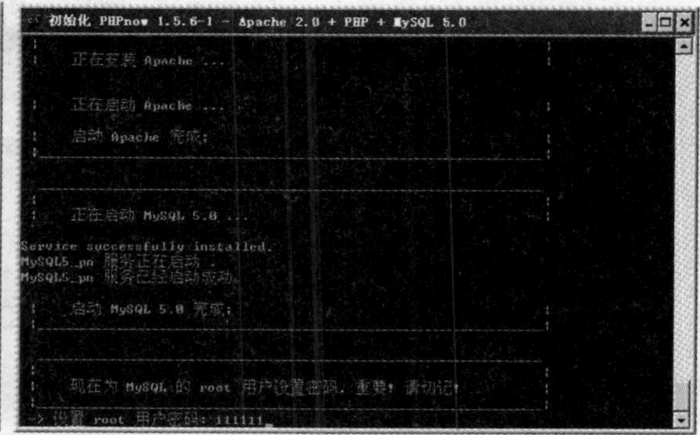

图 3.65　输入密码

输入密码（要牢记输入的密码）后按下回车键，安装即完成，如图 3.66 所示。

有时在安装过程中会出现 Windows 防火墙的报警信息，如图 3.67 所示，单击“解除阻止”按钮即可。

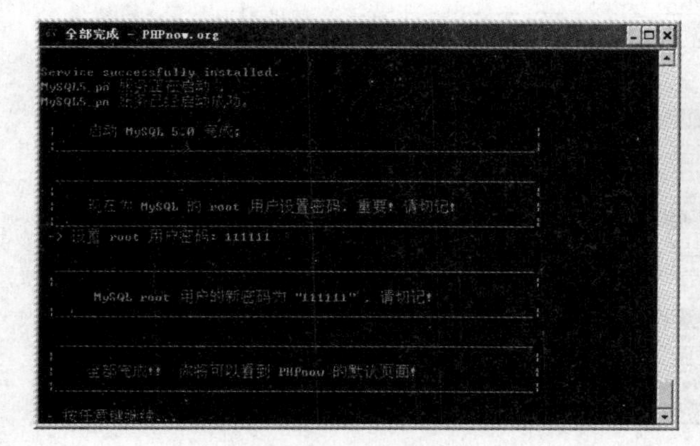

图 3.66　安装完成

图 3.67　Windows 提示界面

安装完成后，为了测试安装环境，可以打开（有时是默认打开）浏览器，在地址栏中输入“http://127.0.0.1”，按下回车键，如果出现图 3.68 所示的页面，即说明安装成功。

同时，还可以在该页面下的 MySQL 用户密码文本框中输入先前设置的 root 密码，单击“连接”按钮，如果出现图 3.69 所示的页面，即说明数据库连接成功。

同时 PHPnow 还给我们提供了方便的管理工具，可以方便地启动、停止、重启相关服务。通过命令提示符进入安装目录，运行 pncp，输入相关项目前面的数字即可完成相关功能，如图 3.70 所示。

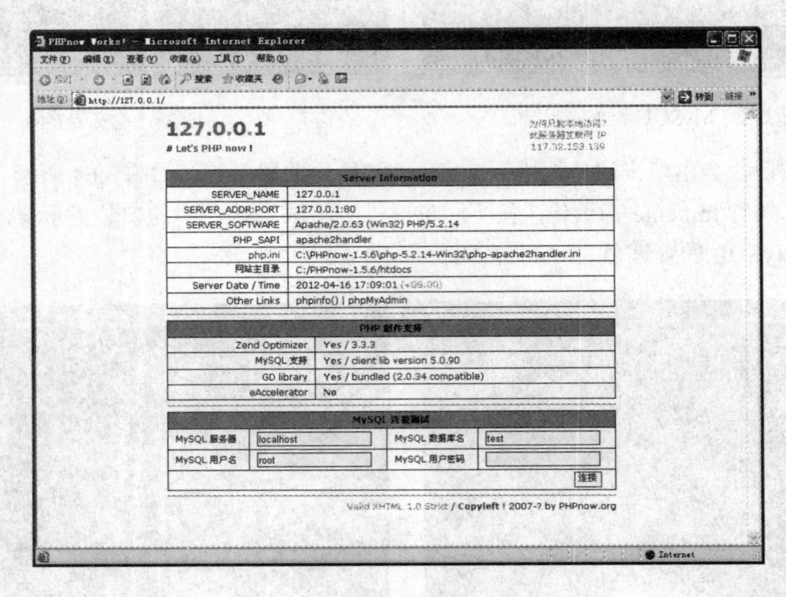

图 3.68　安装成功

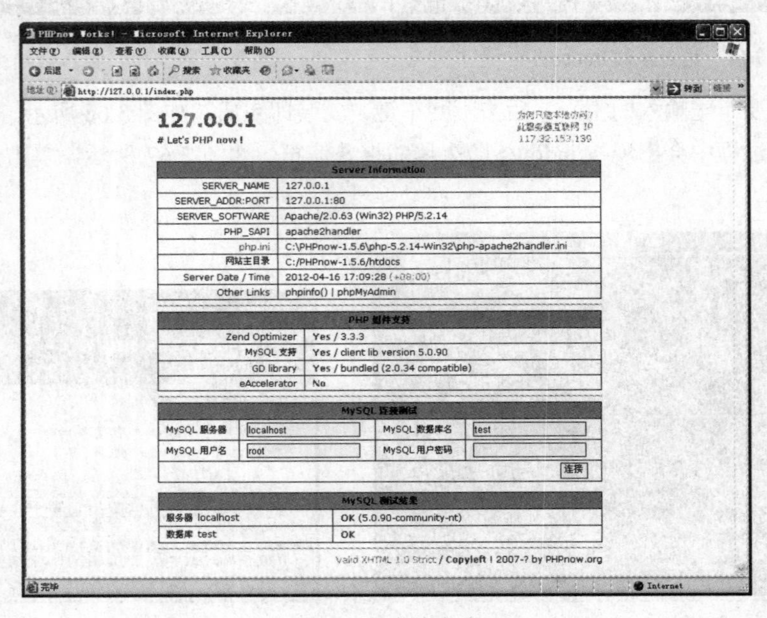

图 3.69　安装成功

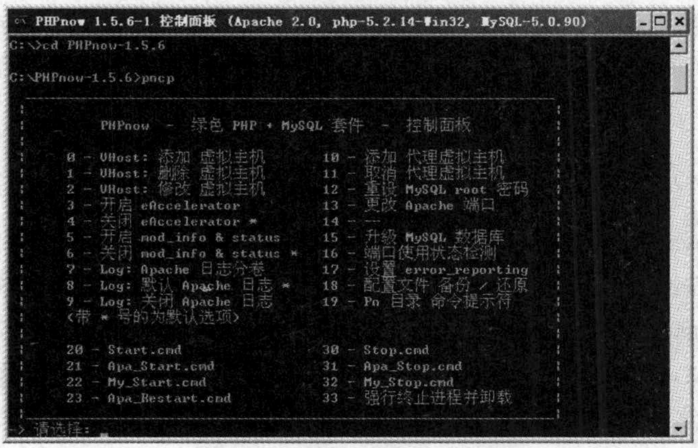

```
PHPnow 1.5.6-1 控制面板 (Apache 2.0, php-5.2.14-Win32, MySQL-5.0.90)
C:\>cd PHPnow-1.5.6

C:\PHPnow-1.5.6>pncp

        PHPnow  -  绿色 PHP + MySQL 套件  -  控制面板

    0 - VHost: 添加 虚拟主机          10 - 添加 代理虚拟主机
    1 - VHost: 删除 虚拟主机          11 - 取消 代理虚拟主机
    2 - VHost: 修改 虚拟主机          12 - 重设 MySQL root 密码
    3 - 开启 eAccelerator             13 - 更改 Apache 端口
    4 - 关闭 eAccelerator *           14 - --
    5 - 开启 mod_info & status        15 - 升级 MySQL 数据库
    6 - 关闭 mod_info & status *      16 - 端口使用状态检测
    7 - Log: Apache 日志分卷          17 - 设置 error_reporting
    8 - Log: 默认 Apache 日志 *       18 - 配置文件 备份 / 还原
    9 - Log: 关闭 Apache 日志         19 - Pn 目录 命令提示符
    (带 * 号的为默认选项)

    20 - Start.cmd                    30 - Stop.cmd
    21 - Apa_Start.cmd                31 - Apa_Stop.cmd
    22 - My_Start.cmd                 32 - My_Stop.cmd
    23 - Apa_Restart.cmd              33 - 强行终止进程并卸载

-> 请选择:
```

图 3.70　PHPnow 控制面板

以上的安装过程都是在 Windows XP 下完成的，如果读者的操作系统为 Windows Vista 或者 Windows 7，要么在安装前关闭 UAC（用户账户控制），要么使用管理员权限打开命令提示符，进入 PHPnow 的安装目录，执行 Setup.cmd。

3.5　PHP 开发工具

“工欲善其事，必先利其器”。进行 PHP 开发，选择一个合适的开发工具是必要的。在 PHP 大行其道的今天，各式各样的 PHP 开发工具也在不断涌现。这其中有免费工具也有商业工具，有笨重强大的工具也有轻巧便捷的工具。

3.5.1　Zend Studio 介绍

如果对 PHP 开发工具进行一个排名，Zend Studio 一定是当之无愧的第一名。它来自 Zend Technologies 公司，这家公司的创始人缔造了伟大的 Zend 引擎，该引擎被用于 PHP4 及其以后的版本。出自 PHP 幕后团队之手的 Zend Studio 可以说是最懂 PHP 的 PHP 开发工具。Zend Studio 的强大之处，除了一般编辑器所具有的代码高亮，语法自动缩进，书签功能外，它内置的调试器更是无可挑剔，支持本地和远程两种调试模式，支持诸如跟踪变量、单步运行、断点、堆栈信息、函数调用、查看实时输出等多种高级调试功能。同时，Zend Studio 对 Zend Framework 这一重量级的 PHP 开发框架更是毫无悬念地完美支持。因此，Zend Studio 很受企业用户的喜爱。但是，如此优秀的工具却不是“免费午餐”，要想使用它必须付一笔不菲的费用，而且它也有企业级工具的通病，那就是太笨重了，以至快速启动的程序员不愿意使用它。

3.5.2　Eclipse 介绍

Eclipse 是一个开源的、基于 Java 的可扩展开发平台。尽管很多人都将它作为 Java 的集成开发环境，但它的功能却不仅限于此。通过安装插件的方式，Eclipse 可以轻松扩展成 C/C++、JavaScript、PHP、Python 等编程语言的开发环境。熟悉 Eclipse 历史的人都知道，Eclipse 曾经是蓝色巨人 IBM 领导的项目，后来 IBM 将其捐献给了开源组织。因此，Eclipse 从出生到现在，都是经过众多高手精心设计和优化的，可以说是名门之秀，甚至连 Zend Studio 都开始拥抱 Eclipse 了。最重要的是，Eclipse 是开源免费的，我们可以在 Eclipse 的官网上下载并安装，进过简单配置即可将其作为 PHP 开发环境。

3.5.3 NetBeans 介绍

NetBeans 是由 Java 的发明者、曾经风光无限的 Sun 公司（2009 年被 Oracle 公司收购）开发的一款 IED，目前支持 Java、PHP、Ruby、JavaScript、Ajax、Groovy、Grails 和 C /C＋+等开发语言。Sun 最初推出 NetBeans 只是为了对抗 IBM 的 Eclipse，因为 Sun 作为 Java 的发明者，不能容忍别的公司对 Java 的主流 IED 指手画脚。也许竞争让 NetBeans 成功了，虽然 Sun 已经物是人非，但 NetBeans 在软件开发行业却依然火爆，这或许与它强大的功能和易用性有关。与 Eclipse 一样，只需简单配置，这款 Java 的官方 IED 转眼便可成为 PHP 的集成开发环境。

3.5.4 phpDesigner 介绍

与 Zend Studio、Eclipse、NetBeans 相比，phpDesigner 是一款小众的 PHP 集成开发工具。但小并不代表功能弱，事实上，phpDesigner 既有强大的代码编辑功能，又支持流行的 PHP 框架，甚至支持 JQuery 这些 JavaScript 框架。而且 phpDesigner 还支持其他语言，例如 HTML、CSS、JavaScript、VBscript、Java、C#、Perl、Python 等。

3.5.5 选择适合自己的开发工具

如果不适合自己，工具纵使再强大也枉然。但是我们又该怎么选择自己的开发工具呢？有个原则就是，满足自己的要求即可，不要刻意追求强大。如果我们仅仅是进行简单的 PHP 开发，没有使用诸如 Zend Framework 这样庞大的框架，就没有必要去追求强大且笨重的 Zend Studio。对于很多开发者而言，Eclipse 和 NetBeans 或许是个不错的选择。本书以后的例子都将是在 Eclipse 的平台上进行的。

我们可以在 Eclipse 的官网上下载 Eclipse for PHP Developers 这样的集成包，这就省去了安装 PHP 插件的烦恼。下载链接为 http://www.eclipse.org/downloads/packages/eclipse-php-developers/heliosr。读者也可以使用本书附带光盘中的相应软件 eclipse-php-helios-SR2-win32.zip。解压后即可使用，无须安装。但是要注意，Eclipse 是基于 Java 的开发平台，因此在使用 Eclipse 之前请确保你使用的计算机上安装了 Java 运行环境，否则请去 Java 的官网 http://www.java.com/zh_CN/下载安装。

3.6 本章小结

本章首先介绍了 PHP 运行的软、硬件环境，然后分别在 Windows 平台和 Linux 平台下一步步搭建了 PHP 运行环境。为了方便读者快速搭建开发环境，还介绍了 PHP 套件包 PHPnow 的使用。最后，介绍了一些常见的 PHP 集成开发工具以供读者在开发时选择。

第 4 章　PHP 基本语法

早期的 PHP 语法借鉴了 C 语言、Perl 语言的语法风格，简洁高效并深受程序员的喜爱。随着 Java 的流行以及面向对象的普及，PHP 从 PHP 5 开始适时地引入了类似 Java 面向对象的语法。PHP 较新的稳定版本是 2012 年 5 月 8 日发布的 PHP 5.3.13，此时的 PHP 已经完全支持面向对象了。

4.1　概　　述

在第 3 章我们已经安装了 PHP 的运行环境，下面将着手编写第一个 PHP 程序。

4.1.1　第一个 PHP 程序

PHP 脚本是纯文本文件，任何文本编辑器都可以用来编写 PHP 文件，例如 Windows 记事本、Notepad++、EditPlus、UltraEdit 等。当然也可以在集成开发软件中编写，例如 Eclipse、Zend Studio 等。

打开文本编辑器，输入如下代码：

```
<?php
    echo 'Hello PHP!';
?>
```

将该代码保存为扩展名为.php 的文件，例如“myfirst.php”，然后将该文件复制到 Apache 的网站根目录，然后打开浏览器，在地址栏中输入“http://localhost/myfirst.php”，按下回车键即可在浏览器的窗口中显示这样一段文字“Hello PHP!”，如图 4-1 所示。

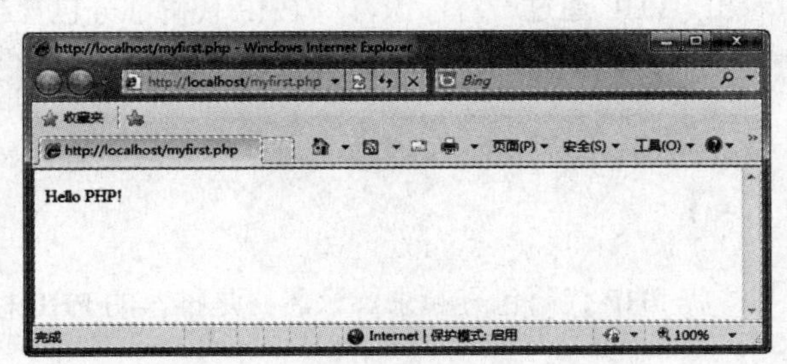

图 4.1　Hello PHP

这是最简单的 PHP 程序，标识符“<?php”、“?>”包裹着一段代码“echo 'Hello PHP!';”，这段代码使用了 echo 语句，功能是输出字符串'Hello PHP!'。关于这个语句的详细功能本章后面会逐步深入。

4.1.2 在 HTML 中嵌入 PHP 程序

作为一种网页脚本语言，PHP 可以自由地嵌入到 HTML 文档中，构成丰富多彩的动态网页。例如下面这段代码：

```
<html>
<head>
<title>将 PHP 嵌入到 HTML 中</title>
</head>
<body>
    <font color="red" size="6">
        <?php
            echo 'Hello,PHP!';
        ?>
    </font>
</body>
</html>
```

PHP 代码被嵌入到 HTML 文档的<font>标记符之间，当程序运行时，PHP 的代码会被 PHP 解析器翻译成 HTML 文本，在浏览网页的访问者看来，他的浏览器接收到的依然是 HTML 文档，他并不会觉察到有 PHP 代码被嵌入其中。

将上面这段代码保存为扩展名为.php 的文件，将其复制到网站工作目录中，运行即可看到图 4.2 所示的效果。

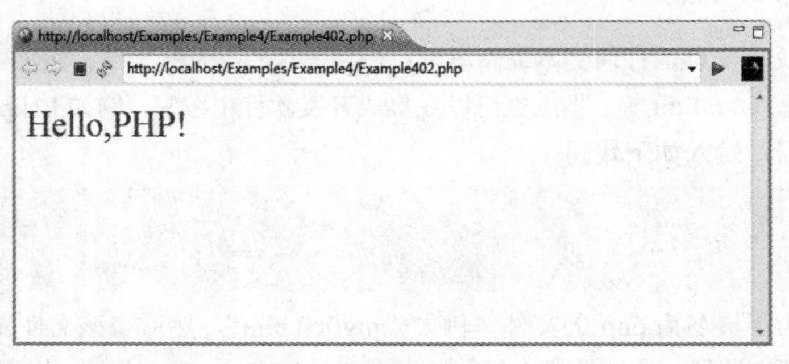

图 4.2 网站运行效果

从上面这段代码可以看出，PHP 通过一对标识符将 PHP 代码部分包含起来，以便和 HTML 区分。PHP 共支持以下 4 种标记风格。

（1）默认风格

```
<?php
    echo 'Hello PHP!';
?>
```

默认风格通过<?php 与?>将 PHP 代码包裹起来。该风格是推荐的 PHP 标记风格。

（2）脚本风格

```
<script language="php">
    echo 'Hello PHP!';
</script>
```

（3）短标记风格

```
<?
    echo 'Hello PHP!';
?>
```

使用短标记风格之前需要在配置文件 php.ini 中进行相关的配置，将 short_open_tag 设置为 ON，然后重启 Apache 服务器。

（4）ASP 风格

```
<%
    echo 'Hello PHP!';
%>
```

使用 ASP 风格前，同样需要在配置文件 php.ini 中进行相关的配置，将 asp_tag 设置为 ON，然后重启 Apache 服务器。

4.1.3　在 PHP 中添加注释

注释是代码的解释和说明，可以方便程序的阅读和维护。代码在执行时，注释部分会被解释器忽略，因此注释不会影响程序的执行。

PHP 支持以下 3 种风格的注释。

（1）C++风格（//）

```
<?php
    echo 'Hello,PHP!';          //我是注释，不被执行
?>
```

在这种注释中不能出现?>标签，因为 PHP 解释器会将此作为代码结束的标签。如果开启了 short_open_tag 和 asp_tag 设置，>和%>同样不能出现在注释中。

（2）C 语言风格（/* */）

```
<?php
    /*
     * 我是注释，不被执行
     */
    echo 'Hello,PHP!';
?>
```

C 语言风格的注释在遇到第一个*/时结束，因此不允许嵌套注释。

（3）Shell 风格

```
<?php
    echo 'Hello,PHP!';  #我是注释，不被执行
?>
```

与 C++风格的注释类似，PHP 的结束标签同样不能出现在注释中。

4.1.4　PHP 程序的常见错误

无论是谁编写程序，都难免出现这样或那样的错误，因此对开发者而言，掌握一些调试程序的方法是必要的。PHP 程序中常见的错误有下面几种：

（1）语法错误

语法错误是 PHP 开发中最容易出现的错误。当 PHP 试图解释一个脚本时，它会先扫描整个文件内容，如果有错误，会立即停止执行，例如：

```
<?php
    for($i=0;$i<10 ++$i)
    {
        echo $i.' ';
    }
?>
```

这段代码由于有错误，PHP 引擎无法解析，因此运行时会出现如下提示信息：

```
    Parse error: syntax error, unexpected T_INC, expecting ';' in error_test.php on
line 2
```

对于语法错误，我们常常可以根据 PHP 引擎给出的提示信息进行修改调试。例如，上面的提示信息就告诉我们，代码的第二行缺少一个分号。当我们根据提示信息去源代码中查看时就会发现，for 循环语句的循环终止条件后面确实少了一个分号，修改之后即可正确运行。

有时，脚本中不止一个语法错误，或者两个语法错误出现的地方靠得比较近，PHP 引擎有时无法给出所有的提示信息，因此不要企图一次修改完所有的错误，而是应该每修改完一个错误就执行一遍程序，从而可以发现新的错误，例如：

```
<?php
    for($i=0;$i<10 ++$i
    {
        echo $i.' ';
    }
?>
```

这段代码中有两处语法错误，当我们运行程序时，PHP 引擎只给出了一个错误提示信息。

```
    Parse error: syntax error, unexpected T_INC, expecting ';' in error_test.php on
line 2
```

（2）符号错误

符号错误一般出现在使用了未赋值的变量，此时 PHP 引擎因为不能解释遇到的变量，便会停止执行，例如：

```
<?php
    $name = 'Linlin';
    echo $nmae;
?>
```

上面这段代码由于出现了未曾定义的变量$nmae，执行过程中会出现如下提示错误：

```
Notice: Undefined variable: nmae in error_test.php on line 3
```

（3）逻辑错误

所谓逻辑错误是指程序在语法上是正确的，也能够编译运行，但是运行的结果与预期不符。这种错误无法通过 PHP 引擎给出的信息来判断，只能依靠程序员的个人能力或者严格的代码测试才能发现并解决。

4.2 数据类型

作为一种脚本语言，PHP 对数据类型采取了较为宽松的处理，变量的数据类型会根据程序中的逻辑自动设置。PHP 共支持 8 种基本数据类型，包括 4 种标量类型：boolean（布尔型）、integer（整型）、float（符点型，也称为 double)、string（字符串），2 种复合类型：array（数组）、object（对象），2 种特殊类型：resource（资源）、NULL（空类型）。

4.2.1 布尔型

布尔型变量只有两种取值：true 或 false，分别表示逻辑真和逻辑假。例如：

```
$is_ready = true;
```

这里变量$is_ready 就是布尔型变量，其值为 true，即逻辑真。

布尔型变量通常用于条件语句或循环语句的表达式中，例如下面这个 if 条件语句：

```
<?php
    $is_ready = true;
    if($is_ready == true){
        echo '报告首长，集合完毕，请指示。';
    }else{
        echo '报告首长，集合尚未完毕，要不您喝杯茶歇会儿等等？';
    }
?>
```

上面这个 if 语句，通过判断变量$is_ready 的值来实现条件分支，如果$is_ready 的值为 true，则输出“报告首长，集合完毕，请指示。”，否则输出“报告首长，集合尚未完毕，要不您喝杯茶歇会儿等等？”。

在 PHP 中，如果要明确地将一个变量转换成布尔型，需要用（bool）或（boolean）来强制转换。当转换为布尔型时，以下值被认为是 false：

- 布尔值 false 本身。
- 整型值 0。
- 浮点型值 0.0。
- 空字符串和字符串"0"。
- 不含任何元素的数组。
- 不含任何成员变量的对象（仅 PHP 4.0 适用）。
- 特殊类型 NULL（包括尚未定义的变量）。
- 从没有任何标记的 XML 文档生成的 SimpleXML 对象。

而其他所有值都被认为是 true。例如下面这段代码中，数值将全部强制转换为 false，函数 var_dump 用来打印变量的相关信息。

```
<?php
    var_dump((bool) false);
    var_dump((bool) 0);
    var_dump((bool) 0.0);
    var_dump((bool) "");
```

```
    var_dump((bool) "0");
    var_dump((bool) array());
    var_dump((bool) NULL);
?>
```

输出如图 4.3 所示。

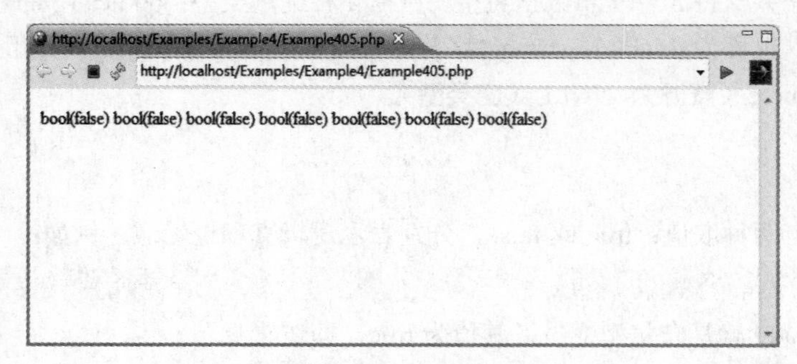

图 4.3　运行结果

4.2.2　整型

整型变量称为 integer 型或 int 型，用来保存整数。在 32 位操作系统中，整型数的有效范围是 －2 147 483 648~+2 147 483 647，如果给出的整型数超出了这个范围，将会被 PHP 引擎解释成浮点数（float）。例如：

```
<?php
    $large_int = 2147483647;            //最大的整型数
    var_dump($large_int);

    $large_int = 2147483648;            //超出最大整型数的范围，将被转换为浮点数
    var_dump($large_int);
?>
```

输出结果如图 4.4 所示。

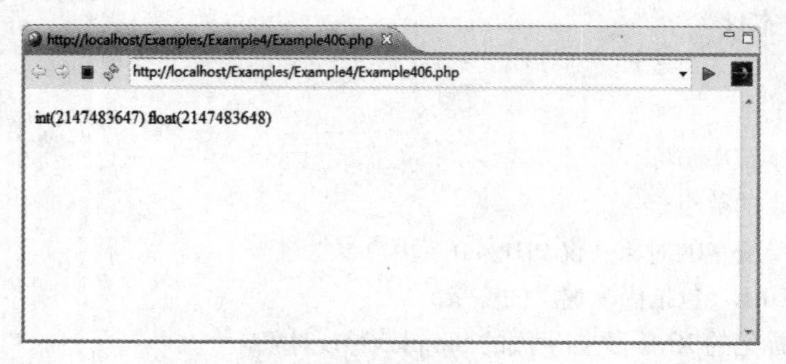

图 4.4　输出结果

整型数既可以用十进制表示，也可用八进制和十六进制表示。如果用八进制，数字前必须加 0，如果用十六进制，数字前必须加 0x。下面这段代码，分别用十进制、八进制、十六进制表示了同一个数字。

```
<?php
    $dec_int = 63;
```

```
    var_dump($dec_int);

    $oct_int = 077;
    var_dump($oct_int);

    $hex_int = 0x3F;
    var_dump($hex_int);
?>
```

输出结果如图 4.5 所示。

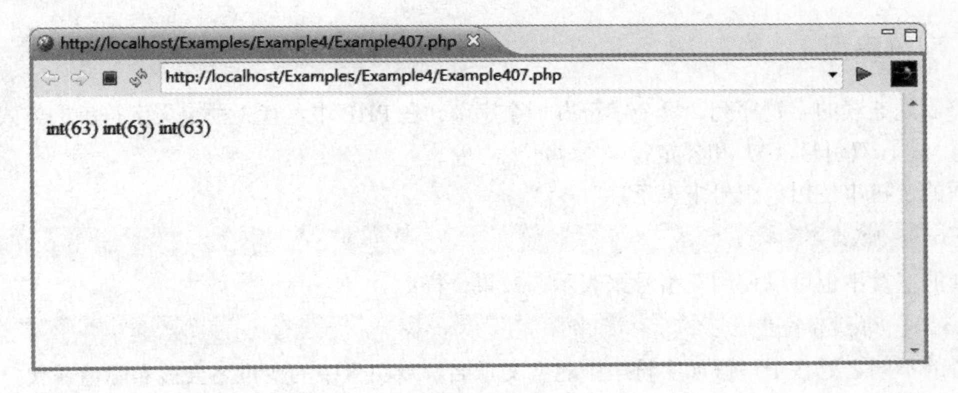

图 4.5　输出结果

如果要明确地将一个值转换为整型，可以用(int)或(integer)强制转换。例如：

```
<?php
    var_dump(14/5);                    //不进行强制转换，为浮点型
    var_dump((int)(14/5));             //强制转换后为整型
?>
```

输出结果如图 4.6 所示。

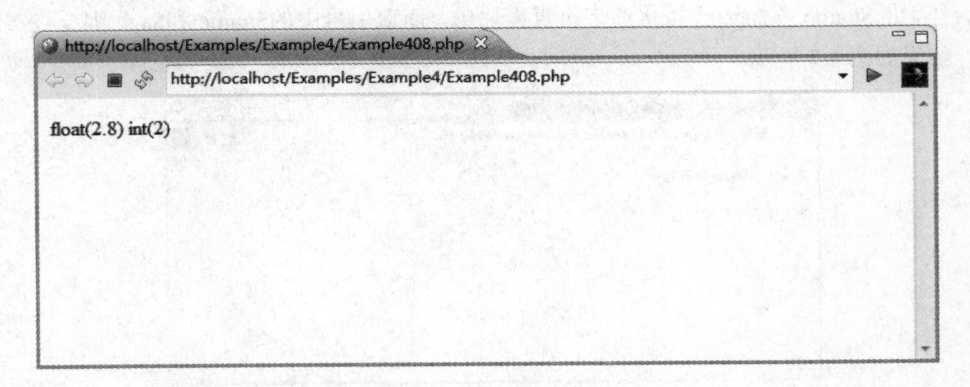

图 4.6　输出结果

4.2.3　浮点型

浮点型变量称为 float 型，用来表示实数。浮点型数有两种表示格式，一种是标准格式：

```
$a = 1.42857;
$b = -14.2857;
```

另一种是科学计数法格式：

```
$c = 1.4e2;
$d = -1.4E-2;
```

浮点型变量的值不准确，例如浮点数 8，在计算机中往往被表示成循环小数 7.9，因此不要试图比较两个浮点数是否相等。

4.2.4 字符串型

字符串是连续的字符序列，每个字符占一个字节。在 PHP 中，有 3 种定义字符串的方式，分别是单引号（'）、双引号（"）和界定符（<<<）。

下面的字符串使用单引号来表示：

```
$char = '我是字符串';
```

同样的字符串也可以使用双引号来表示，效果一样：

```
$char = "我是字符串";
```

两者的不同之处在于，假如字符串中包含变量名，双引号中的变量名会被实际值替代，而单引号中的变量名会按普通字符直接输出。例如：

```
<?php
    $name = '麦兜';
    $age = 22;
    echo '本人大名$name,年方$age';
    echo '<p>';
    echo "本人大名$name,年方$age";
?>
```

单引号中的$name 和$age 会按普通字符直接输出，而双引号中的$name 和$age 则会被实际值替代，运行结果如图 4.7 所示。

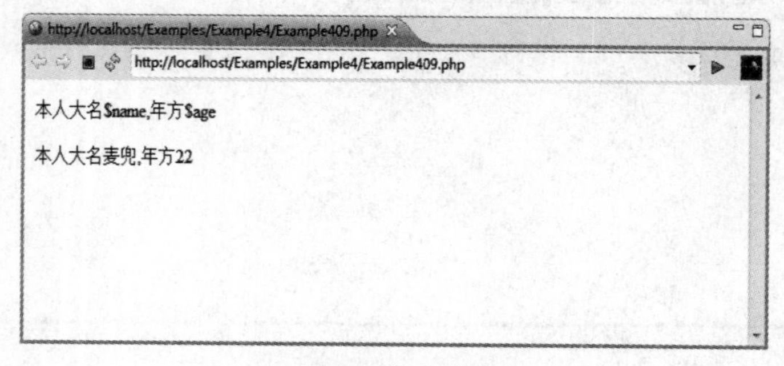

图 4.7　输出结果

单引号和双引号使用上的另一个区别是对转义字符的使用。不管是何种编程语言，使用转义字符的原因有两种：一是由于某些字符（例如回车符、换行符等）没有现成的文字代号；二是某些字符在某些编程语言中被赋予了特殊的含义，例如 C 语言中的单引号和双引号。

在 PHP 中，单引号中的字符串只需对单引号'和反斜线\进行转义，而双引号中的字符串还要注意双引号"、美元符号$等字符的使用。常用的转义字符如表 4.1 所示。

表 4.1　转义字符

转 义 字 符	输　出
\n	换行
\r	回车
\t	水平制表符
\\	反斜线
\$	美元符号
\'	单引号
\"	双引号
\[0-7]{1,3}	八进制数，例如\567
\x[0-9A-Fa-f]{1,2}	十六进制数，例如\x4E

在定义字符串时，如果没有特别的要求，使用单引号则是一种更为合理的方式。因为对于使用双引号作为定界符的字符串，PHP 引擎将需要花费一些时间来处理转义符和字符串中的变量。

除了单引号和双引号，PHP 还支持另一种被称为 HereDoc 的界定符<<<，格式如下：

```
echo <<<STR
要输出的字符串
STR;
```

其中，STR 为编程者指定的标识符，命名需符合 PHP 标识符命名的规范。定义字符串时以该标识符开始，然后是要输出的字符串，最后以同样的标识符结尾，最后结尾的标识符前面不能有空格或者缩进，必须顶格。例如：

```
<?php
echo <<<MY_STR
《山村咏怀》
一去二三里，烟村四五家。
亭台六七座，八九十枝花。
MY_STR;
?>
```

输出结果如图 4.8 所示。

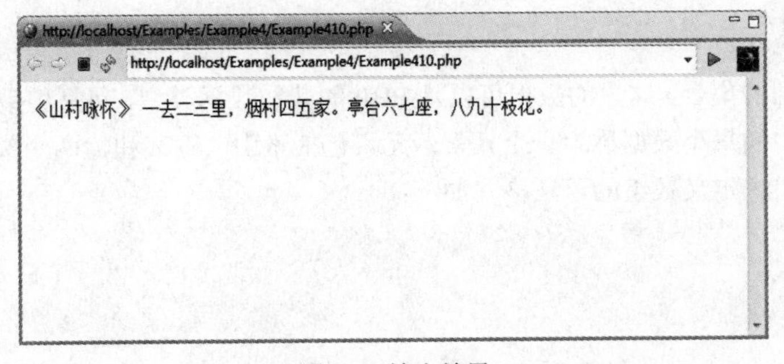

图 4.8　输出结果

HereDoc 中的变量在输出时也会被其实际值替代，因此该技术常被用来进行界面与逻辑代码的分离。例如：

```
<?php
$title = '山村咏怀';
$first_content = '一去二三里';
$second_content = '烟村四五家';
$third_content = '亭台六七座';
$fourth_content = '八九十枝花';

echo <<<POEM
<html>
    <head>
        <meta http-equiv="Content-Type" content="text/html; charset=utf8" />
        <title>五言绝句</title>
    </head>
    <body>
          《{$title}》<br>
{$first_content}，{$second_content}。<br>
{$third_content}，{$fourth_content}。<br>
    </body>
</html>

POEM;
?>
```

PHP 变量被花括号{}包裹起来，置于 HTML 文档中。输出效果如图 4.9 所示。

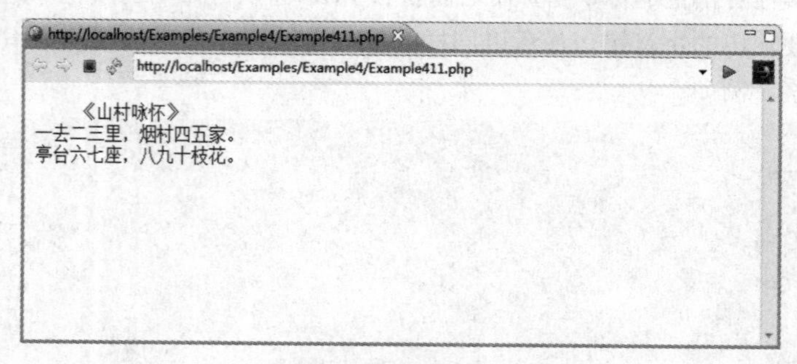

图 4.9　输出结果

4.2.5　数组类型

数组是一组数据的集合，这里的数据可以是 PHP 的其他数据类型，包括整数、浮点数、字符串，甚至是数组。数组中的每个数据称为一个元素，元素包括索引（键）和值两个部分，索引可以是数字，也可以是字符串。定义数组的语法格式如下：

```
array(value1,
     value2,
      ...)
```

或

```
array(key1 => value1,
```

```
      key2 => value2,
       ...)
```

或

```
$my_array[key1] = value1
$my_array[key2] = value2
...
```

其中，key 是数组的索引，即数组的下标，value 是该索引对应的值。例如：

```
$my_array1 = array('colin','Mo','沫沫','林林');
$my_array2 = array(0 => 'colin',
                1 => 'Mo',
                'girl' => '沫沫',
                'boy' => '林林');
$my_array3[0] = colin;
$my_array3['girl'] = '沫沫';
```

关于数组更多的详细介绍将在第 6 章展开。

4.2.6　对象类型

对象是面向对象编程的核心概念。在面向对象的程序设计中，各个具体的事物被抽象成一个实体，即“类”。PHP 用 object 表示对象类型。

在 PHP 中，类的定义格式如下：

```
class MyClass {
    public $var1;                              //成员变量
    private $var2;                             //成员变量
    ...

    function myFun($arg1,$arg2,...){           //方法
        ...
    }
}
```

类用关键字 class 标识，类中包含成员变量和方法，方法实际上就是一些函数。例如：

```
class Person {
    public $name;                              //成员变量
    private $age;                              //成员变量

    function Person($name,$age){               //构造方法
        $this->name = $name;
        $this->age = $age;
    }

    function getInfo(){                        //方法
        echo '我叫'.$this->name.'<br>我今年'.$this->age.'岁了';
    }
}
```

创建好类之后，需要使用 new 关键字来实例化一个类并得到该类的一个对象。例如：

```
    $girl = new Person('沫沫',19);
    $girl->getInfo();
```

执行结果如图 4.10 所示。

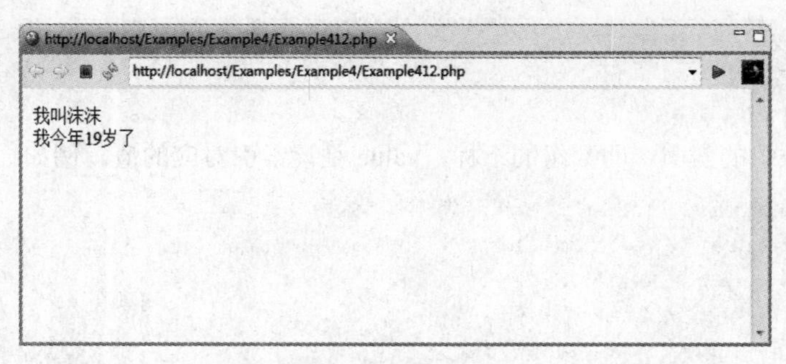

图 4.10　输出结果

关于类和面向对象的详细介绍将会在第 8 章展开。

4.2.7　资源类型

资源是 PHP 中一种特殊的数据类型，保存了对外部资源的引用，例如，一个数据库连接、一个数据库查询、一个打开的文件句柄等。

从 PHP 4 开始，PHP 引擎引入了类似 Java 的垃圾回收机制，可以自动检测到不再被引用的资源，并自动释放。因此，PHP 资源很少需要手动释放。

4.2.8　NULL 类型

NULL，即空值，也是 PHP 中一种特殊的数据类型，表示没有为该变量设置任何值。注意它与空格的意义不同，而且空值不区分大小写，也就是说 NULL 与 null 的效果是一样的。

当满足下列条件之一时，变量的值为 NULL：

- 变量还没被赋任何值。
- 变量被指定为 NULL。
- 使用 unset()函数删除的变量。

例如：

```
<?php
    $var1 = NULL;                //变量$var1 被赋值 NULL

    $var2 = '沫沫';
    unset($var2);                //$var2 被 unset 函数删除后其值为 NULL
?>
```

4.2.9　类型转换

PHP 变量在定义时并不需要明确指定数据类型，PHP 引擎会根据变量的上下文来确定其类型。但有时不可避免地需要将某个变量强制转换为指定的数据类型，这在之前讲述布尔型、整型时有所涉及，现总结如表 4.2 所示。

表 4.2　强制类型转换

转换操作符	转 换 类 型
(bool)或(boolean)	转换为布尔型
(int)或(integer)	转换为整型
(double)或(real)或(float)	转换为浮点型
(string)	转换为字符串
(binary)	转换为二进制字符串
(array)	转换为数组
(object)	转换为对象
(unset)	转换为 NULL

例如：

```
<?php
    $temp_var = 3.1415926;
    $var1 = (string)$temp_var;
    echo "<p>$var1";

    $temp_var = '沫沫';
    $var2 = (array)$temp_var;
    echo '<p>';
    print_r($var2);

    $temp_var = '王沫';
    $var3 = (unset)$temp_var;
    echo '<p>';
    var_dump($var3);
?>
```

脚本执行后的输出如图 4.11 所示。

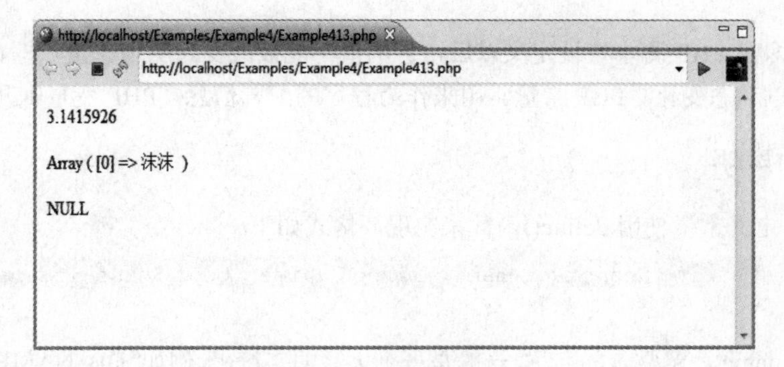

图 4.11　输出结果

此外，我们还可以使用函数 settype()来完成强制类型转换。

```
bool settype ( mixed $var , string $type )
```

其中：

- 参数$var 是转换前的变量。

- 参数$type 是待转换的类型，可以为“boolean”、“integer”、“float”、“string”、“array”、“object”、“NULL”中的一个。
- 如果转换成功，函数返回 true，否则返回 false。

例如：

```
<?php
    $var = '沫沫';
    echo '<p>转换前为：';
    print_r($var);

    settype($var,'array');
    echo '<p>转换后为：';
    print_r($var);
?>
```

脚本执行后的输出如图 4.12 所示。

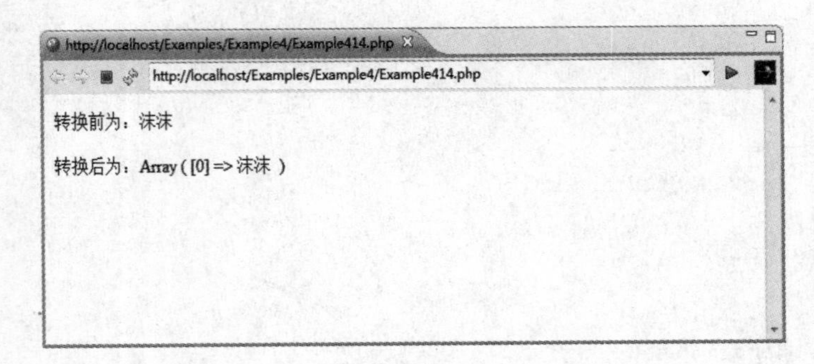

图 4.12　输出结果

4.3　常量与变量

所谓常量，即在 PHP 脚本中被定义以后，它的值不能被改变。所谓变量，即在 PHP 脚本运行过程中，其值可以动态变化。PHP 常量常用来作为程序的配置信息，PHP 变量则几乎随处可见。

4.3.1　常量的声明

在 PHP 中，定义常量使用 define()函数来实现，格式如下：

```
bool define ( string $constant_name , mixed $value , bool $case_insensitive = false )
```

其中：

- $constant_name 表示常量的名称，一般是一个大写的字符串，例如“DB_NAME”、“DB_USER”、“DB_PASSWORD”等等。
- $value 表示常量的值，可以是整型数、浮点数、布尔值和字符串。
- $case_insensitive 是可选参数，若其值为 true，则常量大小写敏感，否则大小写不敏感。

例如：

```
<?php
```

```
    define('MY_NAME','沫沫');
    define('MY_AGE',19);
    define('MY_HOBBY','看小说睡懒觉');

    echo '本府'.MY_NAME.'，年方'.MY_AGE.'，尤好'.MY_HOBBY.'。';
?>
```

运行结果如图 4.13 所示。

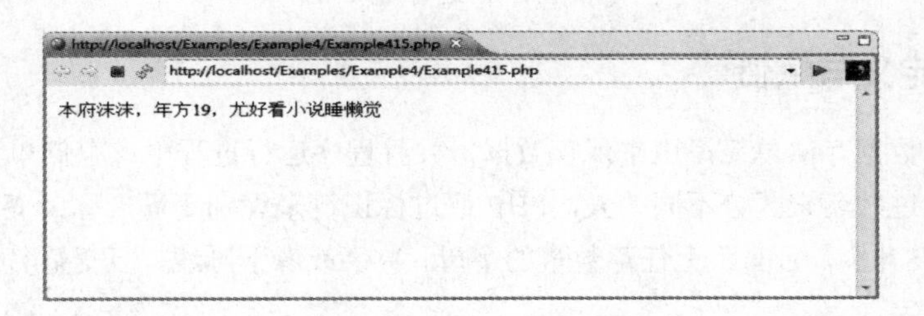

图 4.13　运行结果

4.3.2　魔术常量

所谓“魔术常量”，就是 PHP 向运行中的脚本提供的预定义常量。很多预定义常量由其扩展库提供，只有加载了相应的扩展库才可以使用这些常量。常见的魔术常量如表 4.3 所示，它们的值随它们在代码中的位置改变而改变。

表 4.3　魔术常量

名　　称	作　　用
__LINE__	返回文件中的当前行号
__FILE__	返回该文件的完整路径和文件名
__DIR__	返回该文件所在的目录（PHP 5.3.0 中新增）
__FUNCTION__	返回该函数被定义时的名字
__CLASS__	返回该类被定义时的名字
__METHOD__	返回类的方法被定义时的名字（PHP 5.0.0 中新增）
__NAMESPACE__	返回当前命名空间的名称（PHP 5.3.0 中新增）

例如：

```
<?php
    function sayHello(){
        echo '<p>函数名字叫：'.__FUNCTION__;
    }

    echo '<p>这是第'.__LINE__.'行';
    echo '<p>本文件的绝对路径为：'.__FILE__;
    sayHello();
?>
```

代码运行结果如图 4.14 所示。

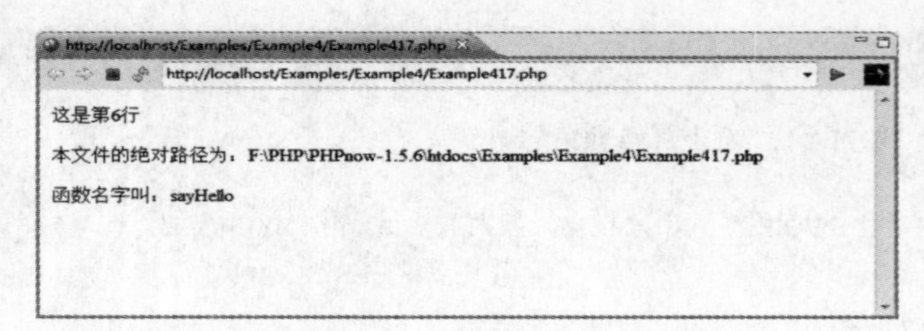

图 4.14　运行结果

4.3.3　变量的定义与赋值

变量就是一个数据存储单元，用来保存数据，并且程序运行过程中该存储单元中的数据会发生变量。如同我们通过姓名来区分不同的人，PHP 通过标识符来识别变量，称为变量名。在 PHP 中，变量名以美元符号$开头，后面跟上任意数量的字母、数字或者下画线，但变量名只能以字母或下画线开头，不能是数字。

例如，如下变量名是合法的：

```
$myName
$my_age
$_hobby
```

而下列变量名则是非法的：

```
$19age
$%name
```

不同于 C/C++、Java 等强类型语言，PHP 中的变量在使用之前无须声明，直接给变量赋值即可。例如：

```
$myName = '沫沫';
$my_age = 19;
```

除了直接赋值，还可以通过另外的变量对其间接赋值。例如：

```
$age = 19;
$my_age = $age;
```

上面这段代码中，变量$my_age 即通过变量$age 进行赋值。

从 PHP 4 开始，PHP 引入了“引用赋值”的概念。所谓“引用赋值”，就是用不同的变量名访问同一个变量内容，当其中一个变量的值改变时，另一个也跟着改变。就好比有一个女孩叫王沫，大家平时都叫她沫沫，虽然是两个不同的称呼，但是指的是同一个人。与 C++类似，PHP 中的引用赋值使用&符号来表示。例如：

```
<?php
    $name = '沫沫';
    $nick_name = &$name;

    echo '<p>$name: '.$name;
    echo '<p>$nick_name: '.$nick_name;
?>
```

输出结果如图 4.15 所示。

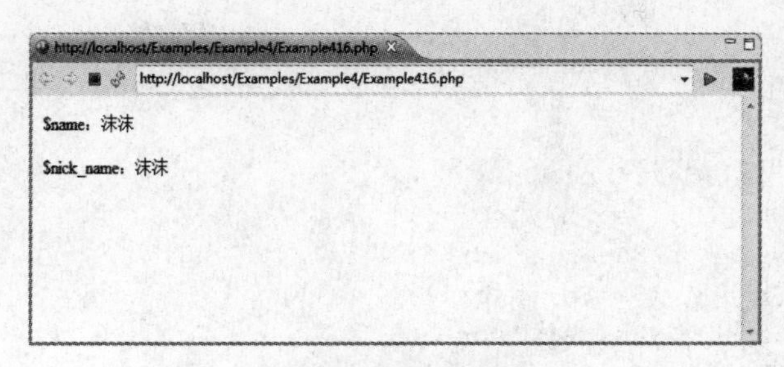

图 4.15　输出结果

普通赋值和引用赋值的区别在于：普通赋值将原变量的内容原封不动地复制下来，重新开辟了一个内存空间；而引用赋值只是给原变量重新起了一个名字，并没有开辟新的内存空间。

4.3.4　预定义变量

PHP 还提供了许多实用的预定义变量，例如$_COOKIE、$_SESSION、$_POST、$_GET、$_GLOBALS 等。通过这些预定义变量可以获取用户会话、传递参数、全局变量等信息。

由于许多预定义变量都是数组形式的，因此将在第 6 章“PHP 数组”中详细阐述。

4.4　表达式与运算符

表达式是 PHP 编程的基石，也是 PHP 最重要的组成元素。在 PHP 中，几乎所有的代码都是由表达式组成的。所谓表达式，就是由运算数和运算符按照一定的语法规则构成的符号序列。例如，$var = 'abc'，这是最简单的一个表达式，变量$var 通过赋值运算符“=”被赋了值'abc'。又如，$num= 1+2，常量 1 与常量 2 通过加法运算符运算后，赋值给变量$num。表达式后再加一个分号;，就构成了一个 PHP 语句。PHP 脚本是由若干个 PHP 语句构成的。例如，$var = 'abc';就是一个 PHP 语句，又如，$num = 1+2;也是一个 PHP 语句。

由此可见，运算符是构成表达式的重要部分。下面将逐一介绍 PHP 中的运算符。

4.4.1　算术运算符

算术运算符在 PHP 中是用来处理四则运算的。PHP 中常见的算术运算符如表 4.4 所示。

表 4.4　常见的算术运算符

运算类型	运 算 符	举　例	结　果
取反运算	–	–$a	返回$a 的负值
加法运算	+	$a + $b	返回$a 与$b 的和
减法运算	–	$a – $b	返回$a 与$b 的差
乘法运算	*	$a * $b	返回$a 与$b 的积
除法运算	/	$a / $b	返回$a 除以$b 的商
取余运算	%	$a % $b	返回$a 除以$b 的余数

看下面这个例子：

```
<?php
    $a = 12;
    $b = 5;
    echo '-$a = '.(-$a).'<br>';
    echo '$a + $b = '.($a+$b).'<br>';
    echo '$a - $b = '.($a-$b).'<br>';
    echo '$a * $b = '.($a*$b).'<br>';
    echo '$a / $b = '.($a/$b).'<br>';
    echo '$a % $b = '.($a%$b).'<br>';
?>
```

程序运行结果如图 4.16 所示。

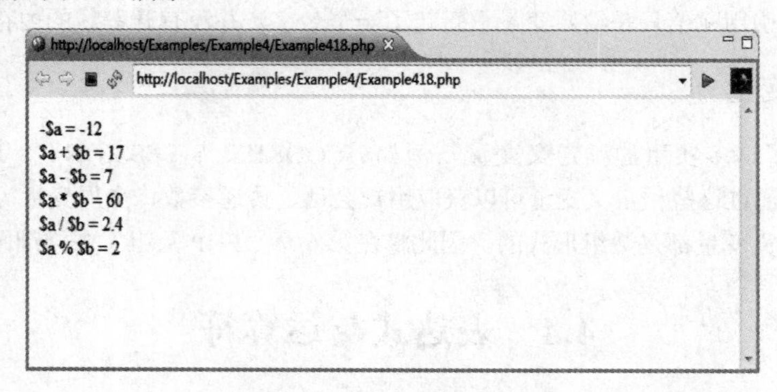

图 4.16　运行结果

4.4.2　赋值运算符

赋值运算符“=”是 PHP 中最基本的运算符，即把“=”右边表达式的值赋给左边的运算数。例如：

```
$num = 2012;
```

脚本执行后，$num 的值为 2012。

又如：

```
$name = '沫沫';
```

脚本执行后，$name 的值为字符串“沫沫”。

很多时候，“=”右边不一定是常数，而是其他的表达式。例如：

```
$scores = $scores + 99;
```

上面这个赋值表达式“=”右边由加法运算符构成的表达式组成。

对于 C 语言程序员，他们更习惯这么写：

```
$scores += 99;
```

这是一种复合式的赋值运算。PHP 中常见的复合赋值运算符如表 4.5 所示。

表 4.5　复合赋值运算符

运算类型	运　算　符	举　　例	结　　果
加法赋值	+=	$a += 5	$a 加 5 的和赋给$a

续表

运算类型	运　算　符	举　　例	结　　果
减法赋值	-=	$a -= 5	$a 减 5 的差赋给$a
乘法赋值	*=	$a *= 5	$a 乘以 5 的积赋给$a
除法赋值	/=	$a /= 5	$a 除以 5 的商赋给$a
取余赋值	%=	$a %= 5	$a 除以 5 的余数赋给$a

看下面这个例子：

```
<?php
    $a = 12;
    $a += 5;
    echo '$a = '.$a.'<br>';

    $a = 12;
    $a -= 5;
    echo '$a = '.$a.'<br>';

    $a = 12;
    $a *= 5;
    echo '$a = '.$a.'<br>';

    $a = 12;
    $a /= 5;
    echo '$a = '.$a.'<br>';

    $a = 12;
    $a %= 5;
    echo '$a = '.$a.'<br>';
?>
```

程序运行结果如图 4.17 所示。

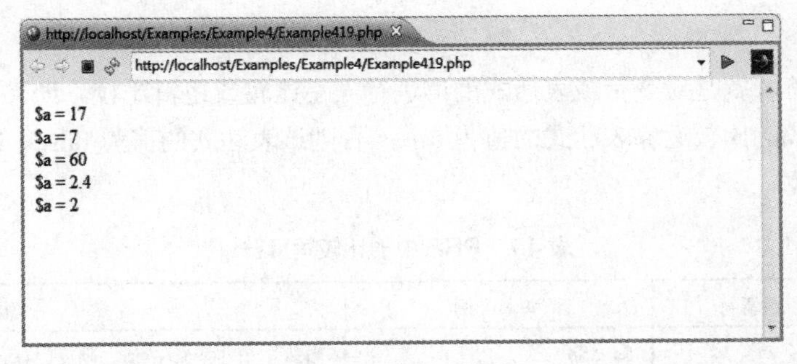

图 4.17　运行结果

4.4.3　逻辑运算符

逻辑运算符用来组合逻辑运算的结果，是程序设计中一组很重要的运算符。PHP 中的逻辑运算符如表 4.6 所示。

表 4.6　PHP 中的逻辑运算符

运算类型	运算符	举　例	结　　果
逻辑与	&& 或 and	$a && $b 或 $a and $b	当$a 和$b 均为真时，返回真，否则返回假
逻辑或	|| 或 or	$a || $b 或 $a or $b	当$a 为真或$b 为真时，返回真，否则返回假
逻辑异或	xor	$a xor $b	当$a 真$b 假或$a 假$b 真时，返回真，否则返回假
逻辑非	!	!$a	当$a 为假时返回真，否则返回假

看下面这个例子：

```
<?php
    $a = true;
    $b = false;

    var_dump($a && $b);echo '<br>';
    var_dump($a || $b);echo '<br>';
    var_dump($a xor $b);echo '<br>';
    var_dump(!$a);echo '<br>';
?>
```

程序运行结果如图 4.18 所示。

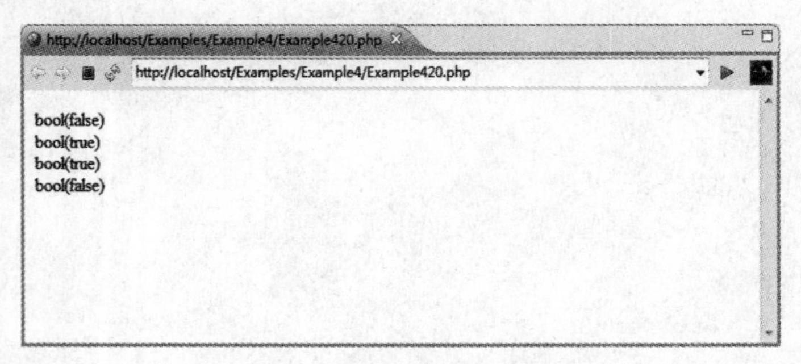

图 4.18　运行结果

4.4.4　比较运算符

所谓比较运算符，就是对变量或表达式的值进行大小比较或逻辑比较。如果比较的结果为真，则由比较运算符构成的比较运算表达式的值为 true，否则该表达式的值为 false。PHP 中常见的比较运算符如表 4.7 所示。

表 4.7　PHP 中的比较运算符

运算类型	运算符	举　例	结　　果
小于	<	$a < $b	当$a 的值小于$b 的值，则返回真，否则返回假
大于	>	$a > $b	当$a 的值大于$b 的值，则返回真，否则返回假
小于等于	<=	$a <= $b	当$a 的值小于等于$b 的值，则返回真，否则返回假
大于等于	>=	$a >= $b	当$a 的值大于等于$b 的值，则返回真，否则返回假
相等	==	$a == $b	当$a 的值等于$b 的值，则返回真，否则返回假

续表

运算类型	运算符	举　　例	结　　果
全等	===	$a === $b	当$a 的值等于$b 的值，且$a 与$b 的类型也相等，则返回真，否则返回假
不等	!= 或 <>	$a != $b 或　$a <> $b	当$a 的值等于$b 的值，则返回假，否则返回真
不全等	!==	$a !== $b	当$a 的值等于$b 的值，且$a 与$b 的类型也相等，则返回假，否则返回真

看下面这个例子：

```
<?php
    $a = 3.14;
    $b = 4.13;
    var_dump($a < $b);echo '<br>';
    var_dump($a > $b);echo '<br>';
    var_dump($a <= $b);echo '<br>';
    var_dump($a >= $b);echo '<br>';

    $a = 1;
    $b = 1.0;
    var_dump($a == $b);echo '<br>';
    var_dump($a === $b);echo '<br>';
    var_dump($a != $b);echo '<br>';
    var_dump($a !== $b);echo '<br>';
?>
```

程序运行结果如图 4.19 所示。

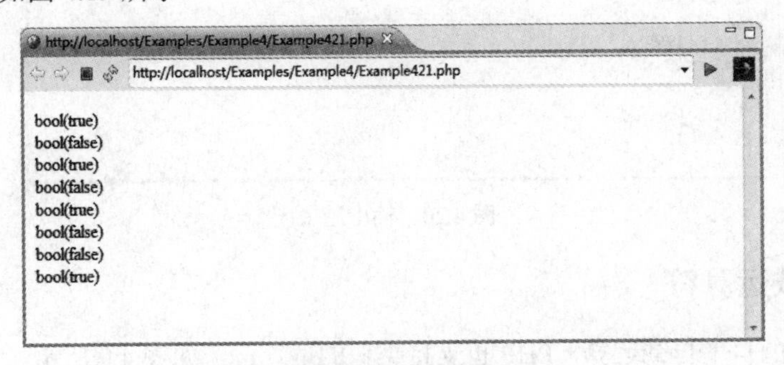

图 4.19　运行结果

4.4.5　位运算符

位运算符用来对整型数的指定位进行置位，如果被操作数是字符串，则对该字符串的 ASCII 码值进行操作。PHP 中常见的位运算符如表 4.8 所示。

表 4.8　PHP 中的位运算符

运算类型	运算符	举　　例	结　　果
按位与	&	$a & $b	将$a 与$b 中均为 1 的位置为 1，其余置为 0
按位或	|	$a | $b	将$a 中为 1 或$b 中为 1 的位置为 1，其余置为 0

续表

运算类型	运算符	举　例	结　　果
按位异或	^	$a ^ $b	将$a 与$b 中不同的位置为 1，其余置为 0
按位非	~	~$a	将$a 中为 1 的位置为 0，为 0 的位置为 1
左移	<<	$a << $b	当$a 中的位向左移动$b 次，每移动一次相当于乘以 2
右移	>>	$a >> $b	当$a 中的位向右移动$b 次，每移动一次相当于除以 2

看下面这个例子：

```
<?php
    $a = 123;                                          //十六进制值为 0X0000007B
    $b = 321;                                          //十六进制值为 0X00000141

    echo '$a & $b = '.($a & $b).'<br>';                //十六进制值为 0X00000041
    echo '$a | $b = '.($a | $b).'<br>';                //十六进制值为 0X0000017B
    echo '$a ^ $b = '.($a ^ $b).'<br>';                //十六进制值为 0X0000013A
    echo '~$a = '.(~$a).'<br>';                        //十六进制值为 0XFFFFFF84
    echo '$a << 4 = '.($a << 4).'<br>';                //十六进制值为 0X000007B0
    echo '$b >> 4 = '.($b >> 4).'<br>';                //十六进制值为 0X00000014
?>
```

程序运行结果如图 4.20 所示。

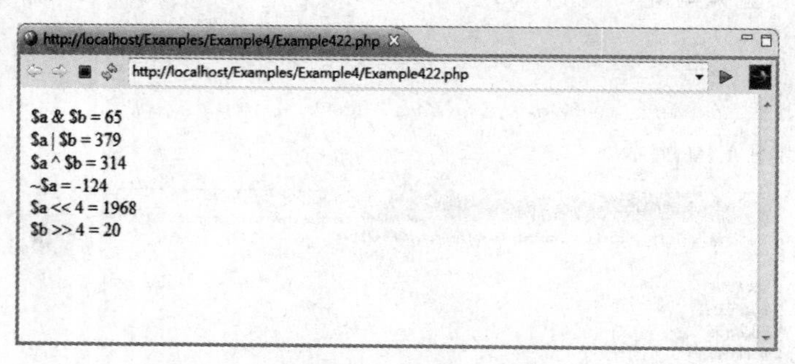

图 4.20　输出结果

4.4.6　递增递减运算符

类似 C 语言中的自增自减运算，PHP 也支持类似的运算符，如表 4.9 所示。

表 4.9　递增递减运算符

运 算 类 型	运　算　符	举　例	结　果
前递增	++	++$a	$a 自增 1，然后返回$a
后递增	++	$a ++	先返回$a，然后$a 自增 1
前递减	--	--$a	$a 自减 1，然后返回$a
后递减	--	$a--	先返回$a，然后$a 自减 1

看下面这个例子：

```
<?php
    $a = 5;
```

```
    $b = ++$a;
    echo '$b = '.$b.'<br>';

    $a = 5;
    $b = $a++;
    echo '$b = '.$b.'<br>';

    $a = 5;
    $b = --$a;
    echo '$b = '.$b.'<br>';

    $a = 5;
    $b = $a--;
    echo '$b = '.$b.'<br>';
?>
```

程序运行结果如图 4.21 所示。

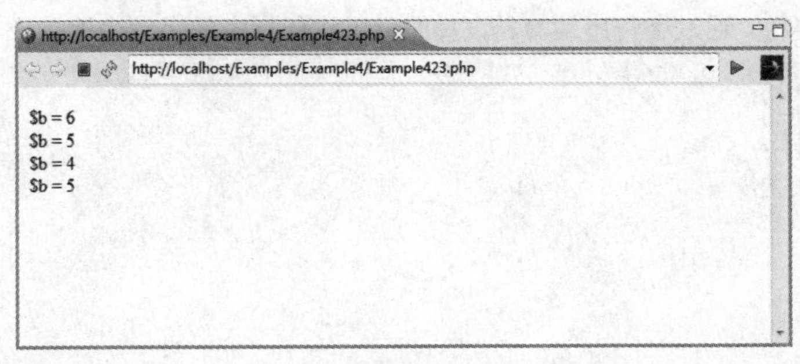

图 4.21　运行结果

4.4.7　三元运算符

三元运算符（?:），又称三目运算符，作用类似选择语句，用于根据一个表达式的真假，从另外两个表达式中选择一个。用法如下：

```
逻辑表达式 ? 表达式1 : 表达式2
```

如果逻辑表达式为真，则返回表达式 1，否则返回表达式 2，其作用类似下面的选择语句（将在第 5 章讲述）。

```
if(逻辑表达式){
    表达式1;
}else{
    表达式2;
}
```

看下面这个例子：

```
<?php
    $now = '11:59';

    echo $now == '12:00'?'时辰已到，该吃午饭了':'时辰尚早，再忍忍吧。。。';
?>
```

程序运行结果如图 4.22 所示。

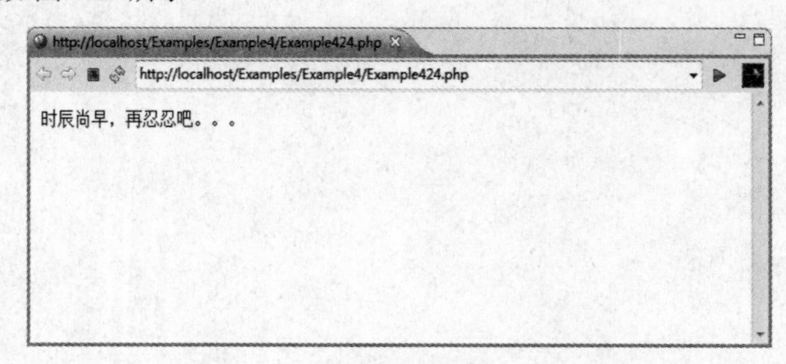

图 4.22　输出结果

4.4.8　字符串运算符

在之前的举例中，我们常常可以看到两个字符串通过一个小圆点“.”）连接起来的情况，该小圆点就是字符串运算符。通过字符串运算符，我们可以将任意多的字符串连接成一条字符串。例如：

```
<?php
    $a = '沫沫';
    $b = '是一个';
    $c = '古灵精怪';
    $d = '女孩';
    $e = $a.$b.$c.$d;

    echo $e;
?>
```

程序运行结果如图 4.23 所示。

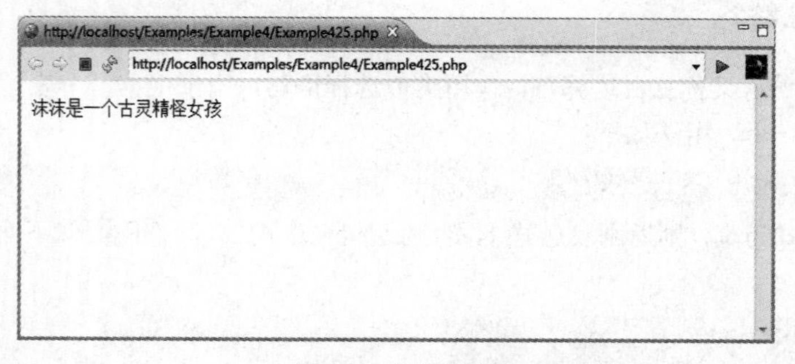

图 4.23　运行结果

如果字符串连接符的操作对象中有数值型变量，PHP 引擎会将其先转成字符串型，然后再进行字符串连接。例如：

```
<?php
    $a = '今年是';
    $b = 2012;
    $c = '年，沫沫今年';
    $d = 19;
    $e = '岁了';
    $f = $a.$b.$c.$d.$e;
```

```
    echo $f;
?>
```

程序运行结果如图 4.24 所示。

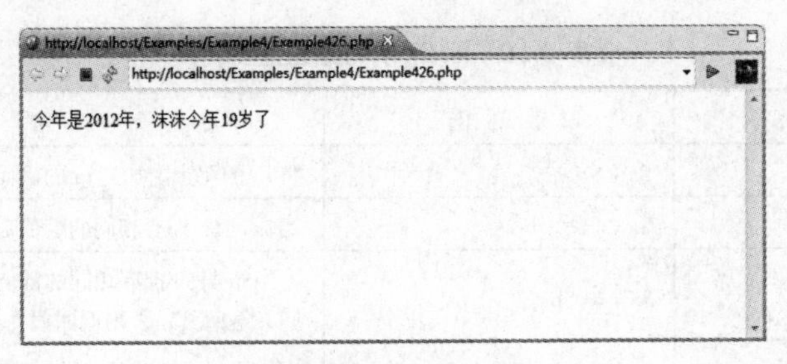

图 4.24　运行结果

字符串连接符与赋值操作符还可以合二为一，组成字符串连接赋值运算符（.=）。例如$a = $a.$b 可以写成$a .= $b。看下面这个例子：

```
<?php
    $a = '请叫我';
    $b = '沫沫';
    $a .= $b;

    echo $a;
?>
```

程序运行结果如图 4.25 所示。

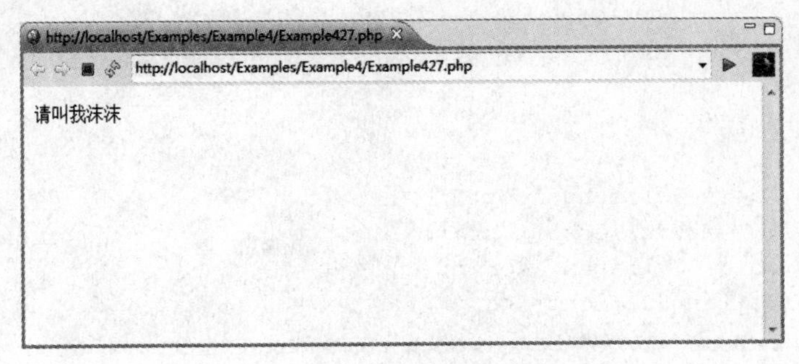

图 4.25　运行结果

此外，PHP 还提供花括号“{}”分隔符，结合双引号也可以实现与小圆点相同的效果。例如上面的那段代码就可以改写成如下的代码：

```
<?php
    $a = '请叫我';
    $b = '沫沫';
    $c = "{$a}{$b}";

    echo $c;
?>
```

程序运行结果与图 4.25 所示一致。

4.4.9 数组运算符

由于数组在 PHP 开发中应用很多，因此 PHP 还提供了对数组进行联合、比较等操作的运算符，如表 4.10 所示。

表 4.10 PHP 中的数组运算符

运算类型	运算符	举　例	结　果
联合运算	+	$a + $b	将$b 的元素附加到$a 的后面，重复的键值不被覆盖
相等比较	==	$a == $b	当$a 与$b 拥有相同的键值对，返回真，否则返回假
全等比较	===	$a === $b	当$a 与$b 拥有相同的键值对，且元素的顺序和类型都相同，返回真，否则返回假
不等比较	!= 或 <>	$a != $b 或 $a <> $b	当$a 与$b 拥有相同的键值对，返回假，否则返回真
不全等比较	!==	$a !== $b	当$a 与$b 拥有相同的键值对，且元素的顺序和类型都相同，返回假，否则返回真

看下面这个例子：

```
<?php
    $a = array('name' => '林林', 'age' => 22);
    $b = array('name' => '沫沫', 'age' => 19, 'hobby' => '看小说睡懒觉');
    $c = array('age' => 19, 'name' => '沫沫', 'hobby' => '看小说睡懒觉');

    $ab = $a + $b;
    print_r($ab);
    echo '<br>';

    $ba = $b + $a;
    print_r($ba);
    echo '<br>';

    var_dump($b == $c);echo '<br>';
    var_dump($b === $c);echo '<br>';
    var_dump($b != $c);echo '<br>';
    var_dump($b !== $c);echo '<br>';
?>
```

程序运行结果如图 4.26 所示。

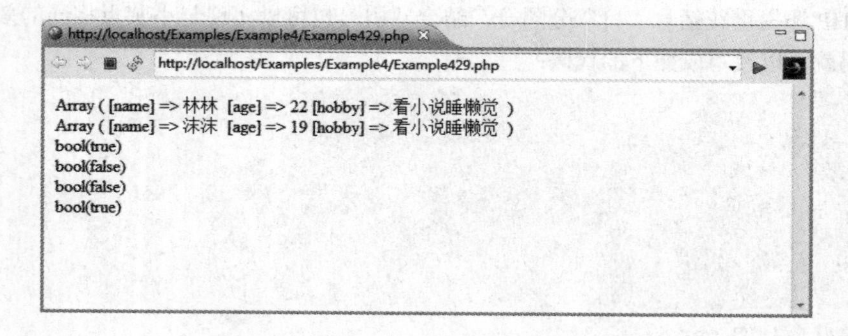

图 4.26 运行结果

4.4.10　类型运算符

在 PHP 中，类型运算符 instanceof 常用来判断某个变量是否属于某个类的实例。例如：

```
<?php
    class A {

    }
    class B {

    }

    $myclass = new A;

    var_dump(($myclass instanceof A));echo '<br>';
    var_dump(($myclass instanceof C));echo '<br>';
?>
```

程序运行结果如图 4.27 所示。

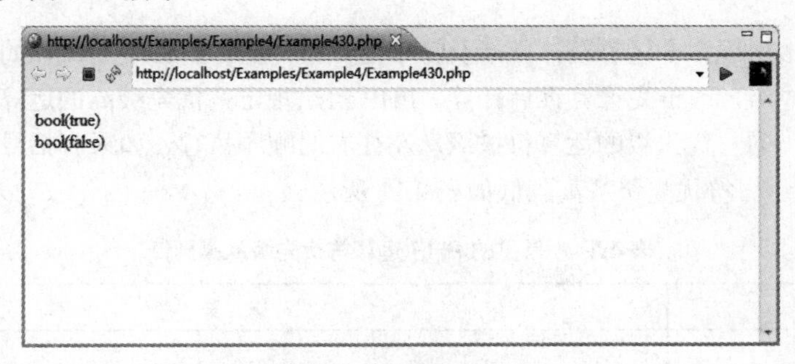

图 4.27　运行结果

此外，类型运算符还可以用来确定某一变量是否是继承自某一父类的子类的实例，也可以用来确定某一变量是否实现了某个接口的对象的实例。关于何为对象、父类、子类、接口，将在第 8 章详细阐述。

4.4.11　错误控制运算符

错误控制运算符用字符@表示，将其放在出错的表达式前，可以屏蔽出现的错误信息。但这是一种“掩耳盗铃”的方法，因为 Bug 并没有被解决，错误依然在那儿，只是没有显示出来。因此，除了一些不影响程序运行的小错误，为了屏蔽可能影响用户体验的出错信息，可以使用@屏蔽该错误，否则不推荐使用该运算符。

看下面这个例子：

```
<?php
    $error = 9/0;
?>
```

程序运行就会出现图 4.28 所示的错误提示信息。

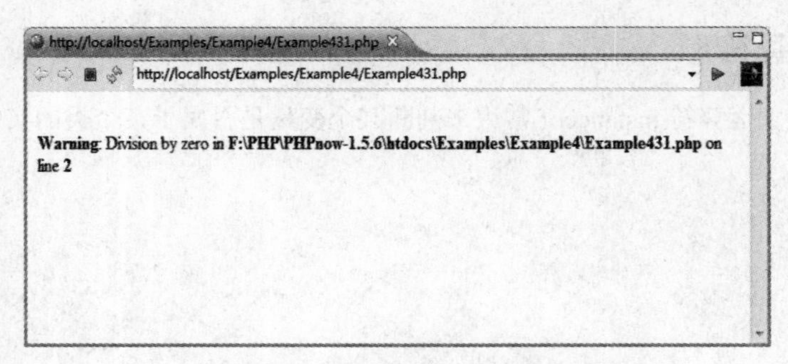

图 4.28　错误提示信息

如果在表达式前加上@字符，就不会出现上面的错误信息。代码如下：

```
<?php
    @$error = 9/0;
?>
```

4.4.12　运算符的优先级

当一个表达式中出现多个运算符，就涉及哪个运算符先操作，哪个后操作的问题。因此，有必要规定运算符的优先级，即谁先计算谁后计算。PHP 语法规定：优先级高的运算符先执行，优先级低的运算符后执行，同一优先级的运算符按照从左往右的顺序执行，如果有括号，括号内的运算先执行。常见的 PHP 运算符优先级从高到低如表 4.11 所示。

表 4.11　常见的 PHP 运算符优先级从高到低

优 先 级	运 算 符
21	[
20	++ --
19	~ – (int) (float) (string) (array) (object) (bool) @
18	Instanceof
17	!
16	* / %
15	+ – .
14	<< >>
13	< <= > >= <>
12	== != === !==
11	&
10	^
9	|
8	&&
7	||
6	? :
5	= += –= *= /= .= %= &= |= ^= <<= >>=

续表

优 先 级	运 算 符
4	And
3	Xor
2	Or
1	,

实际开发中并没有必要记住这张优先级表，通过使用括号可以自行指定表达式执行的顺序，这样既可以提高代码的可读性，也减少了出错的可能。

4.5　本章小结

本章首先从一个简单的 PHP 程序出发，介绍了如何在 HTML 中嵌入 PHP 代码，如何给 PHP 代码添加注释以及常见的 PHP 程序错误。然后通过实例讲解介绍了 PHP 的几种数据类型、常量与变量以及 PHP 的表达式与运算符。

第 5 章　PHP 流程控制

程序的逻辑需要通过流程控制来实现。所谓流程控制，就是控制程序的走向。如果把编程比作操作四驱赛车，那么流程控制就是控制赛车朝哪个方向行驶、何时转弯、何时刹车等。任何一种编程语言，其流程控制结构无外乎 3 种：顺序结构、分支结构、循环结构。PHP 的语法借鉴了 C 语言，其在流程控制结构上也与 C 语言很相似。

5.1　顺序结构

顺序结构是最简单的流程控制结构。所谓顺序结构，就是按照顺序次序控制程序的走向。实际编程时，只要按照解决问题的顺序写出相应的语句即可。

顺序结构的执行流程如图 5.1 所示。

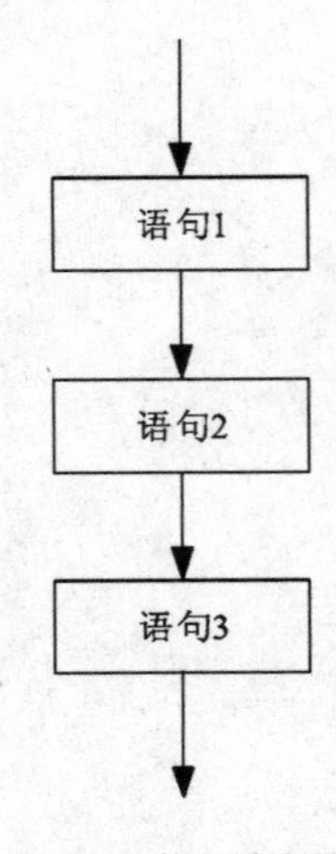

图 5.1　执行流程图

在 PHP 中，顺序结构的格式为：

```
...
语句 1;
```

```
    语句 2;
    语句 3;
    ...
```

看下面这个例子：

```
<?php
    echo '开始寻宝... <br>';                  //开始
    echo '第 1 步: 向前走 50 步<br>';         //第 1 步
    echo '第 2 步: 向左转 45 度<br>';         //第 2 步
    echo '第 3 步: 向前走 30 步<br>';         //第 3 步
    echo '第 4 步: 向右转 90 度<br>';         //第 4 步
    echo '第 5 步: 向前走 40 步<br>';         //第 5 步
    echo '发现宝藏啦... ';                    //结束
?>
```

上面这个寻宝程序中，寻宝的过程共分为 5 步，按照顺序次序列出，程序执行时也是按照该顺序执行。程序运行结果如图 5.2 所示。

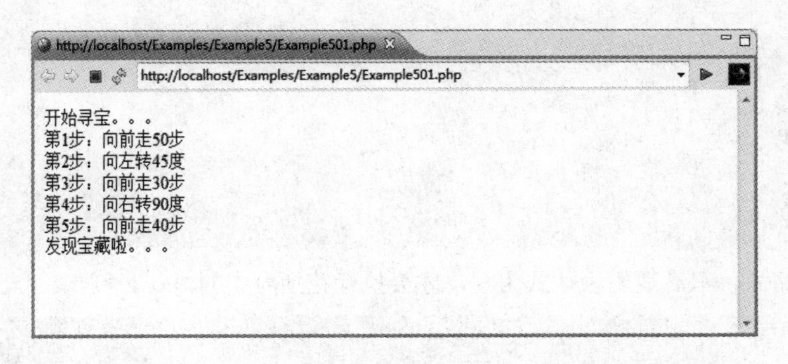

图 5.2　运行结果

顺序结构比较简单，实际编程中往往与分支结构、循环结构配合使用。

5.2　分支结构

顺序结构的程序按照顺序次序解决问题，但不能做判断后再选择。就好比人走路，顺序结构走的是直线，遇到分支路口就无能为力了。对于这样要先做判断再选择的问题就要使用分支结构。分支结构的执行是依据一定的条件选择执行路径，而不是严格按照语句出现的物理顺序。分支结构主要包括：if...else 语句、if...elseif 语句、switch 语句 3 种。

5.2.1　if...else 语句

如果把分支结构的语句比作岔路口，那么 if...else 语句就是有两条路径的岔路口，根据逻辑表达式的真假，选择对应的分支。执行流程如图 5.3 所示。

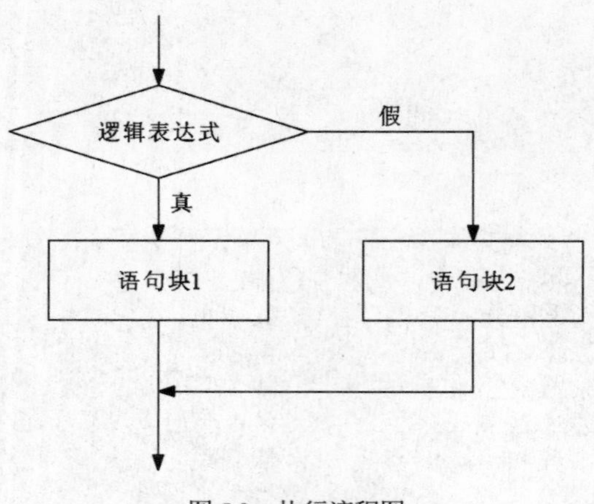

图 5.3　执行流程图

在 PHP 中的语法格式为：

```
if(逻辑表达式){
    语句块;
}
或者:
if(逻辑表达式){
    语句块 1;
}else{
    语句块 2;
}
```

对于第一种格式，只有逻辑表达式为真，才会执行花括号中的语句。例如：

```
<?php
    $today = date("w");                                  //获取今天是星期几

    if($today == 0){                                     //如果今天是星期天的话
        echo "亲，今天是礼拜天，可以睡懒觉哦！";
    }
?>
```

在上面这段代码中，

```
$today = date("w")
```

通过函数 date("w")获取今天是星期几，然后将信息赋给$today。关于函数我们会在第 7 章详细叙述。在这里，我们只需知道$today 值表征了星期信息，如表 5.1 所示。

表 5.1　$today 值的含义

$today	0	1	2	3	4	5	6
星期	星期日	星期一	星期二	星期三	星期四	星期五	星期六

```
if($today == 0)
```

$today == 0 是一个逻辑表达式，作为判断条件，如果这个条件为真，即今天是星期天，那么就执行花括号{}中的 echo 语句，输出“亲，今天是礼拜天，可以睡懒觉哦！”

对于第二种格式，如果逻辑表达式为真，则执行语句块 1，否则执行语句块 2。例如：

```
<?php
    $today = date("w");                                 //获取今天是星期几

    if($today == 0){                                    //如果今天是星期天的话
        echo "亲，今天是礼拜天，可以睡懒觉哦！";
    }else{                                              //否则
        echo "抱歉哦亲，今天不是礼拜天，不可以睡懒觉的啦！";
    }
?>
```

这段代码与上面那段代码的不同之处在于，多了一个 else 分支。同样的，$today==0 是一个逻辑表达式，作为判断条件，如果这个条件为真，即今天是星期天，那么就执行花括号{}中的 echo 语句，输出“亲，今天是礼拜天，可以睡懒觉哦！”否则表明今天不是星期天，则执行 else 后面花括号{}中的 echo 语句，输出“抱歉哦亲，今天不是礼拜天，不可以睡懒觉的啦！”

根据脚本运行时的时间不同，会输出不同的结果。如果今天不是礼拜天，则会输出图 5.4 所示的结果。

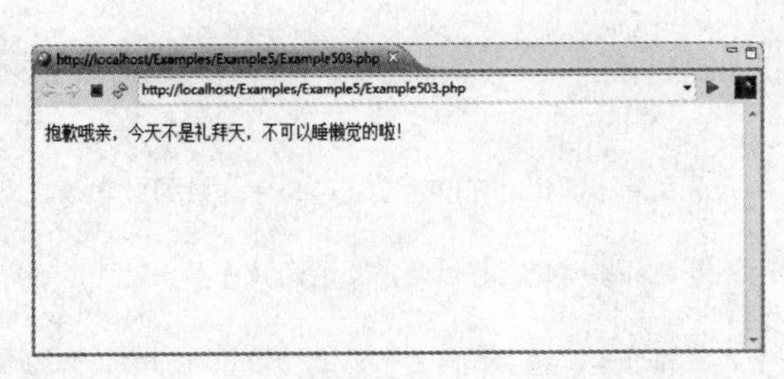

图 5.4　输出结果

5.2.2　if...elseif 语句

如果 if...else 语句是有两条路径的岔路口，那个 if…elseif 语句就是有多条路径的岔路口。根据逻辑表达式的真假，分别选择对应的分支。执行流程如图 5.5 所示。

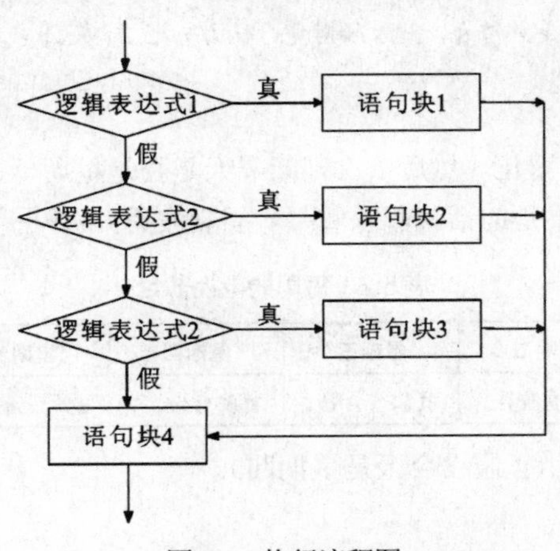

图 5.5　执行流程图

在 PHP 中的语法格式为：

```
if( 逻辑表达式 1 ){
    语句块 1;
}elseif(逻辑表达式 2 ){
    语句块 2;
}elseif(逻辑表达式 3 ){
    语句块 3;
} …
…
else{
    语句块 n;
}
```

程序在执行过程中，首先判断逻辑表达式 1，如果为真，则执行花括号后面的语句块 1，否则判断逻辑表达式 2；如果为真，则执行花括号后面的语句块 2，否则判断逻辑表达式 3；如果为真，则执行花括号后面的句块 3，……依此类推，实现“多岔口”的分支结构。

例如下面这段代码：

```
<?php
    $today=date("w");                                    //获取今天是星期几

    if($today==1){                                       //如果今天是星期一的话
        echo "亲，今天是礼拜一，晚上可以看李艾、彭宇主持的《幸福晚点名》哦！";
    }elseif($today==2){                                  //如果今天是星期二的话
        echo "亲，今天是礼拜二，晚上可以看周立波的《壹周立波秀》哦！";
    }elseif($today==3){                                  //如果今天是星期三的话
        echo "亲，今天是礼拜三，晚上可以看何炅主持的《我们约会吧》哦！";
    }elseif($today==4){                                  //如果今天是星期四的话
        echo "亲，今天是礼拜四，晚上有《鲁豫有约》，千万不要错过哦！";
    }elseif($today==5){                                  //如果今天是星期五的话
        echo "亲，今天是礼拜五，晚上可以看朱丹、华少主持的《我爱记歌词》哦！";
    }elseif($today==6){                                  //如果今天是星期六的话
        echo "亲，今天是礼拜六，晚上可以去《快乐大本营》happy 哦！";
    }else{                                               //如果今天是星期日的话
        echo "亲，今天是礼拜天，白天睡懒觉，晚上别忘了江苏卫视的《非诚勿扰》哦！";
    }
?>
```

该程序首先获取今天是星期几，然后依次判断今天是否是星期一，如果是的话就可以看《幸福晚点名》；是否是星期二，如果是的话就可以看《壹周立波秀》，……依次类推，如表 5.2 所示。

表 5.2　每周的电视节目

星期	星期一	星期二	星期三	星期四	星期五	星期六	星期日
节目	幸福晚点名	壹周立波秀	我们约会吧	鲁豫有约	我爱记歌词	快乐大本营	非诚勿扰

程序运行结果如图 5.6 所示（假设今天是星期四）。

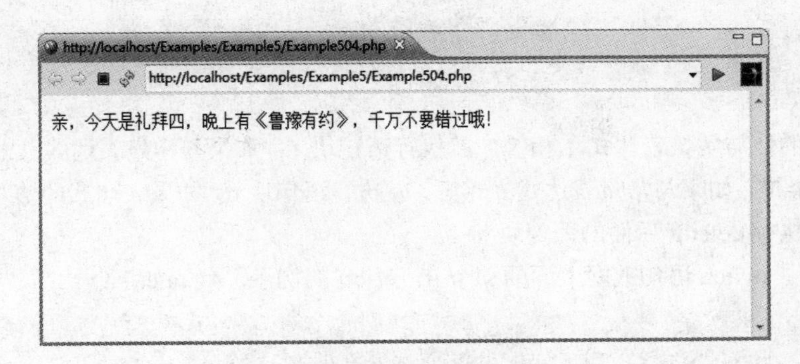

图 5.6　输出结果

5.2.3　switch 语句

switch 语句又称“开关语句”，可以用来代替 if…elseif 语句。当一个分支语句的“分岔口”过多，使用 if…elseif 语句就会显得很烦琐，此时可以使用 switch 语句。执行流程如图 5.7 所示。

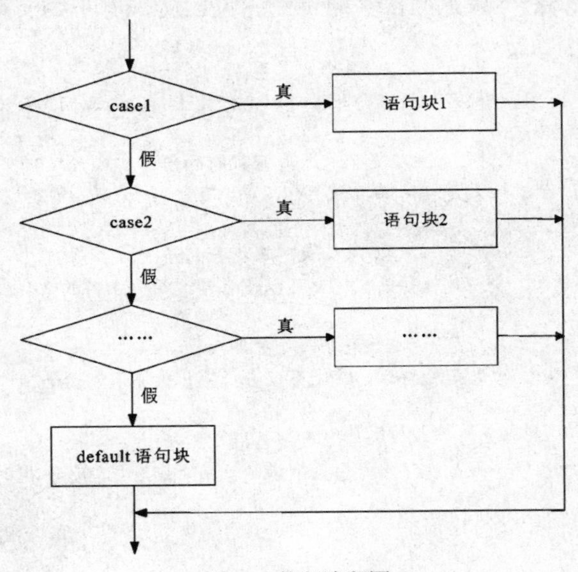

图 5.7　执行流程图

在 PHP 中的语法格式为：

```
switch(表达式){
        case 常量表达式 1:
            语句块 1;
            break;
        case 常量表达式 2:
            语句块 2;
            break;
        …
        case 常量表达式 n:
            语句块 n;
            break;
```

```
        default:
            语句块 n+1;
}
```

如果表达式的值与常量表达式 1 相等，就执行语句块 1；如果与常量表达式 2 相等，就执行语句块 2……依此类推，如果与常量表达式 n 相等，就执行语句块 n，如果表达式的值与 n 个常量表达式都不相等，就执行 default 后面的语句块 n+1。

下面我们来用 switch 语句改写上面的那个 if...elseif 的例子，代码如下：

```
<?php
    $today=date("w");          //获取今天是星期几

    switch ($today){
        case 1:                //如果今天是星期一的话
            echo "亲，今天是礼拜一，晚上可以看李艾、彭宇主持的《幸福晚点名》哦！";
            break;
        case 2:                //如果今天是星期二的话
            echo "亲，今天是礼拜二，晚上可以看周立波的《壹周立波秀》哦！";
            break;
        case 3:                //如果今天是星期三的话
            echo "亲，今天是礼拜三，晚上可以看何炅主持的《我们约会吧》哦！";
            break;
        case 4:                //如果今天是星期四的话
            echo "亲，今天是礼拜四，晚上有《鲁豫有约》，千万不要错过哦！";
            break;
        case 5:                //如果今天是星期五的话
            echo "亲，今天是礼拜五，晚上可以看朱丹、华少主持的《我爱记歌词》哦！";
            break;
        case 6:                //如果今天是星期六的话
            echo "亲，今天是礼拜六，晚上可以去《快乐大本营》happy 哦！";
            break;
        default:               //如果今天是星期日的话
            echo "亲，今天是礼拜天，白天睡懒觉，晚上别忘了江苏卫视的《非诚勿扰》哦！";
    }
?>
```

运行后显示的结果与图 5.7 类似。

要提醒读者的是，switch 语句在执行时，遇到匹配的 case，执行完该 case 所对应的语句后，还会继续执行下去，因此需要加 break 语句强制跳出 switch 语句。关于 break 语句将会在 5.3.5 节详述。

此外，switch 语句中用来进行判断的表达式只能为整型数、浮点数、字符串的表达式，不能为数组或者对象。

5.2.4 分支语句的嵌套

就好比我们在走路时，遇到一个岔路口，选择一个分支走下去，不久又遇到一个岔路口，选择一个分支继续走，不久又遇到新的岔路口……也就是说岔路口又有岔路口，就好像袋子中装着袋子一样。同样，在分支语句中也可以再次出现分支语句，这就是分支语句的嵌套。通过嵌套的分支语句，我们可以实现复杂的分支程序逻辑。

还记得电影《非诚勿扰》中秦奋（葛优饰）发明的“分歧终端机”吧，说白了那就是猜拳嘛。下面我们来用 PHP 实现一个“分歧终端机”。例如沫沫和林林在玩猜拳，假如沫沫出“石头”，林林可能出、“石头”、“剪子”或者“布”；假如沫沫出“剪子”或者“布”，林林同样可能出“石头”、“剪子”、“布”中的一个。在 if...elseif 语句中再嵌套进 if...elseif 语句即可实现该功能。代码如下：

```
<?php
    $mo="布";                          //测试数据，代表沫沫出的拳
    $lin="石头";                       //测试数据，代表林林出的拳

    if($mo=="石头"){                   //如果沫沫出石头
        if($lin=="石头"){              //如果林林出石头
            echo "沫沫出石头，林林也出石头，平局。";
        }elseif($lin=="剪子"){         //如果林林出剪子
            echo "沫沫出石头，林林出剪子，沫沫胜。";
        }else{                         //如果林林出布
            echo "沫沫出石头，林林出布，林林胜。";
        }
    }
    else if($mo=="剪子"){              //如果沫沫出剪子
        if($lin=="石头"){              //如果林林出石头
            echo "沫沫出剪子，林林也出石头，林林胜。";
        }elseif($lin=="剪子"){         //如果林林出剪子
            echo "沫沫出剪子，林林也出剪子，平局。";
        }else{                         //如果林林出布
            echo "沫沫出剪子，林林出布，沫沫胜。";
        }
    }
    else{                              //如果沫沫出布
        if($lin=="石头"){              //如果林林出石头
            echo "沫沫出布，林林出石头，沫沫胜。";
        }elseif($lin=="剪子"){         //如果林林出剪子
            echo "沫沫出布，林林出剪子，林林胜。";
        }else{                         //如果林林出布
            echo "沫沫出布，林林也出布，平局。";
        }
    }
?>
```

代码运行后输出图 5.8 所示的结果。

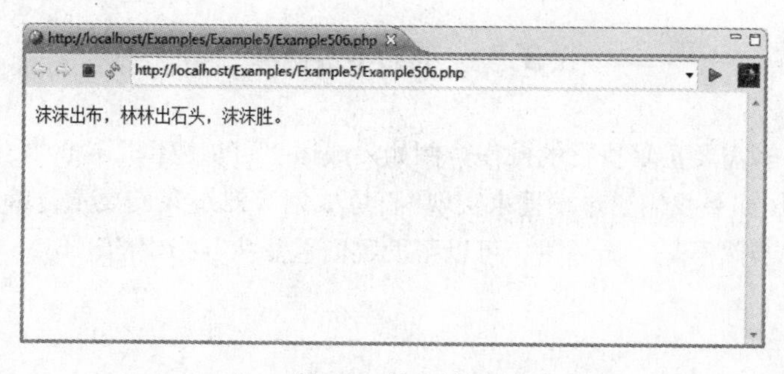

图 5.8　输出结果

当然，我们也可以使用在 if 语句中嵌套 switch 语句，或者在 switch 语句中嵌套 if 语句的方式来实现同样的功能。例如上面的代码就可以改写成如下形式：

```
<?php
    $mo="布";                                //测试数据，代表沫沫出的拳
    $lin="石头";                              //测试数据，代表林林出的拳

    switch($mo){
        case "石头":                          //如果沫沫出石头
            switch($lin){
                case "":                      //如果林林出石头
                    echo "沫沫出石头，林林出石头，平局。";
                    break;
                case "":                      //如果林林出剪子
                    echo "沫沫出石头，林林出剪子，沫沫胜。";
                    break;
                default:                      //如果林林出布
                    echo "沫沫出石头，林林出布，林林胜。";
            }
            break;
        case "剪子":                          //如果沫沫出剪子
            if($lin=="石头"){                 //如果林林出石头
                echo "沫沫出剪子，林林也出石头，林林胜。";
            }elseif($lin=="剪子"){            //如果林林出剪子
                echo "沫沫出剪子，林林也出剪子，平局。";
            }else{                            //如果林林出布
                echo "沫沫出剪子，林林出布，沫沫胜。";
            }
            break;
        default:                              //如果沫沫出布
            if($lin=="石头"){                 //如果林林出石头
                echo "沫沫出布，林林出石头，沫沫胜。";
            }elseif($lin=="剪子"){            //如果林林出剪子
                echo "沫沫出布，林林出剪子，林林胜。";
            }else{                            //如果林林出布
                echo "沫沫出布，林林也出布，平局。";
            }
    }
?>
```

5.3 循环结构

实际问题中有许多需要重复执行的操作，例如，成语“百炼成钢”说的是生铁要经过千百次的锤打锻造才能成为钢。如果我们通过编程来实现“百炼成钢”，难道我们要重复编写千百段同样的“锤打锻造”的代码吗？当然不是。循环语句可以帮助我们重复执行指定的语句。

5.3.1　while 语句

while 语句是最常用的循环语句。通过判断逻辑表达式的真假来决定是否继续重复执行指定的语句。while 语句的程序执行流程图如图 5.9 所示。

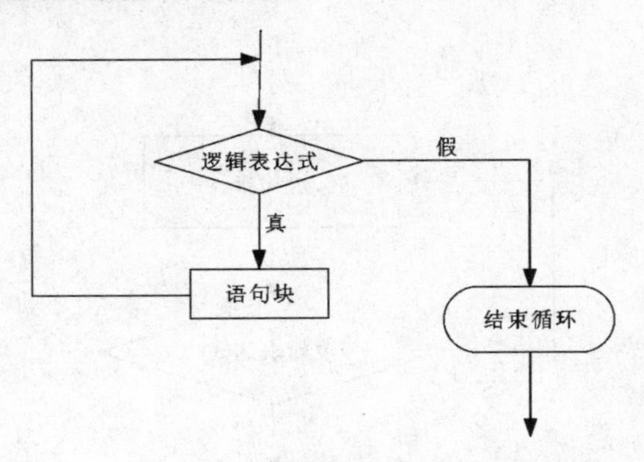

图 5.9　while 语句的执行流程图

在 PHP 中的语法格式为：

```
while( 逻辑表达式 ){
    语句块;
}
```

程序执行时，首先判断逻辑表达式的真假，如果为真则执行花括号中的语句，执行完该语句后再次判断逻辑表达式的真假，如果为真继续执行花括号中的语句，如果为假则退出循环语句，如此循环往复。

考虑一个简单的问题：小时候家长常常会让我们从 1 数到 100，如果我们有了 PHP，一切都不是难事。例如：

```
<?php
    $num = 1;                       //设置数字的初始值为 1
    while($num <= 100){             //如果还没数到 100
        echo $num.' ';              //输出数字
        ++$num;                     //数字自增 1
    }
?>
```

程序运行后的结果如图 5.10 所示。

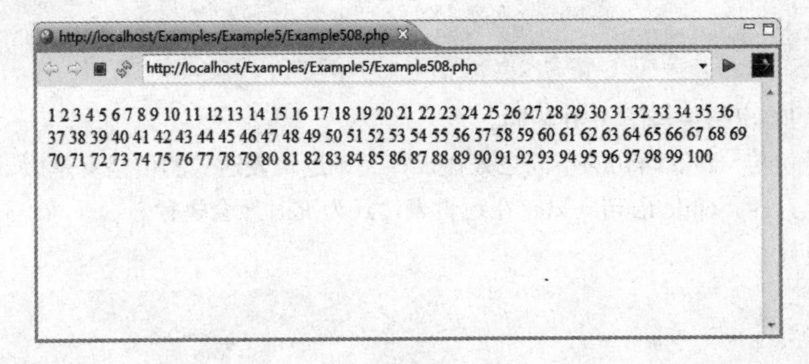

图 5.10　运行结果

5.3.2 do...while 语句

与 while 语句类似的一个循环控制结构是 do…while 语句。while 语句是先判断再执行，而 do…while 语句则是先执行再判断。do…while 语句的程序执行流程图如图 5.11 所示。

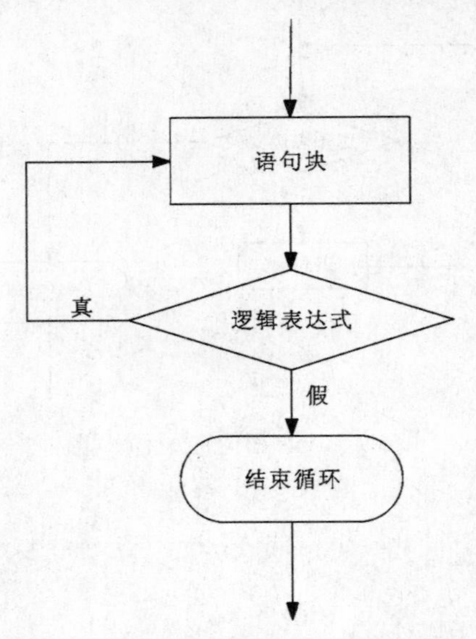

图 5.11 do…while 语句的程序执行流程图

在 PHP 中的语法格式为：

```
do{
    语句块;
} while( 逻辑表达式 );
```

程序执行时，首先执行花括号中的语句，执行完该语句后才判断逻辑表达式的真假，如果为真继续执行花括号中的语句；如果为假则退出循环语句，如此循环往复。

同样是从 1 到 100 的数数问题，我们用 do…while 语句改写成如下代码：

```
<?php
    $num = 1;                           //设置数字的初始值为 1
    do{
        echo $num.' ';                  //输出数字
        ++$num;                         //数字自增 1
    }while($num <= 100)                 //如果还没数到 100
?>
```

程序运行后的输出结果与图 5.10 相同。

do…while 语句与 while 语句的不同之处在于，无论逻辑表达式的值是真是假，do…while 都会至少执行一次语句，而 while 语句则只有在逻辑表达式为真时才会执行。

看下面这代码：

```
<?php
    $num = 1;
    while($num <1 ){
```

```
        echo $num.' ';
        ++$num;
    }
?>
```

由于逻辑表达式$num < 1 的值始终为假，这段代码在运行时不会输出任何结果。下面用 do…while 语句改写这段代码：

```
<?php
    $num = 1;
    do{
        echo $num.' ';
        ++$num;
    }while($num < 1);
?>
```

由于 do…while 语句先执行后判断，这段代码在运行时会输出图 5.12 所示的结果。

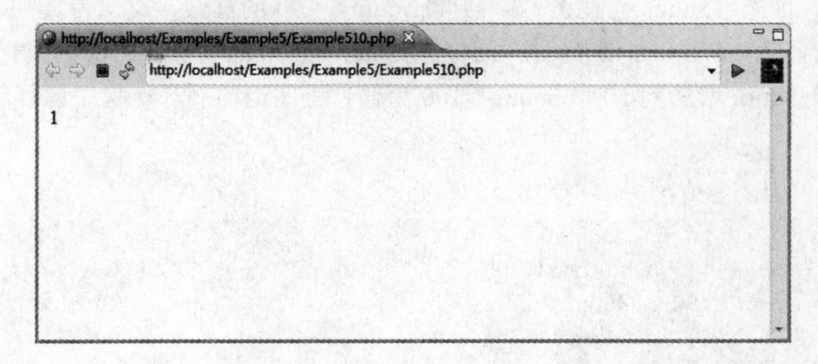

图 5.12　输出结果

5.3.3　for 语句

for 语句是另一种循环控制结构，其程序执行流程如图 5.13 所示。

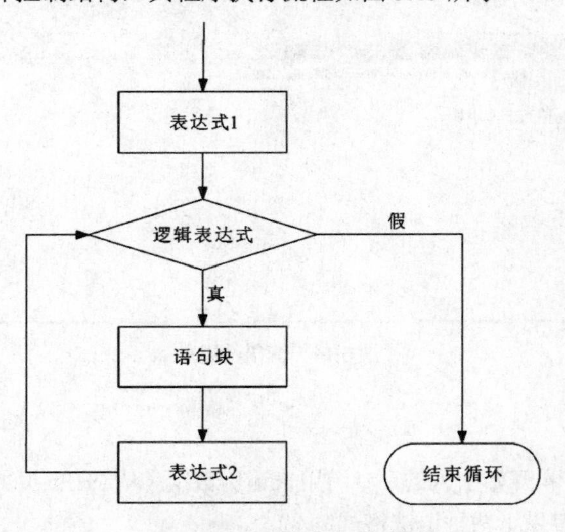

图 5.13　for 语句执行流程图

在 PHP 中的语法格式为：

```
for( 表达式1; 逻辑表达式; 表达式2 ){
    语句块;
}
```

程序执行时，首先执行表达式 1，然后运算逻辑表达式，如果该逻辑表达式为真，则执行花括号中的语句块，执行一遍该语句块后，执行表达式 2。然后再运算逻辑表达式，如果依然为真，则继续执行语句块，如此循环往复，直到逻辑表达式的值为假，退出循环。

同样是从 1 到 10，0 的数数问题，我们用 for 语句改写成如下代码：

```
<?php
    for($num=0; $num<=100; ++$num){
        echo $num.' ';
    }
?>
```

程序运行时，首先给$num 赋值 0，然后判断$num<=100 的真假，发现为真则执行 echo 语句，输出$num 的数值，随后$num 自增 1，并再次判断$num<=100 的真假，为真则执行 echo 语句，如此循环往复，直到$num 增加到 101，$num<=100 为假，程序退出循环。程序运行后的输出结果与图 5.10 相同。

for 循环语句常用来遍历数组，例如：

```
<?php
    $girl = array('沫沫', 'Mo', '阳光沫', '小小草');      //定义一个数组
    $size = count($girl);                                //返回数组中元素的个数
    for($i = 0; $i < $size; ++$i){                       //遍历数组
        echo $girl[$i].' ';
    }
?>
```

遍历数组时常常定义一个临时变量作为数组的下标，通过递增该下标变量遍历数组。上面这段代码执行后的结果如图 5.14 所示。

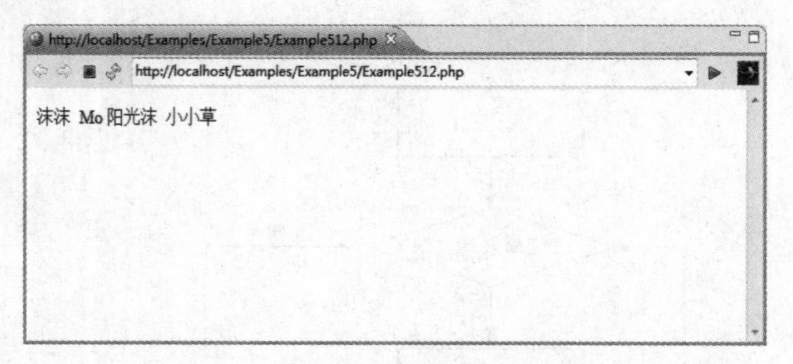

图 5.14 输出结果

5.3.4 foreach 语句

foreach 语句是从 PHP 4 开始引入的，专门用来遍历数组（从 PHP5 开始，foreach 语句还能用来遍历对象）。foreach 语句有以下两种语法格式：

```
foreach( 数组名 as 元素名 ){
    语句块;
}
```

或者

```
foreach( 数组名 as 键名 => 元素名 ){
    语句块;
}
```

前者在遍历数组时，每次循环中会将当前数组元素的值赋给元素名，同时数组指针向后移动一个单元；后者在遍历数组时，每次循环中除了将当前数组元素的值赋给元素名外，还会将键值赋给键名。看下面这个例子：

```
<?php
    $girl = array('沫沫', 'Mo', '阳光沫', '小小草');      //定义一个数组
    foreach( $girl as $value ){                          //遍历数组
        echo $value.' ';
    }
?>
```

这段代码实现的功能与 for 语句一样，程序输出结果也与图 5.14 一样。再看另一个例子：

```
<?php
    $girl = array('中文昵称' => '沫沫',
                '英文昵称' => 'Mo',
                '美称' => '阳光沫',
                '外号' => '小小草');                      //定义一个关联数组
    foreach( $girl as $key => $value ){                  //遍历数组
        echo $key.' : '.$value.'<br>';
    }
?>
```

这段代码中，foreach 语句在遍历过程中同时输出了键值和元素值，输出结果如图 5.15 所示。

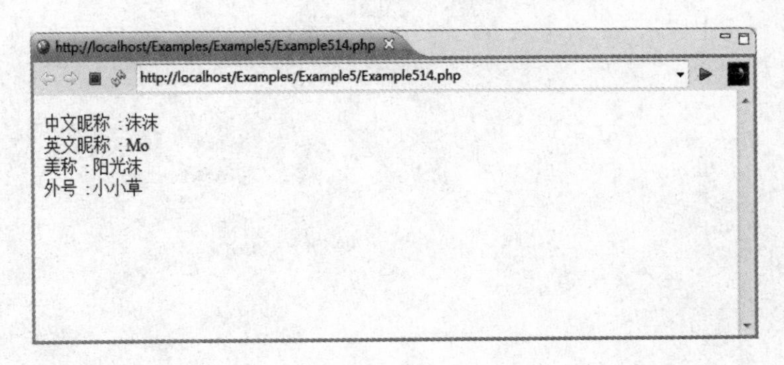

图 5.15　输出结果

5.3.5　循环语句的嵌套

与嵌套的分支语句一样，循环语句也可以嵌套使用，从而实现多重循环。看下面这段代码：

```
<?php
    $num = 1;
    while( $num <= 10 ){              //外循环
        $i = 1;
        while( $i <= $num ){          //内循环
            echo $i.' ';
            ++$i;
        }
        echo '<br>';
        ++$num;
    }
?>
```

上面这段代码包含了两层循环，外循环从 1 遍历到 10，内循环从 1 遍历到当前数。程序运行后输出图 5.16 所示的结果。

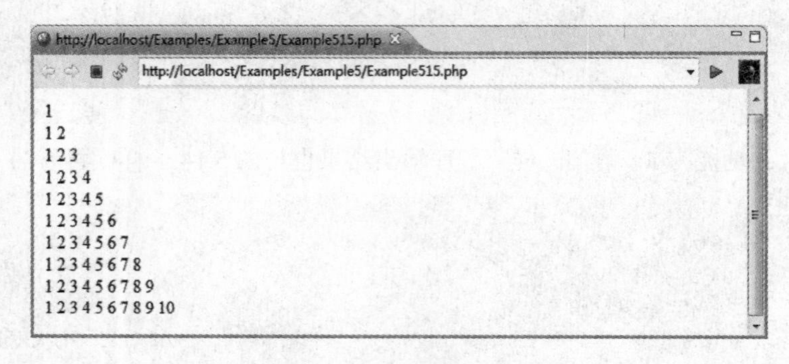

图 5.16　输出结果

同样的功能还可以通过在 while 语句中嵌入 for 语句，或者在 for 语句中嵌入 while 语句，或者在 for 语句中嵌入 for 语句来实现。

下面 3 段代码实现了同样的功能，输入结果与图 5.16 一致。

（1）在 while 语句中嵌入 for 语句

```
<?php
    $num = 1;
    while( $num <= 10 ){                            //外循环
        for($i = 1; $i <= $num; ++$i){              //内循环
            echo $i.' ';
        }
        echo '<br>';
        ++$num;
    }
?>
```

（2）在 for 语句中嵌入 while 语句

```
<?php
    for($num = 1; $num <= 10; ++$num){              //外循环
        $i = 1;
        while( $i <= $num ){                        //内循环
            echo $i.' ';
```

```
            ++$i;
        }
        echo '<br>';
    }
?>
```

（3）在 for 语句中嵌入 for 语句

```
<?php
    for($num = 1; $num <= 10; ++$num){          //外循环
        for($i = 1; $i <= $num; ++$i){          //内循环
            echo $i.' ';
        }
        echo '<br>';
    }
?>
```

foreach 语句同样支持嵌套，这在遍历多维数组时尤为有用。例如：

```
<?php
    $students = array(                          //定义一个二维数组
        array('name' => '沫沫',
              'age' => 19,
              'hobby' => '看书'),
        array('name' => '林林',
              'age' => 22,
              'hobby' => '编程')
    );

    foreach($students as $stu){                 //外循环
        echo '<p>';
        foreach($stu as $key => $value){        //内循环
            echo $key.' : '.$value.'<br>';
        }
    }
?>
```

代码运行后输出图 5.17 所示的结果。

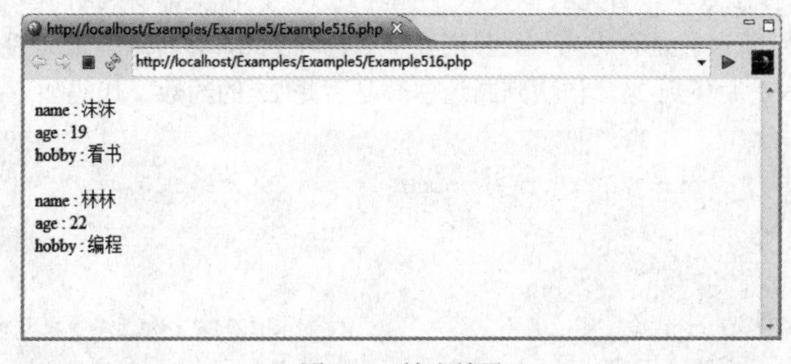

图 5.17　输出结果

5.3.6　break 与 continue 语句

循环语句在执行时，有时需要中途停止或者继续，这时就要使用 break 或 continue 语句。

1. break 语句

break 语句用来在满足一定条件时跳出循环语句。之前讲述 switch 语句时已经用过 break 语句，在那里 break 语句用来跳出 switch 语句。

还是从 1 数到 100 的例子，如果我们数到 50 时不想继续数了怎么办呢？看下面这段代码：

```
<?php
    $num = 1;                                //设置数字的初始值为 1
    while( $num <100 ){                      //如果还没数到 100
        echo $num.' ';                       //输出数字
        ++$num;                              //数字自增 1
        if( $num == 50 ){                    //如果数到 50 则停止
            echo '累了不想数了';
            break;
        }
    }
?>
```

上面这段代码中，每次循环时都会判断$num 是否等于 50，如果等于 50 则终止循环。代码运行结果如图 5.16 所示。

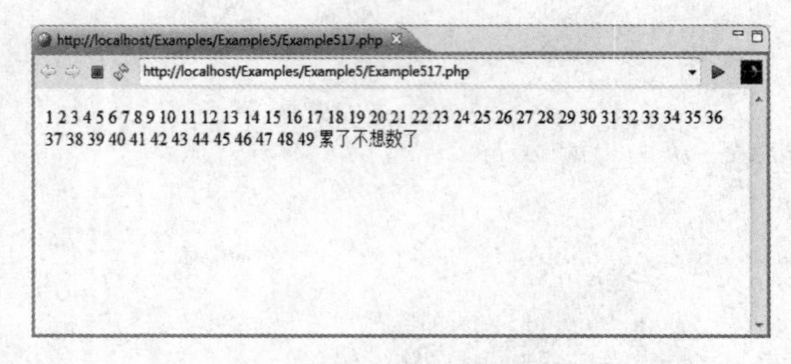

图 5.18 输出结果

break 语句通常与嵌套的循环语句一起使用。看这样一个例子：同样是从 1 数到 100 的问题，这回我们不是要求报出所有的数，而是报出其中的质数（除了 1 和它本身外，没有其他约数的数）。

我们姑且不考虑算法效率。首先我们要从 1 循环到 100，每次都要判断一下该数是否为质数。假如该数是 7，为了判断该数是否为质数，我们要从 2 循环到 6，看看这些数是否是 7 的约数。假如该数是 25，我们要从 2 循环到 24，依次判断这些数是否是 25 的约数。代码如下：

```
<?php
    for($num = 2; $num <= 100; ++$num){   //从 2 遍历到 100
        $i = 2;
        $is_prime = true;
        while($i <= $num - 1){
            if($num % $i == 0){           //如果存在除 1 和其本身之外的约数
                $is_prime = false;        //则不是质数
                break;                    //终止 while 循环
            }
            ++$i;
        }
```

```
        if( $is_prime == true){                //如果是质数
            echo $num.' ';                     //则输出数字
        }
    }
?>
```

代码运行结果如图 5.19 所示。

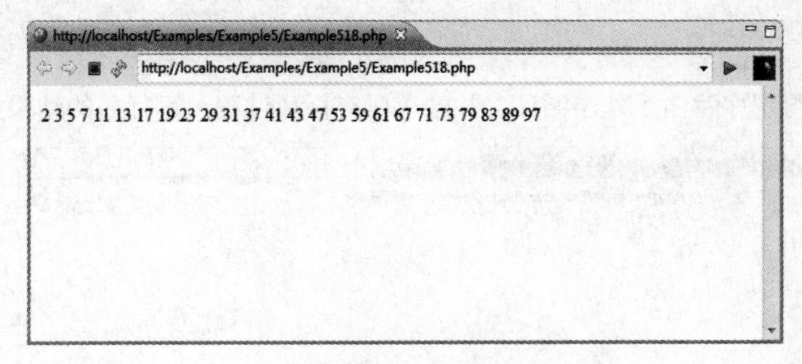

图 5.19　输出结果

在多重循环语句中，break 后面可以接一个数字，表示跳出第几重循环。看下面这段代码：

```
<?php
    for($i = 1; $i <= 10; ++$i){               //外层循环
        for($j = 1; $j <= 8; ++$j){            //内层循环
            if($j == 4) break 1;               //跳出内层循环

            echo $j.' ';
        }
        echo '<br>';
    }

?>
```

break 1;语句使得程序跳出了内层循环，并继续执行下一轮的外层循环，运行后的结果如图 5.20 所示。

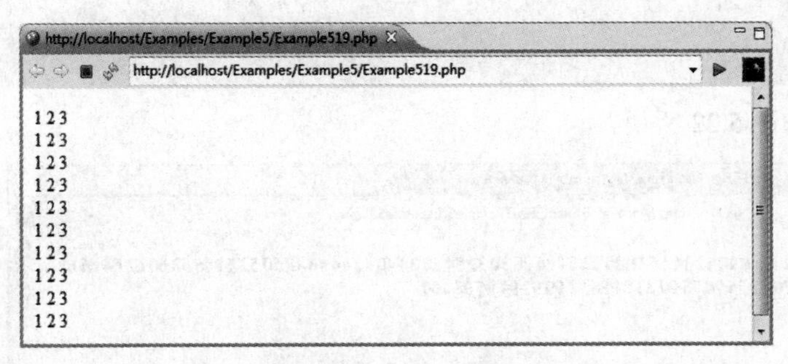

图 5.20　运行结果

再看下面这段代码：

```
<?php
    for($i = 1; $i <= 10; ++$i){               //外层循环
```

```
        for($j = 1; $j <= 8; ++$j){          //内层循环
            if($j == 4) break 2;             //跳出外层循环

            echo $j.' ';
        }
        echo '<br>';
    }

?>
```

break 2;语句使得程序跳出了外层循环，并结束所有循环过程，运行后的结果如图 5.21 所示。

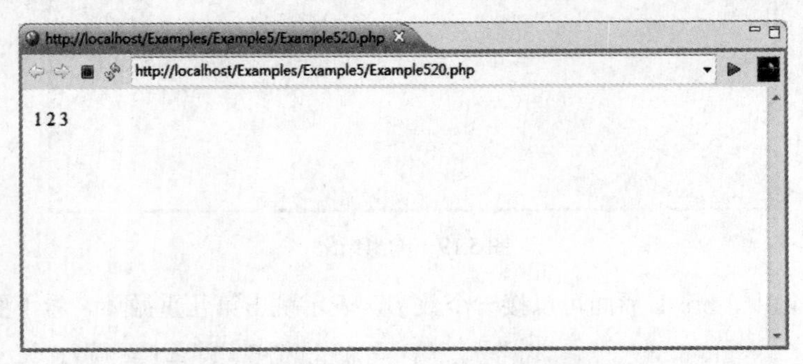

图 5.21　运行结果

2．continue 语句

continue 语句用来在循环控制结构中跳过本次循环尚未执行的语句。注意，continue 语句并没有跳出循环，循环语句在下一轮循环中依然被执行。

同样是从 1 到 100 的数数问题，这回我们是要求是报出所有的偶数。如何用 continue 语句实现呢？我们可以这样想：从 1 遍历到 100，遇到奇数则跳过，遇到偶数则输出。代码如下：

```
<?php
    for($num = 1; $num <= 100; ++$num){  //从1遍历到100
        if($num %2 == 1) continue;         //如果为奇数则跳过

        echo $num.' ';                     //否则输出
    }
?>
```

代码运行结果如图 5.22 所示。

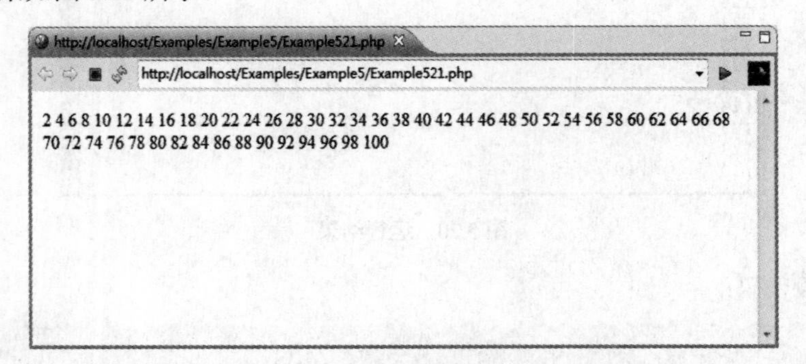

图 5.22　运行结果

continue 后面也可以接一个数字，表示跳出第几重循环后面尚未执行的语句。之前那个数质数的问题，同样可以用 continue 语句实现。代码如下：

```
<?php
    for($num = 2; $num <= 100; ++$num){   //从 2 遍历到 100
        $i = 2;
        while($i <= $num - 1){
            if($num % $i == 0){           //如果存在除 1 和其本身之外的约数
                continue 2;               //跳出 while 循环进入下一轮的 for 循环
            }
            ++$i;
        }

        echo $num.' ';
    }
?>
```

运行结果与图 5.19 一致。

5.4　本章小结

本章讲述了 PHP 编程中的 3 种流程控制结构：顺序结构、分支结构、循环结构。这 3 种流程控制结构的重点是后两者。在分支结构中，通过流程图加实例的方式讲解了 if…else 语句、if…elseif 语句、switch 语句以及这几种分支语句的相互嵌套。在循环结构中，通过流程图加实例的方式讲解了 while 语句、do…while 语句、for 语句、foreach 语句以及这几种循环语句的相互嵌套，同时还介绍了 break 语句和 continue 语句在循环控制结构中的使用。

第 6 章　PHP 数组

在 C、C++、Java 等许多高级程序设计语言中，数组是一个具有相同数据类型的若干变量的有序集合，这包含两层含义：一是数组是变量的有序集合，二是数组中的变量具有相同的数据类型。而 PHP 作为一种脚本语言，秉承了脚本语言一贯的传统，与传统高级编程语言相比，在数组的设计上更自由、更灵活，也更加方便了程序员。一言以蔽之，PHP 数组不是具有相同数据类型的若干变量的有序集合，而是若干键值对的集合。这意味着，同一个数组既可以保存整型变量，又可以保存浮点型变量，甚至还可以保存字符串变量。同时，PHP 还提供了许多内建的函数库来简化对数组的操作。

6.1　概　述

许多程序设计语言都提供数组这种复杂的数据类型。数组主要用来将一组相关的内容存放在一起，从而方便管理和使用。

不同于 C、C++、Java 等其他许多高级语言，PHP 的数组实际上是一个哈希表映射，即把值（Value）映射到键名（Key）的容器。键名（Key）可以是数字，也可以是字符串。值（Value）也可以是数字、字符串，甚至是数组。图 6.1 所示为 PHP 数组的示意图。

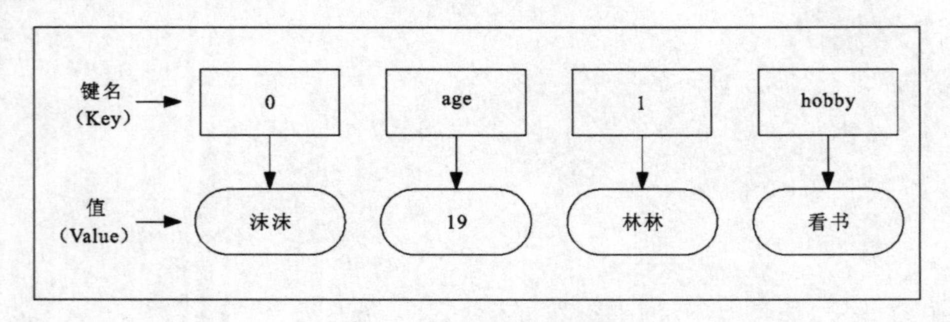

图 6.1　PHP 数组的示意图

PHP 还提供了许多库函数来对数组进行操作，这使得对数组的访问、检索和修改变得非常容易。

6.2　数组的定义

PHP 支持两种数组：索引数组（indexed array）和关联数组（associative array），前者使用数字作为键，后者使用字符串作为键。

6.2.1　索引数组的定义

在 PHP 中定义数组有两种方式：一种是用 array()函数定义数组，另一种是通过直接给数组赋值的方式定义数组。

例如，下面两种定义数组的方式是等效的：

（1）通过 array()函数定义数组

```
$myarray = array('Mo',19,'沫沫');
```

（2）通过直接赋值的方式定义数组

```
$myarray[0] = 'Mo';
$myarray[1] = 19;
$myarray[2] = '沫沫';
```

通过 var_dump()函数打印数组信息，这两种定义都会输出相同的信息，如图 6.2 所示。

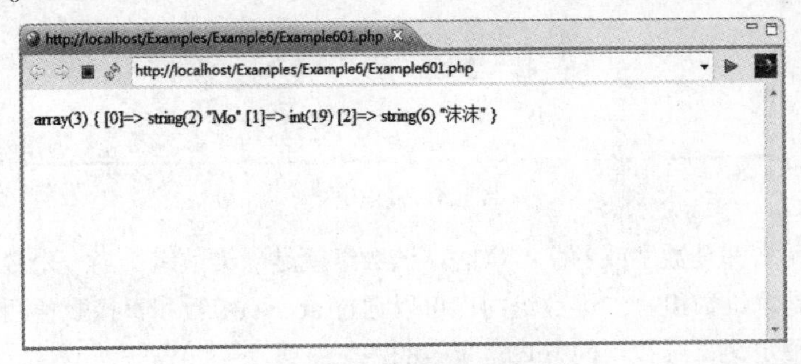

图 6.2　输出结果

通过 array()函数定义数组时，PHP 会自动产生从 0 开始依次编号的索引。通过直接赋值的方式定义数组时，也可以不指定索引，PHP 也会自动产生从 0 开始的索引。甚至可以在某些时候指定索引，下一次定义时不指定，在这种情况下，索引为数组当前索引最大值+1。

例如，下面的定义方式，没有指定索引，PHP 会从 0 开始自动编号。

```
$myarray[] = 'Mo';
$myarray[] = 19;
$myarray[] = '沫沫';
```

又例如，下面这种定义方式，部分指定索引，部分没有指定。则数字 19 对应的索引为字符串“Mo”对应的索引加 1，字符串“沫沫”对应的索引为数字 19 对应的索引加 1。通过 var_dump()函数打印数组信息，输出结果如图 6.3 所示。

```
$myarray[3] = 'Mo';
$myarray[] = 19;
$myarray[] = '沫沫';
```

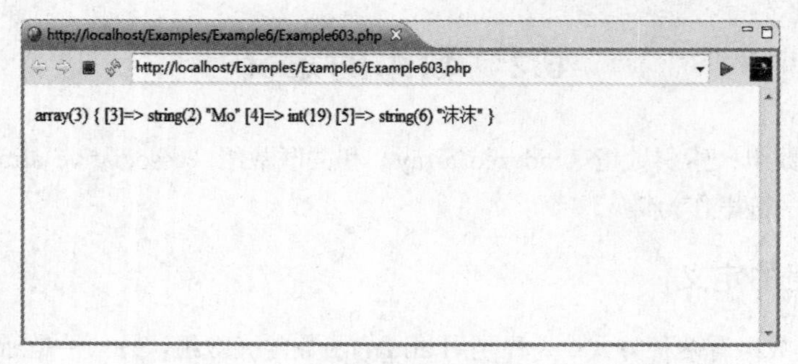

图 6.3 输出结果

如果前后定义了两个相同的索引，则前面的定义会被后面的定义覆盖。例如：

```
$myarray[1] = 'Mo';
$myarray[1] = '沫沫';
```

通过 var_dump()函数打印数组信息，输出结果如图 6.4 所示。

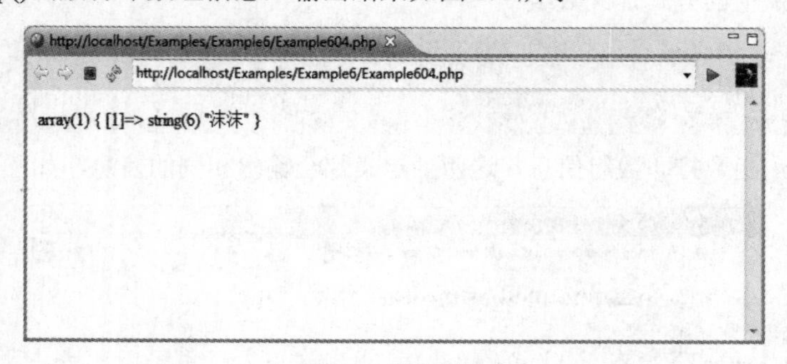

图 6.4 输出结果

当一个数组的元素都是数字或者字符串时，该数组就是一维数组。当一个数组的元素中有其他数组时，该数组就是二维数组。二维数组同样可以通过 array()函数和直接赋值两种方式定义。

例如，下面两种定义二维数组的方式是等效的：

（1）通过 array()函数定义二维数组

```
$myarray = array(
            array('Mo',19,'沫沫'),
            array('Lin',22,'林林')
            );
```

（2）通过直接赋值的方式定义二维数组

```
$myarray[0][0] = 'Mo';
$myarray[0][1] = 19;
$myarray[0][2] = '沫沫';
$myarray[1][0] = 'Lin';
$myarray[1][1] = 22;
$myarray[1][2] = '林林';
```

通过 var_dump()函数打印数组信息，这两种定义都会输出相同的结果，如图 6.5 所示。

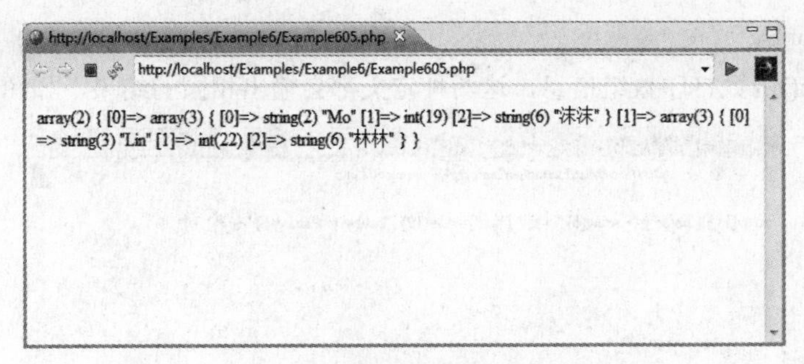

图 6.5　输出结果

PHP 还支持多维数组，即三维数组、四维数组等。例如：

```
$myarray = array(
                array(
                    array('Mo',19,'沫沫'),
                    array('Lin',22,'林林')
                    ),
                array(
                    array(1993,1),
                    array(1990,4)
                    )
                );
```

同样的，也可以通过直接赋值的方式定义：

```
$myarray[0][0][0] = 'Mo';
$myarray[0][0][1] = 19;
$myarray[0][0][2] = '沫沫';
$myarray[0][1][0] = 'Lin';
$myarray[0][1][1] = 22;
$myarray[0][1][2] = '林林';
$myarray[1][0][0] = 1993;
$myarray[1][0][1] = 1;
$myarray[1][1][0] = 1990;
$myarray[1][1][1] = 4;
```

6.2.2　关联数组的定义

关联数组与索引数组的不同之处在于，关联数组不仅可以使用数字来检索数组元素，而且可以使用字符串来检索数组元素。

定义关联数组也有两种方式：一种是通过 array()函数定义数组，另一种是通过直接给数组赋值的方式定义数组。

例如下面两种定义关联数组的方式是等效的：

（1）通过 array()函数定义数组

```
$myarray = array('name' => '沫沫', 'age' => 19 , 'hobby' => '看书');
```

（2）通过直接赋值的方式定义数组

```
$myarray['name'] = '沫沫';
$myarray['age'] = 19;
```

```
$myarray['hobby'] = '看书';
```

通过 var_dump()函数打印数组信息，这两种定义都会输出相同的结果，如图 6.6 所示。

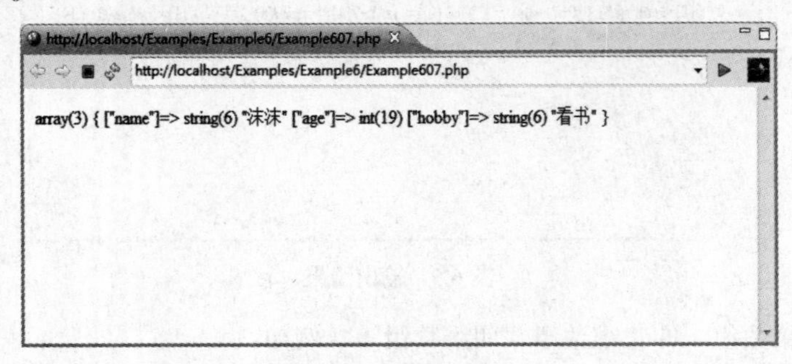

图 6.6　输出结果

在关联数组中，字符串索引与数字索引可以并存。例如：

```
$myarray = array('name' => '沫沫', 'age' => 19 , 1 => '看书');
```

与此等效的方式如下：

```
$myarray['name'] = '沫沫';
$myarray['age'] = 19;
$myarray[1] = '看书';
```

通过 var_dump()函数打印数组信息，输出结果如图 6.7 所示。

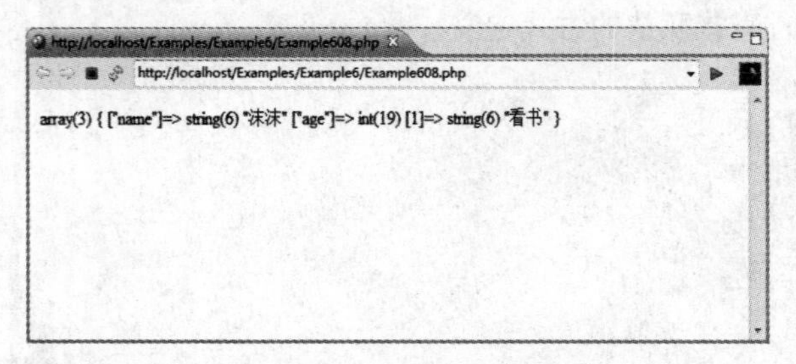

图 6.7　输出结果

与索引数组类似，关联数组如果前后定义了两个相同的索引，则前面的定义会被后面的定义覆盖。例如：

```
$myarray['name'] = 'Mo';
$myarray['name'] = '沫沫';
```

通过 var_dump()函数打印数组信息，输出结果如图 6.8 所示。

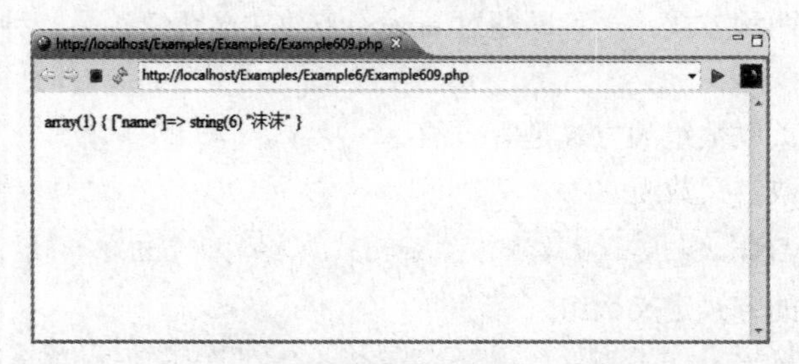

图 6.8　输出结果

关联数组同样可以通过 array()函数和直接赋值两种方式定义二维数组。

例如，下面两种定义二维关联数组的方式是等效的：

（1）通过 array()函数定义二维关联数组

```
$myarray = array(
            'girl' => array(
                        'name' => '沫沫',
                        'nickname' => 'Mo',
                        'age' => 19
                        ),
            'boy' => array(
                        'name' => '林林',
                        'nickname' => 'Lin',
                        'age' => 22
                        ),
            );
```

（2）通过直接赋值的方式定义二维关联数组

```
$myarray['girl']['name'] = '沫沫';
$myarray['girl']['nickname'] = 'Mo';
$myarray['girl']['age'] = 19;
$myarray['boy']['name'] = '林林';
$myarray['boy']['nickname'] = 'Lin';
$myarray['boy']['age'] = 22;
```

通过 var_dump()函数打印数组信息，这两种定义都会输出相同的结果，如图 6.9 所示。

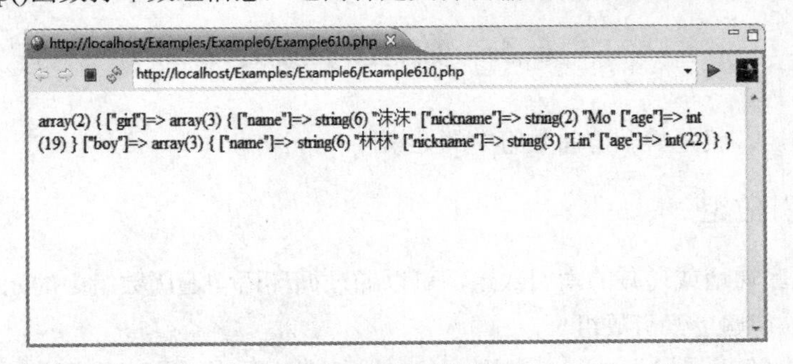

图 6.9　输出结果

关联数组同样还支持多维数组，即三维关联数组、四维关联数组等。例如：

```
$myarray = array(
              'pair' => array(
                          'girl' => array(
                                      'name' => '沫沫',
                                      'nickname' => 'Mo',
                                      'age' => 19
                                      ),
                          'boy' => array(
                                      'name' => '林林',
                                      'nickname' => 'Lin',
                                      'age' => 22
```

```
                                                            ),
                                            ),
                    'date' => array(
                                            'Mo' => array(
                                                            'year' => 1993,
                                                            'month' => 1
                                                            ),
                                            'Lin' => array(
                                                            'year' => 1990,
                                                            'month' => 4
                                                            )
                                            )
                );
```

同样，也可以通过直接赋值的方式定义。例如：

```
$myarray['pair']['girl']['name'] = '沫沫';
$myarray['pair']['girl']['nickname'] = 'Mo';
$myarray['pair']['girl']['age'] = 19;
$myarray['pair']['boy']['name'] = '林林';
$myarray['pair']['boy']['nickname'] = 'Lin';
$myarray['pair']['boy']['age'] = 22;
$myarray['date']['Mo']['year'] = 1993;
$myarray['date']['Mo']['month'] = 1;
$myarray['date']['Lin']['year'] = 1990;
$myarray['date']['Lin']['month'] = 4;
```

6.3 数组的遍历

所谓数组的遍历，就是挨个访问数组中的元素。

6.3.1 遍历索引数组

对于下标按顺序递增或递减的索引数组，可以通过循环语句遍历数组中的元素。例如：

（1）for 循环语句遍历索引数组

```
<?php
    $myarray = array('Mo',19,'沫沫');

    $size = count($myarray);                //获取数组中元素的个数
    for($i = 0; $i < $size; ++$i){
        echo $i.' => '.$myarray[$i].'<br>';
    }
?>
```

（2）while 循环语句遍历索引数组

```
<?php
    $myarray = array('Mo',19,'沫沫');

    $size = count($myarray);                //获取数组中元素的个数
    $i = 0;
```

```
    while($i < $size){
        echo $i.' => '.$myarray[$i].'<br>';
        ++$i;
    }
?>
```

或：

```
<?php
    $myarray = array('Mo',19,'沫沫');

    $size = count($myarray);                //获取数组中元素的个数
    $i = 0;
    do{
        echo $i.' => '.$myarray[$i].'<br>';
        ++$i;
    }while($i < $size);
?>
```

（3）foreach 语句遍历索引数组

```
<?php
    $myarray = array('Mo',19,'沫沫');

    foreach ($myarray as $key => $value){
        echo $key.' => '.$value.'<br>';
    }
?>
```

这 3 种循环语句遍历数组时，属 foreach 语句最方便。程序运行后的结果如图 6.10 所示。

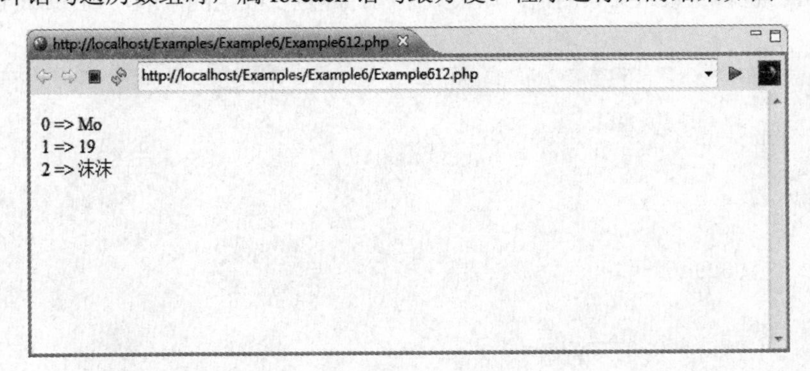

图 6.10　运行结果

除了使用循环语句遍历数组外，我们还可以使用 list()和 each()来辅助数组的遍历。

（1）使用 list()遍历数组

list()并不是真正的函数，而是与 array()一样，是一种语言结构。list()只能用于下标从 0 开始的索引数组。语法格式如下：

```
void list ( mixed $var , mixed $... )
```

参数中的$var 为被数组赋值的变量名称。

例如：

```
<?php
    $myarray = array('Mo',19,'沫沫');

    list($nickname, $age, $name) = $myarray;
    echo $nickname.' '.$age.' '.$name;
?>
```

程序运行后的结果如图 6.11 所示。

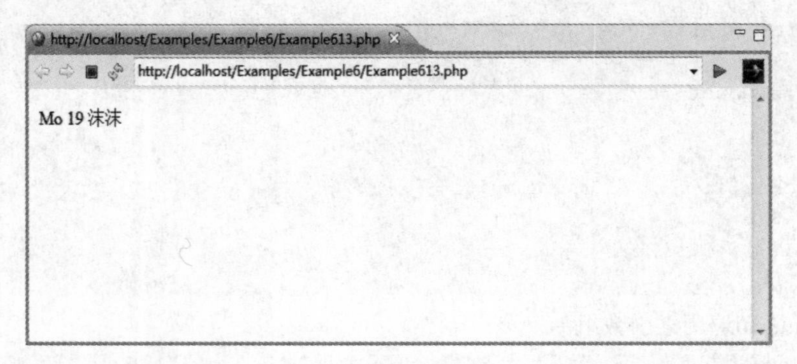

图 6.11　运行结果

（2）使用 each()遍历数组

each()用于返回数组中当前的键/值对，并将数组指针向前移动一步。语法格式如下：

```
array each ( array &$var )
```

键/值对被返回为 4 个单元的数组，键名为 0，1，key 和 value。单元 0 和 key 包含有数组的键名，1 和 value 包含有数组元素的值。如果数组指针越过了数组的末端，则 each() 返回 false。例如：

```
<?php
    $myarray = array('Mo',19,'沫沫');

    $array = each($myarray);
    echo '<p>';
    var_dump($array);

    $array = each($myarray);
    echo '<p>';
    var_dump($array);

    $array = each($myarray);
    echo '<p>';
    var_dump($array);
?>
```

程序运行后的结果如图 6.12 所示。

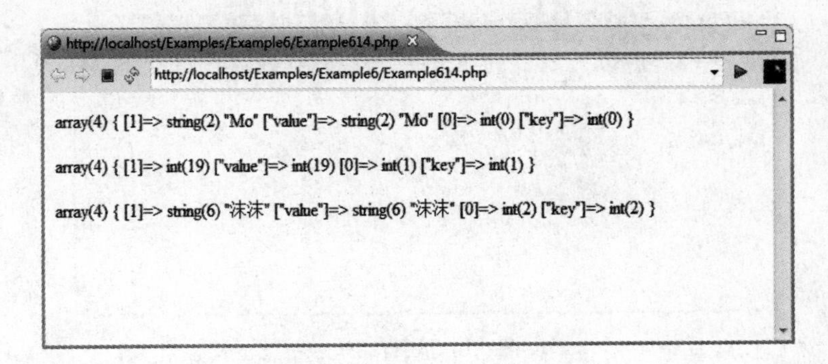

图 6.12　运行结果

（3）混合使用 list()与 each()遍历数组

list()与 each()常常可以混合使用来遍历数组。例如：

```
<?php
    $myarray = array('沫沫', 19, '看书');

    while(list($key, $value) = each($myarray)){
        echo $key.' => '.$value.'<br>';
    }
?>
```

程序运行后的结果如图 6.13 所示。

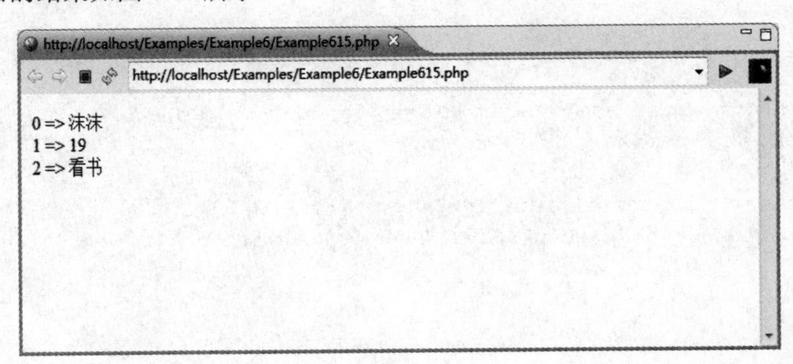

图 6.13　运行结果

6.3.2　遍历关联数组

关联数组的索引不具有明显的规律性，因此常常使用 foreach 语句来遍历。例如：

```
<?php
    $myarray = array('name' => '沫沫', 'age' => 19 , 'hobby' => '看书');

    foreach ($myarray as $key => $value){
        echo $key.' => '.$value.'<br>';
    }
?>
```

程序运行后的结果如图 6.14 所示。

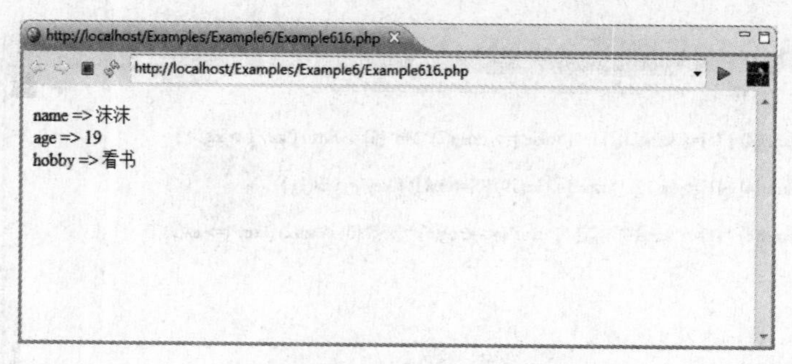

图 6.14　运行结果

再看一个使用 foreach 语句遍历二维数组的例子：

```
<?php
    $myarray = array(
            'girl' => array(
                        'name' => '沫沫',
                        'nickname' => 'Mo',
                        'age' => 19
                        ),
            'boy' => array(
                        'name' => '林林',
                        'nickname' => 'Lin',
                        'age' => 22
                        ),
            );

    foreach ($myarray as $gender_key => $gender_value){
        echo $gender_key.' => <br>';

        foreach ($gender_value as $key => $value){
            echo '  '.$key.' => '.$value.'<br>';
        }
    }
?>
```

程序运行后的结果如图 6.15 所示。

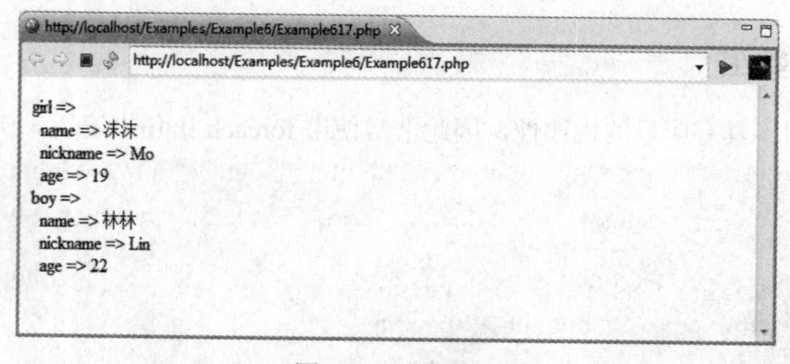

图 6.15　运行结果

类似的，我们还可以使用 list()与 each()来遍历关联数组。例如：

```
<?php
    $myarray = array('name' => '沫沫', 'age' => 19, 'hobby' => '看书');

    while(list($key, $value) = each($myarray)){
        echo $key.' => '.$value.'<br>';
    }
?>
```

程序运行后的结果如图 6.16 所示。

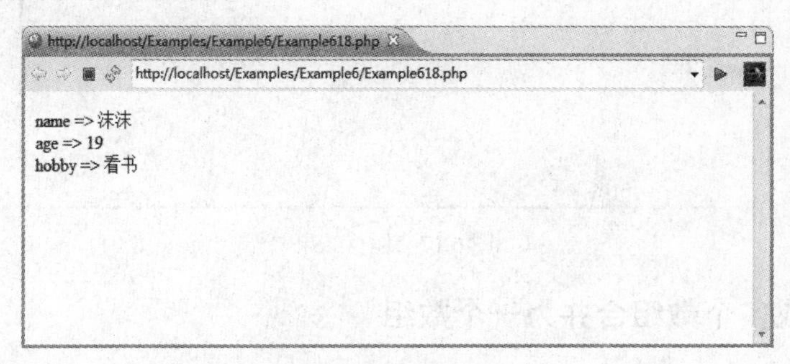

图 6.16　运行结果

6.4　数组的操作

PHP 强大的一个很重要的方面就是它拥有丰富且有用的库函数，在数组操作方面也不例外。通过 PHP 自带的函数，我们可以方便地对数组进行各种操作。在实际开发过程中，我们要尽量使用 PHP 自带的库函数，而不是自己编写代码实现同样的功能，因为库函数都是经过优化的，效率往往是最高的。

6.4.1　检查数组中是否存在指定的值

PHP 中使用 array_search()函数来检查数组中是否存在指定的值。语法格式如下：

```
mixed array_search ( mixed $needle , array $haystack [, bool $strict ] )
```

其中，参数$needle 是要检查的指定值，参数$haystack 是要检查的数组，参数$strict 可选，如果$strict 为 TRUE，则该函数在搜索时将检查$needle 的参数类型。

如果搜索过程中找到参数$needle，则返回对应的键名，否则返回 FALSE。如果数组$haystack 中不只存在一个$needle，则返回第一个匹配元素的键名。例如：

```
<?php
    $myarray = array('name' => '沫沫', 'age' => 19, 1 => 1993, 'hobby' => '看书');

    $key = array_search('沫沫',$myarray);
    echo '<p>'.$key;

    $key = array_search(1993,$myarray);
    echo '<p>'.$key;

    $key = array_search('Lin',$myarray);
```

```
    echo '<p>';
    var_dump($key);
?>
```

程序运行后的结果如图 6.17 所示。

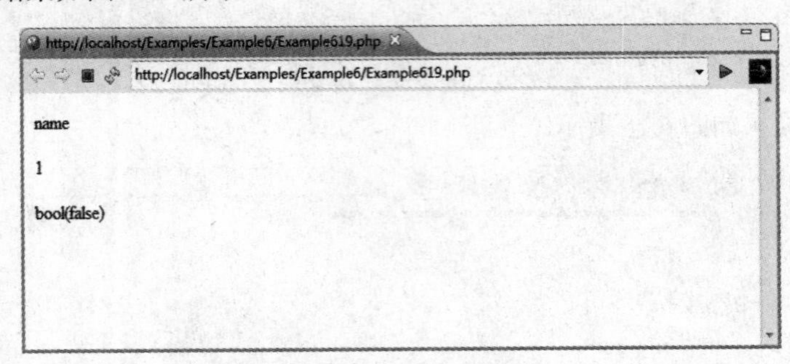

图 6.17　运行结果

6.4.2　把一个或多个数组合并为一个数组

PHP 中使用 array_merge()函数把一个或多个数组合并为一个数组。语法格式如下：

```
array array_merge ( array $array1 [, array $array2 [, array $... ]] )
```

其中，参数$array1，$array2，……是待合并的数组变量。

函数返回合并后的数组。 如果待合并的数组中有相同的字符串键名，则该键名后面的值将覆盖前一个值。如果待合并的数组中包含相同的数字键名，后面的值将不会覆盖原来的值，而是附加到该元素后面。例如：

```
<?php
    $girl = array('name' => '沫沫', 'age' => 19);
    $boy = array('name' => '林林');
    $girl_date = array(0 => 1993);
    $boy_date = array(0 => 1990);

    $myarray = array_merge($girl, $boy, $girl_date, $boy_date);
    var_dump($myarray);
?>
```

程序运行后的结果如图 6.18 所示。

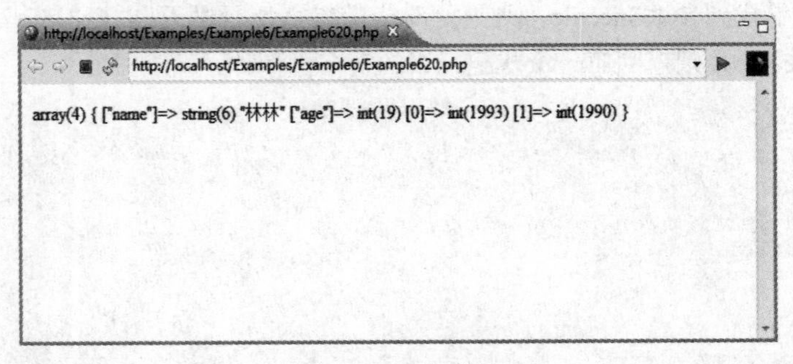

图 6.18　运行结果

6.4.3　把一个数组分割为多个数组

PHP 中使用 array_chunk()函数把一个数组分割为多个数组。语法格式如下：

```
array array_chunk ( array $input , int $size [, bool $preserve_keys ] )
```

其中，参数$input 是分割的数组变量，参数$size 是分割成的每个数组的元素个数（最后一个数组的元素个数可以小于$size），可选参数$preserve_keys 默认为 FALSE，表示分割后的数组索引将从 0 开始重新编排。若设置为 TRUE，则分割后的数组将保留原数组中的键名。

该函数将返回一个由分割后的若干数组组成的多维数组，索引从 0 开始。例如：

```
<?php
    $girl = array('沫沫', '林林', 'age' => 19, 22, 'hobby' => '看书');

    $myarray = array_chunk($girl, 2);
    echo '<p>';
    var_dump($myarray);

    $myarray = array_chunk($girl, 2, true);
    echo '<p>';
    var_dump($myarray);
?>
```

程序运行后的结果如图 6.19 所示。

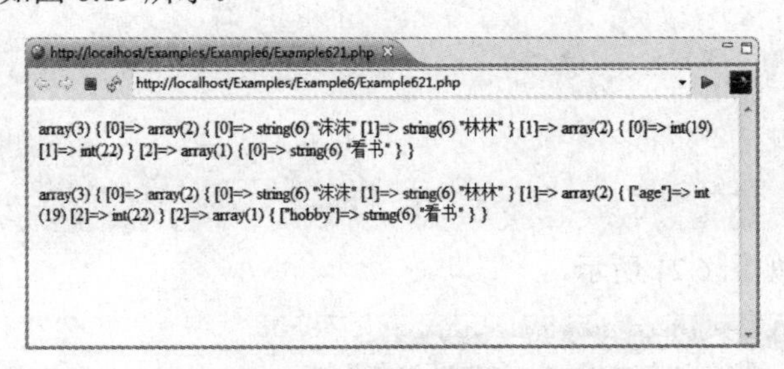

图 6.19　运行结果

6.4.4　统计数组中所有值出现的次数

PHP 中使用 array_count_values()函数统计数组中所有值出现的次数。语法格式如下：

```
array array_count_values ( array $input )
```

其中，参数$input 是待统计的数组。

该函数将返回一个关联数组，其键名为$input 数组中元素的值，键值为该元素的值在$input 数组中出现的次数。

例如：

```
<?php
    $girl = array('沫沫', 'age' => 19, 1993, 'name' => '沫沫', 'year' => 1993);

    $counts = array_count_values($girl);
    print_r($counts);
?>
```

程序运行后的结果如图 6.20 所示。

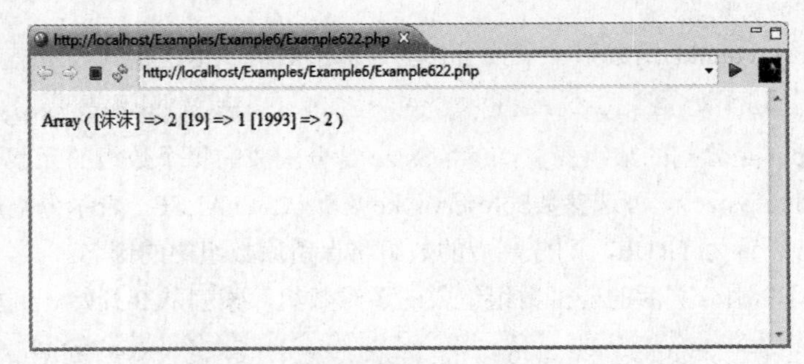

图 6.20　运行结果

6.4.5　计算数组中所有值的和

PHP 中使用 array_sum()函数计算数组中所有值的和。语法格式如下：

```
number array_sum ( array $array )
```

其中，参数$array 是待计算的数组。

该函数将返回$array 数组中所有元素的和。

例如：

```
<?php
    $myarray = array(1, 2, 4 => 3, 'number' => 4, 5);

    $sum = array_sum($myarray);
    echo '和为: '.$sum;
?>
```

程序运行后的结果如图 6.21 所示。

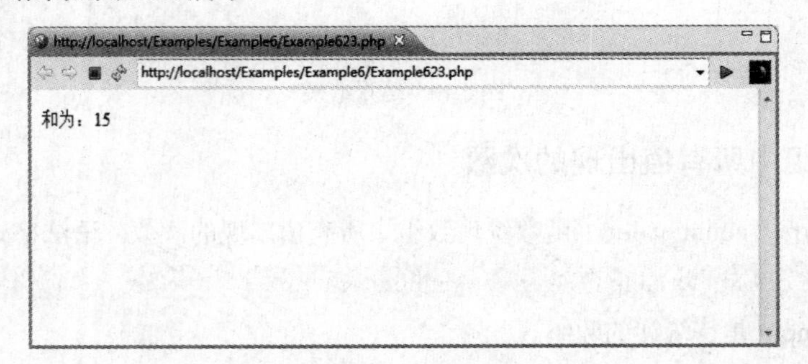

图 6.21　运行结果

6.4.6　删除数组中重复的值

PHP 中使用 array_unique()函数删除数组中重复的值。语法格式如下：

```
array array_unique ( array $array )
```

其中，参数$array 是待操作的数组。

该函数首先将键值作为字符串进行排序，保留第一次遇到的值所对应的键名，最后返回一个没有重复值的新数组。

例如：

```
<?php
    $myarray = array('name' => '沫沫', 19, 'hobby' => '看书', 'age' => 19, '沫沫');

    $new_array = array_unique($myarray);
    print_r($new_array);
?>
```

程序运行后的结果如图 6.22 所示。

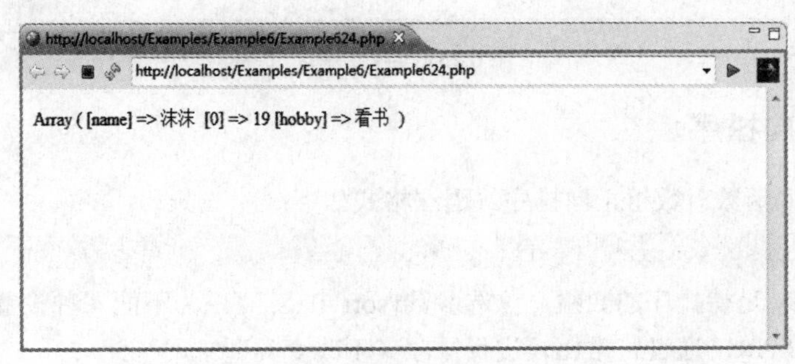

图 6.22　运行结果

6.4.7　计算数组中的元素数目

PHP 中使用 count()函数来计算数组中的元素数目。语法格式如下：

```
int count ( array $array [, int $mode ] )
```

其中，参数$array 是待计算的数组，可选参数$mode 默认值为 0，表示不进行递归统计元素个数，可以设置为 1（或 COUNT_RECURSIVE），表示递归统计元素的数目。

该函数返回$array 数组中元素的数目。

例如：

```
<?php
    $myarray = array(
            'girl' => array(
                        'name' => '沫沫',
                        'nickname' => 'Mo',
                        'age' => 19
                        ),
            'boy' => array(
                        'name' => '林林',
                        'nickname' => 'Lin',
                        'age' => 22
                        ),
            );

    echo '<p>不递归统计元素个数: '.count($myarray);
    echo '<p>递归统计元素个数: '.count($myarray,COUNT_RECURSIVE);
?>
```

程序运行后的结果如图 6.23 所示。

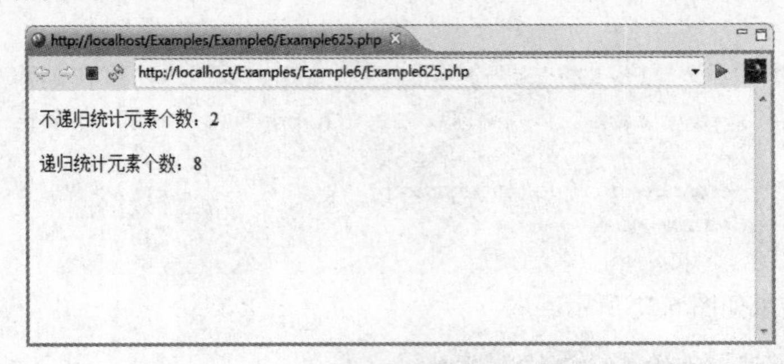

图 6.23　运行结果

6.4.8　对数组正向排序

PHP 中使用 sort()函数对数组正向排序。语法格式如下：

```
bool sort ( array &$array [, int $sort_flags ] )
```

其中，参数$array 是待排序的数组，可选参数$sort_flags 可以为下面 4 种设置之一。

- SORT_REGULAR：通过正常比较进行排序（不改变类型）。
- SORT_NUMERIC：将数组元素作为数字来比较并进行排序。
- SORT_STRING：将数组元素作为字符串来比较并进行排序。
- SORT_LOCALE_STRING：根据当前的区域（locale）设置把数组元素作为字符串比较并进行排序。

若成功排序，该函数返回 TRUE，否则返回 FALSE。成功排序时，$array 数组中的元素将从低到高重新排列，原有的键名将被删除，元素将被赋予新的键名。例如：

```
<?php
    $myarray = array('Mo', '沫沫', '看书', 'Lin');
    sort($myarray);
    echo '<p>按默认设置排序: ';
    print_r($myarray);

    $myarray = array(14, 1.45, 23, 0.055);
    sort($myarray, SORT_NUMERIC);
    echo '<p>按数字比较排序: ';
    print_r($myarray);

    $myarray = array('mo', 'lin', 'colin', 'mathboy');
    sort($myarray, SORT_STRING);
    echo '<p>按字符串比较排序: ';
    print_r($myarray);
?>
```

程序运行后的结果如图 6.24 所示。

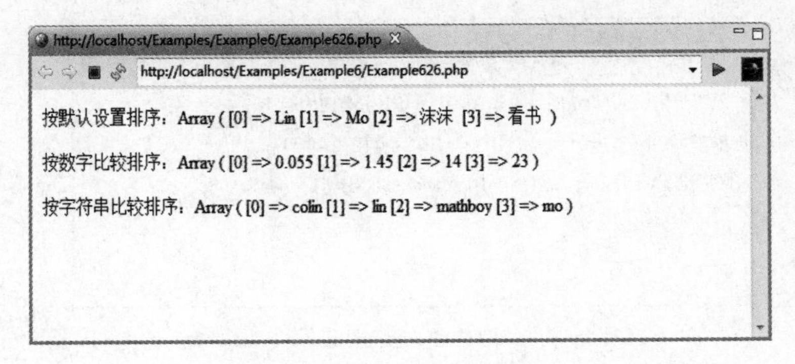

图 6.24　运行结果

6.4.9　对数组逆向排序

PHP 中使用 rsort()函数对数组逆向排序，其作用与 sort()正好相反。语法格式如下：

```
bool rsort ( array &$array [, int $sort_flags ] )
```

其中，参数$array 是待排序的数组，可选参数$sort_flags 可以为下面 4 种设置之一。

- SORT_REGULAR：通过正常比较进行排序（不改变类型）。
- SORT_NUMERIC：将数组元素作为数字来比较并进行排序。
- SORT_STRING：将数组元素作为字符串来比较并进行排序。
- SORT_LOCALE_STRING：根据当前的区域（locale）设置来把数组元素作为字符串比较并进行排序。

若成功排序，该函数返回 TRUE，否则返回 FALSE。成功排序时，$array 数组中的元素将从高到低重新排列，原有的键名将被删除，元素将被赋予新的键名。例如：

```
<?php
    $myarray = array('Mo', '沫沫', '看书', 'Lin');
    rsort($myarray);
    echo '<p>按默认设置排序: ';
    print_r($myarray);

    $myarray = array(14, 1.45, 23, 0.055);
    rsort($myarray, SORT_NUMERIC);
    echo '<p>按数字比较排序: ';
    print_r($myarray);

    $myarray = array('mo', 'lin', 'colin', 'mathboy');
    rsort($myarray, SORT_STRING);
    echo '<p>按字符串比较排序: ';
    print_r($myarray);
?>
```

程序运行后的结果如图 6.25 所示。

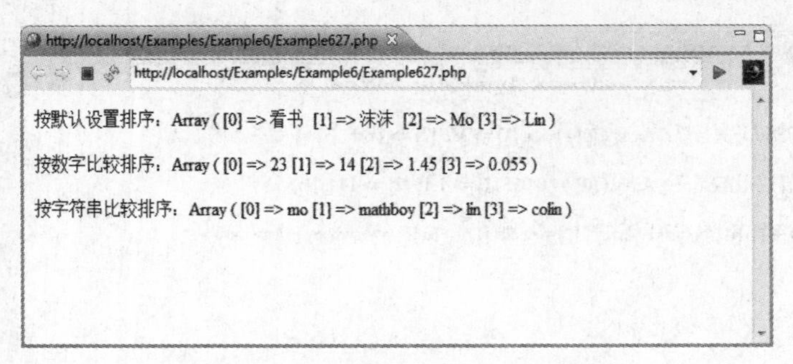

图 6.25　运行结果

6.4.10　将数组中的元素顺序翻转

PHP 中使用 array_reverse()函数将数组中的元素顺序翻转。语法格式如下：

```
array array_reverse ( array $array [, bool $preserve_keys ] )
```

其中，参数$array 是待翻转的数组，可选参数$preserve_keys 默认为 FALSE，表示不保留原有的键名，设置为 TRUE 之后，表示翻转数组元素时保留原有的键名。

该函数返回一个翻转后的新数组。例如：

```
<?php
    $myarray = array('Mo', '沫沫', '看书', 'Lin');
    $new_array = array_reverse($myarray);
    echo '<p>';
    print_r($new_array);

    $new_array = array_reverse($myarray, true);
    echo '<p>';
    print_r($new_array);
?>
```

程序运行后的结果如图 6.26 所示。

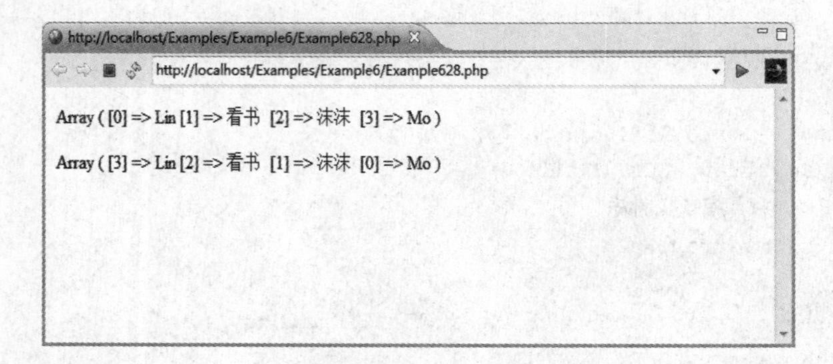

图 6.26　运行结果

6.4.11　用给定的值填充数组

PHP 中使用 array_pad()函数用给定的值填充数组。语法格式如下：

```
array array_pad ( array $input , int $pad_size , mixed $pad_value )
```

其中，参数$input 是待填充的数组，参数$pad_size 是填充后数组的大小，参数$pad_value 是用来填充的元素。

该函数返回一个填充后的新数组。如果$pad_size 为正，填充的元素将位于$input 数组的右侧。如果$pad_size 为负，填充的元素将位于$input 数组的左侧。如果$pad_size 的绝对值不大于$input 数组的大小，则返回的新数组没有填充任何新元素。例如：

```
<?php
    $myarray = array('Mo', '沫沫', '看书');
    $new_array = array_pad($myarray, 5, '沫沫');
    echo '<p>填充在右侧: ';
    print_r($new_array);

    $new_array = array_pad($myarray, -5, '沫沫');
    echo '<p>填充在左侧: ';
    print_r($new_array);

    $new_array = array_pad($myarray, 3, '沫沫');
    echo '<p>无填充: ';
    print_r($new_array);
?>
```

程序运行后的结果如图 6.27 所示。

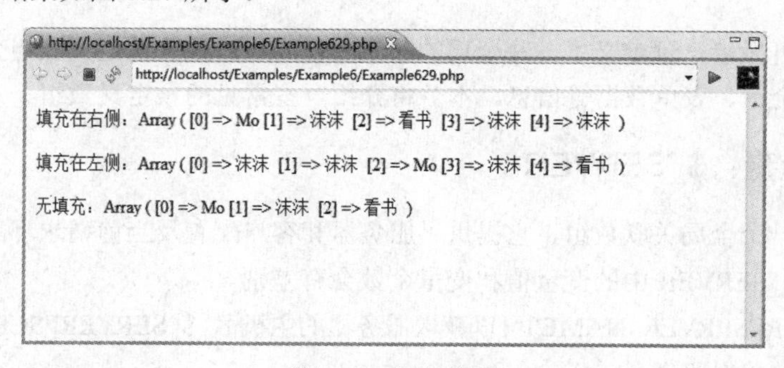

图 6.27　运行结果

6.4.12　计算多个数组的交集

PHP 中使用 array_ intersect ()函数将一个或多个数组合并为一个数组。语法格式如下：

```
array array_ intersect ( array $array1 [, array $array2 [, array $... ]] )
```

其中，参数$array1，$array2，……是待计算交集的数组变量。

该函数返回这些输入数组的交集。键名保留不变。

例如：

```
<?php
    $mo = array('name' => '沫沫',
                'age' => 19,
                'school' => 'xjtu',
                'hobby' => '看书');
    $lin = array('name' => '林林',
                'age' => 22,
```

```
                    'school' => 'xjtu',
                    'hobby' => '看书');

    $intersection = array_intersect($mo, $lin);
    print_r($intersection);
?>
```

程序运行后的结果如图 6.28 所示。

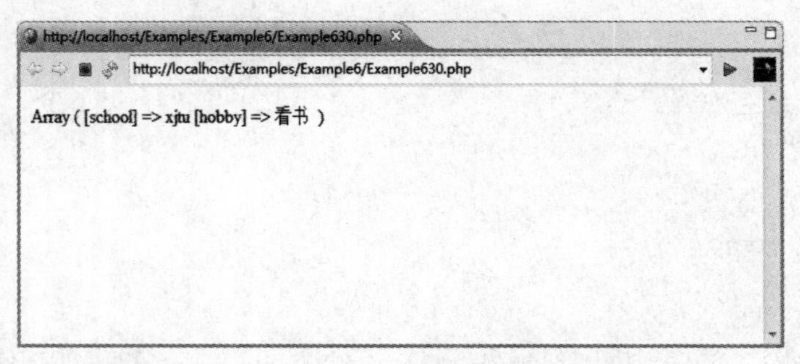

图 6.28　运行结果

6.5　预定义数组变量

PHP 为了方便开发者，预定义了一些全局的数组变量。通过这些预定义数组变量，我们可以获得系统环境、用户会话、表单数据等信息。本节将介绍一些常见的预定义数组。

6.5.1　服务器变量：$_SERVER

$_SERVER 是一个全局关联数组，它提供了服务器和客户配置及当前请求环境的有关信息。根据服务器的不同，$_SERVER 中的变量值和变量个数会有差别。

例如，$_SERVER['SERVER_NAME']可以获取服务器的主机名，$_SERVER['SCRIPT_FILENAME']可以获得当前脚本的绝对路径。

读者可以利用 foreach 语句打印$_SERVER 中的所有元素，代码如下：

```
<?php
    foreach ($_SERVER as $key => $value){
        echo $key.' => '.$value.'<br>';
    }
?>
```

输出结果与 PHP 的安装运行环境有关，上述代码在笔者的计算机上执行后，截取部分输出结果如下：

```
    HTTP_ACCEPT => */*
    HTTP_ACCEPT_LANGUAGE => zh-CN
    HTTP_ACCEPT_ENCODING => gzip, deflate
    HTTP_USER_AGENT => Mozilla/4.0 (compatible; MSIE 7.0; Windows NT 6.1; Trident/4.0;
SLCC2; .NET CLR 2.0.50727; .NET CLR 3.5.30729; .NET CLR 3.0.30729; Media Center PC 6.0;
InfoPath.2; .NET4.0C; .NET4.0E)
    HTTP_HOST => localhost
```

```
HTTP_CONNECTION => Keep-Alive
SystemRoot => C:\Windows
COMSPEC => C:\Windows\system32\cmd.exe
PATHEXT => .COM;.EXE;.BAT;.CMD;.VBS;.VBE;.JS;.JSE;.WSF;.WSH;.MSC;.wlua;.lexe
WINDIR => C:\Windows
SERVER_SIGNATURE => Apache/2.0.63 (Win32) PHP/5.2.14 Server at localhost Port 80
SERVER_SOFTWARE => Apache/2.0.63 (Win32) PHP/5.2.14
SERVER_NAME => localhost
SERVER_ADDR => 127.0.0.1
SERVER_PORT => 80
REMOTE_ADDR => 127.0.0.1
DOCUMENT_ROOT => F:/PHP/PHPnow-1.5.6/htdocs
SERVER_ADMIN => admin@phpnow.org
SCRIPT_FILENAME => F:/PHP/PHPnow-1.5.6/htdocs/Examples/Example6/Example631.php
REMOTE_PORT => 57005
GATEWAY_INTERFACE => CGI/1.1
SERVER_PROTOCOL => HTTP/1.1
REQUEST_METHOD => GET
QUERY_STRING =>
REQUEST_URI => /Examples/Example6/Example631.php
SCRIPT_NAME => /Examples/Example6/Example631.php
PHP_SELF => /Examples/Example6/Example631.php
REQUEST_TIME => 1342282058
```

6.5.2　环境变量：$_ENV

$_ENV 也是一个全局关联数组，它提供 PHP 解析所在服务器环境的有关信息。

例如，$_ENV['OS']可以获得操作系统的类型，$_ENV['PATH']可以获得系统环境变量。

读者可以利用 foreach 语句打印$_ENV 中的所有元素，代码如下：

```
<?php
    foreach ($_ENV as $key => $value){
        echo $key.' => '.$value.'<br>';
    }
?>
```

输出结果与 PHP 的安装运行环境有关，上述代码在笔者的计算机上执行后，截取部分输出结果如下：

```
ALLUSERSPROFILE => C:\ProgramData
APPDATA => C:\Windows\system32\config\systemprofile\AppData\Roaming
CommonProgramFiles => C:\Program Files\Common Files
COMPUTERNAME => MATHBOY-PC
ComSpec => C:\Windows\system32\cmd.exe
FP_NO_HOST_CHECK => NO
LOCALAPPDATA => C:\Windows\system32\config\systemprofile\AppData\Local
NUMBER_OF_PROCESSORS => 2
OS => Windows_NT
PATHEXT => .COM;.EXE;.BAT;.CMD;.VBS;.VBE;.JS;.JSE;.WSF;.WSH;.MSC;.wlua;.lexe
PROCESSOR_ARCHITECTURE => x86
PROCESSOR_IDENTIFIER => x86 Family 6 Model 23 Stepping 10, GenuineIntel
```

```
PROCESSOR_LEVEL => 6
PROCESSOR_REVISION => 170a
ProgramData => C:\ProgramData
ProgramFiles => C:\Program Files
PSModulePath => C:\Windows\system32\WindowsPowerShell\v1.0\Modules\
PUBLIC => C:\Users\Public
SystemDrive => C:
SystemRoot => C:\Windows
TEMP => C:\Windows\TEMP
TMP => C:\Windows\TEMP
USERDOMAIN => WORKGROUP
USERNAME => MATHBOY-PC$
USERPROFILE => C:\Windows\system32\config\systemprofile
windir => C:\Windows
AP_PARENT_PID => 2020
```

如果读者在运行上述代码时没有显示相关环境信息，则可能是 PHP 配置所致。打开 PHP 配置文件，找到 variables_order = "GPCS"配置项，将其改成 variables_order = "EGPCS"，然后重启 Apache 服务器。

6.5.3 GET 变量：$_GET

$_GET 也是一个全局关联数组，利用它可以获得通过 HTTP GET 方式传递的变量。例如，某个请求的 URL 为：http://www.example.com/index.php?name=Mo&age=19&hobby=reading，通过$_GET 可以访问到如下变量：

```
$_GET['name'] = 'Mo';
$_GET['age'] = '19';
$_GET['hobby'] = 'reading';
```

通过 GET 方式传递数据时，数据以“变量名 = 变量值”的方式附到 URL 后面，起始数据前面有一个问号?，数据与数据之间以&分隔。要提醒读者的是，通过 GET 方式传递数据时，数据会显示在 URL 中，因此不安全。而且，GET 方式不适合传递大量数据。

值得一提的是，如果要传递中文数据，最好是通过 urlencode()函数对中文数据进行编码后再传递。

例如，我们要传递中文字符“沫沫”、“看书”，执行 urlencode('沫沫')、urlencode('看书')得到对应的编码为%E6%B2%AB%E6%B2%AB、%E7%9C%8B%E4%B9%A6，传递的 URL 地址为：http://www.example.com/index.php?name=%E6%B2%AB%E6%B2%AB&age=19&hobby=%E7%9C%8B%E4%B9%A6。

看下面这个完整的例子：

```
<form action="<?=$_SERVER['PHP_SELF'] ?>" method="GET">
    姓名：<input type="text" name="name" size="15"/>
    年龄：<input type="text" name="age" size="15"/>
    爱好：<input type="text" name="hobby" size="15"/>
    <input type="submit" name="submit" value="提交"/>
</form>
<?php
    if(isset($_GET['submit'])){
```

```
        echo '<p>';
        echo '姓名: '.$_GET['name'].'<br>';
        echo '年龄: '.$_GET['age'].'<br>';
        echo '爱好: '.$_GET['hobby'].'<br>';
    }
?>
```

程序首次运行后的结果如图 6.29 所示的表单，在表单中填写信息。

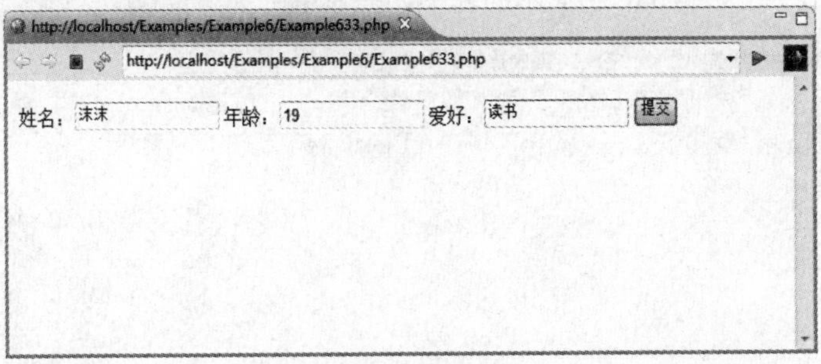

图 6.29　运行结果

提交表单后出现图 6.30 所示的结果（请读者注意观察 URL 地址的变化）。

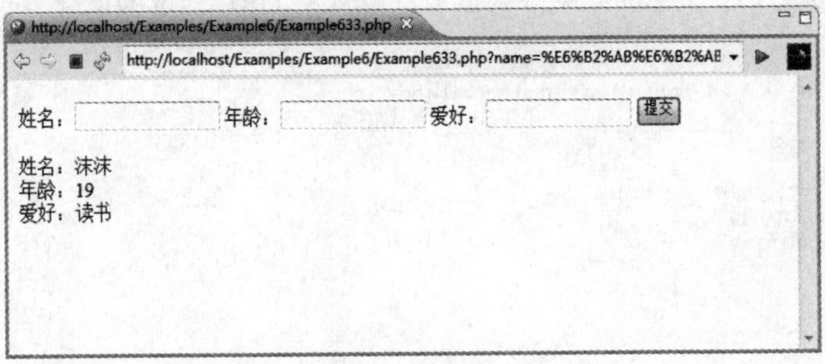

图 6.30　输出结果

6.5.4　POST 变量：$_POST

与$_GET 一样，$_POST 也是一个全局关联数组，利用它可以获得通过 HTTP POST 方式传递的变量。例如，可以通过$_POST 访问到类似如下的变量：

```
$_POST['name']
$_ POST ['age']
$_ POST ['hobby']
```

通过 POST 方式传递数据时，数据不会显示在 URL 中，因此相比 GET 方式更安全。而且，POST 方式传递的数据量理论上没有限制。看下面这个完整的例子：

```
<form action="<?=$_SERVER['PHP_SELF'] ?>" method="POST">
    姓名: <input type="text" name="name" size="15"/>
    年龄: <input type="text" name="age" size="15"/>
    爱好: <input type="text" name="hobby" size="15"/>
    <input type="submit" name="submit" value="提交"/>
</form>
<?php
```

```
    if(isset($_POST['submit'])){
        echo '<p>';
        echo '姓名: '.$_POST['name'].'<br>';
        echo '年龄: '.$_POST['age'].'<br>';
        echo '爱好: '.$_POST['hobby'].'<br>';
    }
?>
```

程序首次运行后的结果如图 6.31 所示的表单，在表单中填写信息。

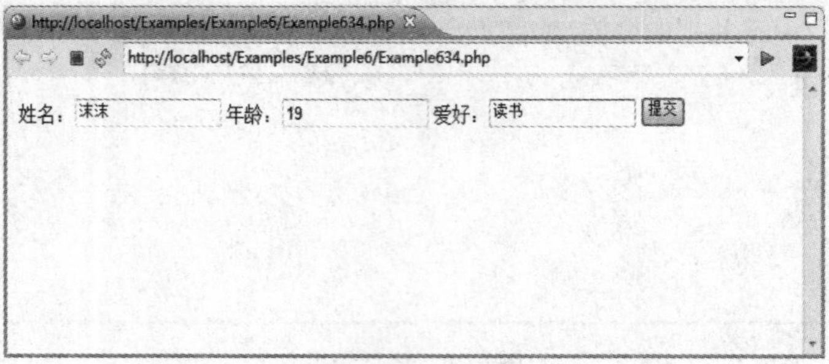

图 6.31　运行结果

提交表单后出现图 6.32 所示的结果（请读者注意观察 URL 地址的变化）。

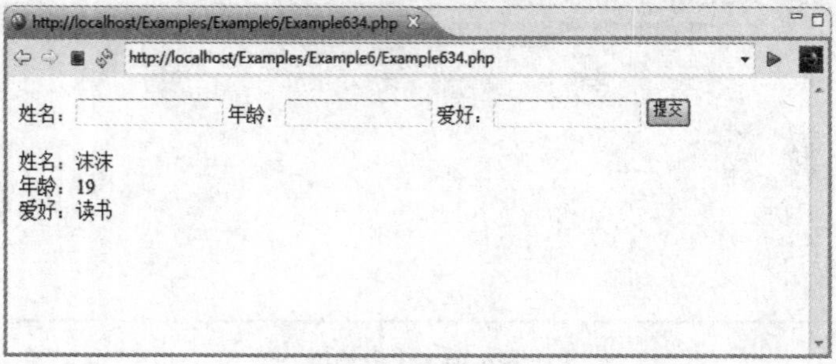

图 6.32　输出结果

6.5.5　会话变量：$_SESSION

$_SESSION 也是一个全局关联数组，它包含了所有与会话有关的信息。所谓会话，简单地说就是服务器上保存的用户信息。注册会话信息，即注册 SESSION 变量，能在整个网站中引用这些会话信息，而无须通过 GET 或 POST 方式传递数据，这也大大方便了网页开发。

使用 SESSION 时，首先需要利用 session_start()函数启动会话，然后通过给$_SESSION 数组赋值的方式注册 SESSION 变量，接下来就可以使用该会话信息。当会话结束，需要注销会话信息时，可以使用 unset()函数注销指定的 SESSION 变量，或者利用 session_destroy()函数彻底终止会话。第 13 章将详述会话操作。

6.5.6　Cookie 变量：$_COOKIE

与$_SESSION 一样，$_COOKIE 也是一个全局关联数组，它也常用于识别用户。不同于 SESSION，COOKIE 保存在用户计算机中，这就给了黑客们可乘之机，因此许多浏览器都有禁用

COOKIE 的功能。

使用 COOKIE 时，首先需要利用 setcookie()函数设置 COOKIE 的名称、值、有效期等，设置完成后就可以通过$_COOKIE 数组访问，键名为 COOKIE 的名称，键值即为 COOKIE 的值。当有效期过了，COOKIE 会自动注销。如果需要提前注销，则需要利用 setcookie()函数将 COOKIE 的有效期设置为当前时间以前。第 13 章将详述 Cookie 操作。

6.5.7　Request 变量：$_REQUEST

$_REQUEST 也是一个全局关联数组，它包含了$_GET、$_POST、$_COOKIE 的信息，是一个“全能选手”。但$_REQUEST 速度较慢，而且不够安全，因此不推荐使用。

6.5.8　文件上传变量：$_FILES

$_FILES 这个全局关联数组与其他的预定义数组有所不同，它是一个二维数组，包含 5 个元素。该数组的第一个下标表示表单的文件上传元素名，第二个下标是下面 5 个预定义下标之一，分别描述了上传文件的属性。

- $_FILES['upload-name']['name']：从客户端向服务器上传文件的文件名。
- $_FILES['upload-name']['type']：上传文件的 MIME 类型，这个变量是否赋值取决于浏览器的功能。
- $_FILES['upload-name']['size']：上传文件的大小（以字节为单位）。
- $_FILES['upload-name']['tmp_name']：上传之后，将此文件移到最终位置之前赋予的临时名。
- $_FILES['upload-name']['error']：上传状态码，有 5 种可能取值。

5 种可能的上传状态码如下。

- UPLOAD_ERR_OK：文件成功上传。
- UPLOAD_ERR_INI_SIZE：文件大小超出了 upload_max_filesize 所指定的最大值，该值在 PHP 配置文件中设置。
- UPLOAD_ERR_FORM_SIZE：文件大小超出了 MAX_FILE_SIZE 隐藏表单域参数（可选）指定的最大值。
- UPLOAD_ERR_PARTIAL：文件只上传了一部分。
- UPLOAD_ERR_NO_FILE：上传表单中没有指定文件。

看下面这个文件上传的例子：

```
    <form      enctype="multipart/form-data"      action="<?=$_SERVER['PHP_SELF']?>"
method="POST">
        <input type="hidden" name="MAX_FILE_SIZE" value="104857600" /><!--100M -->
        上传文件: <input name="upload_file" type="file" size="50"/>
        <input type="submit" name="submit" value="上传" />
    </form>

    <?php
        if(isset($_POST['submit'])){
            echo $_FILES['upload_file']['error'] == UPLOAD_ERR_OK ? '上传成功! <br>' :
'上传失败! <br>';
```

```
        echo '上传文件名：'.$_FILES['upload_file']['name'].'<br>';
        echo '上传文件大小：'.$_FILES['upload_file']['size'].'字节<br>';
        echo '临时文件名：'.$_FILES['upload_file']['tmp_name'].'<br>';
    }
?>
```

代码第一次运行时出现图 6.33 所示的文件上传表单，选择一个要上传的文件。

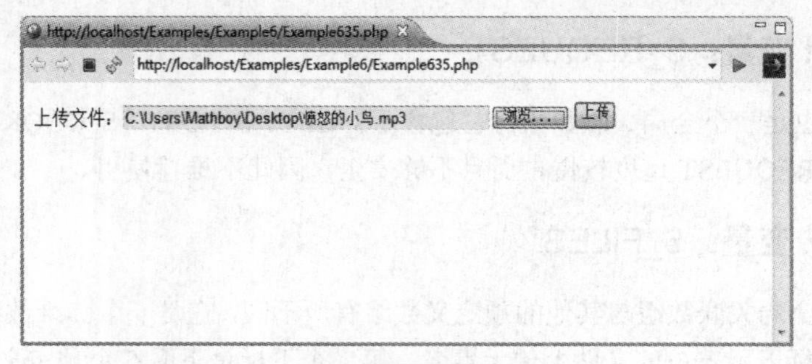

图 6.33　运行结果

选择一个文件后单击上传，出现图 6.34 所示的结果。

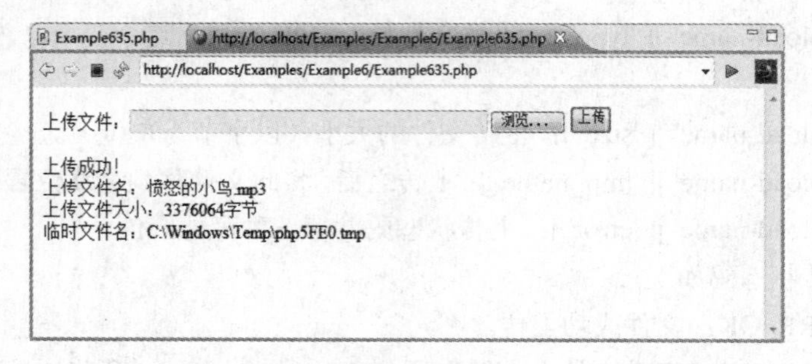

图 6.34　输出结果

6.5.9　全局变量：$GLOBALS

$GLOBALS 也是一个关联数组，可以认为是全局变量的集合，它包含了全局作用域中的所有变量。

例如：

```
<?php
    function myfunc(){
        $name = '林林';                     //局部变量

        echo $GLOBALS['name'].'<br>';
        echo $GLOBALS['age'].'<br>';
    }

    $name = '沫沫';                         //全局变量
    $age = 19;                              //全局变量
    myfunc();
?>
```

程序运行后输出图 6.35 所示的结果。

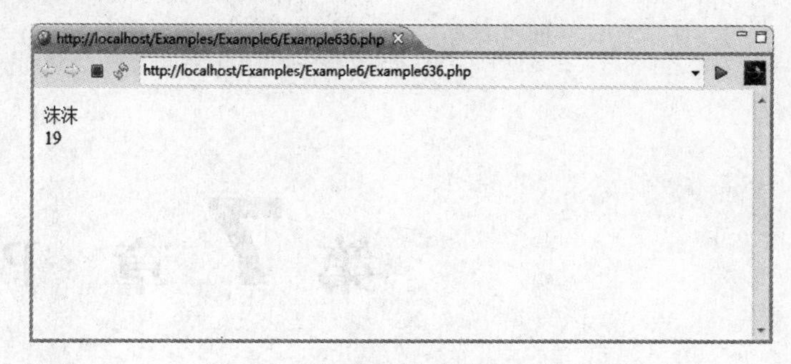

图 6.35　输出结果

6.6　本章小结

本章介绍了 PHP 中的两种数组：索引数组和关联数组，并详细阐述了两种数组的定义方式和遍历方法。同时还介绍了使用 PHP 内置函数对数组进行合并、分割、统计、排序、翻转等操作的方法。最后，介绍了 PHP 中常用的一些预定义数组，并给出了实例代码和运行结果供读者参考学习。

第 7 章　PHP 函数

函数是完成一个特定功能的代码集合。一个大型软件项目往往被分解成许多小功能，各个小功能又交由不同的成员各自编写不同的函数，完成各部分的功能，然后在主程序中调用。函数接受入口参数，完成特定功能或输出一个结果，对使用者而言，函数的实现细节不必关心。通过使用函数，可以增加代码的重用性，避免重复开发，提高了开发效率。

7.1　函数的定义与调用

7.1.1　普通函数

在 PHP 中，函数的结构如下：

```
function 函数名称 ( 参数1, 参数2, 参数3, … ) {
    函数体
}
```

PHP 函数名称可以由字母、数字、下画线组成，但不可由数字开头。同时 PHP 函数名称不区分大小写，因此如果同时出现诸如 sayHello()、sayhello()这样的函数，PHP 引擎就会报错。PHP 函数名称理论上也支持汉字，但由于汉字是双字节字符，为防止出错，请尽量不要使用。函数体可以是任意有效的 PHP 代码。

调用函数时只要给出函数名，如果有输入参数，则要给出相应的参数。例如：

```
<?php
    function sayHello($name){
        echo "Hello $name,welcome you!<br>";
    }

    sayHello('Lin');          //调用函数
    sayHello('沫沫');          //调用函数
?>
```

该函数包含一个参数$name，函数体中为一个 echo 语句。运行代码后输出图 7.1 所示的结果。

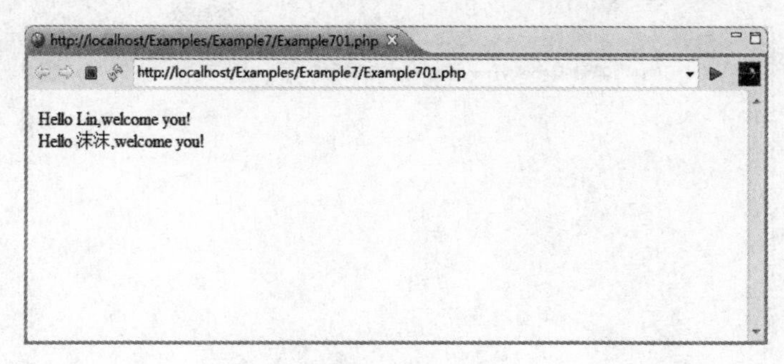

图 7.1　输出结果

一个完整的函数也可以没有入口参数。例如：

```
<?php
    function sayHello(){
        echo "Hello everybody,welcome you!";
    }

    sayHello();            //调用函数
?>
```

运行代码后输出如 7.2 所示的结果。

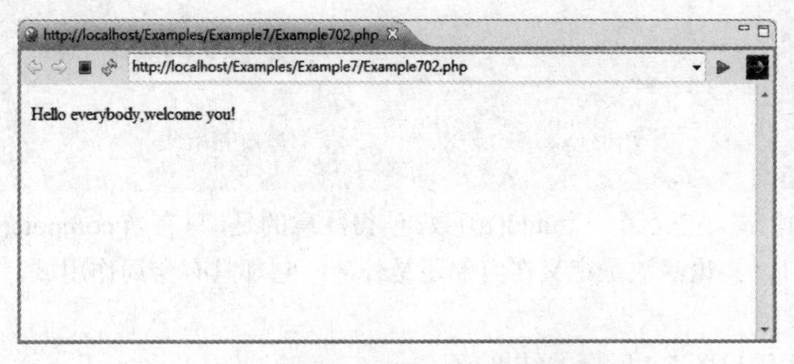

图 7.2　输出结果

有时函数需要返回一些有用的数据给调用者，这时就要使用 return 语句。调用含 return 语句的函数时，可以把函数的结果赋给某个变量。例如：

```
<?php
    function add($a,$b){
        return $a + $b;
    }

    $a = 1;
    $b = 2;
    echo "$a + $b = ".add($a,$b);       //调用函数
?>
```

该函数接受两个参数$a 和$b，通过 return 语句返回$a 与$b 的和，从而实现加法功能。运行代码后输出图 7.3 所示的结果。

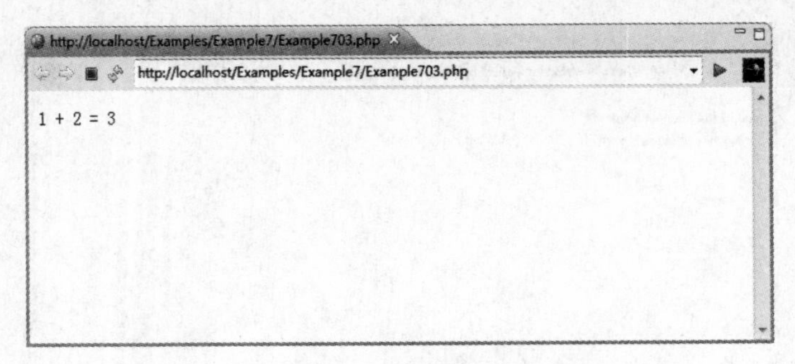

图 7.3　输出结果

PHP 还支持在函数内部定义函数，即函数中的函数。例如：

```
<?php
    function compute(){
        echo '开始计算啦！<br>';

        function add($a, $b){
            return $a + $b;
        }
    }

    compute();                                      //调用外部函数
    $a = 1;
    $b = 2;
    echo "$a + $b = ".add($a,$b);                   //调用内部函数
?>
```

函数 compute()内部又定义了一个 add()函数。值得注意的是，只有当 compute()函数被调用，add()函数才被定义。而且，无论函数是定义在内部还是外部，它都具有全局作用域，都可以在全局范围内被调用。

运行上述代码后输出图 7.4 所示的结果。

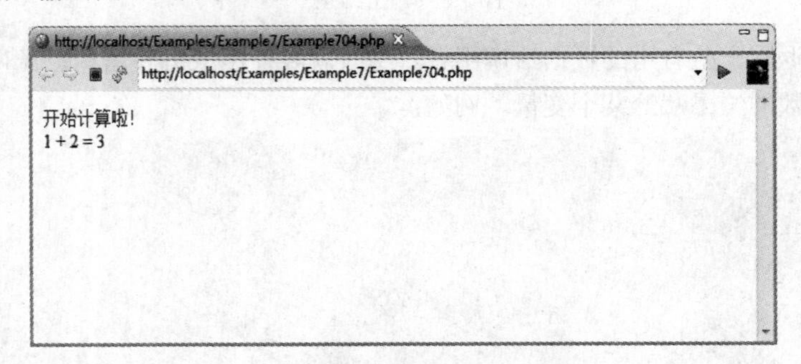

图 7.4　输出结果

7.1.2　可变函数

PHP 支持可变函数。所谓可变函数，就是同样的函数名称，其函数体可以动态改变。这有点类似 C/C++的函数指针，同一个函数指针可以指向不同的函数体。为了支持可变函数，PHP 允许将函数名称作为字符串赋给某个变量。这就意味着，如果某个变量后面有一对圆括号，PHP 引擎将寻找

与该变量值同名的函数并执行。

例如：

```
<?php
    /* 函数：加法运算 */
    function add($a,$b){
        return $a + $b;
    }
    /* 函数：减法运算 */
    function sub($a,$b){
        return $a - $b;
    }
    /* 函数：乘法运算 */
    function mul($a,$b){
        return $a * $b;
    }
    /* 函数：除法运算 */
    function div($a,$b){
        if($b == 0) return null;

        return $a / $b;
    }

    $a = 1;
    $b = 2;

    $compute = 'add';
    echo "$a + $b = ".$compute($a,$b).'<br>';          //实际调用 add 函数

    $compute = 'sub';
    echo "$a - $b = ".$compute($a,$b).'<br>';          //实际调用 sub 函数

    $compute = 'mul';
    echo "$a * $b = ".$compute($a,$b).'<br>';          //实际调用 mul 函数

    $compute = 'div';
    echo "$a / $b = ".$compute($a,$b).'<br>';          //实际调用 div 函数
?>
```

运行上述代码后输出图 7.5 所示的结果。

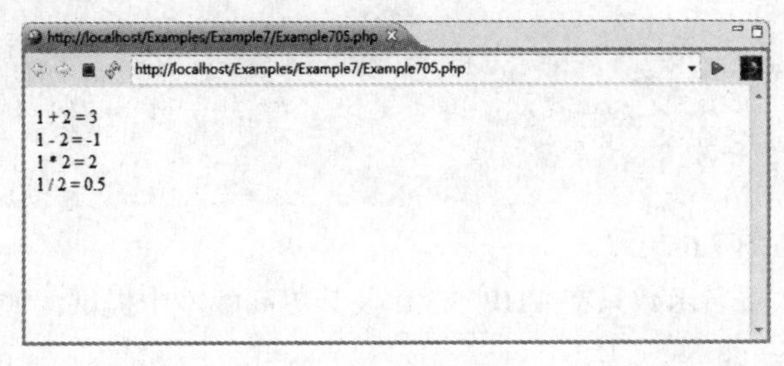

图 7.5　输出结果

7.1.3 匿名函数

从 PHP5.3.0 开始，PHP 开始支持匿名函数。所谓匿名函数，简单地说就是临时创建的、没有名称的函数。PHP 的匿名函数通过闭包（Closures）实现，常用于回调函数。

例如，PHP 内置函数 array_filter()，其作用是按照回调函数过滤数组元素。一般情况下，我们可以这样使用：

```
<?php
    function filter($var){
        return $var > 10;
    }

    $myarray = array(5,6,7,8,9,10,11,12,13,14,15);
    echo '<p>原数组：<br>';
    print_r($myarray);

    $newarray = array_filter($myarray, 'filter');
    echo '<p>过滤后的数组：<br>';
    print_r($newarray);
?>
```

运行上述代码后输出图 7.6 所示的结果。

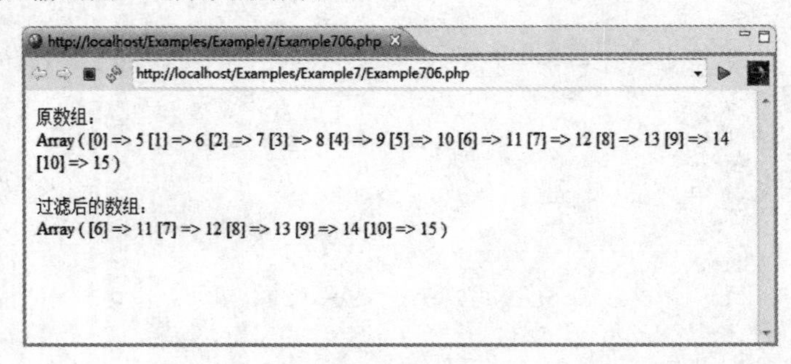

图 7.6　输出结果

如果使用匿名函数，则可以写出更简洁更优雅的代码：

```
<?php
    $myarray = array(5,6,7,8,9,10,11,12,13,14,15);
    echo '<p>原数组：<br>';
    print_r($myarray);

    $newarray = array_filter($myarray, function($var){ return $var > 10; });
    echo '<p>过滤后的数组：<br>';
    print_r($newarray);
?>
```

代码运行后的效果与图 7.6 一致。

需要提醒读者的是，匿名函数只在 PHP 5.3.0 及其更高版本中提供，如果上述代码无法正常运行，请检查 PHP 的版本。

7.2　参数的传递

PHP 中的函数参数传递，包括按值传递、引用传递两种。同时 PHP 还支持默认参数和可变参数。下面具体讨论这几种参数的传递方式。

7.2.1　按值传递

在函数名称后面的圆括号中加入相应的变量名，这就是按值传递。按值传递的参数只在函数被调用时才分配相关的内存，函数执行完立即释放对应的内存。因此，按值传递的参数只在函数内部有效。

例如：

```
<?php
    function sayHello($name){
        echo "Hello $name,welcome you!<br>";
    }

    $girl = '沫沫';
    sayHello($girl);   //调用函数
?>
```

在上面这段代码中，sayHello($girl)执行时，首先会申请一个临时变量$name，并将$girl 的值赋给$name。至此，与$girl 有关的工作全部完成，也就是说无论函数如何执行，都与$girl 无关。接下来是执行函数体，函数体中用到的变量是$name。函数执行完成后，变量$name 的内存被释放，$name 变量被销毁。代码运行的结果如图 7.7 所示。

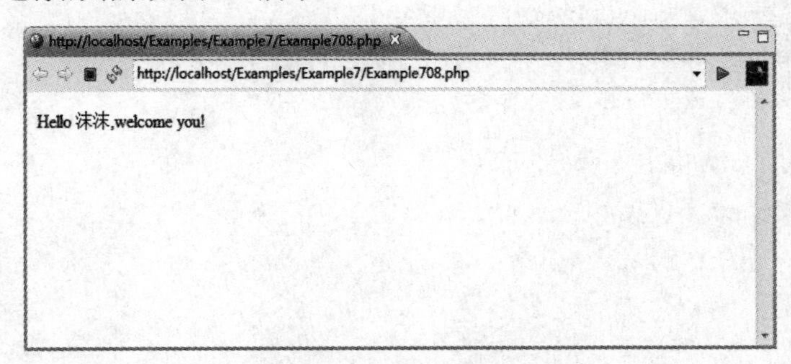

图 7.7　运行结果

按值传递数组参数亦是如此。函数执行时，首先会将数组完整复制一份给临时变量，函数体只操作该临时变量，无论函数体内对该临时变量如何操作，都不会影响原数组。函数执行完，临时变量所占内存会被释放，临时变量被注销。

例如：

```
<?php
    function introduceMySelf($me){
        echo '本府'.$me['name'].'，年方'.$me['age'].'，尤好'.$me['hobby'];
    }
```

```
    $mo['name'] = '沫沫';
    $mo['age'] = 19;
    $mo['hobby'] = '看书';
    introduceMySelf($mo);              //调用函数
?>
```

代码运行的结果如图 7.8 所示。

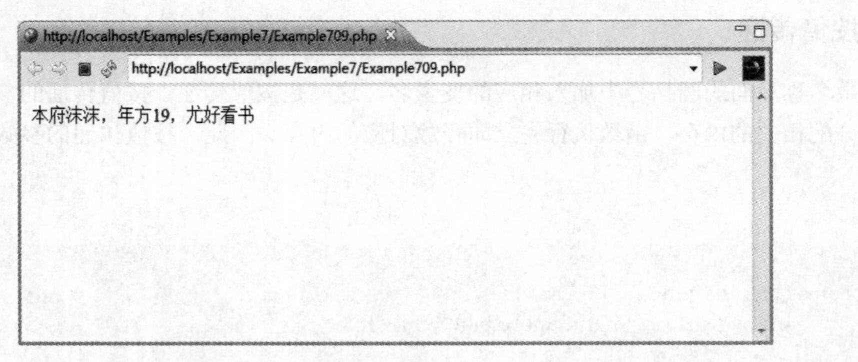

图 7.8　运行结果

7.2.2　引用传递

按值传递的参数在函数体中并没有被操作，而是重新分配了一个完全一样的变量，有时这是一种浪费。为了解决这个问题，PHP 提供了引用传递的方式来传递参数。具体使用时，只要在函数定义中的参数前加上“&”字符即可。例如：

```
<?php
    function changeName(&$name){
        $name = '沫沫';
    }

    $girl = 'Mo';
    echo "<p>调用函数之前：";
    echo "我叫$girl";

    changeName($girl);           //调用函数
    echo "<p>调用函数之后：";
    echo "我叫$girl";
?>
```

在上面这段代码中，changeName(&$name)执行时，首先会申请一个临时变量$name，但并没有将$girl 的值赋给$name，而是将$girl 的内存地址赋给了$name，这相当于给$girl 取了一个别名叫$name，接下来函数体中访问$name，实质上是间接访问的$girl，因此对$name 的任何操作也会影响到$girl。函数执行完成后，变量$name 的内存被释放（注意：$name 只是保存了$girl 的地址），$girl 的内存依然存在。程序运行的结果如图 7.9 所示。

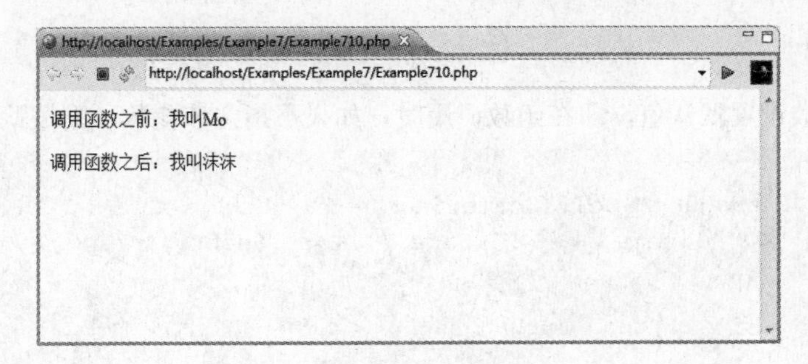

图 7.9　运行结果

有读者也许会问：能不能对数组也按引用传递呢，就像 C/C++那样。回答这个问题之前，我们先看下面这段代码：

```
<?php
    function setInfo(&$people){
        $people['name'] = '沫沫';
        $poeple['age'] = 19;
        $poeple['hobby'] = '读书';
    }

    $girl = array('name' => '',
                'age' => '',
                'hobby' => '');
    echo '<p>调用函数之前: ';
    print_r($girl);

    setInfo($girl);                     //调用函数
    echo '<p>调用函数之后: ';
    print_r($girl);
?>
```

代码运行后的结果如图 7.10 所示。

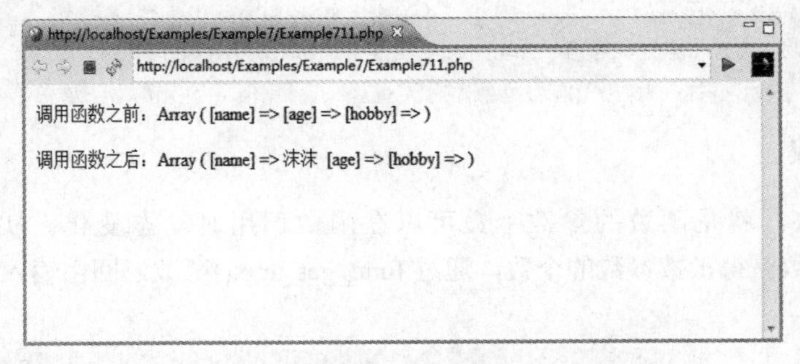

图 7.10　运行结果

从程序运行的结果可以看出，对数组变量按引用传递时，只是传递了数组首个元素的地址，因此退出函数后，只有对首个元素的修改有效。

7.2.3 默认参数

PHP 允许给函数设置默认值，即在函数调用时，如果不指定该参数，则按默认值处理。例如：

```
<?php
    function introduceMySelf($name,$age = 19,$hobby = '看书'){
        echo '本府'.$name.'，年方'.$age.'，尤好'.$hobby,'<br>';
    }

    $name = '沫沫';
    $age = 22;
    $hobby = '编程';

    introduceMySelf($name);                         //调用函数
    introduceMySelf($name, $age);                   //调用函数
    introduceMySelf($name, $age, $hobby);           //调用函数
?>
```

上面这段代码中的函数共有 3 个参数，其中两个参数设置了默认值。例如，在调用函数 introduceMySelf($name)时，$age 会被设置成默认值 19，$hobby 会被设置成默认值“看书”。程序运行后的结果如图 7.11 所示。

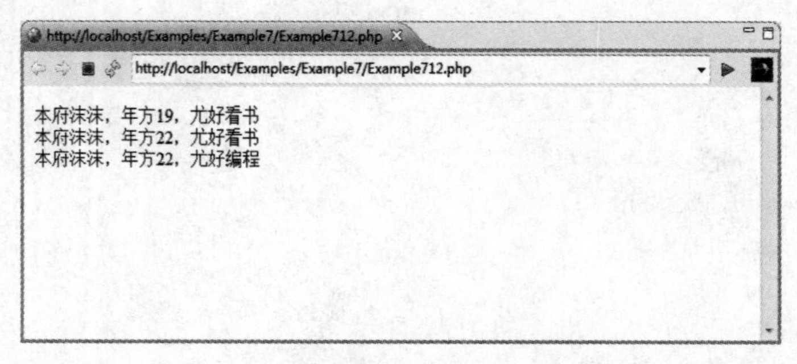

图 7.11　运行结果

需要提醒读者注意的是，含默认值的参数需要放置在没有默认值参数的后面，否则函数在调用时无法确认哪个参数设置了默认值。例如，我们不能这样定义函数：

```
function introduceMySelf($age = 19,$name,$hobby = '看书'){
    echo '本府'.$name.'，年方'.$age.'，尤好'.$hobby,'<br>';
}
```

7.2.4 可变参数

所谓可变参数，就是函数的参数个数可以在函数调用时动态变化。实际使用时，通过 func_num_args()函数获得函数参数的个数，通过 func_get_args()函数返回由输入参数组成的数组。例如：

```
<?php
    function introduceMySelf(){
        $num = func_num_args();
        $args = func_get_args();
```

```
        switch($num){
            case 0://0 个参数
                echo '本府芳名不便告知，望谅解！<br>';
                break;
            case 1://1 个参数
                echo '本府行不改名坐不改姓，'.$args[0].'是也！<br>';
                break;
            case 2://2 个参数
                echo '本府'.$args[0].'，年方'.$args[1].'！<br>';
                break;
            case 3://3 个参数
                echo '本府'.$args[0].'，年方'.$args[1].'，尤好'.$args[2].'！<br>';
                break;
            default://不只 3 个参数
                echo '你想知道的太多了，来人啊，拖出去斩了！<br>';
        }
    }

    introduceMySelf();                                          //0 个参数
    introduceMySelf('沫沫');                                    //1 个参数
    introduceMySelf('沫沫', 19);                                //2 个参数
    introduceMySelf('沫沫', 19, '看书');                        //3 个参数
    introduceMySelf('沫沫', 19, '看书', '跪求大人扣扣');        //4 个参数
?>
```

代码运行后的结果如图 7.12 所示。

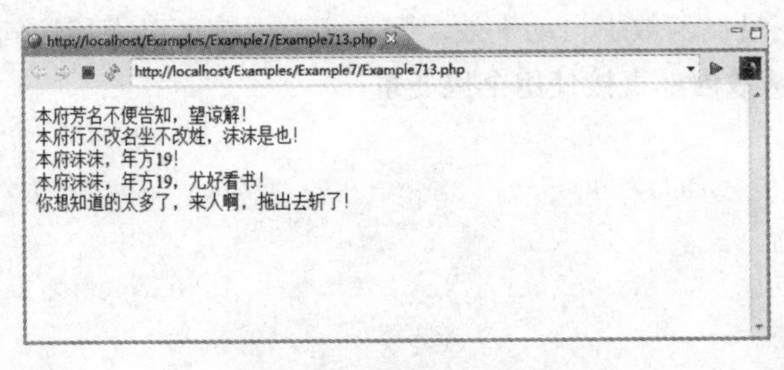

图 7.12　运行结果

7.3　变量的作用域

在讲述函数参数传递时就曾提到，按值传递的参数只有在函数被调用时才会分配内存，这说明该参数只在函数内部有效。这种变量有效性的范围，称为变量的作用域。

7.3.1　局部变量

局部变量又称为内部变量，在函数内部定义，其作用范围仅限函数内部。例如：

```
<?php
    function sayHello(){
        $name = '沫沫';                //定义内部变量
```

```
        echo "Hello $name,welcome you!<br>";
    }

    sayHello();                         //调用函数

    echo $name;                         //从外部调用内部变量，错误!
?>
```

代码运行后的结果如图 7.13 所示。

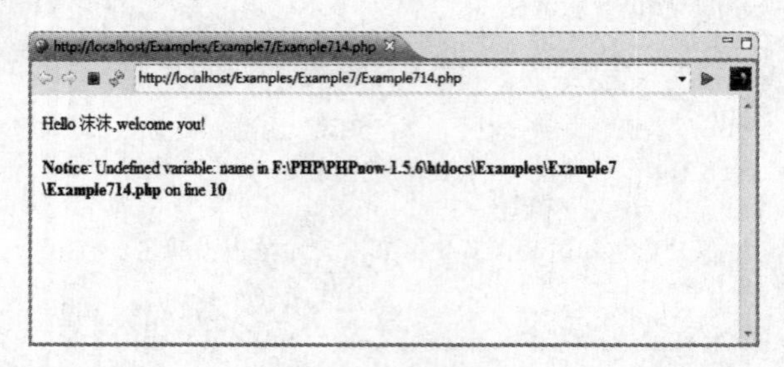

图 7.13　运行结果

从图 7.13 中可以看出，PHP 引擎报错了。这是因为在函数 sayHello()中定义的变量$name 只在函数内部有效，任何尝试从外部调用该变量都会出现类似“Undefined variable”的错误信息。

7.3.2　全局变量

全局变量又称为外部变量，在函数外部定义，其作用范围为整个脚本文件。在 C/C++、Java 等许多高级语言中，全局变量在函数中自动生效，即在函数内部可以直接访问外部定义的全局变量。但在 PHP 中，不可以在函数内部直接使用全局变量。

例如：

```
<?php
    function sayHello(){
        echo "Hello $name,welcome you!<br>";    //在函数内部直接使用全局变量，错误!
    }

    $name = '沫沫';                 //定义全局变量

    sayHello();                     //调用函数
?>
```

代码运行后的结果如图 7.14 所示。

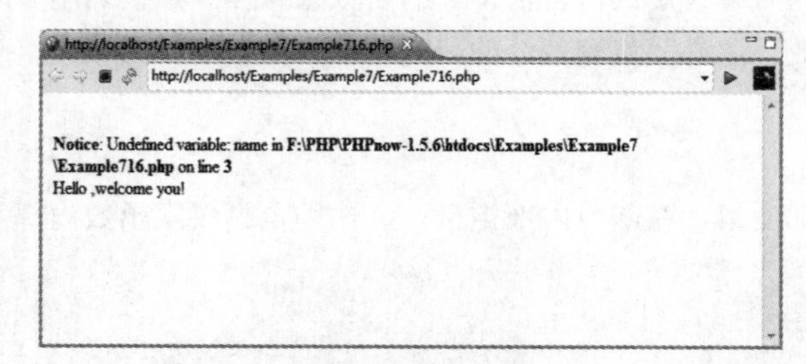

图 7.14 运行结果

从图 7.14 的输出结果可以看出，脚本文件中定义了全局变量$name，在函数 sayHello()内部直接使用该变量时，PHP 引擎会报出 类似“Undefined variable”的错误信息。

要在函数内部使用全局变量，需要用 global 声明，或者用预定义数组$GLOBALS[‘变量名’]来引用。

例如：

（1）用 global 声明

```
<?php
    function introduceMySelf(){
        global $name,$age,$hobby;    //声明全局变量

        echo '本府'.$name.'，年方'.$age.'，尤好'.$hobby.'! ';
    }


    $name = '沫沫';                  //定义全局变量
    $age = 19;                       //定义全局变量
    $hobby = '看书';                 //定义全局变量

    introduceMySelf();               //调用函数
?>
```

（2）用$GLOBALS 数组引用

```
<?php
    function introduceMySelf(){
        /* 通过$GLOBALS 数组引用全局变量 */
        echo  ' 本 府 '.$GLOBALS['name'].' ， 年 方 '.$GLOBALS['age'].' ， 尤 好
'.$GLOBALS['hobby'].'! ';
    }


    $name = '沫沫';                  //定义全局变量
    $age = 19;                       //定义全局变量
    $hobby = '看书';                 //定义全局变量

    introduceMySelf();               //调用函数
?>
```

这两种方式的代码功能完全一样，输出结果如图 7.15 所示。

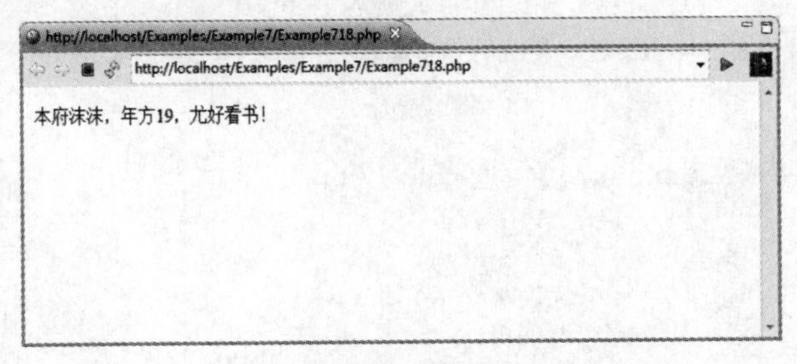

图 7.15　输出结果

一旦在函数内部声明全局变量后，对其的任何修改都将反映到实际变量中，并不像局部变量那样，函数退出后一切都“归于平静”。例如：

```
<?php
    function changeName(){
        global $name;                                    //声明全局变量

        $name = '沫沫';                                  //修改全局变量
    }

    $name = '林林';
    echo '函数调用前：本府'.$name.'<br>';

    changeName();                                        //调用函数
    echo '函数调用后：本府'.$name.'<br>';
?>
```

这段代码中，函数 changeName()中修改了全局变量$name 的值。代码执行后，输出结果如图 7.16 所示。

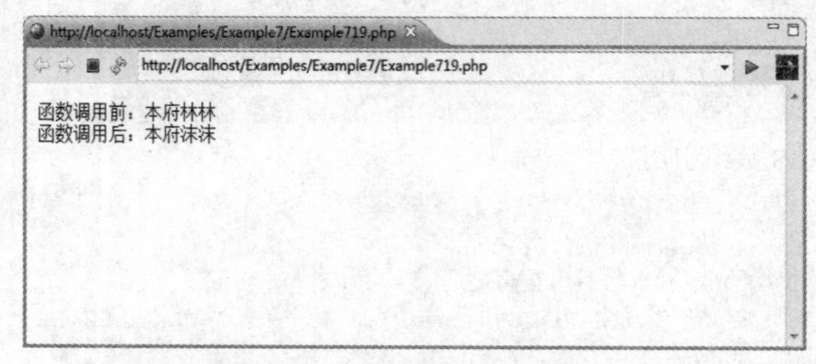

图 7.16　输出结果

7.3.3　静态变量

在函数内部还可以定义静态变量。所谓静态变量，就是函数执行完毕后，其内存并不释放，函数第二次调用时并不会重新开辟内存，而是继续使用原变量的值。

例如：

（1）普通局部变量

```
<?php
    function increase(){
        $count = 18;    //定义普通局部变量

        ++$count;
        echo '我今年'.$count.'岁啦！<br>';
    }

    increase();          //第 1 次调用
    increase();          //第 2 次调用
    increase();          //第 3 次调用
?>
```

程序运行结果如图 7.17 所示。

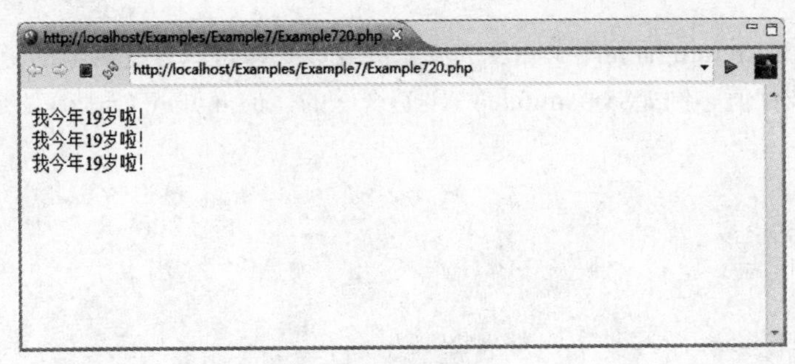

图 7.17　运行结果

（2）静态变量

```
<?php
    function increase(){
        static $count = 18;        //调用静态变量

        ++$count;
        echo '我今年'.$count.'岁啦! <br>';
    }

    increase();                    //第 1 次调用
    increase();                    //第 2 次调用
    increase();                    //第 3 次调用
?>
```

代码运行的结果如图 7.18 所示。

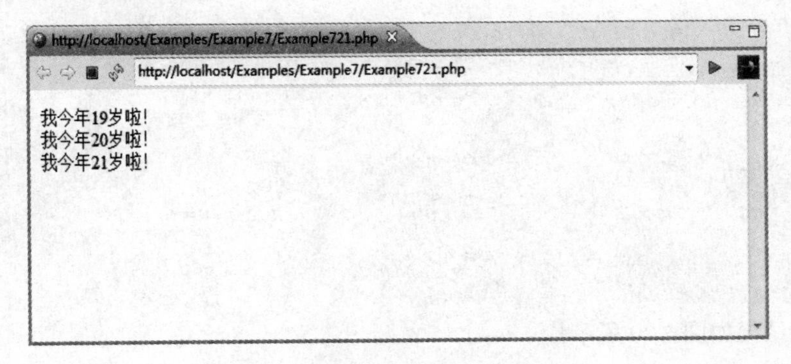

图 7.18　运行结果

请读者注意比较两种变量定义方式下，程序输出结果的不同。

7.4　函数的返回值

有时，函数需要返回给调用者一些有用的信息，这时就需要 return 语句来返回相应的数据。return 语句可以返回包括单值变量、数组、对象在内的任何类型。

7.4.1 单个返回值

返回单个值只需在 return 后面跟上相应的变量或表达式即可。含返回值的函数可以直接用在表达式中，但不可以被赋值。例如$a = myfun() + 1 是合法的，但 myfun() = $a + 1 是非法的。

（1）返回数值

```
<?php
    function getAge(){
        $age = 19;

        return $age;            //返回数值
    }

    echo '我今年'.getAge().'岁啦！';
?>
```

代码运行的结果如图 7.19 所示。

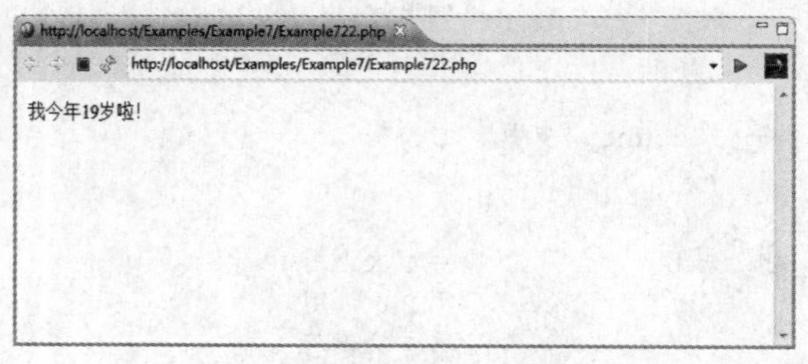

图 7.19　运行结果

（2）返回字符串

```
<?php
    function getName(){
        $name = '沫沫';

        return $name;            //返回字符串
    }

    echo '本府'.getName().'，堂下何人？';
?>
```

代码运行的结果如图 7.20 所示。

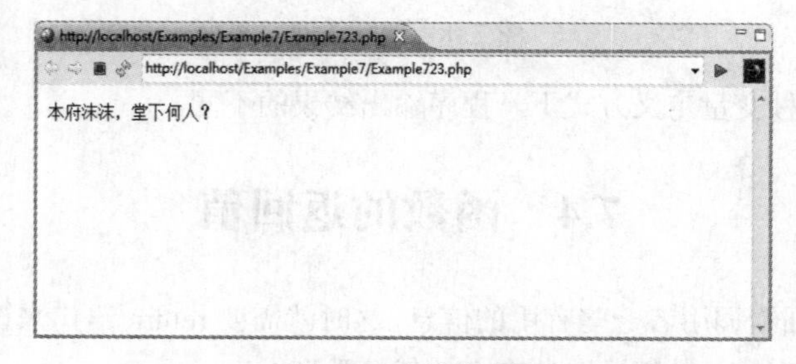

图 7.20　运行结果

7.4.2　多个返回值

PHP 函数不能一次返回多个单值，同样的功能可以通过返回一个数组来实现。例如：

```
<?php 磙、
    function getInfo(){
        $girl['name'] = '沫沫';
        $girl['age'] = 19;
        $girl['hobby'] = '看书';

        return $girl;                    //返回数组
    }

    print_r(getInfo());                  //打印数组返回值
?>
```

代码运行的结果如图 7.21 所示。

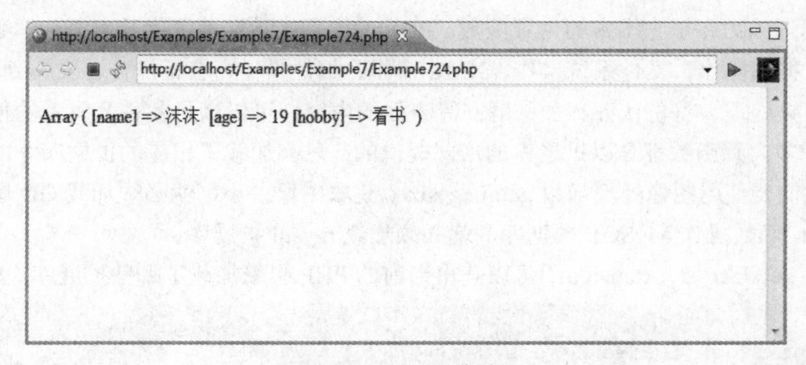

图 7.21　运行结果

7.4.3　返回引用

函数的参数可以按引用传递，返回值同样可以是返回值形式。定义时必须在函数名称前用引用操作符“&”标识，将该返回值赋给某个变量时，函数名称前也必须用“&”符号标识。

例如：

```
<?php
    function &getName(){
        $name = '沫沫';

        return $name;                    //返回变量引用
    }

    $name = &getName();                  //将引用返回值赋给变量
    echo '本府'.$name.'，堂下何人？';
?>
```

代码运行的结果如图 7.22 所示。

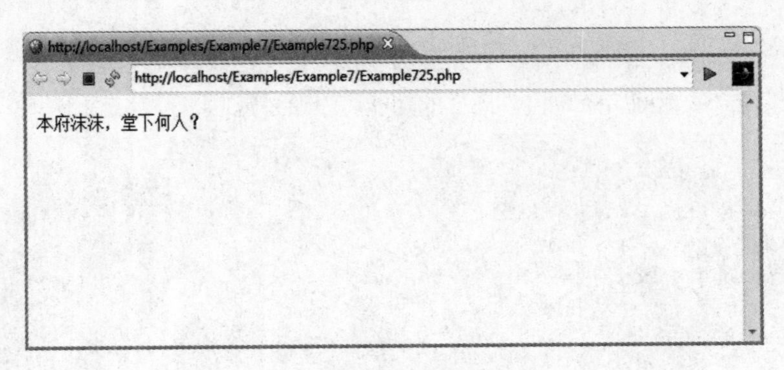

图 7.22　运行结果

7.5　PHP 内置函数

PHP 的真正威力在于它丰富的内置函数。PHP 的内置函数涵盖了字符串操作、数组操作、时间日期操作、数据库操作、文件系统操作、XML 操作、邮件操作、会话操作、文本处理、图像处理、数学计算、音频处理、身份认证、加密解密等方面的内容，可以满足各种开发者的使用要求。

PHP 的许多内置函数都是以扩展库的形式提供的，只有加载了相应的扩展库才能使用相应的函数。例如，我们要使用图像处理函数 getimagesize()获取图像大小，就必须加载 GD 图像库；要使用 mysql_connect()函数操作 MySQL 数据库，就必须加载 mysql 扩展库。

通过函数 get_loaded_extensions()可以获得当前的 PHP 引擎加载了哪些扩展库。例如：

```
<?php
    print_r(get_loaded_extensions());
?>
```

上面这段代码在笔者的计算机上运行的结果如图 7.23 所示（注意：PHP 的配置不同，输出的结果也不同）。

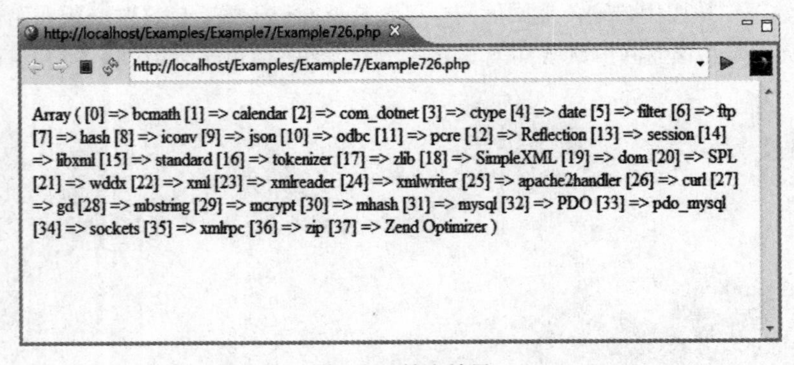

图 7.23　输出结果

PHP 内置函数数量庞大，我们不可能一一讲述。读者在实际开发中要学会使用 PHP 官方手册查询相关函数的使用方法。

7.6　本章小结

本章首先介绍了 PHP 中普通函数、可变函数、匿名函数的定义与调用方法，并给出了相关实例和代码运行结果。接着又介绍了 PHP 函数中参数的两种传递方式：按值传递和引用传递，以及默认参数和可变参数的使用。紧接着介绍了变量的作用域，对局部变量、全局变量、静态变量的使用给出了实例和代码运行结果。然后又讲述在函数中如何返回单个数值、多个数值以及如何返回引用。最后简要介绍了 PHP 的内置函数。

第 8 章　PHP 中的面向对象

面向对象（Object Oriented,OO）在 20 世纪 60 年代出现雏形，90 年代得到发展，成为软件开发方法的主流。如今，面向对象的概念和应用已超越了程序设计和软件开发的范畴，扩展到了数据库系统、交互式界面、计算机辅助设计、人工智能等诸多领域。PHP 作为当下流行的服务器端脚本语言，从最初只支持继承功能，到现在已经完全支持面向对象了。PHP 5 更是重新设计实现了面向对象，性能更优，功能更全。

8.1　面向对象概述

早期软件开发的主流方法是面向过程的方法，随着用户需求越来越复杂，软件规模越来越大，原有的面向过程的设计方法越来越显得“心有余而力不足”。于是，从古老的 Simula 语言发展而来的面向对象思想被引入了软件开发。

8.1.1　面向过程与面向对象

面向过程的软件设计以过程为中心，在考虑问题时，以一个具体的流程为单位，考虑的是它的实现办法，关心的是它功能的实现。整个软件一般由各个相关联的函数实现，耦合性比较强。程序有一个明显的开始、明显的中间过程、明显的结束。程序的编写以这个预定好的过程为中心，设计好了开始子程序、中间子程序、结尾子程序，然后按顺序把这些子程序连接起来。一旦程序编写好，这个过程就确定了，要想扩充或者更改功能很困难。程序运行时，按之前设计好的顺序依次执行。

下面来看一个西红柿炒鸡蛋的例子。西红柿炒鸡蛋一般要经过下面几个过程：

① 西红柿洗净切片。

② 鸡蛋打散备用。

③ 热锅，倒入适量的油。

④ 倒入打散的鸡蛋。

⑤ 将鸡蛋炒散，盛出备用。

⑥ 加点油。

⑦ 倒入西红柿煸炒。

⑧ 加入适量盐、白糖、生抽等调料。

⑨ 倒入之前炒好的鸡蛋，翻炒均匀。

⑩ 盛出实用。

按照西红柿炒鸡蛋的流程可以画出它的状态图来描述其状态转化过程，了解了西红柿炒鸡蛋的状态转化过程后，根据其状态图就可以很容易地为其进行软件设计，并写出相应的程序实现代码。但是这样的设计，每一个环节只关注行为动作和功能实现，没有考虑数据的状态，而且各个行为之间的耦合性比较强，不利于程序的扩展和模块化。

而面向对象的出现解决了这些问题。面向对象方法的本质，就是主张从客观世界固有的事物出发来构造系统，提倡用人类在现实生活中常用的思维方法来认识、理解和描述客观事物。

面向对象方法之所以日益受到人们的重视和应用，成为目前主流的软件开发方法，是源于面向对象方法的以下主要优点：

（1）与人类习惯的思维方法一致

传统的面向过程的程序设计方法，是以算法为核心，把数据和过程作为相互独立的部分，忽略了二者之间的内在联系，使人感到难于理解。而面向对象的程序设计方法，是以对象为核心。对象是由数据和容许的操作组成的封装体，与客观实体有直接的对应关系。对象之间通过传递消息相互联系，以模拟现实世界中不同事物彼此之间的联系。

（2）稳定性好

以对象为中心构造的软件系统，是根据问题领域的模型建立起来的，当系统的功能需求发生变化时，并不会引起软件结构的整体变化，因此比较稳定。而以过程为中心构造的软件系统，是根据功能分析和功能分解建立起来的，当功能需求发生变化时，将引起软件结构的整体修改，因此不稳定。

（3）可重用性好

传统面向过程的软件重用技术是利用标准函数库，但标准函数库缺乏必要的“柔性”，不能适应不同场合的不同需求，而且库函数往往仅提供最基本、最常用的功能，绝大多数功能都要开发者自己完成。而面向对象的软件开发，可以通过创建类的实例或派生新类的方式来重复使用一个类，因此可重用性好。

（4）可维护性好

传统面向过程的软件开发方式难于维护，是长期困扰人们的一个严重问题。而面向对象的软件开发，因为软件比较容易理解，稳定性好，而且由于具有继承和多态机制，软件也容易扩充和修改，因此可维护性好。

8.1.2　面向对象的基本概念

下面简要介绍面向对象方法中的几个重要的基本概念，这些概念是理解和使用面向对象方法的基础和关键。

（1）对象（Object）

对象是面向对象方法中最基本的概念。对象可以用来表示客观世界中的任何实体，它既可以是具体的物理实体的抽象，也可以是人为的概念。例如，一个人、一辆车、一栋房子、借书和还书等，都可以作为一个对象。

在面向对象的程序设计方法中，涉及的对象是构成系统的基本单位，它由一组表示其静态特征的属性和它可执行的一组操作组成。属性即对象所包含的信息，它在设计对象时确定，一般只能通过执行对象的操作来改变。操作描述了对象执行的功能，操作的过程对外是封闭的，即用户只能看到操作实施后的结果，并不能知晓内部实现细节，这体现了对象的封装性。例如，一个人是一个对象，他包含了人的属性（如身高、体重、年龄等）及其操作（如走路、吃饭、穿衣、睡觉等）。

（2）类（Class）和实例（Instance）

类是具有共同属性、共同方法的对象的集合，即类是对象的抽象，它描述了属于该对象类型的所有性质，而一个对象则是其对应类的一个实例。例如，People 是一个关于人的类，它描述了人的所有性质，因此任何人都是 People 类的对象，而一个具体的人（例如一个叫沫沫的人）则是类 People 的一个实例。

（3）继承（Inheritance）

继承是面向对象方法的一个主要特征。继承是使用已有的类作为基础，建立新类的技术。已有的类称为父类或基类，新类则称为子类或派生类。通过继承，子类可以自动共享基类中定义的数据和方法。例如，People 类具有身高、体重、年龄等属性数据和走路、吃饭、穿衣、睡觉等操作方法，以该类为基类派生出学生类 Student，Student 类便可以拥有 People 类的相关数据和方法。

（4）多态性（Polymorphism）

所谓多态性是指同一操作作用于不同类的实例，将产生不同的执行结果，即不同类的对象收到相同的消息时，将得到不同的结果。多态性机制不仅增加了面向对象软件系统的灵活性，进一步减少了信息冗余，而且显著地提高了软件的可重用性和可扩展性。

8.2　类的设计与实例化

PHP5 开始全面支持面向对象开发，下面将在 PHP 5 环境下介绍类的定义及其实例化，以及类的属性和方法。

8.2.1　类的定义与加载

与很多面向对象的语言一样，PHP 也通过 class 关键字来定义类。语法格式如下：

```
class 类名{
    //…
}
```

其中类名可以为任何 PHP 变量的名字，花括号中为类的具体实现内容，里边保护有类的成员属性和方法。

例如：

```
<?php
    class People {

    }
?>
```

上面这段代码定义了一个类 People，类的内容为空，但这并不影响它的合法性。

再看下面这个例子：

```
<?php
    class People {
        public $name;                                        //声明成员属性

        public function introduceMySelf(){                   //声明成员方法
            echo '本府行不改名坐不改姓，'.$this->name.'是也';
        }
    }
?>
```

这段代码中 People 类的定义包含了成员的属性和方法，因而已经是一个比较完整的类。

在实际开发中，我们往往把一个类定义在一个单独的文件中，在需要使用它的时候将该文件包含进来。例如，有一个 People 类，定义在当前目录下的文件 People.class.php 中，为了在其他文件中使用该类，我们可以使用 require 语句或 include 语句将其包含进来。

例如：

```
<?php
    require './People.class.php';

    //使用 People 类
?>
或者
<?php
    include './People.class.php';

    //使用 People 类
?>
```

require 语句和 include 语句后面跟的是类文件的路径，可以是相对路径，也可以是绝对路径。二者的唯一区别是，require 语句包含的文件如果有语法错误或者不存在，会提示致命错误“Fatal error”，同时程序终止运行，而 include 语句遇到这样的情况，则只是提示警告错误“Warning”，然后程序继续运行。

有时我们会看到使用 require_once 或 include_once 的情况。例如：

```
<?php
    require_once './People.class.php';

    //使用 People 类
?>
或者
<?php
    include_once './People.class.php';

    //使用 People 类
?>
```

正如同它们的名字，这二者在包含文件时会检查是否已有同样的文件被包含，如果有则不会重复包含，这是它们与 require 语句和 include 语句的唯一区别。我们应尽量避免使用 require_once 语句和 include_once 语句，这会造成效率下降。

开发者可能会认为，为了加载使用类，每次都要包含类的定义文件很麻烦。于是从 PHP5 开始，PHP 可以通过定义一个__autoload 函数来实现类的自动加载。PHP 在尝试使用未定义的类时，会自动调用此函数。

例如，我们有两个类，People 类和 Girl 类，定义在当前目录下的文件 People.class.php 和 Girl.class.php 中，在某个使用它们的 PHP 文件中，我们可以这样写：

```
<?php
    function __autoload($class_name) {                              //定义自动加载函数
    require_once './' . $class_name . '.php';
    }

    //使用 People 类
    //使用 Girl 类
?>
```

8.2.2 类的实例化

类不同于函数，定义完之后无法直接使用，因为类只是一个抽象的概念，需要通过关键字 new 来实例化类，才可以使用。类实例化的语法格式如下：

```
变量名 = new 类名( [构造参数] )
```

其中，变量名可以为任何 PHP 变量的名称，构造参数取决于类的构造函数（将在 8.2.5 节中详细讲述），若无构造函数，则圆括号中为空。

实例化一个类后即可使用该类。

例如：

```
<?php
    class People {
        public $name;                                               //声明成员属性

        public function introduceMySelf(){                          //声明成员方法
            echo '本府行不改名坐不改姓，'.$this->name.'是也';
        }
    }

    $p = new People();                                              //实例化 People 类
?>
```

如果要在类外使用类的属性和方法（前提是该属性或方法是可访问的），需要使用操作符->，语法格式如下：

```
实例化的类变量名->属性名;
实例化的类变量名->方法名( [方法参数] );
```

使用类的方法与调用函数一样，在圆括号中给出函数参数（没有参数时当然就不用写了）。需要特别注意的是，在使用操作符->引用属性时，属性名是不加美元符号$的。

例如：

```
<?php
    class People {
        public $name;                                      //声明成员属性

        public function introduceMySelf(){                 //声明成员方法
            echo '本府芳名不便告知，望谅解！<br>';
        }
    }

    $p = new People();                                     //实例化 People 类
    $p->name = '沫沫';                                     //修改类的属性
    echo $p->name.'<br>';                                  //调用类的属性
    $p->introduceMySelf();                                 //调用类的方法
?>
```

代码运行后的结果如图 8.1 所示。

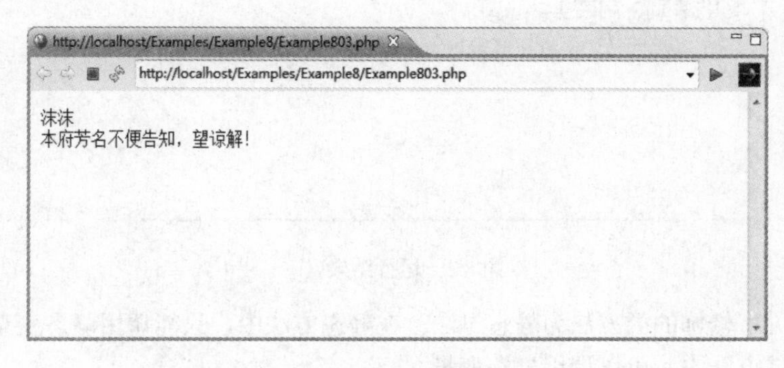

图 8.1　运行结果

8.2.3　类的方法

类的方法，即类的成员方法，是用来实现类的某个功能，或是用来操作类的属性的。

定义类的方法的语法格式为：

```
[ static | final ] 访问控制修饰符 function 方法名称 ( [方法参数] ){
    //方法实现细节
}
```

其中，关键字 static 和 final 为可选项，访问控制修饰符为 public、protected、private 中的一个，如果不指定，则默认为 public。关于访问控制修饰符的作用将在 8.3 节详细阐述。

与普通函数相比，类的方法只是多了 function 关键字前面的若干修饰符，其方法实现细节与函数一样。

例如：

```
<?php
    class People {
        public function introduceMySelf(){                 //定义无参数的类方法
            echo '本府芳名不便告知，望谅解！<br>';
        }
```

```
        public function introduceSomeoneElse( $name ){    //定义带参数的类方法
            echo '这位就是人见人爱花见花开的'.$name.'童鞋! ';
        }
    }

    $p = new People();                                    //实例化 People 类
    $p->introduceMySelf();                                //调用无参数的类方法
    $p->introduceSomeoneElse('沫沫');                      //调用带参数的类方法
?>
```

这里定义了两个类方法，一个是无参数的，另一个是带参数的。

代码运行后的结果如图 8.2 所示。

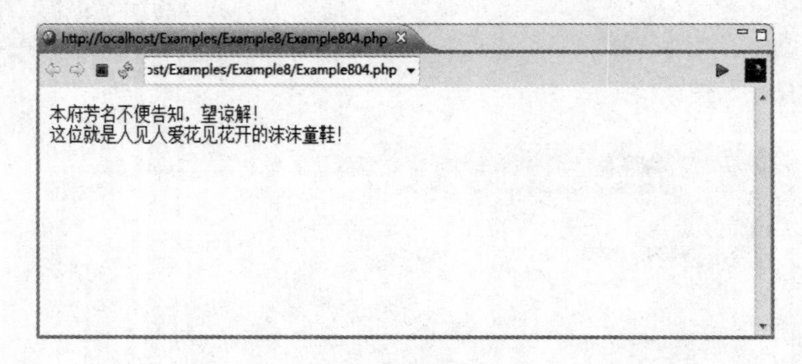

图 8.2 运行结果

使用 static 关键字修饰的类方法为静态方法。在静态方法中，只能调用静态变量，而不能调用普通变量。但在普通方法中，可以调用静态变量。

如果要在类的内部使用静态方法，则要使用关键字 self 或 parent 加域操作符::的形式。语法格式如下：

（1）在类的内部访问该类的静态方法

```
self::静态方法名
```

（2）在类的内部访问父类的静态方法

```
parent::静态方法名
```

例如：

```
<?php
    class People {
        public static function introduceMySelf(){          //定义静态类方法
            echo '本府芳名不便告知，望谅解! <br>';
        }

        public static function introduceSomeoneElse( $name ){//定义静态类方法
            if( $name == '我' ){
                self::introduceMySelf();                   //调用静态类方法
            }else{
                echo '这位就是人见人爱花见花开的'.$name.'童鞋! <br>';
            }
```

```
        }
    }
?>
```

如果要在类的外部使用静态方法（前提是该方法是可访问的），则不需要实例化类就可以直接调用。语法格式如下：

```
类名::静态方法名
```

例如：

```
<?php
    class People {
        public static function introduceMySelf(){          //定义无参数的静态方法
            echo '本府芳名不便告知，望谅解！<br>';
        }

        public static function introduceSomeoneElse( $name ){
//定义带参数的静态方法
            echo '这位就是人见人爱花见花开的'.$name.'童鞋！<br>';
        }
    }

    People::introduceMySelf();                          //调用无参数的静态方法
    People::introduceSomeoneElse('沫沫');               //调用带参数的静态方法
?>
```

代码运行后的结果如图 8.3 所示。

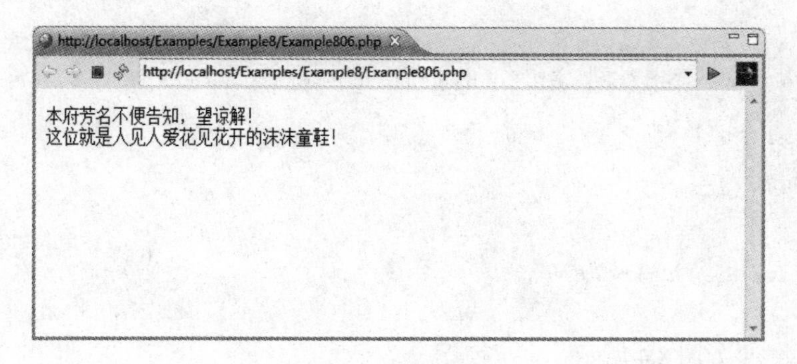

图 8.3　运行结果

类的方法还可以使用 final 关键字修饰，表示该方法在被子类继承时无法被覆盖。8.4 节将详细叙述 final 关键字的作用和使用。

8.2.4　类的属性

类的属性，即类的成员变量，是用来保存类的信息数据，或者与类的方法进行交互来实现某项功能。

定义类的属性的语法格式为：

```
访问控制修饰符 属性名称;
```

其中，访问控制修饰符为 public、protected、private 中的一个，所有的类属性都必须用这三者中的一个来修饰。值得注意的是，由于 PHP4 中可以使用 var 关键字来修饰变量，为了与其兼容，PHP5 中允许使用 var 来修饰成员属性，其作用相当于 public，可以认为它是 public 的别名。

例如：

```
<?php
    class People {
        public $name;                                    //公有属性
        protected $age;                                  //保护属性
        private $hobby;                                  //私有属性
    }
?>
```

在 People 类中，定义了一个公有属性变量$name，一个保护属性变量$age，一个私有属性变量$hobby。

如果要在类的方法中访问类的属性，则要用$this 关键字。$this 是一个特殊的变量，只能在类的内部使用，用以获得类的某个属性。语法格式如下：

```
$this->属性名
```

要特别注意的是，属性名前面没有美元符号$，初学者对于这一点常常搞错。

例如：

```
<?php
    class People {
        public $name;                                        //声明成员属性

        public function introduceMySelf(){                   //声明成员方法
            echo '本府行不改名坐不改姓，'.$this->name.'是也<br>';      //调用类属性
        }
    }

    $p = new People();                                       //实例化 People 类
    $p->name = '沫沫';                                        //修改类的属性
    $p->introduceMySelf();                                   //调用类的方法
?>
```

代码运行后的结果如图 8.4 所示。

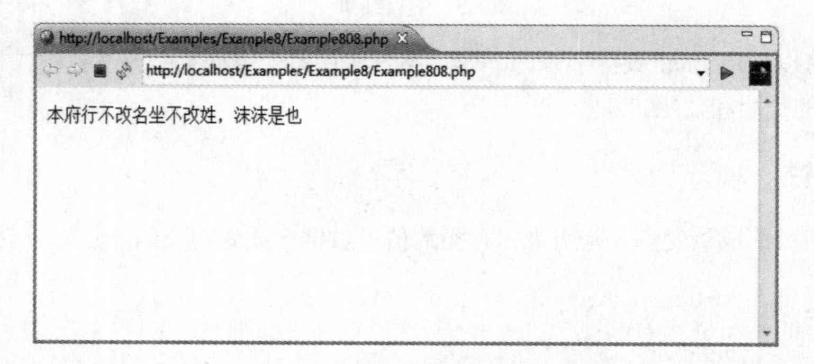

图 8.4　运行结果

之所以要用访问控制修饰符来定义类属性，是为了实现面向对象的一个重要特点：封装性。关于这 3 种访问控制修饰符的作用将在 8.3 节详细阐述。

类的属性还可以用关键字 static 来修饰，此时类的属性为静态属性。语法格式如下：

```
[访问控制修饰符] static 属性名;
```

其中，访问控制修饰符为可选项，如果没有访问控制符，则默认控制符为 public。

例如：

```
<?php
    class People {
        static $number = 1;                                //定义静态属性，默认为公有
        private static $dollars;                           //定义私有静态属性
    }
?>
```

上面这段代码在类 People 中定义了一个静态变量$number，默认为公有属性，又定义了一个静态变量$dollars，默认为私有属性。

如果要在类的内部使用静态属性变量，则要使用关键字 self 或 parent 加域操作符::的形式。语法格式如下：

（1）在类的内部访问该类的静态属性

```
self::静态属性名
```

（2）在类的内部访问父类的静态属性

```
parent::静态属性名
```

要注意，这里的静态属性名是要加美元符号$的。

例如：

```
<?php
    class People {
        private static $dollars;                           //定义私有静态属性

        public function setDollars( $dollars ){            //定义类方法
            self::$dollars = $dollars;                     //调用静态属性
        }

        public function getDollars(){                      //定义类方法
            echo '俺手头有存款'.self::$dollars.'刀啊! ';//调用静态属性
        }
    }

    $p = new People();
    $p->setDollars(100);
    $p->getDollars();
?>
```

程序运行后的结果如图 8.5 所示。

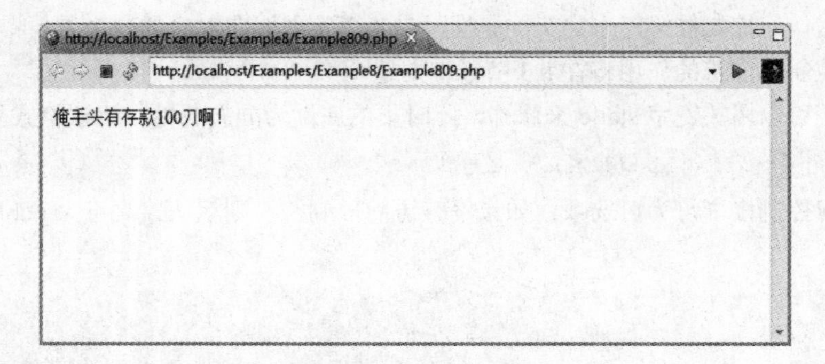

图 8.5　运行结果

如果要在类的外部使用静态属性（前提是该属性是可访问的），则不需要实例化类就可以直接调用。语法格式如下：

```
类名::静态属性名
```

这里的静态属性名是要加美元符号的。

例如：

```
<?php
    class People {
        static $number = 1;                                   //定义私有静态属性
    }

    echo '$number = '.People::$number.'<br>';       //打印静态属性
    ++People::$number;                                  //修改静态属性的值
    echo '$number = '.People::$number.'<br>';       //打印静态属性
    $a = People::$number + People::$number;        //调用静态属性
    echo '$number + $number = '.$a.'<br>';
?>
```

代码运行后的结果如图 8.6 所示。

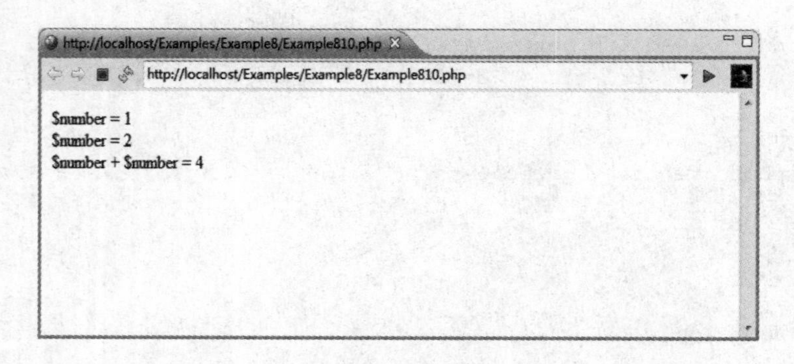

图 8.6　运行结果

上面介绍的类的属性都是变量，在 PHP 的类中也可以定义常量。所谓常量，就是值始终不变的量。定义常量时，用关键字 const 标识，常量名前不加美元符号$，常量的值要在定义时指定，且须为定值。

例如：

```
<?php
    class People {
        const MALE = '男';                                    //定义常量MALE
        const FEMALE = '女';                                  //定义常量FEMALE
    }
?>
```

在类的内部访问常量成员时，同样是使用关键字 self 或 parent 加域操作符::的形式。语法格式如下：

（1）在类的内部访问该类的常量成员

```
self::常量名
```

（2）在类的内部访问父类的常量成员

```
parent::常量名
```

要注意，这里的常量名是不加美元符号$的。例如：

```
<?php
    class People {
        const MALE = '男';                                    //定义常量MALE
        const FEMALE = '女';                                  //定义常量FEMALE

        public function askGender(){                          //定义类方法
            echo '你是'.self::MALE.'淫还是'.self::FEMALE.'淫? ';      //调用类常量
        }
    }

    $p = new People();                                        //实例化类
    $p->askGender();                                          //调用类方法
?>
```

代码运行后的结果如图 8.7 所示。

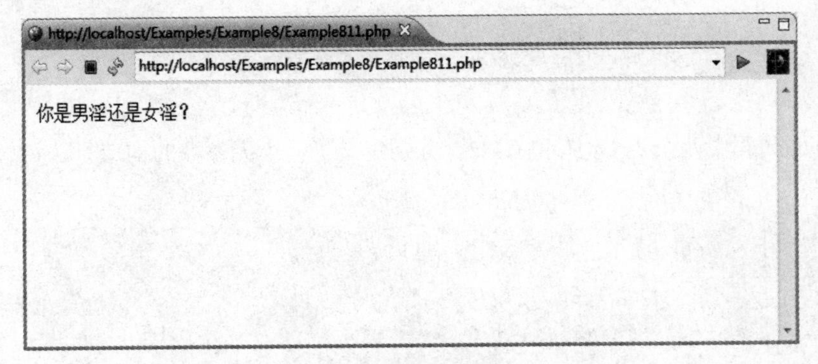

图 8.7　运行结果

在类的外部访问常量成员时，不需要实例化类，也不使用操作符->，而是使用作用域操作符::。语法格式如下：

```
类名::常量名;
```

这里的常量名也是不加美元符号$的。例如：

```
<?php
    class People {
        const MALE = '男';                              //定义常量 MALE
        const FEMALE = '女';                            //定义常量 FEMALE
    }

    echo 'MALE = '.People::MALE.'<br>';               //调用常量 MALE
    echo 'FEMALE = '.People::FEMALE.'<br>';           //调用常量 FEMALE
?>
```

代码运行后的结果如图 8.8 所示。

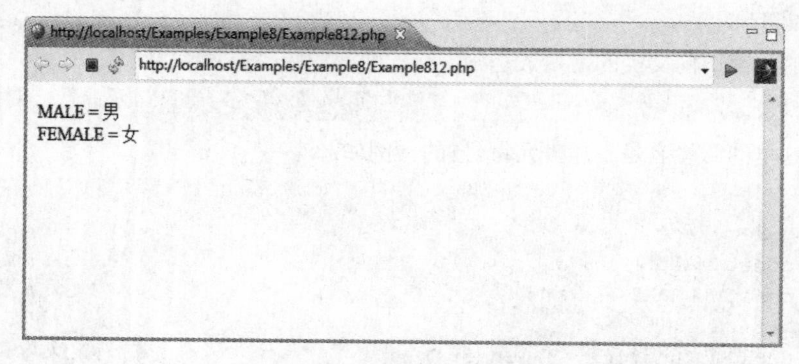

图 8.8　运行结果

8.2.5　构造方法与析构方法

构造方法与析构方法是一种特殊的方法。前者在类被实例化时调用，用来给成员属性赋初值，做一些"准备"工作；后者在类的实例脱离其作用域被销毁时调用，做一些诸如释放内存等的"善后"工作。

构造函数的语法格式为：

```
function __construct( [方法参数] ) {
    //方法实现细节
}
```

例如，下面代码中两个类 Girl1 和 Girl2，分别定义了一个无参数的构造方法和一个带参数的构造方法：

```
<?php
    class Girl1{
        function __construct(){                               //定义无参数的构造方法
            echo '一个绝世 MM 诞生了！<br>';
        }
    }

    class Girl2{
        public $name;

        function __construct( $name ){                        //定义带参数的构造方法
            $this->name = $name;
```

```
            echo '一个芳名'.$this->name.'的绝世MM诞生了！<br>';
        }
    }
?>
```

因为构造方法是在类被实例化时调用的，因此并不是由实例化的类名加操作符->的形式调用，而是按照如下的语法格式调用：

```
变量名 = new 类名( [构造方法的参数] );
```

例如：

```
<?php
    class Girl1{
        function __construct(){                        //定义无参数的构造方法
            echo '一个绝世MM诞生了！<br>';
        }
    }

    class Girl2{
        public $name;

        function __construct( $name ){                 //定义带参数的构造方法
            $this->name = $name;
            echo '一个芳名'.$this->name.'的绝世MM诞生了！<br>';
        }
    }

    $g1 = new Girl1();                                 //实例化类，调用无参数的构造方法
    $g2 = new Girl2('沫沫');                           //实例化类，调用带参数的构造方法
?>
```

代码运行后的结果如图 8.9 所示。

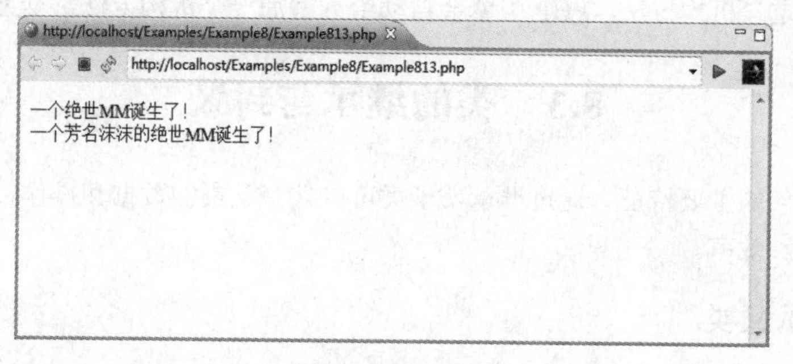

图 8.9　运行结果

如果类中没有定义构造方法，PHP 引擎会自动给类添加一个构造方法，其参数列表为空，方法内容也为空。

析构函数在类的实例被销毁时自动调用，且无方法参数。语法格式如下：

```
function __destruct() {
    //方法实现细节
}
```

例如：

```
<?php
    class Girl{
        function __construct(){                          //定义无参数的构造方法
            echo '一个绝世 MM 诞生了！<br>';
        }

        function __destruct(){                           //定义析构方法
            echo '来也匆匆去也匆匆，但不枉此行！<br>';
        }
    }

    $g = new Girl();                                 //实例化类，调用无参数的构造方法
    //$g 被销毁时自动调用析构方法
?>
```

代码运行后的结果如图 8.10 所示。

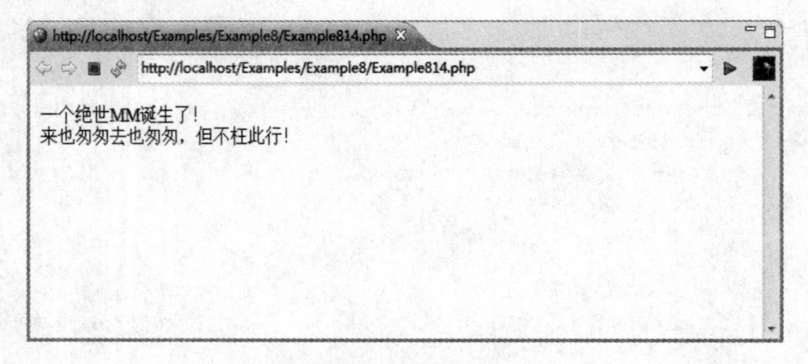

图 8.10　运行结果

如果类中没有定义析构方法，PHP 引擎会自动给类添加一个析构方法，其方法内容为空。

8.3　类的继承与封装

继承是面向对象的主要特征。通过继承，子类可以共享父类的数据和操作，从而实现代码的重用，提高软件的开发效率。

8.3.1　子类继承父类

在 PHP 中，子类继承父类，是通过关键字 extends 来声明的。语法格式如下：

```
class 字类名 extends 父类名 {
    //类 A 的实现细节
}
```

通过这样的声明，子类就可以使用父类的一些属性数据和操作方法（父类被声明为 public 或 protected 的成员）。例如：

```
<?php
```

```
    /*
     * 父类
     */
    class People {
        public $name;                                        //公有属性
        private $age;                                        //私有属性

        public function setName($name){                      //公有方法
            $this->name = $name;
        }

        public function setAge($age){                        //公有方法
            $this->age = $age;
        }

        public function introduceMySelf(){                   //公有方法
            echo '本府'.$this->name.'，年方'.$this->age.'! <br>';
        }
    }
    /*
     * 子类
     */
    class Student extends People {
        public $school;                                      //公有属性

        public function setSchool($school){                  //公有方法
            $this->school = $school;
        }

        public function getSchool(){                         //公有方法
            echo '俺来自大名鼎鼎的'.$this->school.'! <br>';
        }
    }

    $s = new Student();                                      //实例子类

    $s->setName('沫沫');                                     //调用继承自父类的方法
    echo '本府行不改名坐不改姓，'.$s->name.'是也<br>';         //调用继承自父类的属性

    $s->setAge(19);                                          //调用继承自父类的方法
    $s->introduceMySelf();                                   //调用继承自父类的方法

    $s->setSchool('xjtu');                                   //调用子类的方法
    $s->getSchool();                                         //调用子类的方法
?>
```

在上面这段代码中，Student 类通过继承，拥有了父类 People 的公有属性和公有方法。

代码运行的结果如图 8.11 所示。

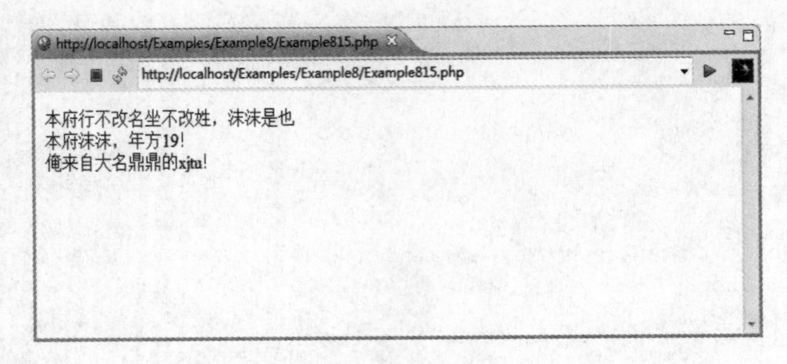

http://localhost/Examples/Example8/Example815.php
本府行不改名坐不改姓，洙洙是也
本府洙洙，年方19!
俺来自大名鼎鼎的xjtu!

图 8.11　运行结果

关于构造方法和析构方法，这里有几点补充说明。

如果子类中没有定义构造方法，则子类在实例化时会默认去调用父类的构造方法。对于析构方法同样如此，如果子类中没有定义析构方法，则子类的实例在被销毁时会默认去调用父类的析构方法。例如：

```
<?php
    /*
     * 父类
     */
    class People {
        public $name;                                          //公有属性
        private $age;                                          //私有属性

        function __construct($name, $age){                     //父类的构造方法
            $this->name = $name;
            $this->age = $age;
        }

        public function introduceMySelf(){                     //公有方法
            echo '本府'.$this->name.'，年方'.$this->age.'! <br>';
        }

        function __destruct(){                                 //父类的析构方法
            echo '来也匆匆去也匆匆，但不枉此行! <br>';
        }
    }
    /*
     * 子类
     */
    class Student extends People {
        public $school;                                        //公有属性

        public function setSchool($school){                    //公有方法
            $this->school = $school;
        }

        public function getSchool(){                           //公有方法
```

```
            echo '俺来自大名鼎鼎的'.$this->school.'! <br>';
        }
    }

    $s = new Student('沫沫', 19);                    //实例化子类，默认调用父类的构造方法

    echo '本府行不改名坐不改姓，'.$s->name.'是也<br>';          //调用继承自父类的属性
    $s->introduceMySelf();                                    //调用继承自父类的方法

    $s->setSchool('xjtu');                                    //调用子类的方法
    $s->getSchool();                                          //调用子类的方法

    //$s 被销毁，默认调用父类的析构方法
?>
```

代码运行结果如图 8.12 所示。

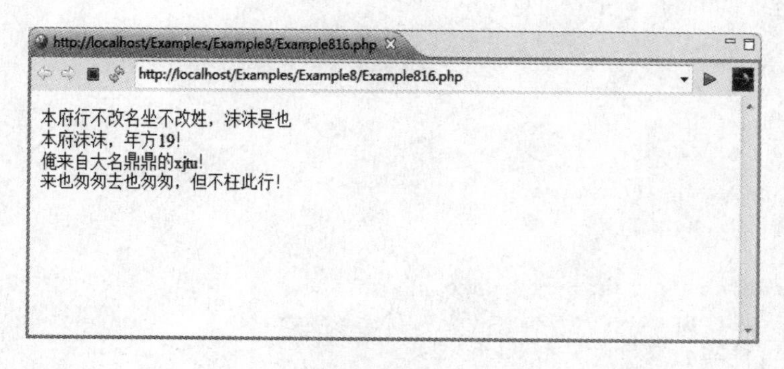

图 8.12　运行结果

如果子类中定义了构造方法，则子类在实例化不会自动去调用父类的构造方法。对于析构方法同样如此，如果子类中定义了析构方法，则子类的实例在被销毁时不会自动去调用父类的析构方法。

为了在子类中调用父类的构造方法和析构方法，须按如下语法格式显式调用：

（1）显式调用父类的构造函数

```
function __construct( [子类的构造方法参数] ){              //定义子类的构造方法
    ......
    parent::__construct( [父类的构造方法参数] );           //显式调用父类的构造方法
    ......
}
```

（2）显式调用父类的析构函数

```
function __destruct(){                                   //定义子类的析构方法
    ......
    parent::__destruct();                                //显式调用父类的析构方法
    ......
}
例如:
<?php
    /*
     * 父类
```

```
     */
    class People {
        public $name;                                          //公有属性
        private $age;                                          //私有属性

        function __construct($name, $age){                     //父类的构造方法
            $this->name = $name;
            $this->age = $age;
        }

        public function introduceMySelf(){                     //公有方法
            echo '本府'.$this->name.', 年方'.$this->age.'! <br>';
        }

        function __destruct(){                                 //父类的析构方法
            echo '来也匆匆去也匆匆, 但不枉此行! <br>';
        }
    }
    /*
     * 子类
     */
    class Student extends People {
        public $school;                                        //公有属性

        function __construct($name, $age, $school){            //子类的构造方法
            parent::__construct($name, $age);                  //显式调用父类的构造方法
            $this->school = $school;
        }

        public function getSchool(){                           //公有方法
            echo '俺来自大名鼎鼎的'.$this->school.'! <br>';
        }

        function __destruct(){                                 //子类的析构方法
            echo '终于可以不用上学了! <br>';
            parent::__destruct();                              //显式调用父类的析构方法
        }
    }

    $s = new Student('沫沫', 19, 'xjtu');               //实例化子类, 调用子类的构造方法

    echo '本府行不改名坐不改姓, '.$s->name.'是也! <br>';   //调用继承自父类的属性
    $s->introduceMySelf();                                     //调用继承自父类的方法

    $s->getSchool();                                           //调用子类的方法

    //$s 被销毁, 调用子类的析构方法
?>
```

代码运行的结果如图 8.13 所示。

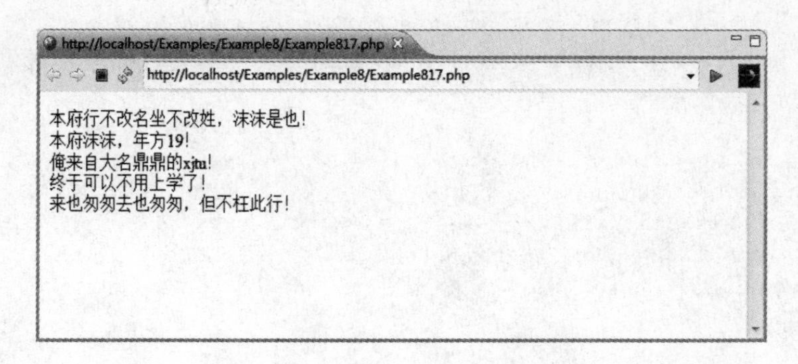

图 8.13　运行结果

8.3.2　访问控制

继承带来的巨大好处就是实现了数据和操作的共享，但如果我们放任自由地共享数据，就会造成安全隐患，因为不是所有的父类都想毫无保留地把“遗产”传给“下一代”的，毕竟每个类，就像人一样，都有自己的“小秘密”嘛。例如，有一个商人类 Businessman，它拥有姓名、年龄、公司名称、主营业务、个人存款等属性信息，当它共享数据时，只希望共享姓名、公司名称、主营业务等信息，至于个人存款等私人信息则不想共享，这时就需要设置数据访问权限了。

在 PHP 中主要通过 public、protected、private 等关键字来定义访问权限。这 3 种访问控制修饰符的访问权限如表 8.1 所示。

表 8.1　public protected private 的访问权限

访问控制修饰符	能否在当前类中访问	能否在子类中访问	能否在类的外部访问
public	Yes	Yes	Yes
protected	Yes	Yes	No
private	Yes	No	No

现详细叙述如下。

（1）public（公有）

被 public 修饰的属性和方法，可以在程序的任何位置（类内、类外）被访问，而且可以被子类继承。在 PHP 中，类方法的访问权限在默认状态下都是 public。

例如：

```
<?php
    /*
     * 父类
     */
    class People {
        public $name;                                    //公有属性
        public $hobby;                                   //公有属性

        public function sayHello() {                     //公有方法
            echo '大家好! <br>';
        }
```

```
    }
    /*
     * 子类
     */
    class Student extends People {
        function introduceMySelf(){                              //子类的公有方法
            $this->sayHello();                                   //调用父类的公有方法
            echo '本府'.$this->name.'，尤好'.$this->hobby.'! <br>';
//调用父类的公有属性
        }
    }

    $s = new Student();                                          //实例化子类

    $s->name = '沫沫';                                           //在类外调用公有属性
    $s->hobby = '看书';                                          //在类外调用公有属性
    $s->introduceMySelf();                                       //在类外调用公有方法
?>
```

代码运行结果如图 8.14 所示。

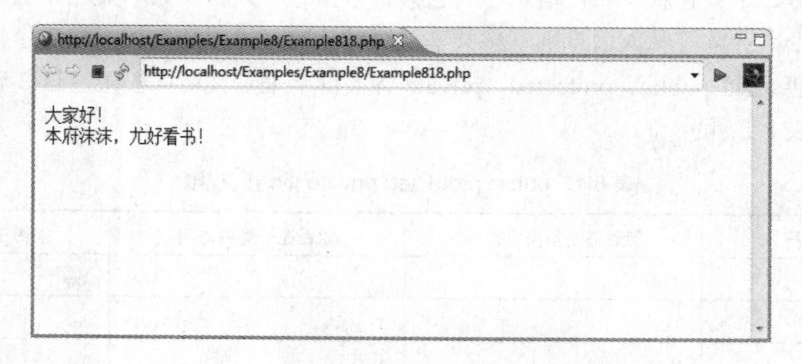

图 8.14　运行结果

（2）protected（保护）

被 protected 修饰的属性和方法，可以在所属类的内部被访问，也可以被子类继承，但不能在父类或子类的外部被访问。在 PHP 中，常用 protected 来修饰不对外公开，但对子类开放的属性或方法。

例如：

```
<?php
    /*
     * 父类
     */
    class People {
        protected $name;                                  //保护属性
        protected $hobby;                                 //保护属性

        protected function sayHello() {                   //保护方法
            echo '大家好! <br>';
```

```
        }
    }
    /*
     * 子类
     */
    class Student extends People {

        function __construct($name, $hobby){              //子类的构造函数
            $this->name = $name;                          //调用父类的保护属性
            $this->hobby = $hobby;                        //调用父类的保护属性
        }

        function introduceMySelf(){                       //子类的公有方法
            $this->sayHello();                            //调用父类的保护方法
            echo '本府'.$this->name.'，尤好'.$this->hobby.'! <br>';
//调用父类的保护属性
        }
    }

    $s = new Student('沫沫', '看书');                     //实例化子类

    //$s->name = '沫沫';                                  //错误！不能在类外调用保护属性
    //$s->hobby = '看书';                                 //错误！不能在类外调用保护属性
    //$s->sayHello();                                     //错误！不能在类外调用保护方法
    $s->introduceMySelf();                                //在类外调用公有方法
?>
```

代码运行结果如图 8.15 所示。

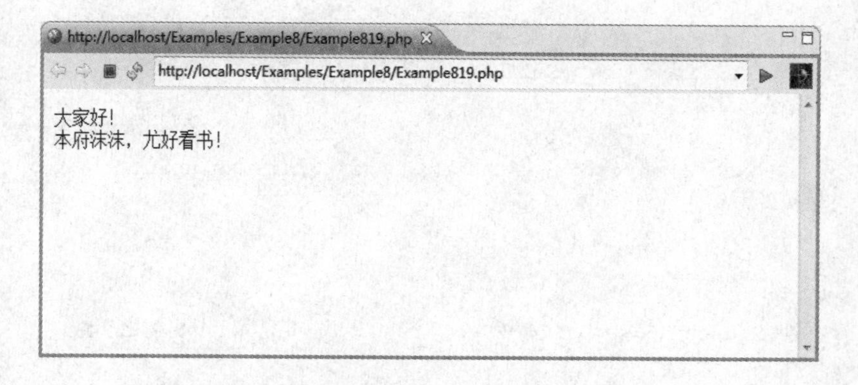

图 8.15　运行结果

（3）private（私有）

被 private 修饰的属性和方法，只能在所属类的内部被访问，既不可以被子类继承，也不可以在子类的内部被访问。在 PHP 中，常用 private 来修饰不对外公开，也不对子类开放的属性或方法。

例如：

```
<?php
    /*
     * 父类
```

```
     */
    class People {
        private $name;                                        //父类私有属性
        private $hobby;                                       //父类私有属性

        private function sayHello() {                         //父类私有方法
            echo '大家好! <br>';
        }
    }
    /*
     * 子类
     */
    class Student extends People {

        private $s_name;                                      //子类的私有属性
        private $s_hobby;                                         //子类的私有属性

        function __construct($name, $hobby){                      //子类的构造函数
            //$this->name = $name;                            //错误! 不能访问父类的私有属性
            //$this->hobby = $hobby;                          //错误! 不能访问父类的私有属性
            $this->s_name = $name;                            //访问子类的私有属性
            $this->s_hobby = $hobby;                          //访问子类的私有属性
        }

        private function s_sayHello() {                       //子类私有方法
            echo '大家好! <br>';
        }

        function introduceMySelf(){                           //子类的公有方法
            //$this->sayHello();                              //错误! 不能访问父类的私有方法
            $this->s_sayHello();                              //访问子类的私有方法
            echo '本府'.$this->s_name.', 尤好'.$this->s_hobby.'! <br>';
//访问子类的私有属性
        }
    }

    $s = new Student('沫沫', '看书');                          //实例化子类

    //$s->s_name = '沫沫';                                    //错误! 不能在类外调用私有属性
    //$s->s_hobby = '看书';                                   //错误! 不能在类外调用私有属性
    //$s->s_sayHello();                                       //错误! 不能在类外调用私有方法
    $s->introduceMySelf();                                    //在类外调用公有方法
?>
```

代码运行结果如图 8.16 所示。

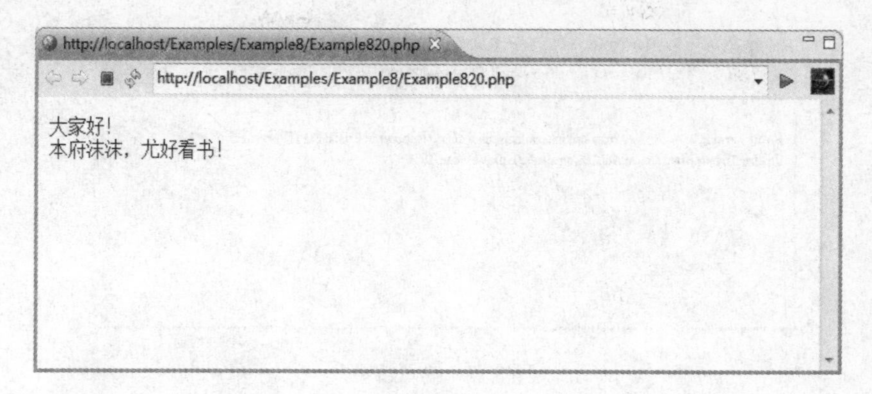

图 8.16　运行结果

8.3.3　final 关键字

final，即“最终的”的意思，是 PHP5 新增的关键字。被 final 修饰的类，将不能被继承，即不能拥有子类。语法格式如下：

```
final class 类名 {
    //类的实现细节
}
```

例如：

```
<?php
    /*
     * 父类，使用 final 修饰
     */
    final class People {

        public function sayHello() {          //父类公有方法
            echo '大家好! <br>';
        }
    }
    /*
     * 子类
     */
    class Student extends People {            //错误! 子类继承 final 父类

        public function doHomework() {        //子类公有方法
            echo '作业好多啊! <br>';
        }
    }

    $s = new Student();                       //实例化子类时将报错
?>
```

上面这段代码由于尝试继承被 final 关键字修饰的类，运行时将会输出图 8.17 所示的错误。

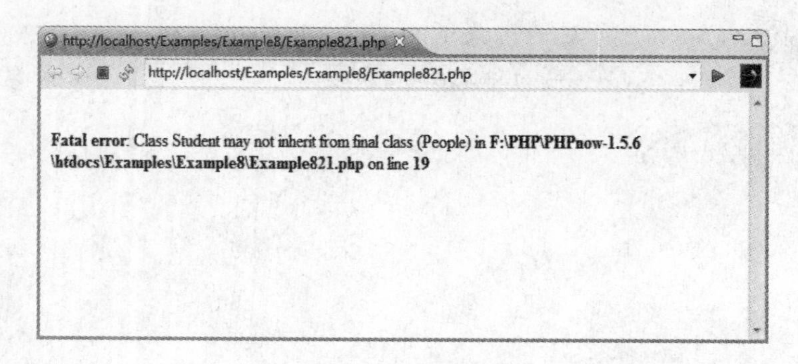

图 8.17　输出结果

8.4　类的多态性

所谓多态性（Polymorphism），简单地说就是同一操作作用于不同类的实例时，将产生不同的执行结果。在软件设计中，多态性使得应用程序更加模块化和可扩展。

多态性又分为静态多态性和动态多态性。静态多态性是指一个同名函数或者一个类中的同名方法，根据参数列表（类型以及个数）的不同来区别语义，即所谓的函数重载。但 PHP 中不支持函数重载。动态多态性是指类的成员方法，能根据调用它的对象类型的不同，自动做出适应性调整，而且调整是发生在程序运行时。PHP 中通过抽象类和接口技术来实现动态多态性。

8.4.1　子类覆盖父类的方法

自古"青出于蓝而胜于蓝"，在 PHP 中，子类也可以根据需要对继承自父类的方法进行"改进"，但只能"抹掉"重写。方法也很简单，只要在子类中定义同名的父类方法即可。覆盖后若要访问父类原来的方法，需要使用关键字 parent 加域操作符的方式。语法格式如下：

```
parent::父类同名方法;
```

例如：

```
<?php
    /*
     * 父类
     */
    class People {
        public $name;                                    //父类公有属性

        public function sayHello() {                     //父类公有方法
            echo '大家好! <br>';
        }
    }
    /*
     * 子类
     */
    class Student extends People {
```

```
        function __construct($name){                         //子类的构造函数
            $this->name = $name;                             //访问父类的公有属性
        }

        public function sayHello() {                         //子类覆盖父类的公有方法
            parent::sayHello();                              //访问父类原来的方法
            echo '大家好! 偶是'.$this->name.', 请多关照! <br>';
        }
    }

    $s = new Student('沫沫');                                 //实例化子类

    $s->sayHello();                                          //访问覆盖后的方法
?>
```

代码运行结果如图 8.18 所示。

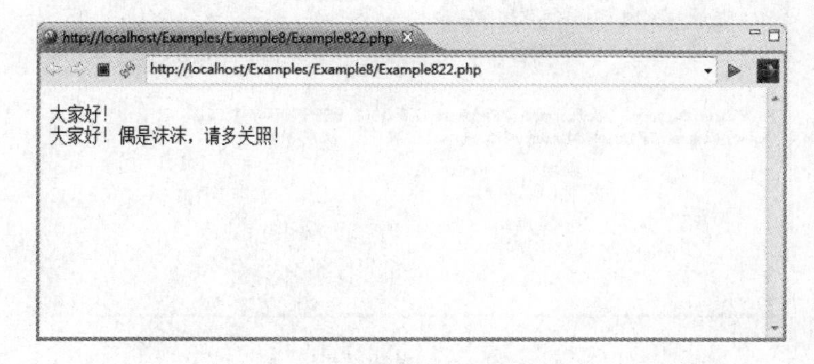

图 8.18　运行结果

如果父类“很强势”，不想自己的方法被子类覆盖重写，那么可以使用 final 关键字来修饰父类的方法。

例如：

```
<?php
    /*
     * 父类
     */
    class People {
        public $name;                                        //父类公有属性

        final public function sayHello() {                   //用 final 修饰父类的公有方法
            echo '大家好! <br>';
        }
    }
    /*
     * 子类
     */
    class Student extends People {

        function __construct($name){                         //子类的构造函数
```

```
            $this->name = $name;                         //访问父类的公有属性
        }

        public function sayHello() {           //错误!子类尝试覆盖父类的final公有方法
            echo '大家好! 偶是'.$this->name.', 请多关照! <br>';
        }
    }

    $s = new Student('沫沫');                          //实例化子类

    $s->sayHello();                                    //访问覆盖后的方法时将报错
?>
```

上面这段代码中，子类尝试覆盖被 final 关键字修饰的父类方法，运行时将会输出图 8.19 所示的错误。

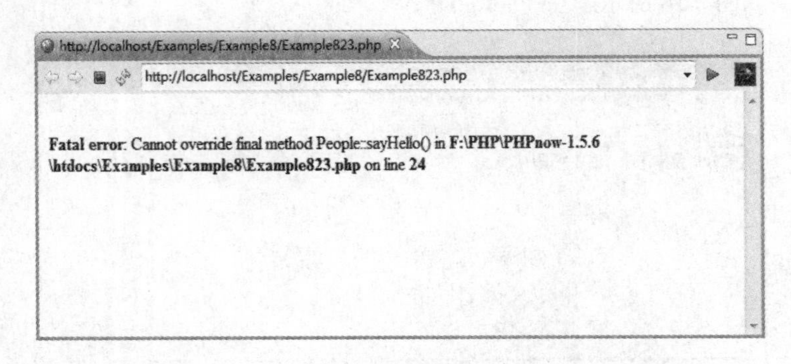

图 8.19　输出结果

8.4.2　抽象类与抽象方法

抽象类是一种不能被实例化的类，只能作为父类被其他类继承。与普通类一样，抽象类也可以有属性和方法，但不同点是，抽象类必须至少包含一个抽象方法。所谓抽象方法，就是没有具体实现的方法，对应的函数体就为空。抽象方法的细节只能在子类中实现，而且子类必须实现所继承的抽象类中所有的抽象方法。

抽象类和抽象方法都使用关键字 abstract 来定义，语法格式如下：

```
abstract class 抽象类名 {
    ......                                              //定义属性
    ......                                              //定义普通方法
    abstract [ public | protected ] function 抽象方法名 ( [方法参数] );
//定义抽象方法
}
```

其中，抽象方法的访问控制修饰符只能为 public 和 protected 之一。如果抽象方法声明为 public，则子类中实现的方法也应声明为 public；如果抽象方法声明为 protected，则子类中实现的方法既可以声明为 protected，也可以声明为 public。

抽象类和抽象方法主要用于设计复杂的层次关系，这种层次关系要求每一个子类都包含并重写某些特定的方法。例如，人按社会分工可以分为学生、工人、商人、公务员等，每个人都要工作，只是干的活不一样，学生要在学校听课，工人要在工厂做工，商人要在店铺卖东西，公务员要在政府部门办公等。如果把人作为一个抽象类，干活作为一个抽象方法，把学生、工人、商人、公务员等作为继承自该类的子类，那么干活这个方法在子类中的实现细节是不同的。

例如：

```
<?php
    /*
     * 抽象父类
     */
    abstract class People {
        public $name;                                          //父类属性

        public function sayHello() {                           //父类普通方法
            echo '<p>大家好！偶是'.$this->name.'，请多关照！<br>';
        }

        abstract protected function doWork();                  //定义父类抽象方法
    }
    /*
     * 学生子类
     */
    class Student extends People {

        function __construct($name){                           //子类的构造函数
            $this->name = $name;                               //访问父类的公有属性
        }

        public function doWork() {                             //实现父类的抽象方法
            parent::sayHello();                                //调用父类的普通方法
            echo '作业好多啊！谁能帮我写？<br>';
        }
    }
    /*
     * 工人子类
     */
    class Worker extends People {

        function __construct($name){                           //子类的构造函数
            $this->name = $name;                               //访问父类的公有属性
        }

        public function doWork() {                             //实现父类的抽象方法
            parent::sayHello();                                //调用父类的普通方法
            echo '生产任务好重啊！谁能帮我干活？<br>';
        }
    }
    /*
     * 商人子类
     */
```

```
    class Businessman extends People {

        function __construct($name){                          //子类的构造函数
            $this->name = $name;                              //访问父类的公有属性
        }

        public function doWork() {                            //实现父类的抽象方法
            parent::sayHello();                               //调用父类普通方法
            echo '销售目标好遥远啊！谁能帮我实现？<br>';
        }
    }
    /*
     * 公务员子类
     */
    class Official  extends People {

        function __construct($name){                          //子类的构造函数
            $this->name = $name;                              //访问父类的公有属性
        }

        public function doWork() {                            //实现父类的抽象方法
            parent::sayHello();                               //调用父类的普通方法
            echo '公务员好清闲啊！谁能帮我找活干？<br>';
        }
    }

    $s = new Student('学生沫');                               //实例化学生子类
    $s->doWork();                                             //访问在子类中实现的抽象方法

    $w = new Worker('工人沫');                                //实例化工人子类
    $w->doWork();                                             //访问在子类中实现的抽象方法

    $b = new Businessman('商人沫');                           //实例化商人子类
    $b->doWork();                                             //访问在子类中实现的抽象方法

    $o = new Official('公务员沫');                            //实例化公务员子类
    $o->doWork();                                             //访问在子类中实现的抽象方法
?>
```

代码运行结果如图 8.20 所示。

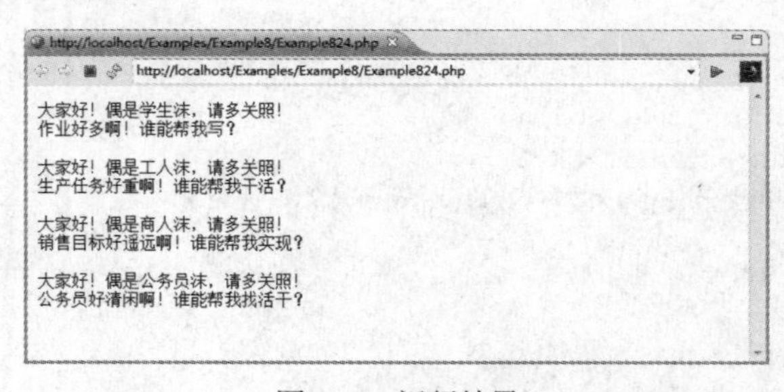

图 8.20　运行结果

8.4.3　接口技术

无论普通类还是抽象类，都只能实现单继承，即一个子类只能继承一个父类。事实上 PHP 也只支持单继承。如果要实现多重继承，即一个子类可以继承多个父类，便要通过接口（Interface）技术来实现。

可以认为接口也是一种类，只是这种类中可以定义常量，但不能定义属性变量；可以定义方法，但方法必须为空。也就是说，接口中只能定义常量和尚未实现的方法，而且方法必须为 public（可以省略，因为类的方法默认就是 public）。

接口通过关键字 interface 来定义，语法格式如下：

```
interface 接口名 {
    const 常量名 = 常量值;                      //定义常量
    ......
    function 方法名 ( [方法参数] );             //定义方法
    ......
}
```

子类则通过 implements 关键字来实现接口，语法格式如下：

```
class 子类名 implements 接口名 {
    //子类的实现细节
}
```

子类可以同时实现多个接口，接口名之间用逗号“,”连接。语法格式如下：

```
class 子类名 implements 接口名1, 接口名2, 接口名3{
    //子类的实现细节
}
```

子类在实现接口时，必须实现接口中所有的方法。

例如：

```
<?php
    /*
     * 接口
     */
    interface People {
        const MALE = 'GG';                                  //定义常量
        const FEMALE = 'MM';                                //定义常量

        function doWork();                                  //定义方法
        function sayHello();                                //定义方法
    }
    /*
     * 学生子类
     */
    class Student implements People {
        public $name;                                       //定义子类属性

        function __construct($name){                        //子类的构造函数
            $this->name = $name;                            //访问子类的属性
```

```
        }

        function sayHello(){                               //实现接口方法
            echo '<p>大家好！偶是快乐的'.$this->name.'，'.People::FEMALE.'一枚哦，请
多关照！<br>';
        }

        function doWork() {                                //实现接口方法
            echo '作业好多啊！谁能帮我写？<br>';
        }
    }
    /*
     * 工人子类
     */
    class Worker implements People {
        public $name;                                      //定义子类属性

        function __construct($name){                       //子类的构造函数
            $this->name = $name;                           //访问子类的属性
        }

        function sayHello(){                               //实现接口方法
            echo '<p>大家好！偶是勤劳的'.$this->name.'，'.People::MALE.'一枚哦，请多
关照！<br>';
        }

        public function doWork() {                         //实现接口方法
            echo '生产任务好重啊！谁能帮我干活？<br>';
        }
    }
    /*
     * 商人子类
     */
    class Businessman implements People {
        public $name;                                      //定义子类属性

        function __construct($name){                       //子类的构造函数
            $this->name = $name;                           //访问子类的属性
        }

        function sayHello(){                               //实现接口方法
            echo '<p>大家好！偶是富有的'.$this->name.'，'.People::MALE.'一枚哦，请多
关照！<br>';
        }

        public function doWork() {                         //实现接口方法
            echo '销售目标好遥远啊！谁能帮我实现？<br>';
        }
    }
    /*
```

```
         * 公务员子类
         */
        class Official implements People {
            public $name;                                        //定义子类属性

            function __construct($name){                         //子类的构造函数
                $this->name = $name;                             //访问子类的属性
            }

            function sayHello(){                                 //实现接口方法
                echo '<p>大家好！偶是悠闲的'.$this->name.'，'.People::FEMALE.'一枚哦，请
多关照！<br>';
            }

            public function doWork() {                           //实现接口方法
                echo '公务员好清闲啊！谁能帮我找活干？<br>';
            }
        }

        $s = new Student('学生沫');                              //实例化学生子类
        $s->sayHello();                                          //访问在子类中实现的接口方法
        $s->doWork();                                            //访问在子类中实现的接口方法

        $w = new Worker('工人沫');                               //实例化工人子类
        $w->sayHello();                                          //访问在子类中实现的接口方法
        $w->doWork();                                            //访问在子类中实现的接口方法

        $b = new Businessman('商人沫');                          //实例化商人子类
        $b->sayHello();                                          //访问在子类中实现的接口方法
        $b->doWork();                                            //访问在子类中实现的接口方法

        $o = new Official('公务员沫');                           //实例化公务员子类
        $o->sayHello();                                          //访问在子类中实现的接口方法
        $o->doWork();                                            //访问在子类中实现的接口方法
    ?>
```

代码运行结果如图 8.21 所示。

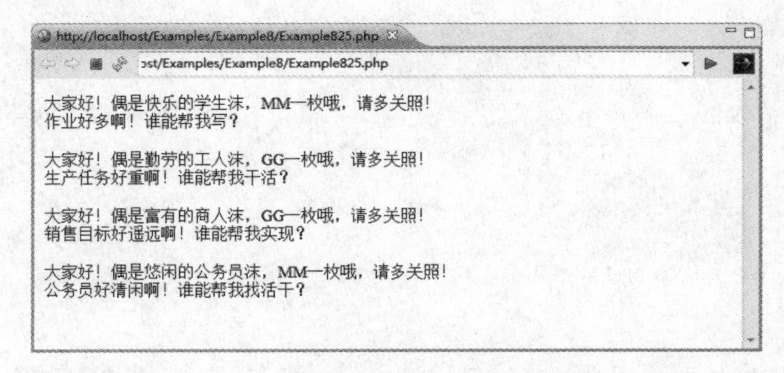

http://localhost/Examples/Example8/Example825.php
ost/Examples/Example8/Example825.php
大家好！偶是快乐的学生沫，MM一枚哦，请多关照！
作业好多啊！谁能帮我写？
大家好！偶是勤劳的工人沫，GG一枚哦，请多关照！
生产任务好重啊！谁能帮我干活？
大家好！偶是富有的商人沫，GG一枚哦，请多关照！
销售目标好遥远啊！谁能帮我实现？
大家好！偶是悠闲的公务员沫，MM一枚哦，请多关照！
公务员好清闲啊！谁能帮我找活干？

图 8.21　运行结果

再看一个实现多个接口的例子：

```
<?php
    /*
     * 人类接口
     */
    interface People {
        const MALE = 'GG';                                  //定义常量
        const FEMALE = 'MM';                                //定义常量

        function doWork();                                  //定义方法
        function sayHello();                                //定义方法
    }
    /*
     * 工作用具接口
     */
    interface Tool {
        function useTool();                                 //定义方法
    }
    /*
     * 交通工具接口
     */
    interface Vehicle{
        function useVehicle();                              //定义方法
    }
    /*
     * 学生子类
     */
    class Student implements People, Tool, Vehicle {
        public $name;                                       //定义子类属性

        function __construct($name){                        //子类的构造函数
            $this->name = $name;                            //访问子类的属性
        }

        function sayHello(){                                //实现接口方法
            echo '<p>大家好！偶是快乐的'.$this->name.'，'.People::FEMALE.'一枚哦，请
多关照！<br>';
        }

        function doWork() {                                 //实现接口方法
            echo '作业好多啊！谁能帮我写？<br>';
        }

        function useTool() {                                //实现接口方法
            echo '我用笔写作业<br>';
        }

        function useVehicle() {                             //实现接口方法
            echo '我每天坐校车<br>';
```

```
        }
    }
    /*
     * 工人子类
     */
    class Worker implements People {
        public $name;                                    //定义子类属性

        function __construct($name){                     //子类的构造函数
            $this->name = $name;                         //访问子类的属性
        }

        function sayHello(){                             //实现接口方法
            echo '<p>大家好! 偶是勤劳的'.$this->name.', '.People::MALE.'一枚哦, 请多
关照! <br>';
        }

        public function doWork() {                       //实现接口方法
            echo '生产任务好重啊! 谁能帮我干活? <br>';
        }

        function useTool() {                             //实现接口方法
            echo '我用机床生产零件<br>';
        }

        function useVehicle() {                          //实现接口方法
            echo '我每天挤公交车<br>';
        }
    }
    /*
     * 商人子类
     */
    class Businessman implements People {
        public $name;                                    //定义子类属性

        function __construct($name){                     //子类的构造函数
            $this->name = $name;                         //访问子类的属性
        }

        function sayHello(){                             //实现接口方法
            echo '<p>大家好! 偶是富有的'.$this->name.', '.People::MALE.'一枚哦, 请多
关照! <br>';
        }

        public function doWork() {                       //实现接口方法
            echo '销售目标好遥远啊! 谁能帮我实现? <br>';
        }

        function useTool() {                             //实现接口方法
            echo '我用Excel统计销售数据<br>';
```

```
        }

        function useVehicle() {                              //实现接口方法
            echo '我每天开私家车<br>';
        }
    }
    /*
     * 公务员子类
     */
    class Official implements People {
        public $name;                                        //定义子类属性

        function __construct($name){                         //子类的构造函数
            $this->name = $name;                             //访问子类的属性
        }

        function sayHello(){                                 //实现接口方法
            echo '<p>大家好! 偶是悠闲的'.$this->name.', '.People::FEMALE.'一枚哦, 请
多关照! <br>';
        }

        public function doWork() {                           //实现接口方法
            echo '公务员好清闲啊! 谁能帮我找活干? <br>';
        }

        function useTool() {                                 //实现接口方法
            echo '我用嘴巴喝茶用眼睛看报<br>';
        }

        function useVehicle() {                              //实现接口方法
            echo '我每天坐公务车<br>';
        }
    }

    $s = new Student('学生沫');                              //实例化学生子类
    $s->sayHello();                                          //访问在子类中实现的接口方法
    $s->useTool();                                           //访问在子类中实现的接口方法
    $s->useVehicle();                                        //访问在子类中实现的接口方法
    $s->doWork();                                            //访问在子类中实现的接口方法

    $w = new Worker('工人沫');                               //实例化工人子类
    $w->sayHello();                                          //访问在子类中实现的接口方法
    $w->useTool();                                           //访问在子类中实现的接口方法
    $w->useVehicle();                                        //访问在子类中实现的接口方法
    $w->doWork();                                            //访问在子类中实现的接口方法

    $b = new Businessman('商人沫');                          //实例化商人子类
    $b->sayHello();                                          //访问在子类中实现的接口方法
    $b->useTool();                                           //访问在子类中实现的接口方法
    $b->useVehicle();                                        //访问在子类中实现的接口方法
```

```
    $b->doWork();                                          //访问在子类中实现的接口方法

    $o = new Official('公务员沫');                          //实例化公务员子类
    $o->sayHello();                                        //访问在子类中实现的接口方法
    $o->useTool();                                         //访问在子类中实现的接口方法
    $o->useVehicle();                                      //访问在子类中实现的接口方法
    $o->doWork();                                          //访问在子类中实现的接口方法
?>
```

代码运行结果如图 8.22 所示。

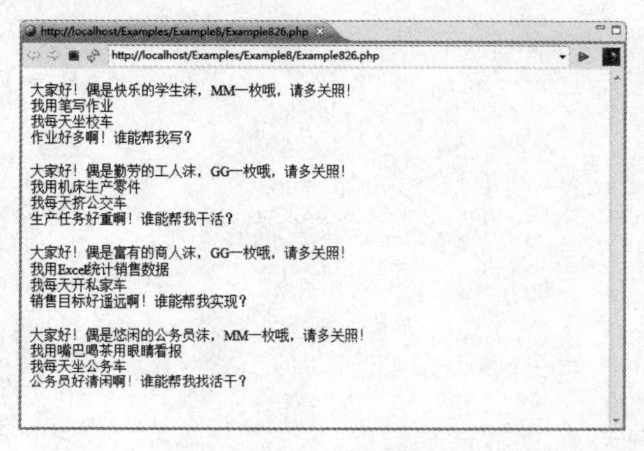

图 8.22　运行结果

8.5　类中的魔术方法

PHP 类中以两个下画线“__”开头的方法被称为魔术方法。例如，之前介绍的构造方法__construct 和析构方法__destruct 就是魔术方法。本节将介绍一些常用的魔术方法。

8.5.1　动态重载：__set()和__get()方法、__call()和__callStatic()方法

在许多编程语言中，例如 C++、C#，重载就是定义不同参数的同名函数或者类方法，但 PHP 不支持这样的重载。PHP 提供的重载是指通过魔术方法动态地创建类的属性和方法。

（1）__set()和__get()方法

当程序试图修改一个不存在或不可见的类属性时，PHP 引擎将会调用__set()方法，当然前提是该方法在类中被定义。__set()的定义格式如下：

```
function __set( $name, $value ) {
    //实现细节
}
```

其中，$name 是动态创建的变量名，$value 是该变量的值。

当程序试图读取一个不存在或不可见的类属性时，PHP 引擎将会调用__get()方法，当然前提是该方法在类中被定义。__get()的定义格式如下：

```
function __get( $name ) {
```

```
        //实现细节
    }
```

其中，$name 是动态创建的变量名。

例如：

```
<?php
    class People {
        private $name;                                          //定义私有属性
        private $data = array();          //定义数组用于存储动态创建的属性

        function __construct($name){                            //构造方法
            $this->name = $name;
        }

        function __set($name,$value){                           //__set()方法
            $this->data[$name] = $value;                        //将动态属性存入数组
            echo '动态创建了变量'.$name.'，其值为'.$value.'<br>';      //打印动态属性
        }

        function __get($name){                                  //__get()方法
            echo '获取动态创建的变量'.$name.'<br>';              //打印动态属性名

            return $this->data[$name];                          //返回动态属性值
        }

        function introduceMySelf(){                             //公有方法
            echo '大家好，偶是'.$this->name.'! <br>';           //调用私有属性$name
        }
    }

    $p = new People('林林');                                    //实例化 People 类
    $p->age = 19;                             //动态创建属性$age，自动调用__set()方法
    $p->name = '沫沫';                         //动态创建属性$name，自动调用__set()方法
    $p->introduceMySelf();                                      //调用公有方法

    echo $p->age.'<br>';                      //调用动态属性$age，自动调用__get()方法
    echo $p->name.'<br>';                     //调用动态属性$name，自动调用__get()方法
?>
```

代码运行结果如图 8.23 所示。

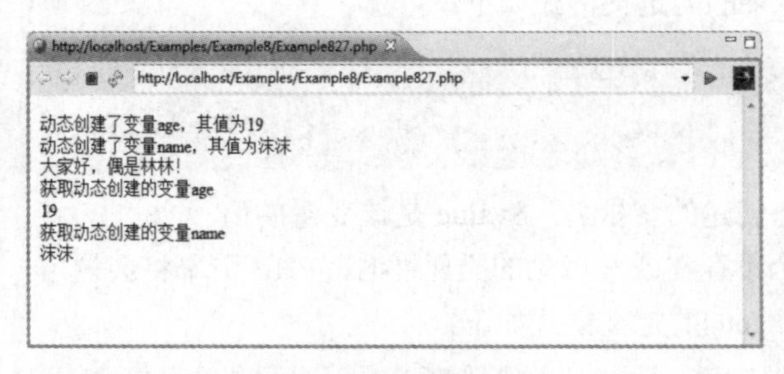

图 8.23　运行结果

从运行结果可以看出，如果类中存在私有属性，动态创建同名属性时不会覆盖该私有属性。

（2）__call()和__callStatic()方法

当程序试图调用一个不存在或不可见的类方法时，PHP 引擎将会调用__call()方法，当然前提是__call()方法在类中被定义。__call()的定义格式如下：

```
function __call( $name, $args ) {
    //实现细节
}
```

其中，$name 是动态创建的方法名，$args 是该方法的参数，以数组的形式存在。

例如：

```
<?php
    class People {
        function __call($name,$args){          //__call()方法
            echo '<p>动态创建了方法'.$name.'，其参数为：<br>';
//打印动态方法的名称和参数
            print_r($args);
            echo '<br>';

            echo '大家好，偶是'.$args[0].'，今年'.$args[1].'岁<br>';
//动态方法的内容
        }
    }

    $p = new People();                          //实例化 People 类
    $p->introduceMySelf('沫沫', 19);            //调用动态方法，自动调用__call()方法
?>
```

代码运行结果如图 8.24 所示。

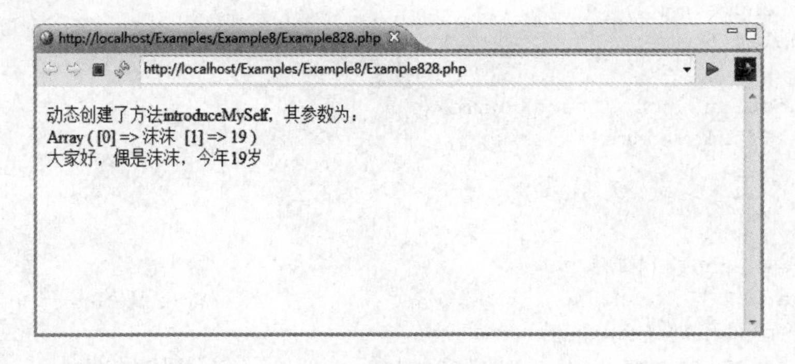

图 8.24　运行结果

从 PHP5.3.0 开始，可以使用__callStatic()动态创建静态方法。__callStatic ()的定义格式如下：

```
static function __callStatic ( $name, $args ) {
    //实现细节
}
```

其中，$name 是动态创建的方法名，$args 是该方法的参数，以数组的形式存在。

例如：

```
<?php
    class People {
        static function __callStatic($name,$args){        //__callStatic()方法
            echo '<p>动态创建了方法'.$name.'，其参数为：<br>';
//打印动态静态方法的名称和参数
            print_r($args);
            echo '<br>';

            echo '大家好，偶是'.$args[0].'，今年'.$args[1].'岁<br>';
//动态静态方法的内容
        }
    }

    People::introduceMySelf('沫沫', 19);
//调用动态静态方法，自动调用__callStatic()方法
?>
```

代码运行结果与图 8.24 一样。

如果读者在运行上述代码时出现问题，请检查 PHP 的版本，确保其为 PHP5.3.0 及其以上版本。

8.5.2　对象的克隆：__clone()方法

当我们把整型变量$a 赋给某个变量$b 后，$b 就是$a 的"复制品"，但二者并不相干，$b 的值改变并不会影响到$a，$a 的值改变同样不会影响到$b。对于数组亦是如此。但对于对象则不同，当把对象的实例$a 赋给某个变量$b 后，$b 并不是$a 的"复制品"，而是对$a 的引用，$b 的值改变会影响到$a，$a 的值改变同样会影响到$b。

例如：

```
<?php
    class People {
        public $name;

        function __construct($name){
            $this->name = $name;
        }
    }

    $a = new People('沫沫');                          //实例化$a
    $b = $a;                                          //将$a 赋给$b
    echo '<p>改变之前：<br>';
    echo '$a->name = '.$a->name.'<br>';               //打印$a 的属性
    echo '$b->name = '.$b->name.'<br>';               //打印$b 的属性

    $a->name = '林林';                                 //修改$a 的属性
    echo '<p>改变$a 之后：<br>';
    echo '$a->name = '.$a->name.'<br>';               //打印$a 的属性
    echo '$b->name = '.$b->name.'<br>';               //打印$b 的属性
?>
```

代码运行结果如图 8.25 所示。

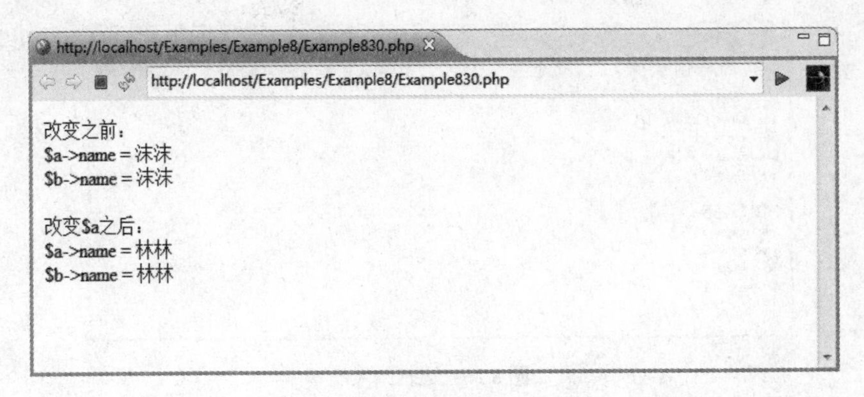

图 8.25　运行结果

但很多时候我们需要复制一个对象的副本，而不仅仅是对该对象的引用。这时我们可以使用 clone 关键字，但要注意，如果被“克隆”的类属性中有引用，则该引用被保留了，也就是说，副本中的引用与原类中的引用都指向了同样的内存。

例如：

```
<?php
    class People {
        public $name;
        public $age;
    }

    $girl = '沫沫';
    $age = 19;
    $a = new People();                                  //实例化$a
    $a->name = &$girl;                                  //将引用赋给属性
    $a->age = $age;                                     //将值赋给属性
    $b = clone $a;                                      //将$a 复制给$b
    echo '<p>改变之前: <br>';
    echo '$a->name = '.$a->name.'<br>';                 //打印$a 的属性
    echo '$a->age = '.$a->age.'<br>';                   //打印$a 的属性
    echo '$b->name = '.$b->name.'<br>';                 //打印$b 的属性
    echo '$b->age = '.$b->age.'<br>';                   //打印$b 的属性

    $a->name = '林林';                                  //修改$a 的属性
    $a->age = 22;                                       //修改$a 的属性
    echo '<p>改变$a 之后: <br>';
    echo '$a->name = '.$a->name.'<br>';                 //打印$a 的属性
    echo '$a->age = '.$a->age.'<br>';                   //打印$a 的属性
    echo '$b->name = '.$b->name.'<br>';                 //打印$b 的属性
    echo '$b->age = '.$b->age.'<br>';                   //打印$b 的属性
?>
```

代码运行结果如图 8.26 所示。

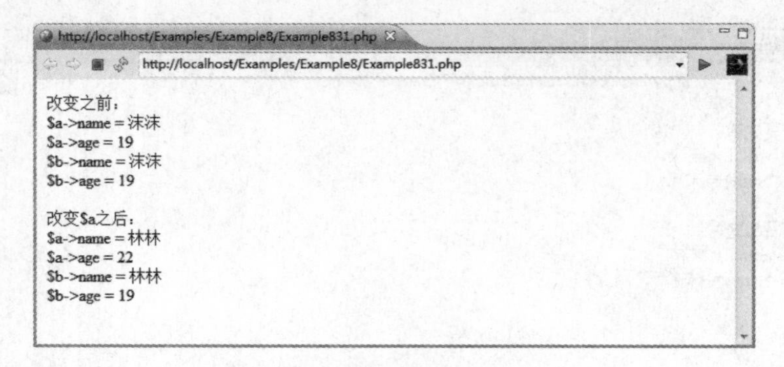

图 8.26　运行结果

从图 8.26 中的结果可以看出，由于类中的属性$name 被赋予了引用，因此在用 clone 关键字复制时，“复制品”中的$name 与“原装”的$name 指向了同样的变量。

为了解决这个问题，我们可以使用__clone()方法。__clone()方法一旦被定义，类在被复制时就会自动调用它，这样我们就可以在__clone()方法中给引用属性重新开辟内存。

```
clone()的定义格式如下:
function __call() {
    //实现细节
}
```

例如：

```
<?php
    class People {
        public $name;
        public $age;

        function __clone(){                         //__clone 方法
            echo '开始克隆...<br>';
            $girl = $this->name;                    //重新开辟内存
            $this->name = &$girl;                   //将该内存的引用赋给$name 属性
        }
    }

    $girl = '沫沫';
    $age = 19;
    $a = new People();                              //实例化$a
    $a->name = &$girl;                              //将引用赋给属性
    $a->age = $age;                                 //将值赋给属性
    $b = clone $a;                                  //将$a 复制给$b
    echo '<p>改变之前: <br>';
    echo '$a->name = '.$a->name.'<br>';             //打印$a 的属性
    echo '$a->age = '.$a->age.'<br>';               //打印$a 的属性
    echo '$b->name = '.$b->name.'<br>';             //打印$b 的属性
    echo '$b->age = '.$b->age.'<br>';               //打印$b 的属性

    $a->name = '林林';                              //修改$a 的属性
    $a->age = 22;                                   //修改$a 的属性
```

```
    echo '<p>改变$a 之后: <br>';
    echo '$a->name = '.$a->name.'<br>';        //打印$a 的属性
    echo '$a->age = '.$a->age.'<br>';          //打印$a 的属性
    echo '$b->name = '.$b->name.'<br>';        //打印$b 的属性
    echo '$b->age = '.$b->age.'<br>';          //打印$b 的属性
?>
```

代码运行结果如图 8.27 所示。

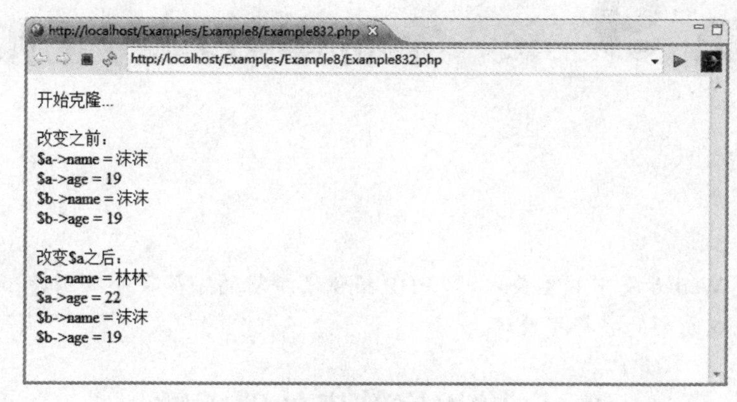

图 8.27　运行结果

8.6　本章小结

本章主要介绍了 PHP5 环境下面向对象的开发技术。首先，阐述了面向对象不同于传统面向过程开发方法的特点和基本概念，然后介绍了 PHP 中类的定义、加载与实例化，详细讲解了如何在类中定义属性和方法以及如何利用构造方法初始化类，如何利用析构方法做“善后处理”。接着又介绍了如何在 PHP 中实现类的继承与封装，并详细阐述了访问控制的作用和用法以及 final 关键字的使用。接着又讲解了如何在子类中覆盖父类的方法，以及如何使用抽象类、抽象方法和接口来实现多态性。最后，介绍了 PHP 开发中常用的魔术方法的使用。

第 9 章　字符串处理与正则表达式

字符串处理是 Web 开发中的重要内容，PHP 提供了丰富的字符串处理函数和强大的正则表达式来帮助开发者完成复杂的字符串处理。

9.1　常用字符串处理函数

对于一些简单的字符串处理，例如去除字符串空格、改变字符串大小写等，我们可以使用 PHP 内置的字符串处理函数，这往往比使用正则表达式效率更高。本节将介绍一些常用的字符串处理函数。

9.1.1　去除字符串两端空格

去除字符串的空白字符可以使用 trim()函数。trim()函数将删去字符串两端的空白字符并返回。用法如下：

```
string trim ( string $str [, string $charlist ] )
```

其中，$str 为待处理的字符串，$charlist 为可选参数，用来指定要删去的字符，如果不指定，默认将删除如下字符。

- “ ”：空格
- “\0”：空字符
- “\n”：换行符
- “\r”：回车符
- “\x0B”：垂直制表符
- “\t”：水平制表符

例如：

```
<?php
    $str1 = " Linlin love Momo  ";
    $str2 = "\t\0 Linlin love Momo \n\r";
    $str3 = "Linlin love Momo";
```

```
    echo '<p>原字符串: ';
    echo '<br>$str1:';
    var_dump($str1);
    echo '<br>$str2:';
    var_dump($str2);
    echo '<br>$str3:';
    var_dump($str3);
    /*
     * 删除字符串两端的字符
     */
    $charlist = "Linmo";
    $new_str1 = trim($str1);
    $new_str2 = trim($str2);
    $new_str3 = trim($str3, $charlist);
    echo '<p>新字符串: ';
    echo '<br>$new_str1:';
    var_dump($new_str1);
    echo '<br>$new_str2:';
    var_dump($new_str2);
    echo '<br>$new_str3:';
    var_dump($new_str3);
?>
```

代码运行后的结果如图 9.1 所示。

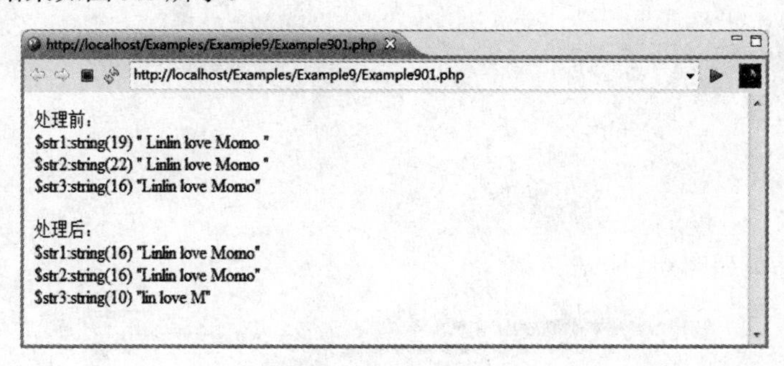

图 9.1　运行结果

如果只想去除字符串左端或者右端的指定字符，则可以使用 ltrim()和 rtrim()。ltrim()用于删除字符串左端的指定字符，rtrim()用于删除字符串右端的指定字符。用法与 trim()类似。例如：

```
<?php
    $str1 = " Linlin love Momo  ";
    $str2 = "\t\0 Linlin love Momo \n\r";
    $str3 = "Linlin love Momo";
    echo '<p>原字符串: ';
    echo '<br>$str1:';
    var_dump($str1);
    echo '<br>$str2:';
    var_dump($str2);
    echo '<br>$str3:';
    var_dump($str3);
    /*
```

```
     * 删除字符串左端的字符
     */
    $charlist = "Linmo";
    $new_str1 = ltrim($str1);
    $new_str2 = ltrim($str2);
    $new_str3 = ltrim($str3, $charlist);
    echo '<p>新字符串: ';
    echo '<br>$new_str1:';
    var_dump($new_str1);
    echo '<br>$new_str2:';
    var_dump($new_str2);
    echo '<br>$new_str3:';
    var_dump($new_str3);
    /*
     * 删除字符串右端的字符
     */
    $charlist = "Linmo";
    $new_str1 = rtrim($str1);
    $new_str2 = rtrim($str2);
    $new_str3 = rtrim($str3, $charlist);
    echo '<br><p>新字符串: ';
    echo '<br>$new_str1:';
    var_dump($new_str1);
    echo '<br>$new_str2:';
    var_dump($new_str2);
    echo '<br>$new_str3:';
    var_dump($new_str3);

?>
```

代码运行后的结果如图 9.2 所示。

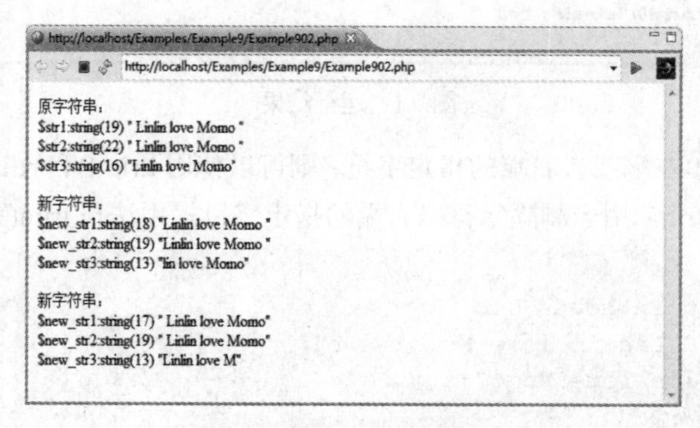

图 9.2　运行结果

9.1.2　改变字符串大小写

将字符串中的字符全部转成大写字母，可以使用 strtoupper()函数；将字符串中的字符全部转成小写字母，可以使用 strtolower()函数。用法如下：

```
string strtoupper ( string $str )
string strtolower ( string $str )
```

其中，$str 为待处理的字符串。函数返回处理后的字符串。例如：

```
<?php
    $str = "Linlin LOVE Momo!";
    echo '<p>原字符串: ';
    echo '<br>$str:';
    var_dump($str);
    /*
     * 将字符串转成大写
     */
    $new_str = strtoupper($str);
    echo '<p>新字符串: ';
    echo '<br>$new_str:';
    var_dump($new_str);
    /*
     * 将字符串转成小写
     */
    $new_str = strtolower($str);
    echo '<p>新字符串: ';
    echo '<br>$new_str:';
    var_dump($new_str);
?>
```

代码运行后的结果如图 9.3 所示。

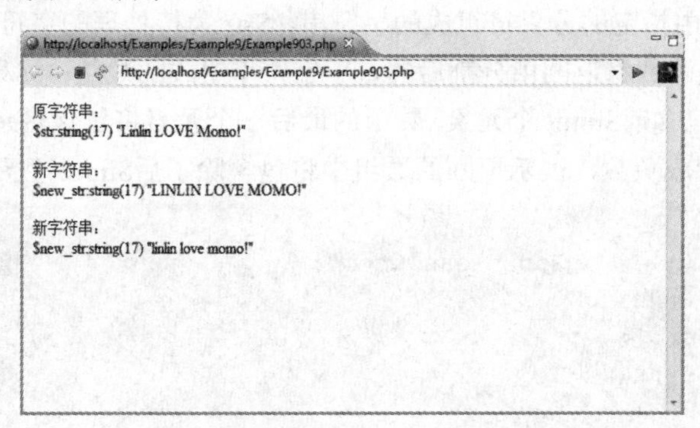

图 9.3　运行结果

9.1.3　分割字符串

将字符串分割成等长的子字符串，可以使用 str_split()函数。用法如下：

```
array str_split ( string $str [, int $split_length = 1 ] )
```

其中，$str 为待处理的字符串，$split_length 为可选参数，表示分割后子字符串的长度，默认值为 1。函数以数组形式返回分割后的若干子字符串。例如：

```
<?php
    $str = "Linlin love Momo!";
    echo '<p>原字符串: ';
    echo '<br>$str:';
```

```
    var_dump($str);
    /*
     * 等长分割字符串
     */
    $new_str_array = str_split($str, 3);
    echo '<p>分割后的字符串数组: ';
    echo '<br>$new_str_array:';
    var_dump($new_str_array);
?>
```

代码运行后的结果如图 9.4 所示。

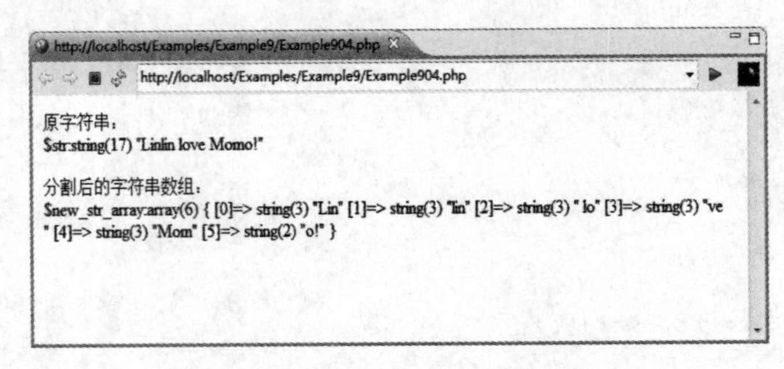

图 9.4　运行结果

PHP 还支持将字符串按指定的分界符分割。该函数为 expode()，用法如下：

```
array explode ( string $separator , string $str [, int $limit ] )
```

其中，$separator 为由指定的分界符组成的字符串，$str 为待处理的字符串，$limit 为可选参数。如果$limit 没有设置，该函数将返回由分割后的若干字符串组成的数组；如果$limit 设置了值，则该函数返回的数组中最多包含前$limit 个元素，数组的最后一个元素将包含剩余的字符串。从 PHP5.1.0 开始，$limit 可以被设置成负数，表示返回的数组中将包含除了后$limit 个元素以外的元素。例如：

```
<?php
    $str = "Lin love Mo God bless them";
    echo '<p>原字符串: ';
    echo '<br>$str:';
    var_dump($str);
    /*
     * 按分界符分割字符串
     */
    $separator = " ";
    $new_str_array = explode($separator, $str);
    echo '<p>分割后的字符串数组: ';
    echo '<br>$new_str_array:';
    var_dump($new_str_array);
    /*
     * 按分界符分割字符串，$limit 为正数
     */
    $separator = " ";
    $new_str_array = explode($separator, $str, 3);
    echo '<p>分割后的字符串数组: ';
```

```
    echo '<br>$new_str_array:';
    var_dump($new_str_array);
    /*
     * 按分界符分割字符串，$limit 为负数
     */
    $separator = " ";
    $new_str_array = explode($separator, $str, -2);
    echo '<p>分割后的字符串数组: ';
    echo '<br>$new_str_array:';
    var_dump($new_str_array);
?>
```

代码运行后的结果如图 9.5 所示。

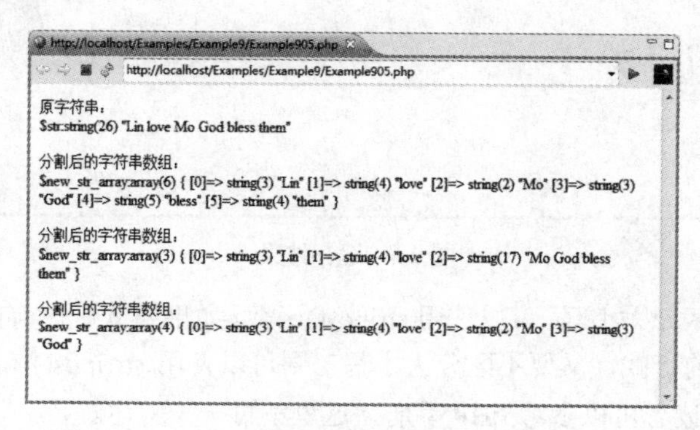

图 9.5　运行结果

9.1.4　字符串查找

要查找字符串中是否存在指定的子字符串，可以使用 strpos()函数。用法如下：

```
int strpos ( string $str , mixed $find [, int $offset = 0 ] )
```

其中，$str 为被查找的字符串，$find 为待查找的字符串，允许用整数来设置为字符的 ASCII 码值，$offset 为可选参数，用来设置查找的起始位置，默认值为 0。函数将返回$find 在$str 中第一次出现的位置，如果没有找到，则返回 FALSE。

由于函数可能返回数字 0 和布尔值 FALSE，因此在使用该函数时，如果需要判断，则应使用全等比较运算符“===”或不全等比较运算符“!==”。例如：

```
<?php
    $str = "Lin love Mo God bless them";
    echo '<p>原字符串: ';
    var_dump($str);
    /*
     * 查找字符串
     */
    echo '<br>开始查找...<br>';

    $find = array("Mo",0x65,"v");                    //待查找的字符串
    foreach ($find as $value){
        $pos = strpos($str, $value,8);               //从第 8 个字符开始查找，编号从 0 开始
```

```
        if($pos === false){
            echo '没有找到<br>';
        }else{
            echo '位置为: '.$pos.'<br>';
        }
    }
?>
```

$find 数组的第二个元素是字母 e 的 ASCII 码值。代码运行后的结果如图 9.6 所示。

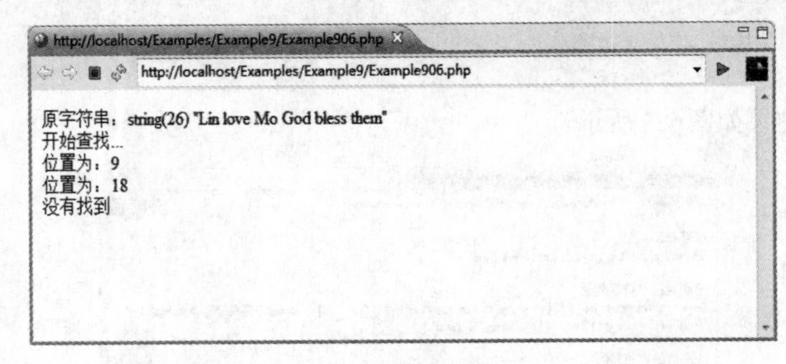

图 9.6　运行结果

如果查找过程中不区分大小写，可以使用 stripos()函数。如果要从后往前查找，可以使用 strrpos()函数。如果既要从后往前查找，又要不区分大小写，则可以使用 strripos()函数。这些函数的具体使用方法与 strpos()类似，读者可以参考 PHP 手册，这里不再一一叙述。

对于复杂的字符串查找可以使用正则表达式，本章后面将详述。

9.1.5　字符串替换

要替换字符串中的某些字符串为指定的字符串，可以使用 str_replace()函数。用法如下：

```
mixed str_replace ( mixed $search , mixed $replace , mixed $str [, int &$count ] )
```

其中，$search 为待查找的字符串，$replace 为待替换的字符串，二者均可为字符串数组，$str 为待操作的字符串，也可以为字符串数组。$count 为可选参数，如果设置，则用来限制替换的个数。

如果$search 与$replace 都是数组，则将对数组对应的元素依次进行查找替换；如果$search 中的元素个数大于$replace，则$search 中多余的元素将被替换为空字符串；如果$search 中的元素个数小于$replace，则$replace 中多余的元素将被忽略；如果$search 为数组，而$replace 为字符串，则$search 中每个元素都将被查找替换为$replace；如果$search 为字符串，而$replace 为字符串数组，则$replace 中除了第一个元素外，其余元素都将被忽略（事实上这样做是没有意义的，$replace 完全可以定义为由数组首元素组成的字符串）。

如果$str 为字符串，则该函数返回替换后的新字符串；如果$str 为字符串数组，则该函数返回由替换后的新字符串组成的数组。

例如：

```
<?php
    $str_array = array("Lin love Mo God bless them",
                       "Mo love Lin We bless them");
```

```
    echo '<p>原字符串：';
    var_dump($str_array);
    /*
     * 替换字符串
     */
    $search = array("Lin", "Mo");                          //待查找的字符串
    $replace = array("林林", "沫沫");                      //待替换的字符串

    $new_str_array = str_replace($search, $replace, $str_array);
    echo '<br><p>新字符串：';
    var_dump($new_str_array);
?>
```

$find 数组的第二个元素是字母 e 的 ASCII 码值。代码运行后的结果如图 9.7 所示。

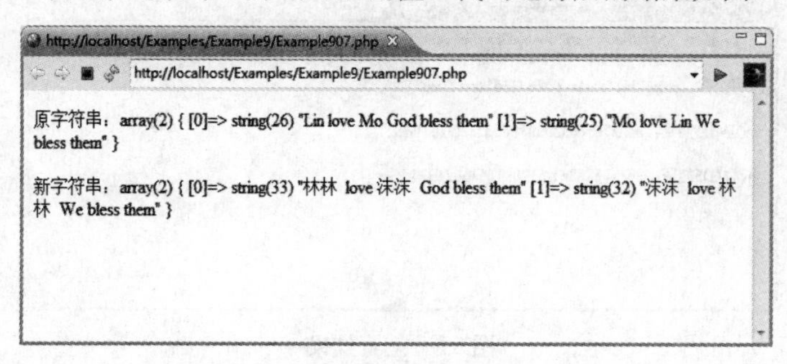

图 9.7　运行结果

对于复杂的字符串替换可以使用正则表达式，本章后面将详述。

9.1.6　字符串加密

PHP 中能实现字符串加密的函数如下。

- md5()：计算字符串的 MD5 散列
- sha1()：使用美国 Secure Hash 算法 1 计算字符串的 SHA-1 散列
- crc32()：计算一个字符串的 CRC32 多项式
- uniqid()：基于以微秒计的当前时间生成一个唯一的 ID
- crypt()：使用 DES、Blowfish 或 MD5 加密字符串

下面以常用的 md5()函数为例，介绍 PHP 中的字符串加密。

md5()函数的用法如下：

```
string md5 ( string $str [, bool $raw_output = false ] )
```

其中，$str 为待加密的字符串，$raw_output 为可选项，默认值为 FALSE，表示函数将返回 32 个字符组成的十六进制散列字符串，若设置为 TRUE，则将返回 16 个字符组成的二进制散列字符串。

用户密码等重要数据常常在保存到数据库之前进行 MD5 加密。由于现在网上涌现了许多 MD5 值查询网站，部分 MD5 值可以在网站上找到对应的原字符串，这就使得 MD5 加密变得不够安全。为了提高安全性，许多网站都采用两次 MD5 加密，即在对数据进行一次 MD5 加密的基础上，再对加密后的字符串进行一次 MD5 加密。例如：

```
<?php
    $str = "Lin love Mo God bless them";

    echo '<p>原字符串: ';
    var_dump($str);
    /*
     * MD5 加密字符串
     */
    echo '<br><p>一次 MD5 加密: '.md5($str).'<br>';
    echo '<br><p>两次 MD5 加密: '.md5(md5($str)).'<br>';
?>
```

代码运行后的结果如图 9.8 所示。

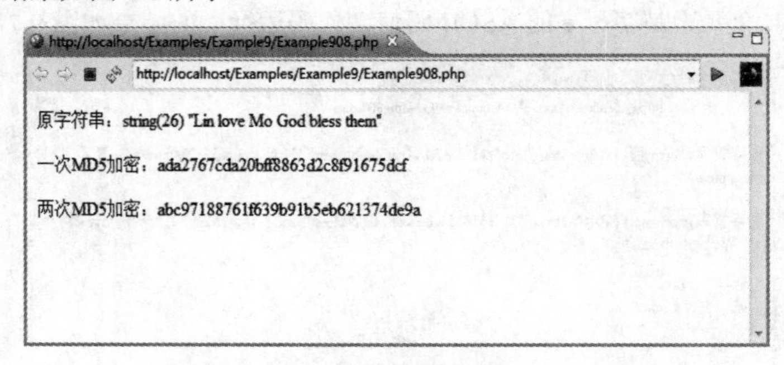

图 9.8　运行结果

9.1.7　与 HTML 处理相关的函数

在 HTML 中，某些字符有特殊含义，例如“<”“>”这两个字符被用来“包裹”HTML 标记，如果在 HTML 中贸然使用了这些字符有可能导致错误。因此，在要输出这些字符的地方，我们常常使用转义字符来代替。常用的 HTML 转义字符如表 9.1 所示。

表 9.1　常用的 HTML 转义字符

字　　符	转 义 字 符
小于号 <	<
大于号 >	>
双引号 "	"
单引号 '	'
空格	
&	&
版权符 ©	©
注册符 ®	®

PHP 提供了函数在这些特殊字符与其转义字符之间进行相互转换。其中，htmlentities()函数用于将字符串中的特殊字符转成 HTML 转义字符，而 html_entity_decode()函数的作用正好相反，用于将字符串中的 HTML 转义字符转成正常显示的字符。

htmlentities()函数的用法如下：

```
string htmlentities ( string $str [, int $quote_style = ENT_COMPAT [, string $charset ]] )
```

其中，$str 为待处理的字符串，$quote_style 与$charset 为可选项，分别表示是否解码引号和使用的字符编码。该函数返回处理后的新字符串。

$quote_style 的值可以为以下选项之一。

- ENT_COMPAT：默认值，仅解码双引号。
- ENT_QUOTES：解码双引号和单引号。
- ENT_NOQUOTES：不解码任何引号。

$charset 字符编码集可以为以下选项之一。

- ISO-8859-1：默认值，西欧。
- ISO-8859-15：西欧（增加了欧元符号以及法语、芬兰语字母）。
- UTF-8：ASCII 兼容多字节 8 比特 Unicode。
- cp866：DOS 专用 Cyrillic 字符集。
- cp1251：Windows 专用 Cyrillic 字符集。
- cp1252：Windows 专用西欧字符集。
- KOI8-R：俄语。
- GB2312：简体中文，国家标准字符集。
- BIG5：繁体中文，主要用于中国台湾地区。
- BIG5-HKSCS：繁体中文，主要用于中国香港地区。
- Shift_JIS：日语。
- EUC-JP：日语。

html_entity_decode()函数的用法与 htmlentities()，函数原型如下：

```
string html_entity_decode ( string $str [, int $quote_style = ENT_COMPAT [, string $charset ]] )
```

其中，$str 为待处理的字符串，$quote_style 与$charset 为可选项，分别表示是否解码引号和使用的字符编码。该函数返回处理后的新字符串。$quote_style 与$charset 可选择的值与 htmlentities()函数一样。

现举例如下：

```
<?php
    $str = '<Lin love \'Mo\'> "God bless them"';
    echo '<p>原字符串: ';
    var_dump($str);
    /*
     * 普通字符转换成 HTML 转义字符（仅解码双引号）
     */
    $new_str1 = htmlentities($str);
    echo '<br><p>普通字符转换成 HTML 转义字符（仅解码双引号）: ';
    var_dump($new_str1);
    /*
     * 普通字符转换成 HTML 转义字符（解码双引号单引号）
```

```
         */
        $new_str2 = htmlentities($str,ENT_QUOTES);
        echo '<br><p>普通字符转换成 HTML 转义字符（解码双引号单引号）: ';
        var_dump($new_str2);
        /*
         * 普通字符转换成 HTML 转义字符（不解码引号）
         */
        $new_str3 = htmlentities($str,ENT_NOQUOTES);
        echo '<br><p>普通字符转换成 HTML 转义字符（不解码引号）: ';
        var_dump($new_str3);
        /*
         * HTML 转义字符转换成普通字符
         */
        $new_str4 = html_entity_decode($new_str1);
        echo '<br><p>HTML 转义字符转换成普通字符: ';
        var_dump($new_str4);
?>
```

代码运行结果如图 9.9 所示。

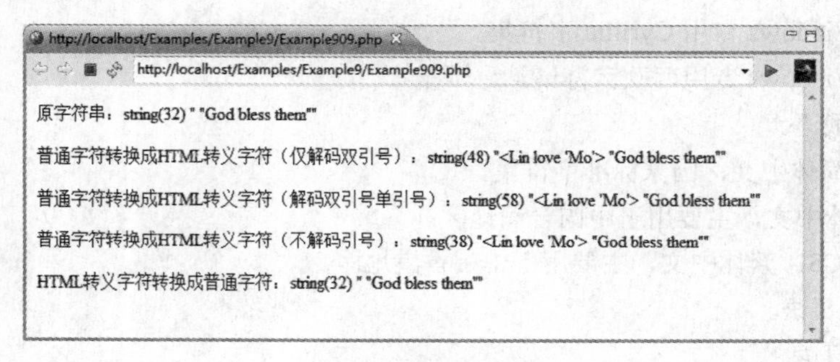

图 9.9　运行结果

查看 HTML 文档的源文件如图 9.10 所示。

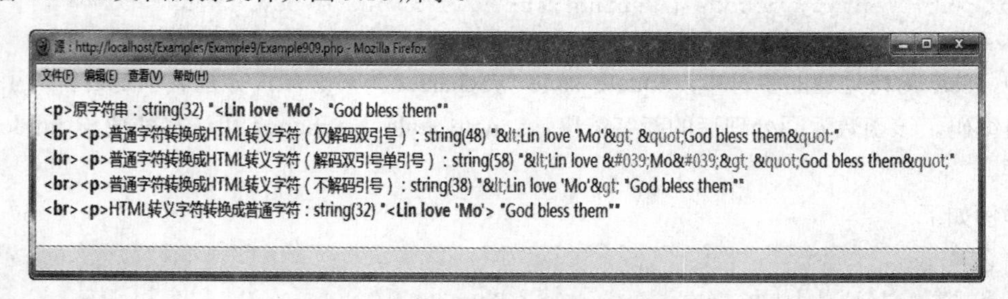

图 9.10　查看 HTML 文档的源文件

在 PHP 中与此类似的函数还有 htmlspecialchars()与 htmlspecialchars_decode()，用法与上面介绍的两个函数类似，这里不再一一介绍。

在实际开发中，我们常常会遇到需要处理用户提交的恶意 HTML 代码的情况，例如开发留言板程序。这主要是从安全方面考虑的。

例如，下面这段字符串如果被提交，用户打开包含这段字符串的页面就会跳转到指定网页，如果指定的网页是一个恶意网站，后果将不堪设想。

```
<script>window.location.href("http://www.unknown.com");</script>
```

处理这种恶意 HTML 代码一般有两种方法：一种是利用 htmlentities()函数对“<”“>”等符号进行转义，使得不被浏览器当作 HTML 标记符解析；另一种则是利用 strip_tags()函数来过滤 HTML 标记符。

htmlentities()的用法前面已经讲述过， strip_tags()的用法如下：

```
string strip_tags ( string $str [, string $allowable_tags ] )
```

其中，$str 为待过滤的字符串，$allowable_tags 是可选参数，由不想被过滤的标记符组成的字符串。该函数返回过滤了 HTML 标记和 PHP 标记的新字符串。

需要注意的是，$allowable_tags 无法设置 HTML 注释标记和 PHP 标记不被过滤。

例如：

```
<?php
    $str = '<html><body><script>window.location.href("http://www.unknown.com");
</script></body><html>';
    echo '<p>原字符串：'.htmlentities($str);    //使用 htmlentities()将 HTML 符号转义
    /*
     * 过滤所有 HTML 标记
     */
    $new_str1 = strip_tags($str);
    echo '<br><p>过滤所有 HTML 标记：';
    echo htmlentities($new_str1);
    /*
     * 不过滤<html>和<body>标记
     */
    $allowable_tags = '<html><body>';
    $new_str2 = strip_tags($str, $allowable_tags);
    echo '<br><p>不过滤'.htmlentities('<html>').'和'.htmlentities('<body>').'标
记：';
    echo htmlentities($new_str2);
?>
```

上述代码中，凡是需要输出 HTML 标记符的地方，例如<html>、<body>等，都需要用 htmlentities()函数转义，否则会被浏览器当作 HTML 标记符解析。

代码运行结果如图 9.11 所示。

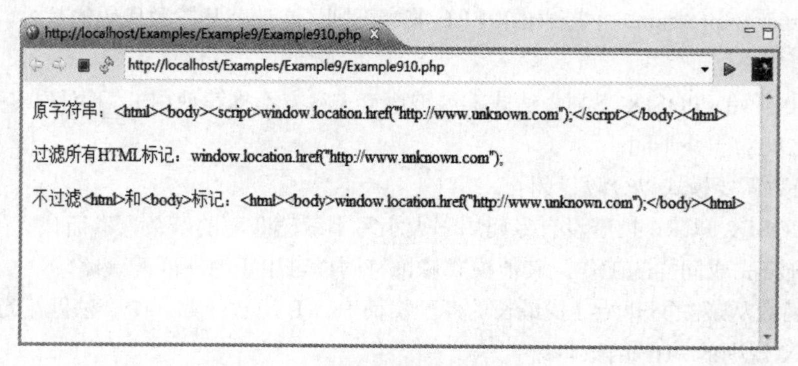

图 9.11　运行结果

9.2 正则表达式概述

在计算机科学中，正则表达式被用来描述或者匹配一系列符合某个句法规则的字符串。在Linux、UNIX、HP等操作系统，PHP、C#、Java等开发环境，以及很多的应用软件中，都可以看到正则表达式的身影。正则表达式简单有效而又不失强大，但其学习起来也不是很容易，需要读者下一番工夫。

9.2.1 正则表达式简介

正则表达式的“祖先”可以一直上溯至对人类神经系统如何工作的早期研究。Warren McCulloch和 Walter Pitts 这两位神经生理学家研究出一种数学方式来描述这些神经网络。1956 年，一位叫Stephen Kleene的数学家在McCulloch和Pitts早期工作的基础上，发表了一篇标题为“神经网事件的表示法”的论文，引入了正则表达式的概念。正则表达式就是用来描述他称为“正则集的代数”的表达式，因此采用“正则表达式”这个术语。随后，UNIX 的主要发明人 Thompson 将这一工作应用于使用 Ken Thompson 的搜索算法的一些早期研究。正则表达式的第一个实用应用程序就是UNIX中的QED编辑器。自此以后，正则表达式被广泛地应用到各种UNIX或类似UNIX的工具中。近20年来，随着Windows操作系统的普及，正则表达式的思想和应用在Windows平台上也得到了广泛的支持，几乎所有Microsoft开发者和所有的.NET语言都可以使用正则表达式。目前，在主流操作系统（Linux、UNIX、Windws、HP等）和主流的开发语言（PHP、C#、Java、C++、VB、JavaScript、Python等）中，都可以看到正则表达式优美的舞姿。

在具体实现中，正则表达式有不同的正则引擎。目前主流的正则引擎包括 DFA 引擎、传统的NFA引擎和POSIX NFA引擎。使用DFA引擎的程序主要有Flex、MySQL、Procmail等，使用传统型NFA引擎的程序主要有PCRE库、.NET语言、Perl、Python、Ruby等，使用POSIX NFA引擎的程序主要有mawk、Mortice Kern Systems’ utilities等。

9.2.2 POSIX 与 PCRE

PHP 同时使用两套正则表达式规则，一套是由电气和电子工程师协会（IEEE）制定的 POSIX Extended 1003.2 兼容正则（事实上 PHP 对此标准的支持并不完善）；另一套来自 PCRE（Perl Compatible Regular Expression）库提供的PERL兼容正则，这是个开放源代码的软件，作者为 Philip Hazel。

从PHP5.3.0开始，POSIX正则表达式扩展被废弃（官方不推荐使用）。下面列出了POSIX正则和PCRE正则之间的一些不同：

- PCRE函数需要模式以分隔符闭合。
- 不同于POSIX, PCRE扩展没有专门用于大小写不敏感匹配的函数，取而代之的是支持使用/i模式修饰符完成同样的工作，其他模式修饰符同样可用于改变匹配策略。
- POSIX函数从最左面开始寻找最长的匹配，而PCRE函数在第一个合法匹配后就会停止。

使用POSIX规则的PHP函数有：

ereg_replace()、ereg()、eregi()、eregi_replace()、split()、spliti()、sql_regcase()、mb_ereg_match()、 mb_ereg_replace()、mb_ereg_search_getpos()、mb_ereg_search_getregs()、mb_ereg_search_init()、mb_ereg_search_pos()、mb_ereg_search_regs()、mb_ereg_search_setpos()、mb_ereg_search()、mb_ereg()、mb_eregi_replace()、mb_eregi()、mb_regex_encoding()、mb_regex_set_options()、mb_split()。

使用 PCRE 规则的 PHP 函数有：

preg_grep()、preg_replace_callback()、preg_match_all()、preg_match()、preg_quote()、preg_split()、preg_replace()。

9.3　正则表达式的语法规则

本节将介绍正则表达式的基本语法规则。

9.3.1　基本语法

一个标准的正则表达式分为 3 部分：分隔符、表达式和修饰符。

分隔符用来包裹表达式，可以是除了特殊字符以外的任何字符，常用的分隔符是"/"。表达式由一些特殊字符（元字符）和非特殊字符（文本字符）组成，比如，"[a-z0-9_-]+@[a-z0-9_-.]+"是一个合法的表达式，可以匹配一个简单的电子邮件字符串。修饰符用来开启或者关闭某种功能或模式。

例如：

```
/mo.+?love.*?lin/is
```

在上面这个正则表达式中，"/"就是分隔符，两个"/"之间的就是表达式，第二个"/"后面的字符串"is"就是修饰符。

在正则表达式中，有 12 个字符被保留作为特殊用途，它们是：

```
[ ] \ ^ $ . | ? * + ( )
```

这些特殊字符也被称为元字符。

如果要在正则表达式中将这些字符用作文本字符，需要用反斜杠“\”来转义。例如，要匹配字符串“1+2=3”，则应使用如下正则表达式：

```
/1\+1=2/
```

这是因为+是特殊字符，需要转义。

9.3.2　字符集合：[ ] -

字符集是由一对方括号“[]”括起来的字符集合。使用字符集，你可以告诉正则表达式引擎仅仅匹配方括号里面多个字符中的一个。

例如：

```
/[mo]/
```

匹配字符串“m”或“o”。

又如：

```
/[Ll]ove/
```

匹配字符串“Love”或“love”。

字符集中字符的顺序并不会影响匹配的结果。例如[xjtu]、[jtux]、[tuxj]三者表达的意思和实际的作用都是一样的。

我们还可以使用连字符“-”定义一个字符范围作为字符集。

例如：

```
/[0-9]/
```

匹配 0～9 之间的一个数字。

```
/[A-F]/
```

匹配大写字母 A 到大写字母 F 之间的一个大写字母。

```
/[0-9a-fA-F]/
```

匹配 0～9 之间的一个数字，或者小写字母 a 到小写字母 f 之间的一个小写字母，或者大写字母 A 到大写字母 F 之间的一个大写字母。这实际上匹配了一个大小写不敏感的十六进制数字。

字符范围可以与单个字符结合起来使用。

例如：

```
/[0-9ab]/
```

匹配 0～9 之间的一个数字，或者小写字母 a，或者小写字母 b。

```
/[0-9abU-Z]/
```

匹配 0～9 之间的一个数字，或者小写字母 a，或者小写字母 b，或者大写字母 U 到大写字母 Z 之间的一个大写字母。

我们还可以使用在“[”后面紧跟一个“^”字符，来对字符集取反，表示匹配不在字符集中的任何一个字符。

例如：

```
/[^0-9]/
```

匹配一个非数字字符。

```
/[^A-F]/
```

匹配一个非大写字母字符。

```
/[^0-9a-fA-F]/
```

匹配一个非十六进制数字（大小写敏感）字符。

POSIX 与 PCRE 都定义了一些常用的预定义字符集，如表 9.2 和表 9.3 所示。

表 9.2　POSIX 预定义字符集

POSIX 预定义字符集	字符集的含义
[[:alpha:]]	大小写字母，和[A-Za-z]意义相同
[[:digit:]]	数字，和[0-9] 意义相同
[[:alnum:]]	大小写字母和数字，和[A-Za-z0-9] 意义相同
[[:cntrl:]]	控制字符，包括 TAB、退格符和反斜线
[[:space:]]	空白字符，包括空格、TAB、换行、换页、回车符
[[:blank:]]	TAB 字符，与[\t]意义相同
[[:upper:]]	大写字母，与[A-Z]意义相同

续表

POSIX 预定义字符集	字符集的含义
[[:lower:]]	小写字母，与[a-z]意义相同
[[:punct:]]	标点符号，包括键盘上所有上档键字符
[[:xdigit:]]	十六进制数字，与[0-9a-fA-F]意义相同
[[:graph:]]	所有可打印字符（包括不空白字符）
[[:print:]]	所有可打印字符（包括空白字符）

表 9.3　PCRE 预定义字符集

PCRE 预定义字符集	字符集的含义
\d	数字，和[0-9] 意义相同
\D	非数字，和[^0-9] 意义相同
\w	大小写字母和数字，和[A-Za-z0-9] 意义相同
\W	非大小写字母或数字，和[^A-Za-z0-9] 意义相同
\s	白字符，包括空格、TAB、换行、换页、回车符
\S	非空白字符

经验表明，PCRE 表达式中也可以使用 POSIX 的预定义字符。

9.3.3　重复与限定：? * + { }

对于重复出现的字符串可以使用限定符?、*、+来匹配，规则如下。

- ?：匹配前导字符 0 次或 1 次，即表示前导字符是可选的。
- *：匹配前导字符 0 次或多次。
- +：匹配前导字符 1 次或多次。

例如：

```
/love?mo/
```

匹配字母 e 0 次或 1 次，表示字母 e 是可选的，可以匹配 lovemo 或 lovmo。

```
/love*mo/
```

匹配字母 e 0 次或多次，可以匹配 lovmo、lovemo、loveemo、loveeemo 等。

```
/love+mo/
```

匹配字母 e 1 次或多次，可以匹配 lovemo、loveemo、loveeemo 等。

正则表达式的规则还允许我们使用一对限定符“{}”来指定重复字符的次数，格式如下：

```
{min,max}
```

其中，min 和 max 都是非负整数，表示重复的次数在 min 和 max 之间，即至少重复 min 次，最多重复 max 次。如果没有 max，表示重复的次数没有上限，即至少重复 min 次。如果同时没有逗号“,”和 max，表示重复 min 次。

例如：

```
/love{1,3}mo/
```

表示字母 e 至少重复 1 次，最多重复 3 次，可以匹配 lovemo、loveemo、loveeemo。

```
/love{1,}mo/
```

表示字母 e 至少重复 1 次，可以匹配 lovemo、loveemo、loveeemo、loveeeemo 等。

```
/love{1,}mo/
```

表示字母 e 重复 1 次，只可以匹配 lovemo。

9.3.4 任意匹配符：.

“.”几乎可以匹配任意一个字符，但是在默认情况下是不匹配换行符的。因此在默认情况下，“.”相当于字符集[^\n\r]（在 Windows 下）或[^\n]（在 Linux 和 UNIX 下）。这个例外是由于历史原因造成的，因为早期使用的正则表达式工具是基于行的，即一行一行地输入，然后将正则表达式分别应用到每一行，因此输入的字符串是不包含换行符的，“.”也就从不匹配换行符。例如：

```
/lov.e/
```

匹配 love、lovae、lovbe、lov-e、lov1e、lov2e、lov@e 等。

9.3.5 贪婪匹配与懒惰匹配

限定符“?”、“*”、“+”、“{}”在匹配时具有“贪婪”性。

例如，我们要从这样一个字符串“Lin love <font>Mo</font> God bless them”中匹配 HTML 字体标签<font>。

许多新手会想到这样来写正则表达式：

```
/<.+>/
```

他们希望正则表达式能够匹配“<font>”，但事实上，正则表达式却会匹配“<font>Mo</font>”。原因在于“+”是“贪婪”的，“+”会导致正则表达式引擎试图尽可能多的重复前导字符。只有当这种重复会引起整个正则表达式匹配失败的情况下，引擎才会进行回溯。也就是说，它会放弃最后一次的“重复”，然后处理正则表达式余下的部分。

让我们来看看正则引擎如何匹配上面这个例子的。

正则表达式的第一个符号是“<”，这是一个文本符号。第二个符号是“.”，匹配了字符“f”，然后“+”一直可以匹配其余的字符，直到遇到换行符，匹配失败。至此，“<.+”已经匹配了“<font>Mo</font> God bless them”。于是引擎开始对下一个正则表达式符号“>”进行匹配，但遇到的是换行符，匹配失败。于是引擎进行回溯，“<.+”匹配“<font>Mo</font> God bless the”，但“>”与“m”进行匹配失败。于是引擎又回溯。这个过程一直继续，直到“<.+”匹配“<font>Mo</font”，“>”与“>”匹配。这时引擎找到了一个匹配“<font>Mo</font>”，便停止继续回溯，即使可能会有更好的匹配，例如“<font>”。所以我们可以看到，由于“+”的贪婪性，使得正则表达式引擎返回了一个最左边最长的匹配。

同样的，“?”、“*”、“{}”在匹配时也会遇到类似的问题，这就是所谓的贪婪匹配。

为了能够成功匹配“<font>”，我们可以使用“懒惰”匹配来代替原来的“贪婪”匹配。只要在限定符后面紧接一个问号“?”，告诉正则引擎进行懒惰匹配即可。例如，为了匹配上面谈到的那个例子中的“<font>”，我们可以使用如下的懒惰匹配。

```
/<.+?>/
```

让我们再来看看正则表达式引擎是如何处理懒惰匹配的。

正则表达式记号“<”会匹配字符串的第一个“<”。紧接着的一个正则记号是“.”，它匹配任意字符（除了换行符），并通过“+”来重复，但这是一个懒惰的“+”，它会告诉正则引擎，尽可能少地重复上一个字符。因此引擎匹配“.”和字符“f”，然后用“>”匹配“o”，结果失败了。引擎会进行回溯，和上一个例子不同，因为是惰性重复，所以引擎是扩展惰性重复而不是减少，于是“<.+”被扩展为“<fo”。引擎继续匹配下一个记号“>”，由于“>”与“n”不匹配，匹配依然失败。引擎继续回复，直到“<.+”现在被扩展为“<font”，“>”与“>”匹配，得到一个成功的匹配。引擎于是报告“<font>”是一个成功的匹配，匹配过程结束。

聪明的读者也许会发现，不管是贪婪匹配还是懒惰匹配，在成功返回匹配之前，都要进行回溯，而回溯是要花费时间的。针对上面这个 HTML 标记的匹配，一个更好的方案是下面的这段正则表达式。

```
/<[^>]+>/
```

这段正则表达式使用了反字符集，不需要回溯，因此效率很高。

9.3.6　开始与结束：^ $

“^”与“$”不匹配任何字符，它们匹配的是字符之前或之后的位置。

“^”匹配一行字符串第一个字符前面的位置，即字符串的开始位置之前。

例如：

```
/^Lin/
```

可以匹配字符串“Lin love Mo”，不匹配“Charming Lin love Mo”，也不匹配“Mo love Lin”。也就是说匹配的字符串需以”Lin“开头。

“$”匹配字符串中最后一个字符后面的位置，即字符串的结束位置之后。

例如：

```
/Mo$/
```

可以匹配字符串“Lin love Mo”，不匹配“Lin love Mo God bless them”，也不匹配“Mo love Lin”。也就是说匹配的字符串需以“Mo”结尾。

“^”与“$”常常结合起来使用。

例如：

```
/^Lin love Mo$/
```

只匹配字符串“Lin love Mo”，不匹配“Lin love Mo God bless them”、“Mo love Lin”等其他字符串。

9.3.7　选择：|

正则表达式中用“|”表示选择，利用它可以设置多个可能的匹配选项。

例如：

```
/Lin|Mo/
```

表示匹配的字符串可以是“Lin”，也可以是“Mo”

还可以使用多个”|“来表示更多可能的匹配选项。

例如：

```
/Lin|Mo|Zhong|Wang/
```

表示匹配的字符串可以是“Lin”、“Mo”、“Zhong”、“Wang”四者之一。

值得注意的是，由于正则引擎找到一个有效的匹配后，会立刻停止搜索，因此在一定条件下，选择符“|”两边表达式的顺序对匹配结果可能会有影响。

例如：

```
/Zhong|ZhongLinlin|Wang|WangMo/
```

当我们将该正则表达式应用到字符串“WangMo”上时，由于“Zhong”和“ZhongLinlin”都不匹配，而“Wang”匹配，因此正则引擎会返回“Wang”这样一个成功的匹配，而不会继续搜索是否有其他更好的匹配。

但是，如果我们调换“Wang”与“WangMo”的位置呢？

例如：

```
/Zhong|ZhongLinlin|WangMo|Wang/
```

当我们将该正则表达式应用到字符串“WangMo”上时，不同于上面，正则引擎会返回“WangMo”这样一个成功的匹配。

9.3.8 组与反向引用：( )

把正则表达式的一部分放在圆括号“()”内，这部分正则表达式就形成了组。然后我们就可以对整个组使用一些正则操作。

例如：

```
/(Lin love Mo!)+/
```

就是对字符串“Lin love Mo”进行重复匹配，可以匹配“Lin love Mo!”、“Lin love Mo!Lin love Mo!”、“Lin love Mo!Lin love Mo!Lin love Mo!”等。

当用“()”定义了一个正则表达式组后，正则引擎会把被匹配的组按照顺序编号，存入缓存。可以用“\数字”的方式对被匹配的组进行反向引用。/\1/引用第一个匹配的组，/\2/引用第二个匹配的组，依此类推，/\n/引用第 n 个匹配的组，而/\0/则引用整个被匹配的正则表达式本身。如果反向引用的组没有有效的匹配，则引用到的内容为空。

例如：

```
/(Lin) love Mo God bless \1/
```

\1 引用了匹配组“Lin”，上面这段正则表达式将匹配字符串“Lin love Mo God bless Lin”。

```
/(Lin) love (Mo) God bless \1 and \2/
```

\1 引用了匹配组“Lin”，\2 引用了匹配组“Mo”，上面这段正则表达式将匹配字符串“Lin love Mo God bless Lin and Mo”。

我们还可以对相同的反向引用组进行多次引用。

例如：

```
/(Lin) love Mo God bless \1 Mo love \1/
```

\1 多次引用了匹配组“Lin”，上面这段正则表达式将匹配字符串“Lin love Mo God bless Lin Mo love Lin”。

当对组使用限定符进行重复操作时，缓存里反向引用的内容会被不断刷新，只保留最后匹配的内容。

例如：

```
/([Mo]+) love \1/
```

将匹配字符串“Mo love Mo”。

但下面这个正则表达式却不会。

```
/([Mo])+ love \1/
```

因为，当([Mo])第一次匹配“M”时，\1 代表“M”，接着([Mo])会匹配“o”，此时\1 代表“o”，所以整个正则表达式匹配的是“Mo love o”。

在 PHP 中，还可以使用如下格式来对组进行命名：

```
/(?P<组名>组内容)/
```

其中，组名是对组起的名字。

引用时则使用如下格式：

```
/(?P=组名)/
```

例如：

```
/(?P<boy>Lin) love (?P<girl>Mo) God bless (?P=boy) and (?P=girl)/
```

这与下面的正则表达式等效，但可读性更好。

```
/(Lin) love (Mo) God bless \1 and \2/
```

反向引用会降低引擎的速度，因为它需要存储匹配的组。如果不需要反向引用，可以使用如下格式告诉引擎对某个组不存储。

```
/(?:组内容)/
```

例如：

```
/(?:Lin) love Mo/
```

将不存储匹配的值“Lin”供反向引用。

最后提醒读者，反向引用不能用于字符集内部。

例如：

```
/(Lin)[\1]/
```

其中的\1 并不被引擎理解为反向引用。因为在字符集内部，\1 可能会被解释为八进制的转义符。

9.3.9　转义字符

使用反斜线“\”除了转义*、+、？、|等元字符（见 9.3.1 节）以及 PCRE 预定义字符集（见 9.3.2 节），还可以转义如表 9.4 和表 9.5 所示的字符。

表 9.4 非打印字符

非打印字符	字符含义
\a	警报符，即 ASCII 中的 BEL
\b	退格符，即 ASCII 中的 BS，只在中括号“[]”中有效
\e	Escape 符，即 ASCII 中的 ESC
\f	换页符，即 ASCII 中的 FF
\n	换行符，即 ASCII 中的 LF
\r	回车符，即 ASCII 中的 CR
\t	水平制表符，即 ASCII 中的 HT
\xhh	十六进制数
\ddd	八进制数

表 9.5 断言字符

断言字符	字符含义
\b	单词分界符
\B	非单词分界符
\A	匹配文本的起始位置
\Z	匹配文本的末尾位置（可以设置是否考虑换行符）
\z	匹配字符串的末尾（不考虑换行符）
\G	当前匹配的起始位置

下面举一个单词分界符“\b”的例子。

```
/\bMo\b/
```

这将匹配字符“Lin love Mo God bless them”的单词 Mo。而不匹配“Lin loveMo bless them”，也不匹配“Lin love MoGod bless them”，因为“Mo”两端并不都有分界符。

9.3.10 模式修正符

前面提到，一个标准的正则表达式由分隔符、表达式、修饰符 3 部分组成。其中，修饰符的作用是设置模式，即告诉正则引擎如何解释表达式。PHP 中常用的模式修饰符如表 9.6 所示。

表 9.6 PHP 中常用的模式修饰符

模式修饰符	符号含义
I	忽略大小写
M	多文本模式，行起始符“^”和行结束符“$”除了匹配整个字符串的开头和结束外，还匹配其中的换行符
S	单文本模式，换行符当普通字符对待，符号“.”可以匹配包括换行符在内的任何符号
X	忽略空白字符

具体使用时，模式修饰符可以放在表达式的外面。

例如：

```
/Lin love Mo/i
```

也可以放在表达式里，格式如下：

```
(?模式修饰符)
```

表示开启对应模式。

```
(?-模式修饰符)
```

表示关闭对应模式。

例如：

```
/(?i)Lin love Mo/
```

将忽略所有字母大小写，可以匹配“lin love mo”、“LIN LOVE MO”等。

```
/(?i)Lin love (?-i)Mo/
```

将忽略“Lin love ”的大小写，而对“Mo”大小写敏感，可以匹配“lin love Mo”、“LIN LOVE Mo”等。

9.4　正则表达式在字符串处理中的应用

正则表达式的主要应用是字符串处理，本节将讲述如何在 PHP 中使用正则表达式进行复杂的字符串处理。考虑到从 PHP5.3.0 开始，POSIX 的正则表达式已经被 PHP 抛弃，而且 POSIX 在性能上也逊于 PCRE，因此本节的例子都是使用 PCRE 的 PHP 函数。

9.4.1　字符串的匹配与查找

在 PHP 中若要使用正则表达式来匹配或查找字符串，可以使用 preg_match()函数。用法如下：

```
int preg_match ( string $pattern , string $str [, array $matches [, int $flags ]] )
```

其中，$pattern 是正则表达式，$str 是待匹配的字符串。$matches 是可选参数，如果设置了 $matches，则其会被搜索结果所填充，$matches[0] 将包含与整个模式匹配的文本，$matches[1] 将包含与第一个正则表达式组所匹配的文本，依此类推。$flags 也是可选参数，可以设置为 PREG_OFFSET_CAPTURE，如果设置了该标记，则对每个出现的匹配结果会同时返回其在字符串中的偏移量，返回的数组是个二维数组，每个数组单元的第一项为匹配的字符串，第二项为其偏移量。

如果正则表达式匹配成功，则该函数返回 1，否则返回 0。

例如：

```
<?php
    $str = 'Lin love Mo';                              //待匹配的字符串
    $pattern1 = '/love/';                              //正则表达式
    $pattern2 = '/girl/';                              //正则表达式

    if(preg_match($pattern1, $str)){
        echo 'love was found!<br>';
    }else{
        echo 'love was not found!<br>';
```

```
    }

    if(preg_match($pattern2, $str)){
        echo 'girl was found!<br>';
    }else{
        echo 'girl was not found!<br>';
    }
?>
```

代码运行后的结果如图 9.12 所示。

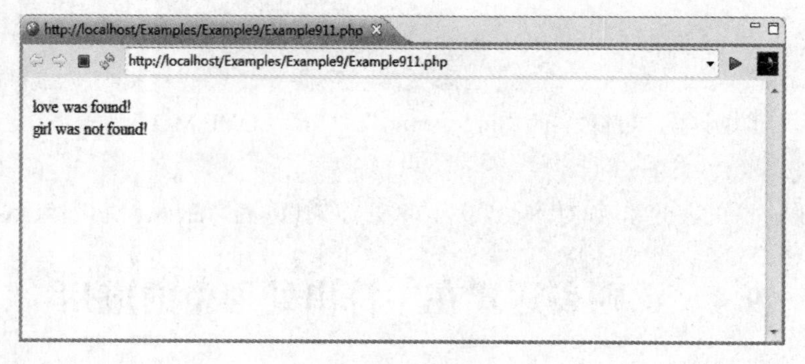

图 9.12　运行结果

看一个使用$matches 参数的例子：

```
<?php
    /*
     * 例子 1
     */
    $str = 'Lin love Mo God bless Lin and Mo';                //待匹配的字符串
    $pattern = '/^(Lin)[^M]+(Mo).+\1 and \2/';               //正则表达式

    if(preg_match($pattern, $str, $matches)){
        echo '<p> found:<br>';
        print_r($matches);                                   //打印匹配数组
    }else{
        echo '<p>no found<br>';
    }

    /*
     * 例子 2
     */
    $str1 = 'Lin <font>love</font> Mo';                      //待匹配的字符串
    $str2 = 'Lin <h1>love</h1> Mo';                          //待匹配的字符串
    $pattern = '/<([a-zA-z]\w*)>.*?<\/\1>/';       //正则表达式，提取 HTML 标记及其内容

    if(preg_match($pattern, $str1, $matches)){
        /* 使用 htmlentities 函数处理后可以显示 HTML 标记 */
        $count = count($matches);
        for($i = 0; $i<$count; ++$i){
            $matches[$i] = htmlentities($matches[$i]);
```

```
        }

        echo '<p> found in $str1:<br>';
        print_r($matches);                                    //打印匹配数组
    }else{
        echo '<p>no found in $str1<br>';
    }

    if(preg_match($pattern, $str2, $matches)){
        /* 使用 htmlentities 函数处理后可以显示 HTML 标记 */
        $count = count($matches);
        for($i = 0; $i<$count; ++$i){
            $matches[$i] = htmlentities($matches[$i]);
        }

        echo '<p> found in $str2:<br>';
        print_r($matches);                                    //打印匹配数组
    }else{
        echo '<p>no found in $str2<br>';
    }
    ?>
```

代码运行后的结果如图 9.13 所示。

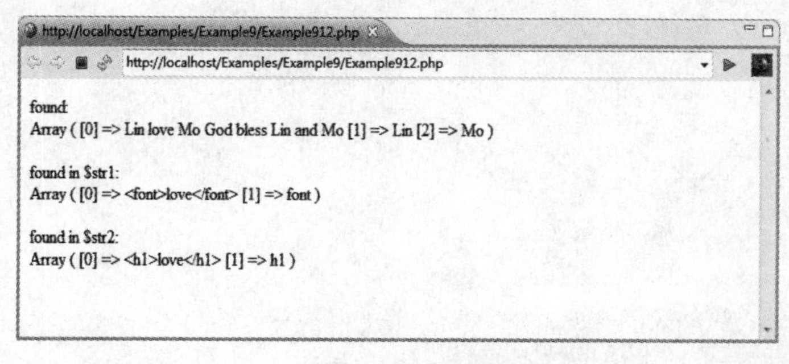

图 9.13　运行结果

与很多正则引擎一样，preg_match()函数在找到一个匹配后会立即停止搜索，但很多时候我们希望正则引擎能够继续搜索，以便找到所有的匹配项。这时就要使用 preg_match_all()函数。用法如下：

```
int preg_match_all ( string $pattern , string $str , array $matches [, int $flags ] )
```

其中，$pattern 是正则表达式，$str 是待匹配的字符串，$matches 是个数组，用来填充搜索结果，$flag 是可选参数。

$flag 的可选值如下。

- PREG_PATTERN_ORDER：默认值。对搜索结果排序，使得$matches[0]为所有匹配的字符串组成的数组，$matches[1]为正则表达式中第一个组所匹配的字符串组成的数组，依此类推。
- PREG_SET_ORDER：对搜索结果排序，使得$matches[0]为第一组匹配项的数组，$matches[1]为第二组匹配项的数组，依此类推。
- PREG_OFFSET_CAPTURE：对每个出现的匹配结果也同时返回其在字符串$str 中的偏移量，其中，每个单元的第一项为匹配字符串，第二项为其在$str 中的偏移量。

如果正则表达式匹配成功，则该函数返回匹配的次数（次数可能为 0），如果出错则返回 FALSE。例如：

```
<?php
    $str = 'Lin <font>love</font> Mo God <h1>bless</h1> Lin and Mo';
//待匹配的字符串
    $pattern = '/<([a-zA-z]\w*)>.*?<\/\1>/';      //正则表达式，提取 HTML 标记及其内容
    /*
     * PREG_PATTERN_ORDER
     */
    echo '<p>PREG_PATTERN_ORDER<br>';
    if(preg_match_all($pattern, $str, $matches, PREG_PATTERN_ORDER)){
        /* 使用 htmlentities 函数处理后可以显示 HTML 标记 */
        $x_count = count($matches);
        for($i = 0; $i<$x_count; ++$i){
            $y_count = count($matches[$i]);
            for($j = 0; $j<$y_count; ++$j){
                $matches[$i][$j] = htmlentities($matches[$i][$j]);
            }
        }

        echo 'found in $str:<br>';
        print_r($matches);                                   //打印匹配数组
    }else{
        echo 'no found in $str<br>';
    }
    /*
     * PREG_SET_ORDER
     */
    echo '<p>PREG_SET_ORDER<br>';
    if(preg_match_all($pattern, $str, $matches, PREG_SET_ORDER)){
        /* 使用 htmlentities 函数处理后可以显示 HTML 标记 */
        $x_count = count($matches);
        for($i = 0; $i<$x_count; ++$i){
            $y_count = count($matches[$i]);
            for($j = 0; $j<$y_count; ++$j){
                $matches[$i][$j] = htmlentities($matches[$i][$j]);
            }
        }

        echo 'found in $str:<br>';
        print_r($matches);                                   //打印匹配数组
    }else{
        echo 'no found in $str<br>';
    }
    /*
     * PREG_OFFSET_CAPTURE
     */
    echo '<p>PREG_OFFSET_CAPTURE<br>';
    if(preg_match_all($pattern, $str, $matches, PREG_OFFSET_CAPTURE)){
```

```
        /* 使用 htmlentities 函数处理后可以显示 HTML 标记 */
        $x_count = count($matches);
        for($i = 0; $i<$x_count; ++$i){
            $y_count = count($matches[$i]);
            for($j = 0; $j<$y_count; ++$j){
                $matches[$i][$j][0] = htmlentities($matches[$i][$j][0]);
            }
        }

        echo 'found in $str:<br>';
        print_r($matches);                                    //打印匹配数组
    }else{
        echo 'no found in $str<br>';
    }
?>
```

代码运行后的结果如图 9.14 所示。

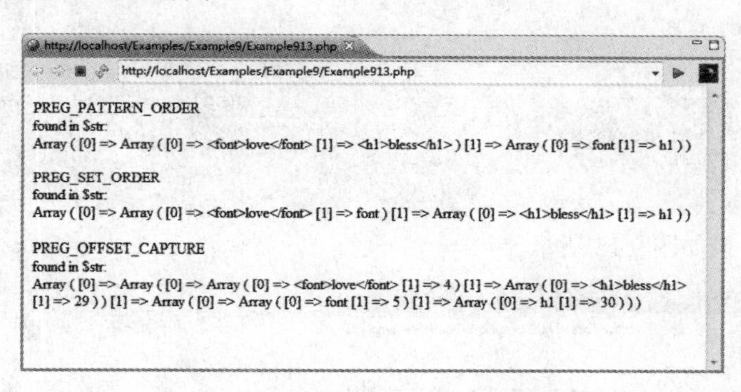

图 9.14　输出结果

在这里提醒读者，如果仅仅是在字符串中查找子串，大可不必使用正则表达式，使用简单的strpos()函数即可。正则表达式虽然功能强大，但与普通字符串查找函数比起来，效率要低。

9.4.2　字符串的替换

在查找到指定的字符串后，往往还要进行替换操作，这在 PHP 中使用 preg_replace()函数。用法如下：

```
mixed preg_replace ( mixed $pattern , mixed $replacement , mixed $str [, int $limit ] )
```

其中，$pattern 是正则表达式，$replacement 是用来替换的字符串，$str 是被查找替换的字符串，$limit 是可选参数。如果设置了正整数值，则会限制替换的个数为$limit 个；如果不设置$limit，或者其值设置为-1，则所有匹配项都会被替换。

参数$replacement 中可以通过如下方式来引用正则表达式中匹配的组，类似正则表达式中的反向引用。

```
$数字编号
```

例如，$1 将引用正则表达式中第一个匹配的组，$2 将引用正则表达式中第二个匹配的组，依此类推。

有时为了防止数字编号与其他的数字字符混淆，可以使用如下的隔离形式：

```
${数字编号}
```

如果搜索到匹配项，则该函数返回替换后的新字符串，否则返回原字符串。

例如：

```
<?php
    $str = 'Lin <font>love</font> Mo God <font>bless</font> Lin and Mo';
//被替换的字符串
    $pattern = '/<([a-zA-z]\w*)>(.*?)<\/\1>/';    //正则表达式，提取HTML标记及其内容
    $replacement = '<$1 size=7>$2(ILoveU)</$1>'; //用来替换的字符串
    /*
     * 原字符串
     */
    echo '<p>原字符串: <br>';
    echo htmlentities($str).'<br>';
    /*
     * 替换后的字符串
     */
    $new_str = preg_replace($pattern, $replacement, $str);
    echo '<p>新字符串: <br>';
    echo htmlentities($new_str).'<br>';
?>
```

代码运行后的结果如图 9.15 所示。

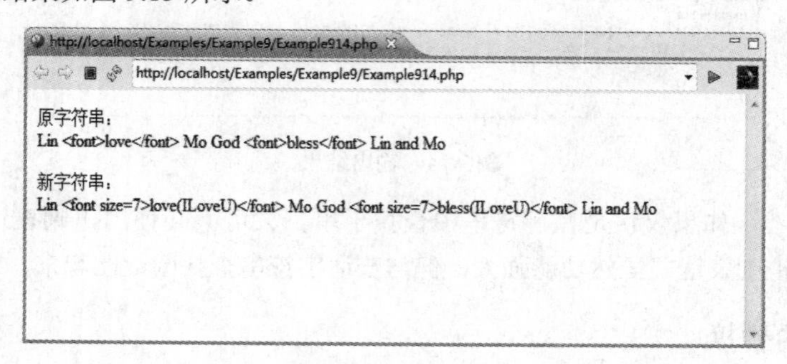

图 9.15　运行结果

$pattern、$replacement、$str 都可以是数组。

如果$str 是数组，则函数会对$str 数组中的每个元素执行搜索和替换，并返回一个由替换后的新字符串组成的数组。

如果$pattern 和$replacement 都是数组，则函数会依次从中分别取出值来对$str 进行搜索和替换。需要注意的是，函数将以其键名在数组中出现的顺序来进行处理，而不是按照索引的数字顺序。如果要按照索引的数字顺序来处理，则应在调用 preg_replace()之前用 ksort()对数组进行排序。如果$replacement 中的元素比$pattern 中的少，则用空字符串替换余下的匹配项。

如果$pattern 是数组而$replacement 是字符串，则对$pattern 中的每个元素的匹配项都用此字符串作为替换值。

反过来， 如果$pattern 是字符串而$replacement 是数组，则$replacement 除第一个元素外其他元素均会被忽略，事实上这样做是没有意义的。

例如：

```
<?php
    $str = 'Lin <font>love</font> Mo God <font>bless</font> Lin and Mo';
//被替换的字符串
    $pattern[0] = '/<([a-zA-z]\w*)>(.*?)<\/\1>/';//正则表达式，提取HTML 标记及其内容
    $pattern[1] = '/(\bLin\b)/';                    //正则表达式，提取单词 Lin
    $pattern[2] = '/(\bMo\b)/';                     //正则表达式，提取单词 Mo
    $replacement[0] = '<$1 size=7>$2(ILoveU)</$1>';        //用来替换的字符串
    $replacement[1] = '$1(MoLoveU)';                       //用来替换的字符串
    $replacement[2] = '$1(LinLoveU)';                      //用来替换的字符串
    /*
     * 原字符串
     */
    echo '<p>原字符串: <br>';
    echo htmlentities($str).'<br>';
    /*
     * 替换后的字符串
     */
    $new_str = preg_replace($pattern, $replacement, $str);
    echo '<p>新字符串: <br>';
    echo htmlentities($new_str).'<br>';
?>
```

代码运行后的结果如图 9.16 所示。

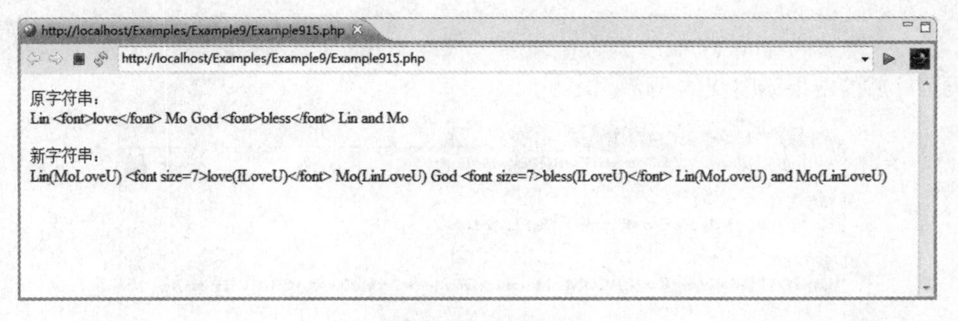

图 9.16　运行结果

preg_replace()函数只是对正则匹配的字符串进行简单的替换，如果要对匹配的字符串进行一些处理再替换的话，就要使用带回调函数的替换函数 preg_replace_callback()。用法如下：

```
    mixed preg_replace_callback ( mixed $pattern , callback $callback , mixed $str
[, int $limit ] )
```

其中，$pattern 是正则表达式，$callback 是回调函数名，$str 是被查找替换的字符串，$limit 是可选参数。

该函数与 preg_replace()相比，除了不提供$replacement 参数，而是通过字符串$callback 来指定一个回调函数外，其余参数的用法与 preg_replace()相同。

$callback 参数指定的回调函数，以目标字符串中的匹配数组作为输入参数，并返回用于替换的字符串。

例如：

```
<?php
    $str = 'Lin <font>love</font> Mo God <font>bless</font> Lin and Mo';
//被替换的字符串
    $pattern = '/<([a-zA-z]\w*)>(.*?)<\/\1>/';    //正则表达式，提取HTML 标记及其内容
    $replacement = '<$1 size=7>$2(ILoveU)</$1>'; //用来替换的字符串
    /*
     * 回调函数
     */
    function replace_func($matches){
        $replacement = '<'.strtoupper($matches[1]).' size = 7>'.
                        $matches[2].'(ILoveU)</'.
                        strtoupper($matches[1]).'>';
        return $replacement;
    }
    /*
     * 原字符串
     */
    echo '<p>原字符串: <br>';
    echo htmlentities($str).'<br>';
    /*
     * 替换后的字符串
     */
    $new_str = preg_replace_callback($pattern, "replace_func", $str);
    echo '<p>新字符串: <br>';
    echo htmlentities($new_str).'<br>';
?>
```

代码运行后的结果如图 9.17 所示。

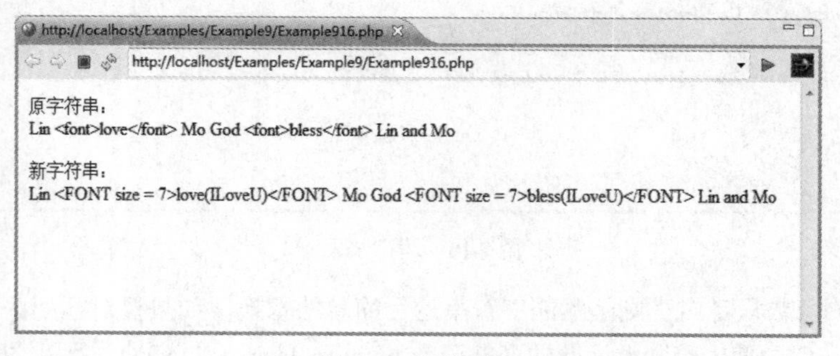

图 9.17　运行结果

回调函数还可以利用 creat_function()函数创建匿名函数来实现。

例如，下面这段代码与上面的代码是等效的：

```
<?php
    $str = 'Lin <font>love</font> Mo God <font>bless</font> Lin and Mo';
//被替换的字符串
    $pattern = '/<([a-zA-z]\w*)>(.*?)<\/\1>/';    //正则表达式，提取HTML 标记及其内容
    $replacement = '<$1 size=7>$2(ILoveU)</$1>';
    /*
     * 原字符串
     */
```

```
        echo '<p>原字符串: <br>';
        echo htmlentities($str).'<br>';
        /*
         * 替换后的字符串
         */
        $new_str = preg_replace_callback(
                $pattern,
                /*
                 * 匿名回调函数
                 */
                create_function(
                    '$matches',
                    'return "<".strtoupper($matches[1])." size = 7>".
                    $matches[2]."(ILoveU)</".strtoupper($matches[1]).">";'
                ),
                $str
        );
        echo '<p>新字符串: <br>';
        echo htmlentities($new_str).'<br>';
?>
```

代码运行后的结果与图 9.17 所示一致。

9.4.3 字符串的分割

字符串的分割在字符串处理中很常见。例如，搜索引擎要对用户输入的搜索字符串进行分割，从中提取出搜索关键字。在 PHP 中，可以使用 preg_split()函数应用正则表达式规则对字符串进行分割。使用方法如下：

```
array preg_split ( string $pattern , string $str [, int $limit [, int $flags ]] )
```

其中，$pattern 为用来匹配子串边界的正则表达式，$str 为待分割的字符串，$limit 和$flags 是可选参数。该函数返回由分割结果组成的数组。

$limit 如果设置了正整数值，则会限制分割的个数为$limit 个；如果不设置$limit，或者其值设置为-1，则对分割后的子串个数没有限制。

$flags 参数的可选值如下（可以用按位或运算符“|”组合起来使用）。

- PREG_SPLIT_NO_EMPTY：函数只返回非空的成分。
- PREG_SPLIT_DELIM_CAPTURE：定界符模式中的括号表达式也会被捕获并返回。
- PREG_SPLIT_OFFSET_CAPTURE：对每个出现的匹配结果也同时返回其所属字符串的偏移量，数组的每个单元也是一个数组，其中第一项为匹配的字符串，第二项为其在字符串$str 中的偏移量。

例如：

```
<?php
    $str = 'Lin <font>love</font> Mo God <font>bless</font> them';
//被替换的字符串
    $pattern = '/( )|([<>\/])/';                    //正则表达式，提取 HTML 标记及其内容
    /*
```

```
         * 原字符串
         */
        echo '<p>原字符串: <br>';
        echo htmlentities($str).'<br>';
        /*
         * 分割后的字符串数组
         */
        $str_array1 = preg_split($pattern, $str);
        echo '<p>分割后的字符串数组: <br>';
        print_r($str_array1);
        /*
         * 分割后的字符串数组(PREG_SPLIT_NO_EMPTY)
         */
        $str_array2 = preg_split($pattern, $str, -1, PREG_SPLIT_NO_EMPTY);
        echo '<p>分割后的字符串数组(PREG_SPLIT_NO_EMPTY): <br>';
        print_r($str_array2);
        /*
         * 分割后的字符串数组(PREG_SPLIT_NO_EMPTY | PREG_SPLIT_DELIM_CAPTURE)
         */
        $str_array3  =  preg_split($pattern,  $str,  -1,  PREG_SPLIT_NO_EMPTY  |
PREG_SPLIT_DELIM_CAPTURE);
        echo '<p>分割后的字符串数组(PREG_SPLIT_NO_EMPTY | PREG_SPLIT_DELIM_CAPTURE):
<br>';
        print_r($str_array3);
        /*
         * 分割后的字符串数组(PREG_SPLIT_NO_EMPTY | PREG_SPLIT_OFFSET_CAPTURE)
         */
        $str_array4    =    preg_split($pattern,$str,-1,PREG_SPLIT_NO_EMPTY    |
PREG_SPLIT_OFFSET_CAPTURE);
        echo '<p>分割后的字符串数组(PREG_SPLIT_NO_EMPTY | PREG_SPLIT_OFFSET_CAPTURE):
<br>';
        print_r($str_array4);
    ?>
```

代码运行后的结果如图 9.18 所示。

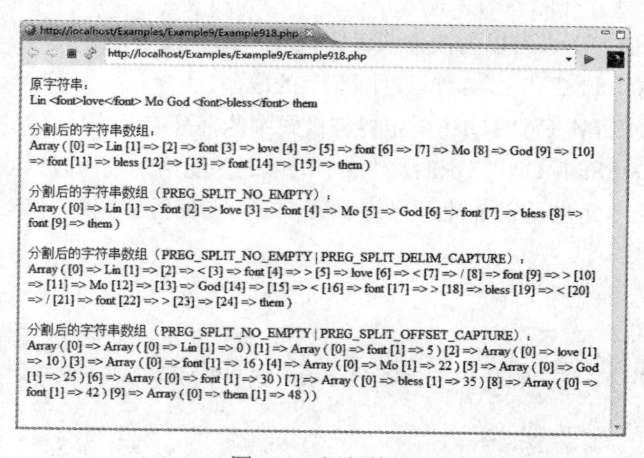

图 9.18　运行结果

在这里提醒读者，如果仅仅是简单的字符串分割，使用 explode()或 str_split()函数即可。正则表达式虽然功能强大，但与普通的字符串分割函数比起来，效率要低。

9.5　本章小结

本章首先介绍了几种常用的字符串处理函数，并给出了示例程序，然后着重介绍了正则表达式的基本语法规则。在正则表达式方面，介绍了其发展历史、主流的引擎和 PHP 中的两套正则规则：POSIX 和 PCRE，同时还介绍了元字符、转义字符、模式修正符等的使用，最后以 PHP 中的 PCRE 函数为例，讲述了如何将正则表达式应用到字符串处理中。

第 10 章　文件操作

虽然在 PHP 开发中，更多的是与 MySQL 这样的数据库打交道，但有时我们也不可避免地需要使用文件系统。PHP 提供了一套强大的文件处理函数来方便开发者操作文件系统。

10.1　概　　述

10.1.1　什么是文件系统

计算机的文件系统是一种存储和组织计算机文件和资料的方法，它使得用户对计算机文件的访问和查找变得容易。文件系统通常使用硬盘和光碟这样的存储设备，并维护文件在设备中的物理位置。但是，实际上文件系统也可能仅仅是一种访问资料的界面而已。严格地说，文件系统是一套实现了数据的存储、分级组织、访问和获取等操作的抽象数据类型。

常见的文件系统类型可以分为磁盘文件系统、光碟文件系统、闪存文件系统、数据库文件系统、网络文件系统等。

（1）磁盘文件系统

一种利用数据存储设备（例如磁盘驱动器）来保存计算机文件的文件系统。常见的磁盘文件系统有：FAT、 exFAT、NTFS、HFS、HFS+、ext2、ext3、ext4 等。

（2）光碟文件系统

一种用于 CD、DVD 和蓝光光碟的文件系统。常见的光碟文件系统有：ISO 9660、UDF。

（3）闪存文件系统

一种用来在闪存上储存文件的文件系统。具有写入平衡、无寻址延迟等特点。常见的闪存文件系统有：JFFS2、YAFFS。

（4）数据库文件系统

数据库文件系统不再或者不仅使用分层结构管理文件，文件按照文件类型、标题、作者等特征进行区分，可以按照 SQL 风格甚至自然语言风格进行文件检索。常见的数据库文件系统有：BFS、WinFS。

（5）网络文件系统

一种将远程主机上的分区或目录经网络挂载到本地系统的一种机制。常见的网络文件系统是NFS。

10.1.2　文件路径

要操作文件就必须知道该文件在计算机中的位置，而表示文件在计算机中位置的方式就是文件的路径。文件的路径包括绝对路径和相对路径两种。

所谓绝对路径，就是文件在计算机中存储的真正路径。例如，“D:/MyPicture/MyLove/Mo.jpg”就是一个绝对路径，表示图像文件 Mo.jpg 保存在 D 盘的 MyPicture 目录的子目录 MyLove 目录下。

所谓相对路径，就是文件相对于当前目录的路径。例如，当前目录是“D:/MyPicture”，即当前目录是 D 盘的 MyPicture 目录，那么绝对路径“D:/MyPicture/MyLove/Mo.jpg”就可以表示成相对路径“./MyLove/Mo.jpg”。其中“.”表示当前目录。类似的符号还有“..”表示当前目录的父目录，在这里便表示 MyPicture 目录的父目录，即 D 盘的根目录。例如，当前目录依然是“D:/MyPicture”，如果有个文件 Mo.jpg 在 D 盘的根目录下，那么它的绝对路径为“D:/Mo.jpg”，相对路径为“../Mo.jpg”。

10.2　文件和目录操作

目录也是一种特殊的文件。本节将讲述如何在 PHP 下进行文件和目录的基本操作。

10.2.1　复制、移动、重命名、删除文件

PHP 通过 copy()函数来复制一个文件。用法如下：

```
bool copy ( string $source , string $dest )
```

其中，$source 是源文件的路径，$dest 是目的文件的路径。函数将$source 路径下的文件复制到$dest 路径下，如果成功复制则返回 TRUE，否则返回 FALSE。

```
<?php
    /*
     * 复制文件
     */
    $source_path = './Mo.txt';                //源文件路径
    $dest_path = './Lin.txt';                 //目的文件路径

    if(copy($source_path, $dest_path)){
        echo '复制成功！';
    }else{
        echo '复制失败！';
    }
?>
```

成功复制文件后会输出图 10.1 所示的结果。

如果源文件不存在，则复制会失败，并输出图 10.2 所示的信息。

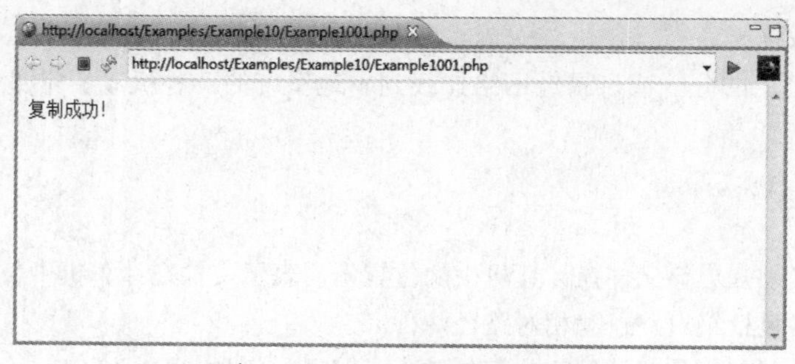

图 10.1　输出结果

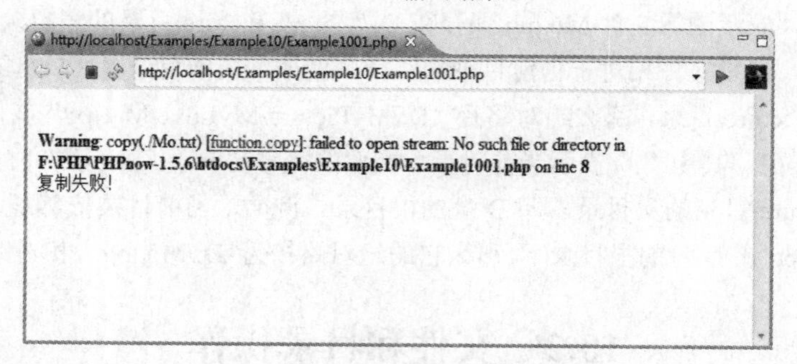

图 10.2　输出结果

为了避免这样的情况，可以在复制文件之前使用 file_exists()函数判断一下源文件是否存在。该函数同样适用于目录。用法如下：

```
bool file_exists ( string $filename )
```

其中，$filename 为文件或目录的路径名。 如果存在该文件或目录，函数返回 TRUE，否则返回 FALSE。

使用 file_exists()函数改写上面的代码：

```
<?php
    /*
     * 先判断源文件是否存在
     * 如果存在则复制文件
     */
    $source_path = './Mo.txt';                          //源文件路径
    $dest_path = './Lin.txt';                           //目的文件路径

    if(file_exists($source_path)){                      //判断源文件是否存在
        if(copy($source_path, $dest_path)){
            echo '复制成功！';
        }else{
            echo '复制失败！';
        }
    }else{
        echo '不存在该文件！';
    }
?>
```

注意：如果目的文件已经存在，则会被覆盖。

在 PHP 中，移动文件和重命名文件使用的是同一个函数 rename()。用法如下：

```
bool rename ( string $oldname , string $newname )
```

其中，$oldname 为源文件的路径名，$newname 为移动后的文件路径名。如果$oldname 与$newname 表示的路径在同一目录下，则函数实际上执行的是重命名，否则执行的是文件移动。无论是哪种情况，成功执行后都会返回 TRUE，否则返回 FALSE。

先看一个文件移动的例子：

```
<?php
    /*
     * 移动文件
     */
    $old_name = './Wang.txt';                          //源文件路径
    $new_name = '../Wang.txt';                         //目的文件路径

    if(file_exists($old_name)){                        //判断源文件是否存在
        if(rename($old_name, $new_name)){              //移动文件
            echo '文件移动成功！';
        }else{
            echo '文件移动失败！';
        }
    }else{
        echo '不存在该文件！';
    }
?>
```

当前目录下的 Wang.txt 文件将被移动到上一级目录下，代码运行结果如图 10.3 所示。

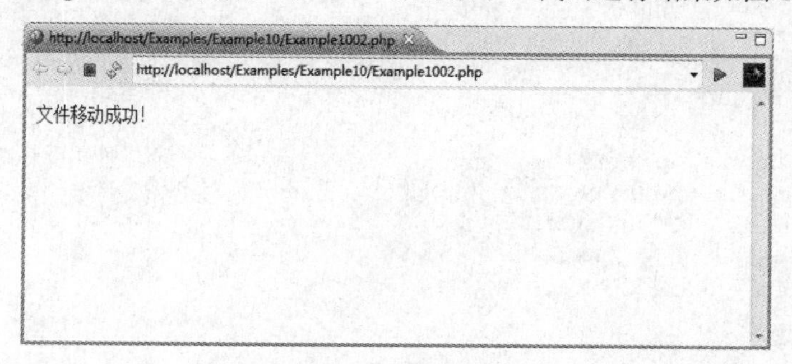

图 10.3　运行结果

再看一个文件重命名的例子：

```
<?php
    /*
     * 重命名文件
     */
    $old_name = './Wang.txt';                          //源文件路径
    $new_name = './WangMo.txt';                        //目的文件路径

    if(file_exists($old_name)){                        //判断源文件是否存在
        if(rename($old_name, $new_name)){              //重命名文件
            echo '文件重命名成功！';
        }else{
```

```
                echo '文件重命名失败！';
            }
        }else{
            echo '不存在该文件！';
        }
?>
```

当前目录下的 Wang.txt 文件将被重命名为 WangMo.txt，代码运行结果如图 10.4 所示。

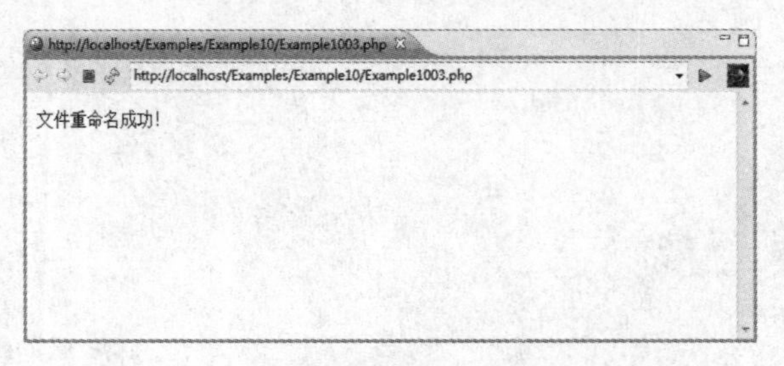

图 10.4　运行结果

最后说一下如何删除文件。

PHP 通过 unlink()函数来删除文件。用法如下：

```
bool unlink ( string $filename )
```

其中，$filename 为文件的路径名。函数若是成功删除$filename 路径表示的文件，则返回 TRUE，否则返回 FALSE。 例如：

```
<?php
    /*
     * 删除文件
     */
    $path = './Wang.txt';                              //文件路径

    if(file_exists($path)){                            //判断文件是否存在
        if(unlink($path)){                             //删除文件
            echo '文件删除成功！';
        }else{
            echo '文件删除失败！';
        }
    }else{
        echo '不存在该文件！';
    }
?>
```

这段代码尝试删除当前目录下的 Wang.txt 文件，如果成功删除，则会输出图 10.5 所示的结果。

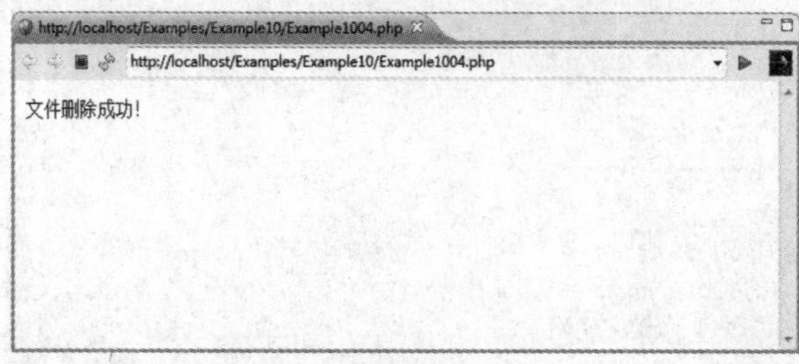

图 10.5　输出结果

10.2.2　建立和删除目录

PHP 通过 mkdir()函数来建立一个新目录。用法如下：

```
bool mkdir ( string $pathname [, int $mode ] )
```

其中，$pathname 为要创建的目录的路径，$mode 为可选参数，用来设置目录的访问权限。如果成功创建目录，则函数返回 TRUE，否则返回 FALSE。

$mode 参数用一个八进制数来设置，默认值是 0777，为最高访问权限。这种设置方式借鉴了 Linux 表示文件权限的方式。

在 Linux 中，文件的拥有者可以把文件的访问属性设成 3 种不同的访问权限：可读（r）、可写（w）和可执行（x）。文件又有 3 种不同的用户级别：文件拥有者（u）、所属的用户组（g）和系统里的其他用户（o），Linux 系统用 3 个三位字符组来描述这种权限设置。

- 第 1 个三位字符组表示文件拥有者（u）对该文件的权限。
- 第 2 个三位字符组表示文件用户组（g）对该文件的权限。
- 第 3 个三位字符组表示系统其他用户（o）对该文件的权限。

若该用户组对此没有权限，一般显示“-”字符。

图 10.6 所示为这样一种设置。

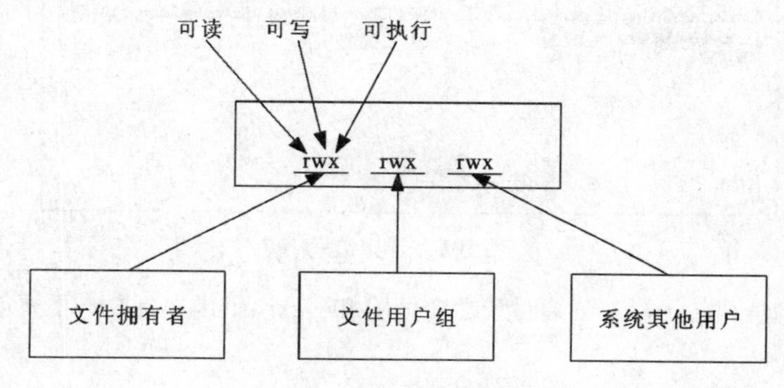

图 10.6　权限结构图

如果用数字 1 来表示权限有效，用数字 0 来表示权限无效，我们就可以用八进制数来表示文件的权限。例如，某文件所有者的权限为“rwx”，文件用户组的权限为“rw-”，系统其他用户的权限为“r--”，分别用二进制数表示为“111”、“110”、“100”，把这个二进制数转换成对应的八进制数就是 7、6、4，也就是说该文件的权限为 764。

但是很遗憾，这种文件权限的设置方式不被 Windows 认可，这就意味着$mode 参数在 Windows 下是失效的。

例如：

```
<?php
    /*
     * 绝对路径创建目录
     */
    if(mkdir('D:/Mo')){
        echo '创建成功！';
    }else{
```

```
            echo '创建失败！';
        }
    ?>
```

成功创建目录后会输出图 10.7 所示的结果。

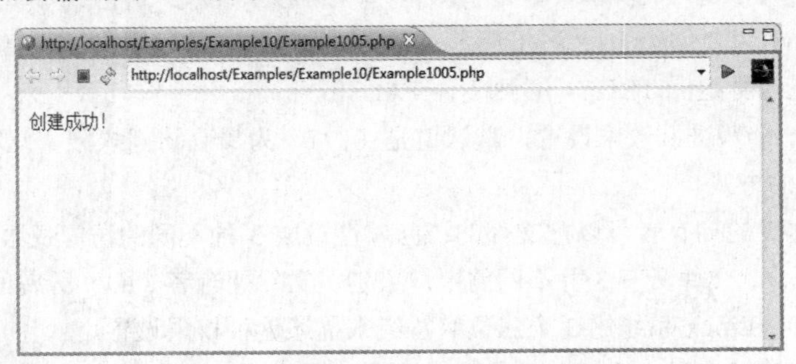

图 10.7　输出结果

如果 D 盘根目录下已经有了同名的目录，则创建会失败，并输出图 10.8 所示的信息。

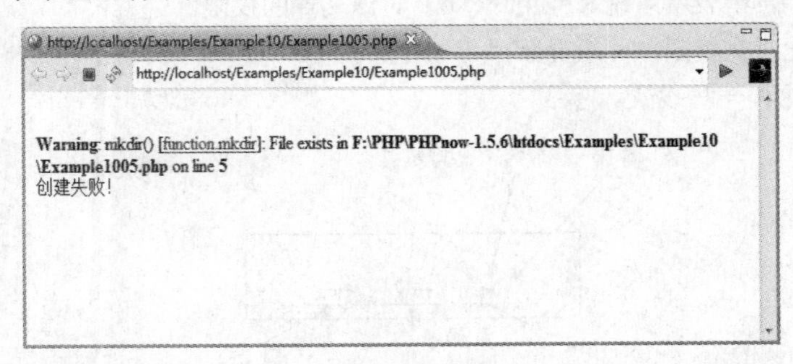

图 10.8　输出结果

为了避免这样的情况，可以在创建目录之前使用 file_exists()函数判断一下要创建的目录是否已经存在。

使用 file_exists()函数改写上面的代码。

```
<?php
    /*
    * 在创建目录之前先判断是否已经存在
    */
    $path = 'D:/Mo';
    if(file_exists($path)){
        echo '该目录已经存在！';
    }else{
        if(mkdir($path)){
            echo '创建成功！';
        }else{
            echo '创建失败！';
        }
    }
?>
```

$pathname 不仅可以设置成“D:/Mo”这样的绝对路径，也可以设置成相对路径。

例如：

```
<?php
    /*
     * 相对路径创建目录
     */
    $path = './Mo';
    if(file_exists($path)){
        echo '该目录已经存在！';
    }else{
        if(mkdir($path)){
            echo '创建成功！';
        }else{
            echo '创建失败！';
        }
    }
?>
```

这将在当前目录（即脚本文件所在的目录）下创建目录 Mo。

要删除目录则使用 rmdir()函数。用法如下：

```
bool rmdir ( string $dirname )
```

其中，$dirname 为要删除的目录路径名。如果删除成功，则该函数返回 TRUE，否则返回 FALSE。值得注意的是，要删除的目录必须为空，且要有相应的权限，否则不能成功删除。

例如：

```
<?php
    /*
     * 如果没有该目录则先创建目录
     * 然后删除该目录
     */
    $path = './Mo';                              //目录的路径名
    if(!file_exists($path)){
        echo '创建目录<br>';
        mkdir($path);                            //创建目录
    }else{
        echo '已存在该目录<br>';
    }

    if(rmdir($path)){                            //删除目录
        echo '删除目录成功！';
    }else{
        echo '删除目录失败';
    }
?>
```

代码运行后的结果如图 10.9 所示。

如果要删除的目录不存在，PHP 引擎也会输出诸如“No such file or directory”的警告信息。

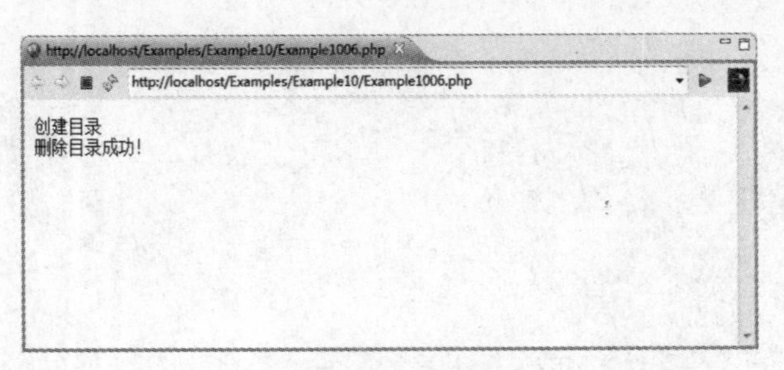

图 10.9　运行结果

10.2.3　遍历目录

在 PHP 中，如果只是简单地列出目录中的文件，非常简单，只要使用 scandir()函数即可。用法如下：

```
array scandir ( string $directory [, int $sorting_order ] )
```

其中，$directory 为待遍历目录的路径名，$sorting_order 为可选参数。

该函数返回一个数组，数组中包含$directory 目录下的所有文件和目录。数组中的文件和目录名默认是按照字母升序排列的，如果$sorting_order 被设置成 1，则数组中的元素按照字母降序排列。

例如：

```
<?php
    /*
     * 遍历目录
     */
    $path = './';                                          //目录的路径名，即当前目录
    if(file_exists($path)){
        $files_asc = scandir($path);                       //列出该目录下的文件（升序）
        $files_desc = scandir($path, 1);                   //列出该目录下的文件（降序）

        echo '<p>该目录下的文件（升序排列）: <br>';
        print_r($files_asc);
        echo '<p>该目录下的文件（降序排列）: <br>';
        print_r($files_desc);
    }else{
        echo '该目录不存在<br>';
    }
?>
```

代码运行后的结果如图 10.10 所示。

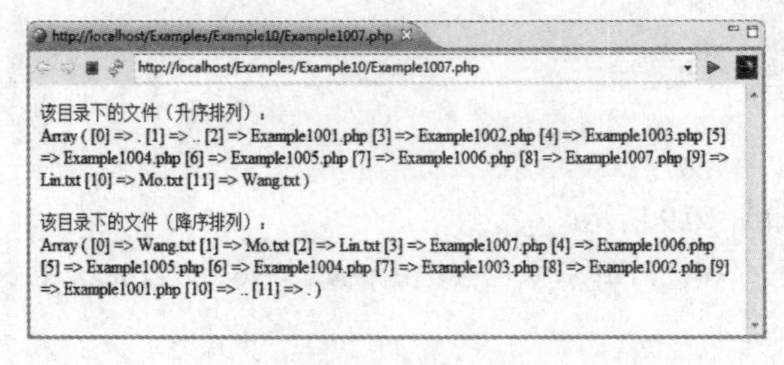

图 10.10　运行结果

从运行结果可以看出，scandir()列出的文件中包含了当前目录“.”和当前目录的父目录“..”。

scandir()只是列出了所在目录的文件。如果要递归地遍历所在目录及其所有子孙目录，即所谓的遍历目录树，该怎么办呢？

可以使用递归函数，代码如下：

```
<?php
    /*
     * 递归函数
     * 遍历目录树
     * 输入参数：目录路径
     * 输出结果：多维数组表示的目录树
     */
    function getDirTree($path){
        $tree = array();                                    //数组，用来保存结果
        $tmp = array();

        if(!is_dir($path)) return null;                     //如果不是路径则返回 null

        $files = scandir($path);                        //列出当前目录下的所有文件和目录
        foreach ($files as $value){
            if($value == '.' || $value == '..') continue;
//跳过当前目录名和父目录名

            $full_path = $path.'/'.$value;                  //获取子文件或目录的完整路径
            if(is_dir($full_path)){                         //如果存在子目录
                $tree[$value] = getDirTree($full_path);  //则遍历并保存子目录
            }else{
                $tmp[] = $value;                            //把文件存入临时数组
            }
        }

        //将文件添加到结果数组末尾
        $tree = array_merge($tree, $tmp);

        return $tree;
    }

    $path = './TestMo';                                     //测试路径
    print_r(getDirTree($path));                             //打印遍历结果
?>
```

测试路径“./TestMo”的目录结构如图 10.11 所示。

代码运行后的结果如图 10.12 所示。

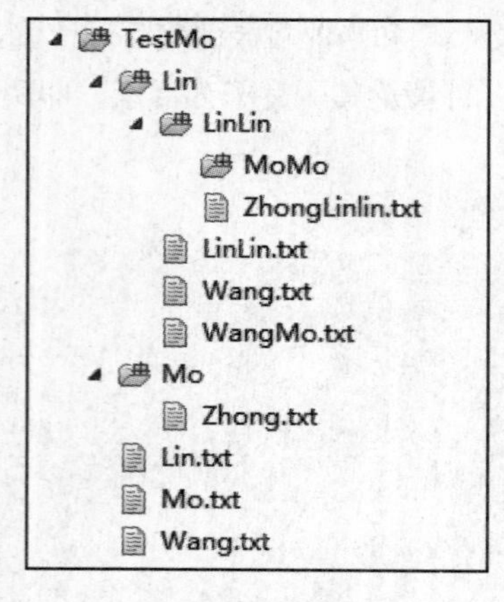

图 10.11　目录结构图

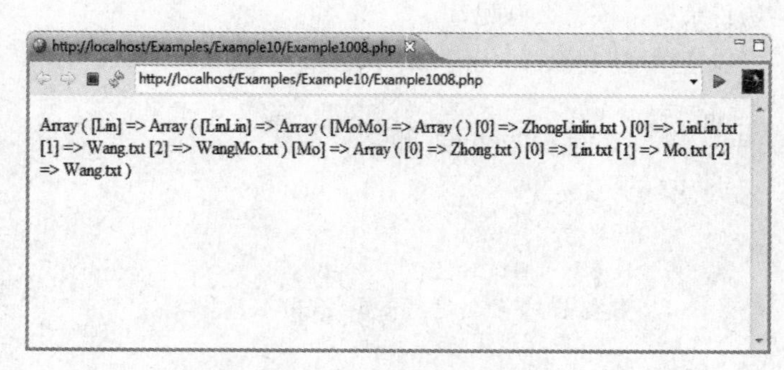

图 10.12　运行结果

通过查看源文件可以看到目录树数组如下更为清晰的结构：

```
Array
(
    [Lin] => Array
        (
            [LinLin] => Array
                (
                    [MoMo] => Array
                        (
                        )

                    [0] => ZhongLinlin.txt
                )

            [0] => LinLin.txt
            [1] => Wang.txt
            [2] => WangMo.txt
        )

    [Mo] => Array
        (
            [0] => Zhong.txt
        )

    [0] => Lin.txt
    [1] => Mo.txt
    [2] => Wang.txt
)
```

10.2.4　复制、移动目录

PHP 没有提供直接复制和移动目录的函数。我们可以使用这样的思路来实现目录的复制和移动：递归遍历目录，如遇子目录，则在目的目录的相应位置新建同名目录，如遇子文件，则将该文件复制到目的目录的相应位置。如果是移动目录，则复制完目录后还要递归删除原目录。

复制目录的递归代码如下：

```
<?php
    /*
     * 递归函数
     * 复制目录
     * 输入参数：源目录路径，目的目录路径
     * 输出结果：复制成功则返回 TRUE，否则返回 FALSE
     */
    function copyDir($source_path, $dest_path){

        if(!is_dir($source_path)) return false;       //如果不是路径则返回 false

        if(!file_exists($dest_path)){                  //如果不存在目的目录
            if(!mkdir($dest_path)) return false;       //则创建目的目录
        }

        $files = scandir($source_path);            //列出当前目录下的所有文件和目录
        foreach ($files as $value){
            if($value == '.' || $value == '..') continue;
//跳过当前目录名和父目录名

            $child_source_path = $source_path.'/'.$value;
//获取子文件或目录的完整路径
            $child_dest_path = $dest_path.'/'.$value;

            if(is_dir($child_source_path)){            //如果存在子目录
                if(!copyDir($child_source_path, $child_dest_path)){
//则复制子目录
                    return false;
                }
            }else{
                if(!copy($child_source_path, $child_dest_path)){
//否则复制子文件
                    return false;
                }
            }
        }

        return true;
    }

    $source_path = './TestMo';                         //测试：源路径
    $dest_path = '../TestMo';                          //测试：目的路径
    $result = copyDir($source_path, $dest_path);
    if($result) echo '目录复制成功！';
    else echo '目录复制失败！';
?>
```

递归删除目录内容的代码如下：

```
<?php
```

```
    /*
     * 递归函数
     * 删除目录内容
     * 输入参数：目录路径
     * 输出结果：删除成功则返回 TRUE，否则返回 FALSE
     */
    function delDir($path){

        if(!is_dir($path)) return false;                //如果不是路径则返回 false

        if(!file_exists($path)) return false;           //如果不存在目的目录

        $files = scandir($path);                       //列出当前目录下的所有文件和目录
        foreach ($files as $value){
            if($value == '.' || $value == '..') continue;
//跳过当前目录名和父目录名

            $child_path = $path.'/'.$value;            //获取子文件或目录的完整路径

            if(is_dir($child_path)){                   //如果存在子目录
                if(!delDir($child_path)){              //则删除子目录
                    return false;
                }
            }else{
                if(!unlink($child_path)){              //否则删除子文件
                    return false;
                }
            }
        }

        if(!rmdir($path)) return false;                //删除当前目录

        return true;
    }

    $path = '../TestMo';                               //测试路径
    $result = delDir($path);
    if($result) echo '目录删除成功！';
    else echo '目录删除失败！';
?>
```

移动目录的代码为以上两段代码的组合：

```
<?php
    /*
     * 递归函数
     * 移动目录内容
     * 输入参数：源目录路径，目的目录路径
     * 输出结果：移动成功则返回 TRUE，否则返回 FALSE
     *
     * 使用了 copyDir() 函数和 delDir() 函数
```

```
    */
    require 'Example1009.php';                          //引用 copyDir()函数
    require 'Example1010.php';                          //引用 delDir()函数

    function moveDir($source_path, $dest_path){
        if(!copyDir($source_path, $dest_path)) return false;     //复制目录

        if(!delDir($source_path)) return false;         //删除源目录

        return true;
    }

    $source_path = './TestMo';                          //测试：源路径
    $dest_path = '../TestMo';                           //测试：目的路径
    $result = moveDir($source_path, $dest_path);
    if($result) echo '目录移动成功！';
    else echo '目录移动失败！';
?>
```

10.3　文件读写操作

文件的读/写在开发中必不可少。PHP 的文件读/写操作与 C 语言相似。下面将介绍如何打开、关闭文件，如何读/写文件。

10.3.1　文件的打开与关闭

PHP 中使用 fopen()函数打开一个文件，使用 fclose()函数关闭一个文件。用法如下：

（1）fopen()函数

```
resource fopen ( string $filename , string $mode )
```

其中，$filename 为文件的路径名，$mode 是文件的打开方式。该函数返回打开后的文件句柄。

$filename 既可以是本地文件的路径名，也可以是 URL 地址。如果是 URL 地址，则需打开 allow_url_fopen 开关。$mode 的可能取值如表 10.1 所示。

表 10.1　文件的打开模式

模式符号	说　　明
R	以只读方式打开，文件指针指向文件开头
r+	以读/写方式打开，文件指针指向文件开头
w	以写入方式打开，文件指针指向文件开头。如果该文件存在，则文件内容被删除，否则将创建一个新文件
w+	以读/写方式打开，文件指针指向文件开头。如果该文件存在，则文件内容被删除，否则将创建一个新文件
a	以写入方式打开，文件指针指向文件末尾。如果该文件不存在，则将创建一个新文件
a+	以读/写方式打开，文件指针指向文件末尾。如果该文件不存在，则将创建一个新文件
x	以写入方式打开，文件指针指向文件开头。如果该文件存在，则 fopen()函数调用失败并返回 FALSE，同时输出一个警告信息，否则将创建一个新文件。仅用于本地文件
x+	以读/写方式打开，文件指针指向文件开头。如果该文件存在，则 fopen()函数调用失败并返回 FALSE，同时输出一个警告信息，否则将创建一个新文件。仅用于本地文件

由于不同的操作系统具有不同的行结束符。UNIX、Linux 系统使用“\n”作为行结束符，Windows 系统使用“\r\n”作为行结束符，Macintosh 系统使用“\r”作为行结束符。当在一个文本文件中插入新行时，需要使用符合该操作系统的行结束符。否则，其他应用程序打开这些文件时可能会出错。

PHP 在 Windows 下提供了一个文本转换标记“t”可以自动将“\n”转换为“\r\n”，尽管如此，我们依然希望读者要按照操作系统的规范来编写文件读/写的代码，而不是依赖这个转换标记。

同时，我们推荐读者使用标记“b”来强制文件读/写使用二进制模式，这样可以避免许多奇怪的问题，而且移植性更好。

无论是“t”还是“b”，都可以与表 10.1 中的模式符号搭配使用，置于模式符号之后，例如“ab”、“r+t”等。

例如：

```
<?php
    $fid = fopen('./Mo.txt');                              //打开文件并返回文件句柄
?>
```

（2）fclose()函数

```
bool fclose ( resource $handle )
```

其中，$handle 指向一个已经打开的文件句柄。函数将尝试关闭该文件句柄，如果成功则返回 TRUE，否则返回 FALSE。

$handle 所指向的文件句柄，是指通过 fopen()或 fsockopen()函数成功打开的文件。

例如：

```
<?php
    $fid = fopen('./Mo.txt');                              //打开文件并返回文件句柄
    //...文件处理细节
    fclose($fid);                                          //关闭文件
?>
```

10.3.2 读文件

打开文件后就是文件的读/写操作。PHP 读取文件内容的函数很多，功能也很强大，可以读取一个字符、一个字符串甚至是整个文件。

（1）读取一个字符：fgetc()

PHP 中使用 fgetc()函数从文件中读取一个字符。用法如下：

```
string fgetc ( resource $handle )
```

其中，$handle 为待读文件的句柄。该函数返回从文件中读取的一个字符，当遇到文件结束标记 EOF 时返回 FALSE。

例如：

```
<?php
    /*
     * 按字符读取文件
     */
    $fid = fopen('./Lin.txt','rb');                        //打开文件
```

```
    if(!$fid){
        echo '文件打开失败! ';
    }else{
        $chr = fgetc($fid);                              //读取第一个字符
        var_dump($chr);
        echo '<br>';
        $chr = fgetc($fid);                              //读取第二个字符
        var_dump($chr);
        echo '<br>';
        $chr = fgetc($fid);                              //读取第三个字符
        var_dump($chr);
        echo '<br>';
    }

    fclose($fid);                                        //关闭文件
?>
```

代码运行后的结果如图 10.13 所示。

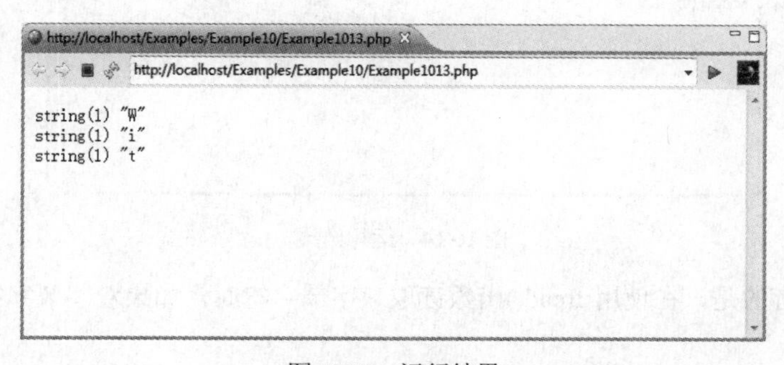

图 10.13　运行结果

要提醒读者的是，在使用 fgetc()函数读取单个字符时，要关注文件的字符编码，如果是双字节字符，读取的单个字符将会是乱码。

（2）读取指定长度字符串：fread()

PHP 中使用 fread()函数读取指定长度的字符串。用法如下：

```
string fread ( int $handle , int $length )
```

其中，$handle 为待读的文件句柄，$length 为读取的字符串的最大长度。fread()函数在读完$length 字节的数据或者到达文件的末尾 EOF 时会停止读取。

该函数返回所读取的字符串，如果出错则返回 FALSE。

例如：

```
<?php
    /*
     * 读取指定长度的文件内容
     */
    $fid = fopen('./Lin.txt','rb');                     //打开文件

    if(!$fid){
        echo '文件打开失败! ';
```

```
    }else{
        $str = fread($fid, 3);                          //读取 3 个字符
        var_dump($str);
        echo '<br>';

        $str = fread($fid, 4);                          //读取 4 个字符
        var_dump($str);
        echo '<br>';
    }

    fclose($fid);                                       //关闭文件
?>
```

代码运行后的结果如图 10.14 所示。

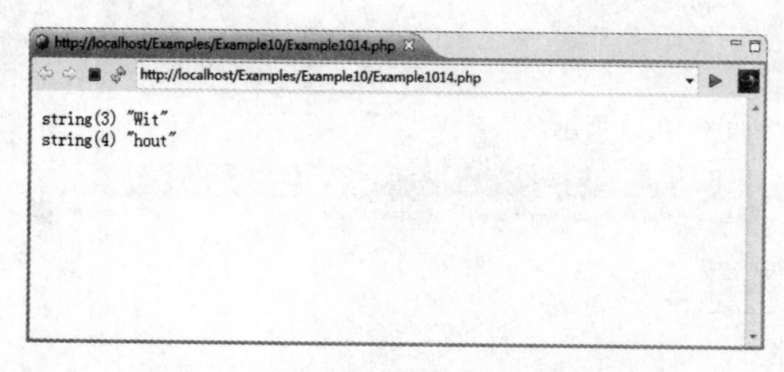

图 10.14 运行结果

同样要提醒读者的是，在使用 fread()函数读取双字节字符时，如果双字节字符被截断，读取的字符将会是乱码。

另外，如果读者仅仅是想将整个文件的内容读成字符串，则最好是使用下面讲到的 file_get_contents()函数。

（3）读取一行数据：fgets()和 fgetss()

PHP 中使用 fgets()函数从文件中读取一行数据。用法如下：

```
string fgets ( int $handle [, int $length ] )
```

其中，$handle 为待读文件的句柄，$length 为可选参数，用来指定读取字符串的最大长度，默认为 1 024。函数返回读取的一行字符串，出错时返回 FALSE。在遇到下列情况之一时停止读取：

- 遇到换行符（换行符也被读取到返回字符串中）。
- 遇到文件结尾 EOF。
- 已经读取了$length - 1 字节的数据。

例如：

```
<?php
    /*
     * 读取英文文件
     */
    $fid = fopen('./Lin.txt','rb');                     //打开文件

    if(!$fid){
```

```
        echo '文件打开失败! ';
    }else{
        $line = fgets($fid);                     //读取第 1 行字符
        var_dump($line);
        echo '<br>';

        $line = fgets($fid);                     //读取第 2 行字符
        var_dump($line);
        echo '<br>';

        $line = fgets($fid);                     //读取第 3 行字符
        var_dump($line);
        echo '<br>';
    }

    fclose($fid);                                //关闭文件

    /*
     * 读取中文文件
     */
    $fid = fopen('./Mo.txt','rb');               //打开文件

    if(!$fid){
        echo '文件打开失败! ';
    }else{
        $line = fgets($fid);                     //读取第 1 行字符
        var_dump($line);
        echo '<br>';

        $line = fgets($fid);                     //读取第 2 行字符
        var_dump($line);
        echo '<br>';

        $line = fgets($fid);                     //读取第 3 行字符
        var_dump($line);
        echo '<br>';
    }

    fclose($fid);                                //关闭文件
?>
```

代码运行后的结果如图 10.15 所示。

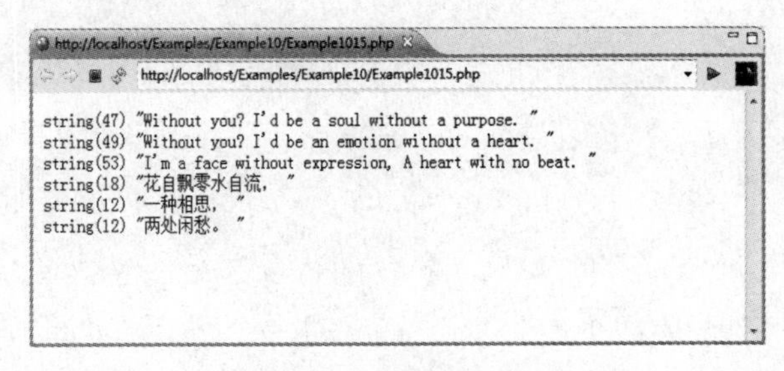

图 10.15　运行结果

与此类似的还有一个函数 fgetss()，该函数读取一行数据时，会过滤掉其中的 HTML 和 PHP 标记。语法如下：

```
string fgetss ( resource $handle [, int $length [, string $allowable_tags ]] )
```

其中，$handle 为待读文件的句柄，$length、$allowable_tags 为可选参数。前两个参数的含义和 fgets()相同，而$allowable_tags 则用来设置哪些标记不被过滤。该函数返回过滤了 HTML 和 PHP 标记后的一行字符串。例如：

```
<?php
    /*
     * 读取 HTML 文件，并过滤标记符
     */
    $fid = fopen('./Mo.html','rb');                    //打开文件

    if(!$fid){
        echo '文件打开失败！';
    }else{
        while(!feof($fid)){                            //还没到文件末尾
            $line = fgetss($fid);                      //读取一行文件并过滤标记符
            echo $line;                                //输出一行内容
        }
    }

    fclose($fid);                                      //关闭文件
?>
Mo.html 文件的内容为：
<html>
<body>
    <table border="2">
        <tr>
            <td>花自飘零水自流</td>
            <td>一种相思</td>
            <td>两处闲愁</td>
        </tr>
        <tr>
            <td>此情无计可消除</td>
            <td>才下眉头</td>
            <td>却上心头</td>
        </tr>
    </table>
</body>
</html>
```

代码运行后的结果如图 10.16 所示。

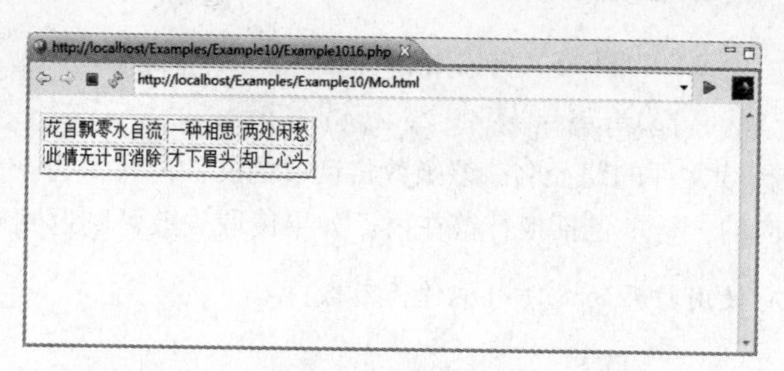

图 10.16　运行结果

使用 fgetss()过滤后的效果如图 10.17 所示。

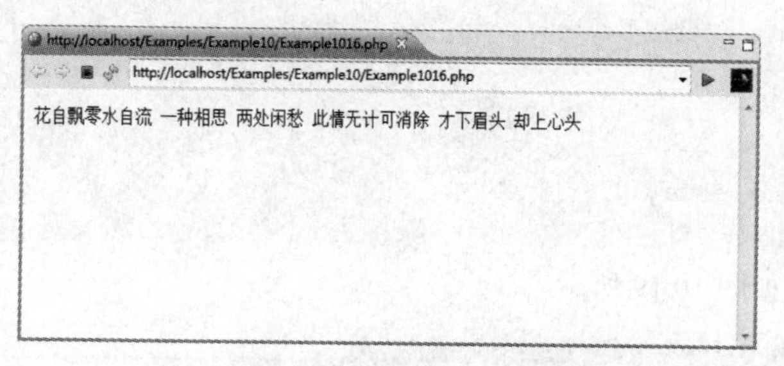

图 10.17　使用 fgetss()过滤后的效果

（4）读取整个文件：readfile()、file()、file_get_contents()

readfile()函数用于读取一个文件并输出其内容。用法如下：

```
int readfile ( string $filename )
```

其中，$filename 为待读文件的路径名。该函数读取文件内容并输出，同时返回从文件中读入的字节数。如果出错，则返回 FALSE，并输出错误信息。

注意：该函数并没有使用打开的文件句柄作为参数。

例如：

```
<?php
    /*
     * 读取整个文件，并输出
     */
    readfile('./Mo.txt');
?>
```

代码运行后的结果如图 10.18 所示。

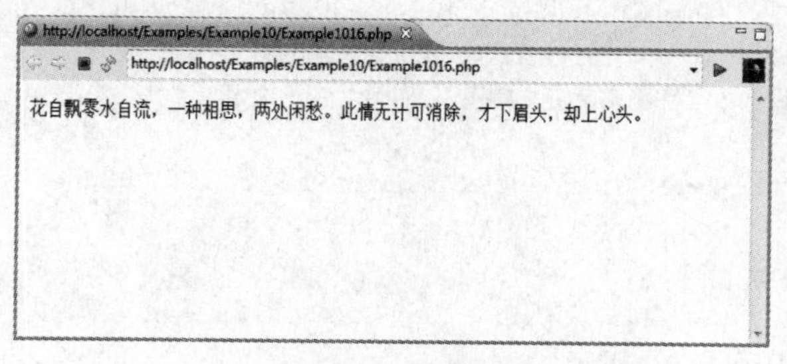

图 10.18　运行结果

file()函数用于读取一个文件，并将文件内容按行存入数组。用法如下：

```
array file ( string $filename )
```

其中，$filename 为待读文件的路径名。该函数将读取的文件内容作为一个数组返回，数组中的每个单元都是文件中相应的一行，包括换行符在内。如果读取失败，则返回 FALSE。

注意：该函数也没有使用打开的文件句柄作为参数。

例如：

```
<?php
    /*
     * 读取整个文件，以数组形式返回
     */
    $file_array = file('./Mo.txt');

    print_r($file_array);
?>
```

代码运行后的结果如图 10.19 所示。

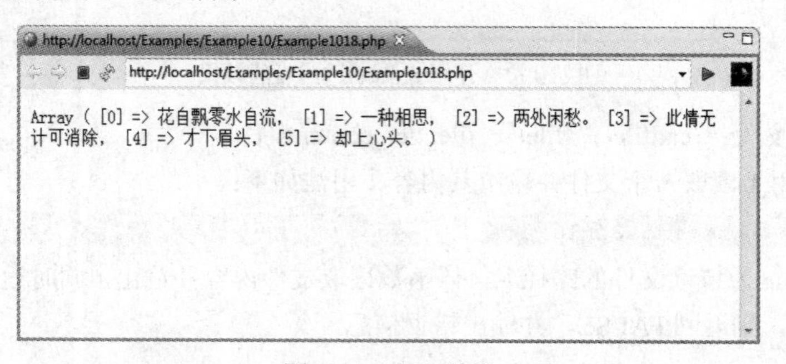

图 10.19　运行结果

file_get_contents()函数用于读取一个文件，并将文件内容存入字符串。用法如下：

```
string file_get_contents ( string $filename )
```

其中，$filename 为待读文件的路径名。该函数返回一个字符串，该字符串保存了读取的文件内容。如果读取失败，则返回 FALSE。

注意：该函数也没有使用打开的文件句柄作为参数。

例如：

```
<?php
    /*
     * 读取整个文件，以字符串形式返回
     */
    $file_str = file_get_contents('./Mo.txt');

    var_dump($file_str);
?>
```

代码运行后的结果如图 10.20 所示。

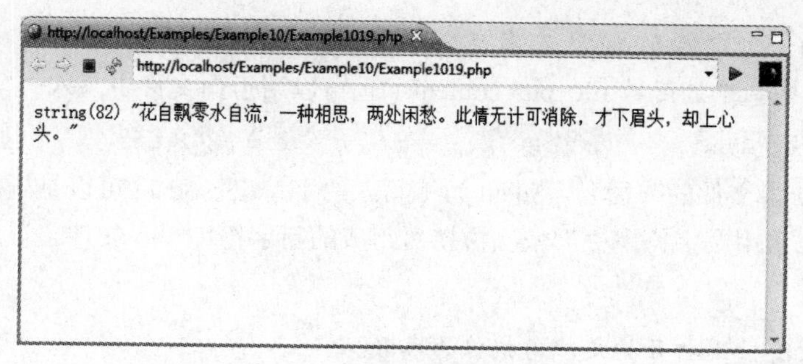

图 10.20　运行结果

10.3.3　写文件

在 PHP 中，向文件中写入数据也是很方便的，常用的函数有 fwrite()和 file_put_contents()。

fwrite()函数的用法如下：

```
int fwrite ( resource $handle , string $string [, int $length ] )
```

其中，$handle 是文件的句柄，$string 是待写入的文件内容，$length 是可选参数。该函数把$string 的内容写入文件指针 $handle 处。如果指定了$length，当写入了$length 个字节或者写完了$string 的内容后，写入就会停止。该函数返回写入的字符数，如果出现错误，则返回 FALSE 。

例如：

```
<?php
    /*
     * 将字符串内容写入文件
     */
    $str = '本府沫沫，年方 19，尤好看书。';                    //待写入的内容
    $path = './SelfMo.txt';                                   //待写入的文件路径

    $fid = fopen($path,'wb');                                 //以写模式打开文件
    fwrite($fid, $str);                                       //向文件中写入内容
    fclose($fid);                                             //关闭文件

    readfile($path);                                          //输出文件内容
?>
```

代码运行后的结果如图 10.21 所示。

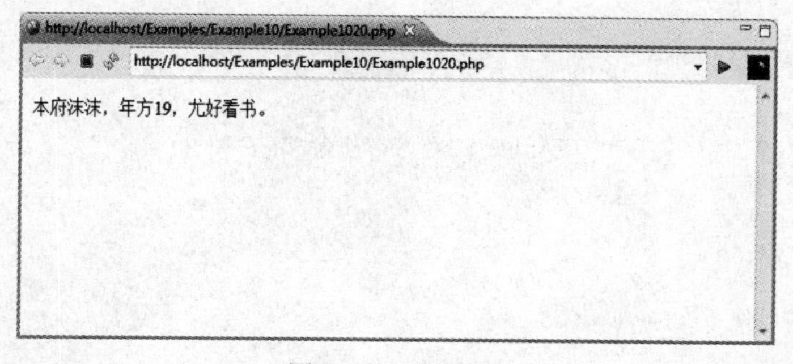

图 10.21　输出结果

fwrite()函数还有一个别名 fputs()，二者是一样的。

还有一个 PHP5 中新增的函数 file_put_contents()也可以用于向文件中写入内容。用法如下：

```
int file_put_contents ( string $filename , string $data )
```

其中，$filename 为文件的路径名，$data 为待写入的字符串。$data 可以是一维数组，如果是数组，等同于将数组元素用空字符串“”依次拼接后组成的新字符串写入文件。该函数返回写入到文件内数据的字节数。

注意：该函数没有使用打开的文件句柄作为参数。

例如：

```
<?php
    /*
     * 将字符串内容写入文件
     */
    $str = '本府沫沫，年方 19，尤好看书。';                //待写入的内容
    $path = './SelfMo.txt';                              //待写入的文件路径

    file_put_contents($path, $str);                      //将字符串内容写入数组

    readfile($path);                                     //输出文件内容
?>
```

代码运行后的结果与图 10.21 类似。

10.3.4 访问远程文件

访问远程文件与访问本地文件很类似，只是文件路径变成了 URL 地址，同时需确保 allow_url_fopen 开关已打开（可以通过 phpinfo()查看）。

例如：

```
<?php
    /*
     * 访问远程文件（readfile()函数）
     */
    readfile('http://www.baidu.com');
?>
<?php
    /*
     * 访问远程文件（file_get_contents()函数）
     */
    $str = file_get_contents('http://www.baidu.com');
    echo $str;
?>
<?php
    /*
     * 访问远程文件（file()函数）
     */
    $file_array = file('http://www.baidu.com');
    echo join("",$file_array);
```

```
?>
<?php
    /*
     * 访问远程文件（fgets()函数）
     */
    $fid = fopen ("http://www.baidu.com/", "rb");
    $str = "";
    while (!feof($fid)) {
        $str .= fgets($fid);
    }
    fclose($fid);
    echo $str;
?>
<?php
    /*
     * 访问远程文件（fread()函数）
     */
    $fid = fopen ("http://www.baidu.com/", "rb");
    $str = "";
    while (!feof($fid)) {
        $str .= fread($fid, 8192);
    }
    fclose($fid);
    echo $str;
?>
```

这几段代码的功能都是读取 http://www.baidu.com，即百度首页的 html 文件，代码运行后的结果与图 10.22 一样。

图 10.22　运行结果

10.4　文件上传与下载

文件的上传与下载是最常见的 Web 功能之一，一般是通过 HTTP 协议来实现的。

10.4.1 上传单个文件

第 6 章“PHP 数组”在讲述预定义数组变量时，曾介绍了使用文件上传变量$_FILES 实现文件上传的方法。对$_FILES 变量，在这里再进行简要介绍。

PHP 主要通过 POST 方法上传文件，文件被上传后，会被存储到服务器端的临时目录中（默认是系统的临时目录，可以通过修改 PHP 配置文件中的 upload_tmp_dir 选项来改变临时目录），然后需要利用 PHP 中的 move_uploaded_file()函数将其移动到指定位置。

上传文件的所有信息被包含在一个全局的二维数组$_FILES 中。该数组共 5 个元素，元素的第一个下标表示表单的文件上传元素名，第二个下标是下面 5 个预定义下标之一，分别描述了上传文件的属性（upload-name 是表单中上传文件标记符的名称）。

- $_FILES['upload-name']['name']：从客户端向服务器上传文件的文件名。
- $_FILES['upload-name']['type']：上传文件的 MIME 类型，这个变量是否赋值取决于浏览器的功能。
- $_FILES['upload-name']['size']：上传文件的大小（以字节为单位）。
- $_FILES['upload-name']['tmp_name']：上传之后，将此文件移到最终位置之前赋予的临时名。
- $_FILES['upload-name']['error']：上传状态码，有 5 种可能取值。

5 种可能的上传状态码如下。

- UPLOAD_ERR_OK：文件成功上传。
- UPLOAD_ERR_INI_SIZE：文件大小超出了 upload_max_filesize 所指定的最大值，该值在 PHP 配置文件中设置。
- UPLOAD_ERR_FORM_SIZE：文件大小超出了 MAX_FILE_SIZE 隐藏表单域参数（可选）指定的最大值。
- UPLOAD_ERR_PARTIAL：文件只上传了一部分。
- UPLOAD_ERR_NO_FILE：上传表单中没有指定文件。
- UPLOAD_ERR_NO_TMP_DIR：找不到临时文件夹。
- UPLOAD_ERR_CANT_WRITE：文件写入失败。

move_uploaded_file()函数的用法如下：

```
bool move_uploaded_file ( string $filename , string $destination )
```

其中，$filename 为上传的文件名，$destination 为上传文件的最终目的地址。如果$filename 不是合法的上传文件或者由于某些原因无法移动文件，则 move_uploaded_file()将返回 FALSE，并输出警告信息。

例如：

```
<form enctype="multipart/form-data" action="<?=$_SERVER['PHP_SELF']?>" method=
"POST">
    <input type="hidden" name="MAX_FILE_SIZE" value="104857600" /><!--100M -->
    上传文件: <input name="upload_file" type="file" size="50" />
    <input type="submit" name="submit" value="上传" />
</form>

<?php
```

```
    /*
     * 上传单个文件
     */
    if(isset($_POST['submit'])){
        switch ($_FILES['upload_file']['error']){
            case UPLOAD_ERR_INI_SIZE:
                echo '<script>alert("文件大小超过了服务器的限制！");</script>';
                break;
            case UPLOAD_ERR_FORM_SIZE:
                echo '<script>alert("文件大小超过了浏览器的限制！");</script>';
                break;
            case UPLOAD_ERR_PARTIAL:
                echo '<script>alert("只有部分文件被上传！");</script>';
                break;
            case UPLOAD_ERR_NO_FILE:
                echo '<script>alert("没有文件被上传！");</script>';
                break;
            case UPLOAD_ERR_NO_TMP_DIR:
                echo '<script>alert("找不到临时文件夹！");</script>';
                break;
            case UPLOAD_ERR_CANT_WRITE :
                echo '<script>alert("文件写入失败！");</script>';
                break;
            case UPLOAD_ERR_OK:
                $upload_dir = './'.$_FILES['upload_file']['name'];
                if(file_exists($upload_dir)){
                    echo '<script>alert("已存在同名文件！");</script>';
                }else{
                    if(move_uploaded_file($_FILES['upload_file']['tmp_name'],
$upload_dir)){
                        echo '<script>alert("文件上传成功！");</script>';
                    }else{
                        echo '<script>alert("文件移动失败！");</script>';
                    }
                }
                break;
        }
    }
?>
```

上传文件的表单中，<form>的属性必须设置为 enctype="multipart/form-data" ，<input>标签的类型 type 必须是 file，用来在浏览器端限制上传文件大小的隐藏域的名称必须为 MAX_FILE_SIZE，其值的单位为字节。

代码运行后的结果如图 10.23 所示，单击“浏览”按钮选择要上传的文件。

文件上传成功后的结果如图 10.24 所示。

如果文件上传失败，则很有可能是 PHP 配置文件中某项配置不满足上传该文件的需要。首先，PHP 配置文件中的 file_uploads 选项必须打开，然后检查 upload_max_filesize 选项的值，它被用来设置上传文件大小的上限，如果上传文件的大小超过这个限制将不会被服务器接受，同时表单中的

MAX_FILE_SIZE 也被用来限制文件的大小，但它的值不能大于 upload_max_filesize 的值。此外，内存限制 memory_limit、脚本执行时间限制 max_execution_time、脚本接收输入时间限制 max_input_time、POST 大小限制 post_max_size 等，都会影响文件上传，可以适当增大这些值来保证文件成功上传。

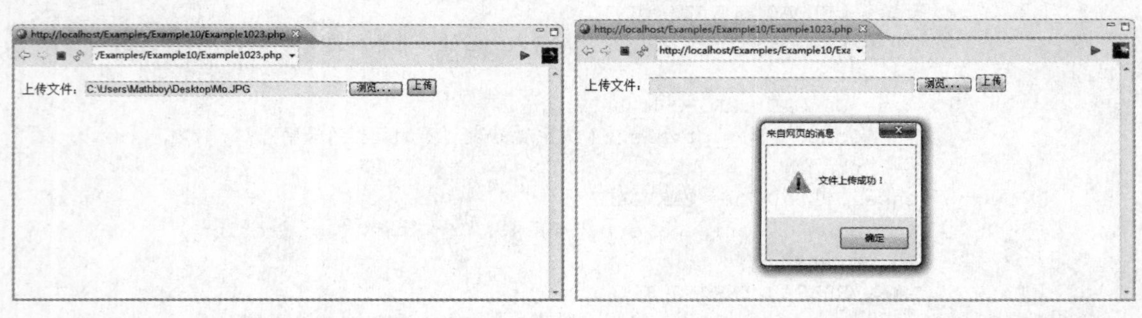

图 10.23　运行结果　　　图 10.24　文件上传成功后的结果

10.4.2　上传多个文件

PHP 支持多文件同时上传，只要以数组形式来命名表单中的文件上传标记即可。

例如：

```
<form enctype="multipart/form-data" action="<?=$_SERVER['PHP_SELF']?>" method=
"POST">
    <input type="hidden" name="MAX_FILE_SIZE" value="104857600" /><!--100M -->
    <table>
        <tr>
            <td>上传文件: <input name="upload_file[]" type="file" size="50" /></td>
        </tr>
        <tr>
            <td>上传文件: <input name="upload_file[]" type="file" size="50" /></td>
        </tr>
        <tr>
            <td>上传文件: <input name="upload_file[]" type="file" size="50" /></td>
        </tr>
        <tr>
            <td>上传文件: <input name="upload_file[]" type="file" size="50" /></td>
        </tr>
        <tr>
            <td>上传文件: <input name="upload_file[]" type="file" size="50" /></td>
        </tr>
        <tr>
            <td><input type="submit" name="submit" value="上传" /></td>
        </tr>
    </table>
</form>


<?php
    /*
```

```
 * 文件上传函数
 * 输入上传状态编码，临时文件名，上传文件名
 * 输出文件上传信息
 */
function uploadFile($file_error, $file_tmp_name, $file_name){
    $info = "";

    if($file_name == "") return $info;

    switch ($file_error){
        case UPLOAD_ERR_INI_SIZE:
            $info = $file_name.": 文件大小超过了服务器的限制! <br>";
            break;
        case UPLOAD_ERR_FORM_SIZE:
            $info = $file_name.": 文件大小超过了浏览器的限制! <br>";
            break;
        case UPLOAD_ERR_PARTIAL:
            $info = $file_name.": 只有部分文件被上传! <br>";
            break;
        case UPLOAD_ERR_NO_FILE:
            $info = $file_name.": 没有文件被上传! <br>";
            break;
        case UPLOAD_ERR_NO_TMP_DIR:
            $info = $file_name.": 找不到临时文件夹! ";
            break;
        case UPLOAD_ERR_CANT_WRITE :
            $info = $file_name.": 文件写入失败! <br>";
            break;
        case UPLOAD_ERR_OK:
            //将utf-8编码转成gb2312，以解决中文文件名乱码问题
            $upload_dir = './'.iconv("UTF-8","gb2312",$file_name);

            if(file_exists($upload_dir)){
                $info = $file_name.": 同名文件已存在! <br>";
            }else{

                if(move_uploaded_file($file_tmp_name, $upload_dir)){
                    $info = $file_name.": 文件上传成功! <br>";
                }else{
                    $info = $file_name.": 文件上传失败! <br>";
                }
            }
            break;
    }
    return $info;
}
/*
 * 上传多个文件
 */
if(isset($_POST['submit'])){
```

```
        $info = '';
        $count = count($_FILES['upload_file']['name']);        //同时上传的文件个数

        for($i = 0; $i < $count; ++$i){
            if($_FILES['upload_file']['name'][$i] == "") continue;//跳过空文件名

            $info .= uploadFile(
                $_FILES['upload_file']['error'][$i],
                $_FILES['upload_file']['tmp_name'][$i],
                $_FILES['upload_file']['name'][$i]
            );
        }
        echo $info;
    }
?>
```

多文件上传时，数组$_FILES 的第三维下标会自动从 0 开始依次编号。同时注意检测空文件名。此外，最好是使用 icov()函数对文件名进行转码，以解决中文文件名乱码的问题。

代码运行后的结果如图 10.25 所示，单击“浏览”按钮，选择要上传的文件。

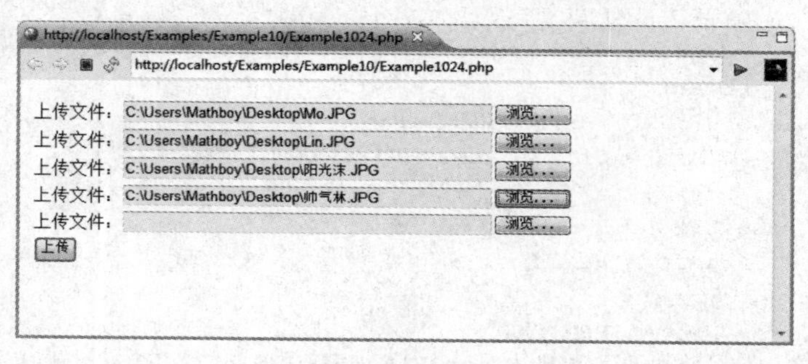

图 10.25　运行结果

文件上传成功后的结果如图 10.26 所示。

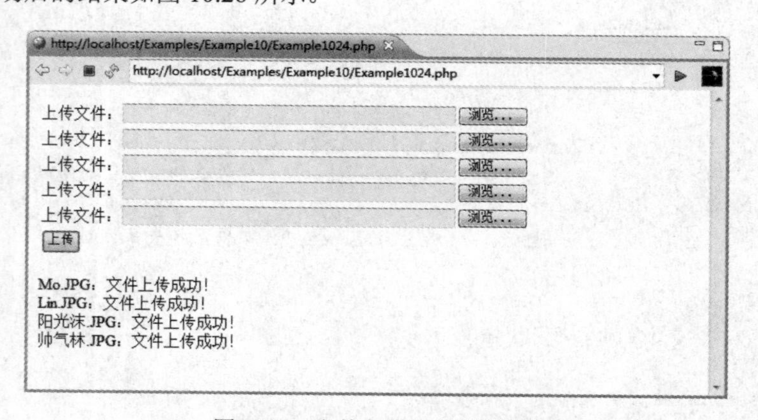

图 10.26　文件上传成功后的结果

10.4.3　文件的下载

一般的文件下载很简单，建立一个链接指向目标文件即可。

例如：

```
<?php
/*
 * 直接链接下载文件
 */
$file_path = './Mo.doc';

echo <<<DOWNLOAD
<a href="{$file_path}">单击下载</a>
DOWNLOAD;
?>
```

当单击链接后就会出现图 10.27 所示的结果。

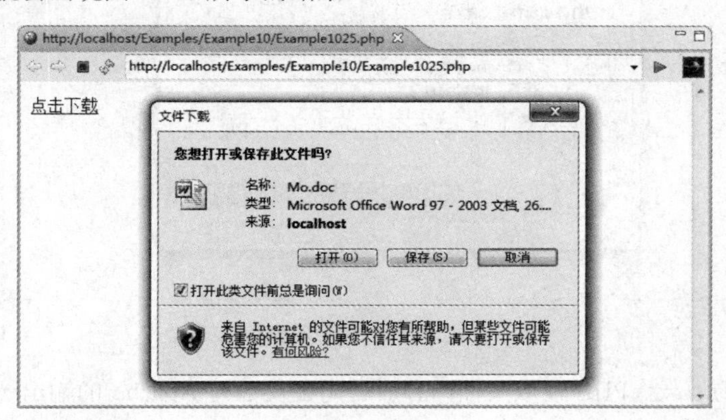

图 10.27　运行结果

但是这样做有两个问题：第一，有些文件，例如 TXT 文件，会被浏览器直接打开，而不是提示用户下载。第二，直接暴露下载文件的路径，会给盗链者可乘之机，同时也存在安全方面的隐患。

因此，要实现安全的文件下载，首先要建立一个 PHP 文件，当用户单击下载后链接到该 PHP 文件。该 PHP 文件执行后需要通过 header()函数向 Apache 服务器发送一些标识信息，告诉 Apache 要下载的文件的路径、名称、类型等信息，最后再利用文件读/写函数读取文件内容并输出。

代码如下：

```
<?php
    /*
     * 通过header()和readfile()实现下载
     */
    $file_path = './阳光沫.jpg';
    $file_path = iconv("UTF-8","gb2312",$file_path); //将utf-8编码转为gb2312，以
解决中文文件名乱码问题

    if(!file_exists($file_path)){                              //如果该文件不存在
        exit('<script>alert("该文件不存在！");</script>');    //弹出提示信息并终止脚本
    }

    $file_name = basename($file_path);                         //文件名
    $file_size = filesize($file_path);                         //文件大小
```

```
    header("Content-type: application/octet-stream");
    header('Content-Disposition: attachment; filename="'.$file_name.'"');
    header("Content-Length: ".$file_size);

    readfile($file_path);                                    //读取文件并输出
?>
```

代码运行后的结果如图 10.28 所示。

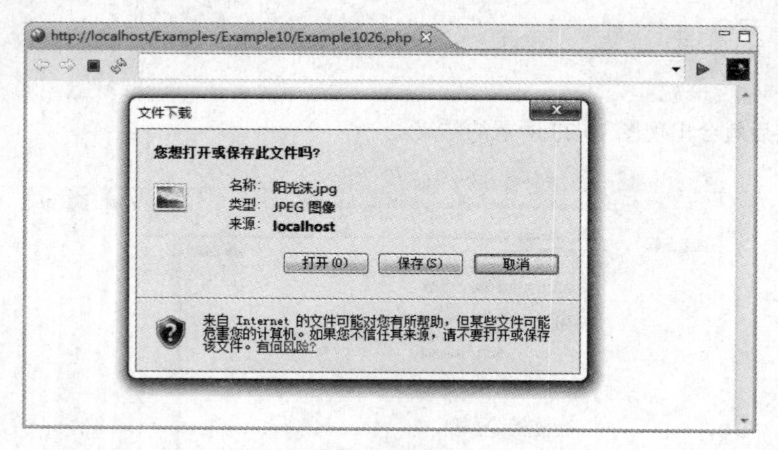

图 10.28　运行结果

通过这种方式的下载，PHP 读取文件内容后首先会发送到 Apache 的输出缓冲区，然后再发送给用户。这一来就绕了个圈子，效率不高。很多时候，我们可以让 Apache 直接把文件发送给用户。例如：

```
<?php
    /*
     * 通过 X-Sendfile 实现下载
     */
    $file_path = './阳光沫.jpg';
    $file_path = iconv("UTF-8","gb2312",$file_path); //将 utf-8 编码转为 gb2312，以
解决中文文件名乱码问题

    if(!file_exists($file_path)){                            //如果该文件不存在
        exit('<script>alert("该文件不存在! ");</script>');  //弹出提示信息并终止脚本
    }

    $file_name = basename($file_path);                       //文件名

    header("Content-type: application/octet-stream");
    header('Content-Disposition: attachment; filename="'.$file_name.'"');
    header("X-Sendfile:$file_path");                         //直接发送文件
?>
```

效果与上一个例子一样。

10.5　本章小结

本章首先介绍了文件系统和文件路径的概念，然后讲解了文件和目录的基本操作，包括复制、移动、重命名、删除等。接着又讲述了文件的读/写操作以及访问远程文件的方法。最后介绍了 Web 开发中常用的文件的上传与下载。

第 11 章　图像处理

PHP 不仅可以进行文本处理，还能进行图像处理。在生成校验码、绘制动态图表、给图片添加水印等方面需要用到 PHP 图像处理技术。PHP 的图片处理主要依赖强大的 GD 库来实现。本章将介绍如何在 PHP 中使用 GD 库进行图像处理。

11.1　GD 库简介

在 PHP 中进行图像处理开发，可以使用的扩展库有 Exif、GD、ImageMagick、Gmagick 等，其中使用最多的是 GD 库。

GD 库是一个开源的图像处理库，被 PHP 用来作为其图像处理的扩展库。GD 库提供了一系列图像操作函数来处理图片或生成图片。例如，生成校验码、给图片添加水印、生成动态数据图表等。

安装 PHP 时，GD 库是默认被安装的。但在使用 GD 库之前需要保证其已被激活。我们可以通过执行 phpinfo()函数来查看，如果出现的页面中包含图 11.1 所示的内容，则说明 GD 库已被激活，否则需打开 PHP 配置文件，找到“;extension=php_gd2.dll”选项，将其前面的分号“;”去掉，然后保存修改后的配置文件，并重启 Apache 服务器，如图 11.1 所示。

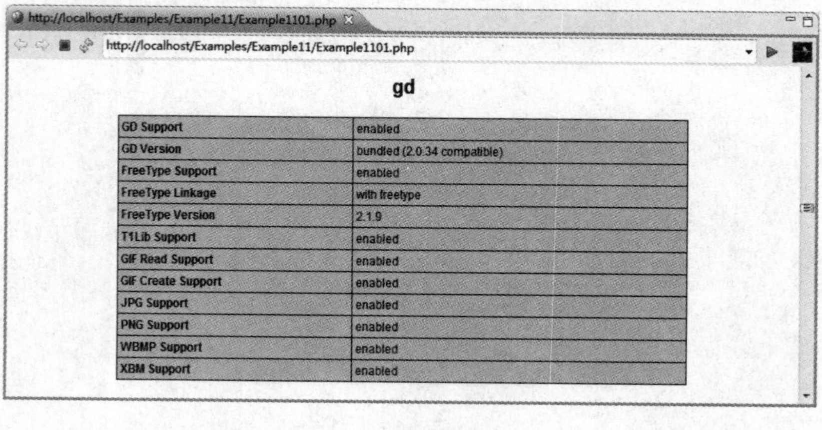

http://localhost/Examples/Example11/Example1101.php
http://localhost/Examples/Example11/Example1101.php
gd
GD Support enabled
GD Version bundled (2.0.34 compatible)
FreeType Support enabled
FreeType Linkage with freetype
FreeType Version 2.1.9
T1Lib Support enabled
GIF Read Support enabled
GIF Create Support enabled
JPG Support enabled
PNG Support enabled
WBMP Support enabled
XBM Support enabled

图 11.1　运行结果

GD 库目前使用较多的版本是 2.0，因此又被称为 GD2。值得注意的是，GD 库从 1.6 起移除了对 GIF 图像的支持，这主要是考虑到版权问题，但从 2.0.28 起又重新开始支持 GIF 图像的处理。读者在使用 GD 库时要注意其版本，1.6 至 2.0.28 之间的 GD 库中没有 GIF 的相关函数。

11.2　简单图像处理

PHP 利用 GD 库可以方便地绘制 PNG、GIF、JPEG 图像，包括设置图像的大小、背景色、前景色、绘制各种图形文字等。

11.2.1　画布设置

绘制图像前，首先要设置一块“画布”，就好像我们画画需要一块画板一样。之后所有的绘制工作都在这块“画布”上进行。“画布”的设置函数是 imagecreate()，用法如下：

```
resource imagecreate ( int $x_size , int $y_size )
```

其中，$x_size、$y_size 分别为画布的宽度和高度。该函数返回一个宽为$x_size、高为$y_size 的空白图像的句柄。

例如：

```
<?php
    $width = 500;                                   //画布宽度
    $height = 300;                                  //画布高度
    $img = imagecreate($width, $height);            //创建画布
?>
```

这段代码创建了一个宽为 500 像素、高为 300 像素的空白图像。

11.2.2　颜色设置

现在画布已经准备好了，如同画画一样，我们还需要准备“颜料”，即设置绘制图像时画笔的颜色。GD 库通过 imagecolorallocate()函数分配颜色。函数用法如下：

```
int imagecolorallocate ( resource $image , int $red , int $green , int $blue )
```

其中，$image 为 imagecreate()函数创建的图像句柄，$red、$green、$blue 分别是所需颜色的红、绿、蓝成分，即 RGB 值，这些值用 0～255 的整数或者 0x00～0xFF 的十六进制数设置。该函数返回设置好的颜色值，如果设置失败，则返回-1。

所谓 RGB，是工业界的一种颜色标准，通过对红（R）、绿（G）、蓝（B）三个颜色的变化以及它们之间的相互叠加得到各式各样的颜色。这个标准几乎包括了人类视力所能感知的所有颜色，是目前广泛应用的颜色系统。例如：

```
<?php
    $width = 500;                                          //画布宽度
    $height = 300;                                         //画布高度
    $img = imagecreate($width, $height);                   //创建画布

    //使用整数设置颜色
    $red = imagecolorallocate($img, 255, 0, 0);            //红色
```

```
    $orange = imagecolorallocate($img, 255, 125, 0);        //橙色
    $yellow = imagecolorallocate($img, 255, 255, 0);        //黄色
    $green = imagecolorallocate($img, 0, 255, 0);           //绿色
    $blue = imagecolorallocate($img, 0, 0, 255);            //蓝色
    $indigo = imagecolorallocate($img, 0, 255, 255);        //靛青色
    $purple = imagecolorallocate($img, 255, 0, 255);        //红色

    //使用十六进制数设置颜色
    $red = imagecolorallocate($img, 0xFF, 0, 0);            //红色
    $orange = imagecolorallocate($img, 0xFF, 0x7D, 0);      //橙色
    $yellow = imagecolorallocate($img, 0xFF, 0xFF, 0);      //黄色
    $green = imagecolorallocate($img, 0, 0xFF, 0);          //绿色
    $blue = imagecolorallocate($img, 0, 0, 0xFF);           //蓝色
    $indigo = imagecolorallocate($img, 0, 0xFF, 0xFF);      //靛青色
    $purple = imagecolorallocate($img, 0xFF, 0, 0xFF);      //红色
?>
```

第一次调用 imagecolorallocate()时，函数会默认使用分配的颜色给$image 图像填充背景。

11.2.3 绘制背景

在动手绘制图像前，我们还可以给画布绘制背景。之前讲到过，imagecolorallocate()在第一次调用时会给图像填充背景。除此之外，我们还可以使用 imagefill()函数，用法如下：

```
bool imagefill ( resource $image , int $x , int $y , int $color )
```

其中，$image 为 imagecreate()函数创建的图像句柄，$x、$y 为定位坐标（以图像左上角为坐标原点，如图 11.2 所示），$color 为填充的颜色。该函数将会把与$x、$y 颜色相同且相邻的点都用$color 颜色填充。

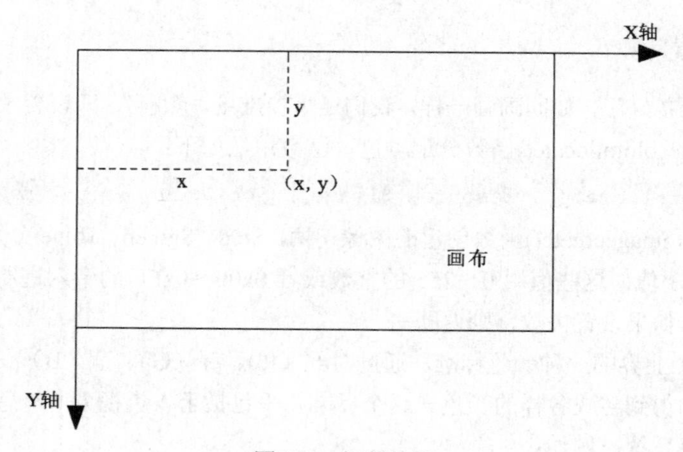

图 11.2 运行结果

例如：

```
<?php
    $width = 500;                                           //画布宽度
    $height = 300;                                          //画布高度
    $img = imagecreate($width, $height);                    //创建画布
```

```
    $red = imagecolorallocate($img, 255, 0, 0);                //红色
    $green = imagecolorallocate($img, 0, 255, 0);              //绿色

    $x = 0;                                                    //定位坐标
    $y = 0;                                                    //定位坐标
    imagefill($img, $x, $y, $green);                           //用绿色填充
?>
```

这段代码创建了一个宽为500像素、高为300像素的空白图像，然后设置颜色时会被imagecreate()默认填充背景色为红色，接着使用imagefill()函数将图像背景填充为绿色。

11.2.4　绘制图像

设置好画布、颜色和背景后，接下来就是正式绘制图像了。GD库提供了丰富的图像绘制函数，例如绘制直线的 imageline()，绘制弧线的 imagearc()，绘制矩形的 imagerectangle()，绘制多边形的 imagepolygon，绘制椭圆的 imageellipse()。用法如下：

（1）绘制直线：imageline()

```
bool imageline ( resource $image , int $x1 , int $y1 , int $x2 , int $y2 , int $color )
```

其中，$image 为 imagecreate()函数创建的图像句柄，$x1、$y1 为所绘直线的起点，$x2、$y2 为所绘直线的终点，$color 为所绘直线的颜色。该函数实际上是绘制了一条连接(x1,y1)和(x2,y2)的直线，如图 11.3 所示。

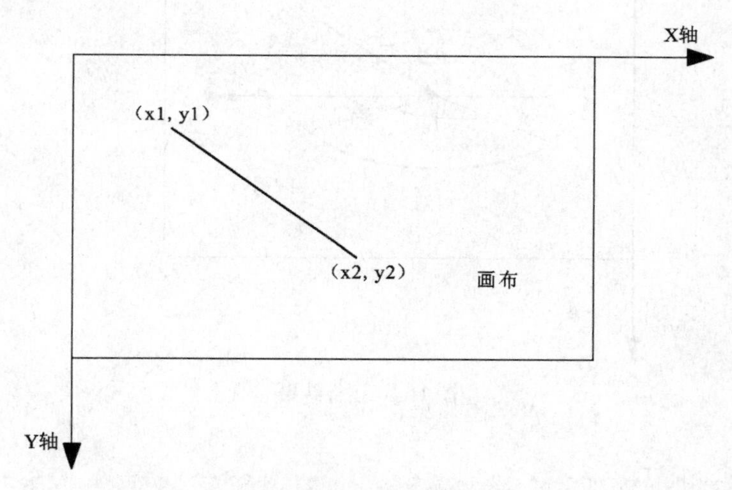

图 11.3　运行结果

例如：

```
<?php
    /*
     * 绘制直线
     */
    $width = 500;                                              //画布宽度
    $height = 300;                                             //画布高度
    $img = imagecreate($width, $height);                       //创建画布
```

```
    $red = imagecolorallocate($img, 255, 0, 0);                    //红色
    $green = imagecolorallocate($img, 0, 255, 0);                  //绿色

    $x1 = 30;                                                      //直线起点 x 坐标
    $y1 = 50;                                                      //直线起点 y 坐标
    $x2 = 200;                                                     //直线终点 x 坐标
    $y2 = 160;                                                     //直线终点 y 坐标
    imageline($img, $x1, $y1, $x2, $y2, $green);                   //绘制直线
?>
```

这段代码创建了一个宽为500像素、高为300像素的空白图像，然后设置颜色时会被imagecreate()默认填充背景色为红色，接着以(30,50)为起点，(200,160)为终点绘制一条绿色的曲线。

（2）绘制弧线：imagearc()

```
bool imagearc ( resource $image , int $cx , int $cy , int $w , int $h , int $s , int $e , int $color )
```

其中，$image 为 imagecreate()函数创建的图像句柄，$cx、$cy 为椭圆的中心坐标，$w、$h 分别为椭圆的宽度和高度，如果要画圆弧，只要将宽度和高度设置成一样即可。$s、$e 分别用角度设置弧线起始点和终止点，其中 0° 位于椭圆中心的三点钟位置，从$s 到$e 为顺时针。$color 为所绘弧线的颜色，如图 11.4 所示。

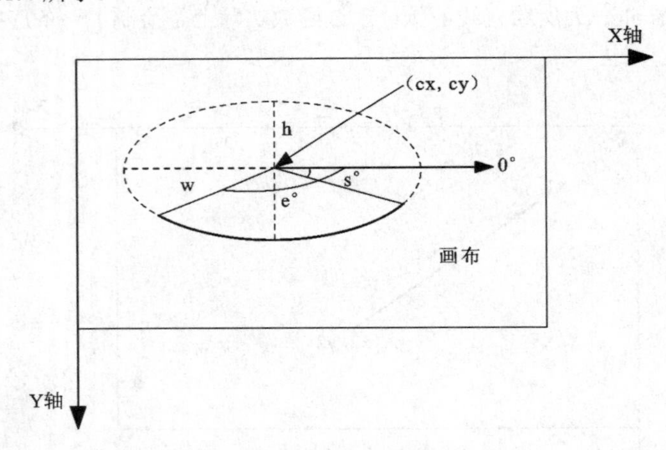

图 11.4　运行结果

例如：

```
<?php
/*
 * 绘制弧线
 */
$width = 500;                                                  //画布宽度
$height = 300;                                                 //画布高度
$img = imagecreate($width, $height);                           //创建画布

$red = imagecolorallocate($img, 255, 0, 0);                    //红色
$green = imagecolorallocate($img, 0, 255, 0);                  //绿色
```

```
    $cx = 250;                                              //椭圆中心点 x 坐标
    $cy = 150;                                              //椭圆中心点 y 坐标
    $w = 100;                                               //椭圆宽度
    $h = 80;                                                //椭圆高度
    $s = 10;                                                //弧线起点角度 10°
    $e = 160;                                               //弧线终点角度 160°
    imagearc($img, $cx, $cy, $w, $h, $s, $e, $green);       //绘制弧线
?>
```

这段代码创建了一个宽为 500 像素、高为 300 像素的空白图像，然后设置颜色时会被 imagecreate()默认填充背景色为红色，接着以(250,150)为椭圆中心，宽度为 100 像素，高度为 80 像素，起点为 10°，终点为 160°，绘制了一条绿色的弧线。

（3）绘制矩形：imagerectangle()

```
bool imagerectangle ( resource $image , int $x1 , int $y1 , int $x2 , int $y2 , int $color )
```

其中，$image 为 imagecreate()函数创建的图像句柄，$x1、$y1 为所绘矩形左上角坐标，$x2、$y2 为所绘矩形右下角坐标，$color 为所绘矩形的颜色，如图 11.5 所示。

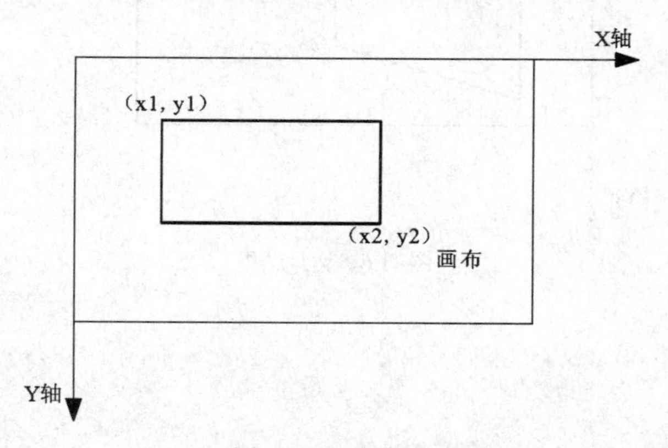

图 11.5　运行结果

例如：

```
<?php
    /*
     * 绘制矩形
     */
    $width = 500;                                           //画布宽度
    $height = 300;                                          //画布高度
    $img = imagecreate($width, $height);                    //创建画布

    $red = imagecolorallocate($img, 255, 0, 0);             //红色
    $green = imagecolorallocate($img, 0, 255, 0);           //绿色

    $x1 = 50;                                               //矩形左上角 x 坐标
    $y1 = 30;                                               //矩形左上角 y 坐标
    $x2 = 200;                                              //矩形右下角 x 坐标
    $y2 = 100;                                              //矩形右下角 y 坐标
```

```
    imagerectangle($img, $x1, $y1, $x2, $y2, $green);          //绘制矩形
?>
```

这段代码创建了一个宽为500像素、高为300像素的空白图像，然后设置颜色时会被imagecreate()默认填充背景色为红色，接着以(50,30)为矩形左上角，以(200,100)为矩形右下角，绘制一个绿色的矩形。

（4）绘制多边形：imagepolygon

```
bool imagepolygon ( resource $image , array $points , int $num_points , int $color )
```

其中，$image为imagecreate()函数创建的图像句柄，$points是一个数组，包含了多边形各个顶点的坐标，即$points[0] = x0，$points[1] = y0，$points[2] = x1，$points[3] = y1，依此类推。$num_points是顶点的总数，$color为所绘多边形的颜色，如图11.6所示。

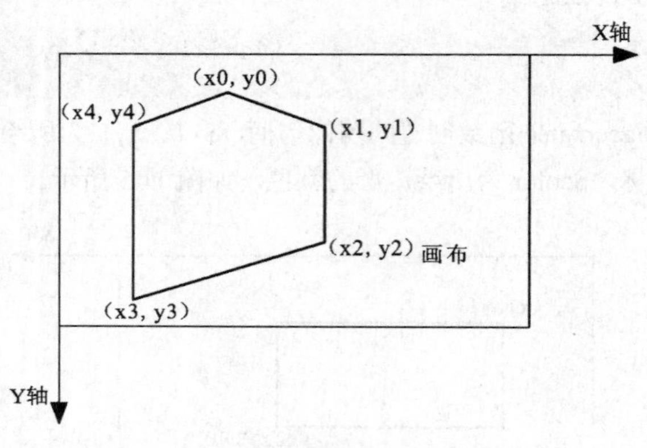

图11.6　运行结果

例如：

```
<?php
    /*
     * 绘制多边形
     */
    $width = 500;                                              //画布宽度
    $height = 300;                                             //画布高度
    $img = imagecreate($width, $height);                       //创建画布

    $red = imagecolorallocate($img, 255, 0, 0);                //红色
    $green = imagecolorallocate($img, 0, 255, 0);              //绿色

    $points = array(                                           //多边形的各个顶点
            100,100,
            150,150,
            300,240,
            200,280,
            80,140
    );
    $num_points = count($points)/2;                            //多边形顶点的个数
    imagepolygon($img, $points, $num_points, $green);          //绘制多边形
?>
```

这段代码创建了一个宽为 500 像素、高为 300 像素的空白图像，然后设置颜色时会被 imagecreate() 默认填充背景色为红色，接着以$points 数组中的数据为顶点，绘制一个绿色的多边形。

（5）绘制椭圆：imageellipse()

```
bool imageellipse ( resource $image , int $cx , int $cy , int $w , int $h , int $color )
```

其中，$image 为 imagecreate()函数创建的图像句柄，$cx、$cy 为椭圆的中心坐标，$w、$h 分别为椭圆的宽度和高度，如果要画圆只要将宽度和高度设置成一样即可。$color 为所绘椭圆的颜色，如图 11.7 所示。

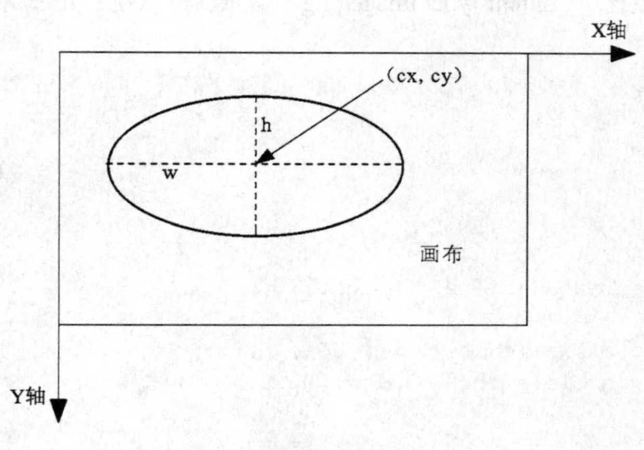

图 11.7　运行结果

例如：

```
<?php
    /*
     * 绘制椭圆
     */
    $width = 500;                                              //画布宽度
    $height = 300;                                             //画布高度
    $img = imagecreate($width, $height);                       //创建画布

    $red = imagecolorallocate($img, 255, 0, 0);                //红色
    $green = imagecolorallocate($img, 0, 255, 0);              //绿色

    $cx = 250;                                                 //椭圆中心点 x 坐标
    $cy = 150;                                                 //椭圆中心点 y 坐标
    $w = 100;                                                  //椭圆宽度
    $h = 80;                                                   //椭圆高度
    imageellipse($img, $cx, $cy, $w, $h, $green);              //绘制椭圆
?>
```

这段代码创建了一个宽为 500 像素、高为 300 像素的空白图像，然后设置颜色时会被 imagecreate() 默认填充背景色为红色，接着以(250,150)为椭圆中心，宽度为 100 像素，高度为 80 像素，绘制一个绿色的椭圆。

11.2.5 输出图像

之前的绘制工作都是在内存中操作的，并没有将结果输出来。GD 库使用 imagepng()函数输出 PNG 图像，使用 imagegif()输出 GIF 图像，使用 imagejpeg()输出 JPEG 图像，用法类似。以 imagepng()为例，用法如下：

```
bool imagepng ( resource $image [, string $filename ] )
```

其中，$image 为 imagecreate()函数创建的图像句柄，$filename 为可选参数，用来设置输出的图像文件名，如果没有设置文件名，则默认输出到浏览器。

通过 header()函数发送"Content-type: image/png"信息，可以使 PHP 脚本直接输出 PNG 图像。例如：

```
<?php
    /*
     * 绘制椭圆
     */
    $width = 500;                                                   //画布宽度
    $height = 300;                                                  //画布高度
    $img = imagecreate($width, $height);                            //创建画布

    $red = imagecolorallocate($img, 255, 0, 0);                     //红色
    $green = imagecolorallocate($img, 0, 255, 0);                   //绿色

    $cx = 250;                                                      //椭圆中心点 x 坐标
    $cy = 150;                                                      //椭圆中心点 y 坐标
    $w = 300;                                                       //椭圆宽度
    $h = 150;                                                       //椭圆高度
    imageellipse($img, $cx, $cy, $w, $h, $green);                   //绘制椭圆

    header("Content-type: image/png");                              //发送 Header 信息
    imagepng($img);                                                 //输出图像
    imagedestroy($img);                                           //释放与图像关联的内存
?>
```

这段代码创建了一个宽为 500 像素、高为 300 像素的空白图像，然后设置颜色时会被 imagecreate()默认填充背景色为红色，接着以(250,150)为椭圆中心，宽度为 300 像素，高度为 150 像素，绘制一个绿色的椭圆，最后将图像以 PNG 格式输出到浏览器，如图 11.8 所示。

注意： 绿色的线条在红色的背景上会显示为黄色。

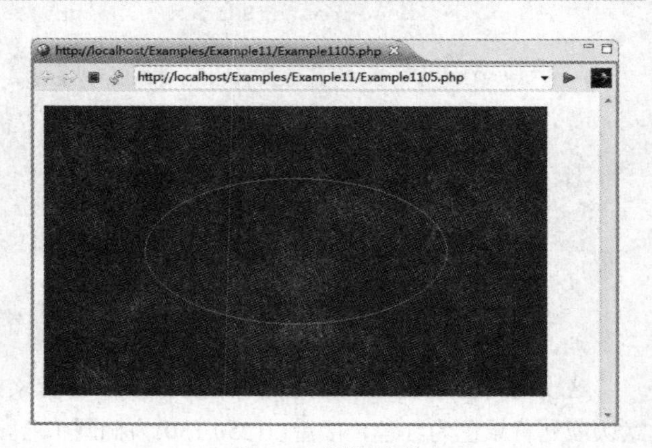

图 11.8 运行结果

11.2.6 一个完整的图像绘制

图像绘制基本包括前面讲的几个步骤：第一步，设置画布（包括宽度、高度）；第二步，设置颜

色（包括背景色、前景色）；第三步，绘制背景；第四步，绘制图像；第五步，输出图像，释放内存。

下面看一个完整的例子：

```
<?php
    /*
     * 一个完整的图像绘制
     */
    $width = 500;                                                   //画布宽度
    $height = 300;                                                  //画布高度
    $img = imagecreate($width, $height);                            //创建画布
    $bg_color = imagecolorallocate($img, 0xB0, 0xC4, 0xDE);  //设置背景色
    $fore_color = imagecolorallocate($img, 0x00, 0x00, 0x00);
//设置前景色（即线条颜色）

    imagefill($img, 0, 0, $bg_color);                               //绘制背景，可省略

    $eye_d = 80;                                                    //圆的直径
    $eye_location_x = $eye_d / 2 + 50;                              //圆心 x 坐标
    $eye_location_y = $eye_d /2 + 10;                               //圆心 y 坐标

    imagesetthickness($img, 3);                                     //设置线条线宽
    //绘制左边的圆
    imageellipse($img,   $eye_location_x,   $eye_location_y,   $eye_d,   $eye_d,
$fore_color);
    //绘制右边的圆
    imageellipse($img, $width - $eye_location_x, $eye_location_y, $eye_d, $eye_d,
$fore_color);

    $nose_points = array(                                       //多边形各个顶点坐标
            $width / 2, $height / 3,
            $width / 2 - 50, $height / 3 + 50,
            $width / 2 + 50, $height / 3 + 50,
    );
    $nose_num_points = count($nose_points) / 2;             //多边形顶点个数
    imagepolygon($img, $nose_points, $nose_num_points, $fore_color);
//绘制多边形

    $mouth_w = 200;                                             //椭圆的宽度
    $mouth_h = 150;                                             //椭圆的高度
    $mouth_location_x = $width / 2;                             //椭圆中心 x 坐标
    $mouth_location_y = $height - $mouth_h / 2 - 10;        //椭圆中心 y 坐标
    //绘制弧线
    imagearc($img, $mouth_location_x, $mouth_location_y, $mouth_w, $mouth_h, 5,
175, $fore_color);

    header("Content-type: image/png");                          //发送 Header 信息
    imagepng($img);                                             //输出图像
    imagedestroy($img);                                         //释放与图像关联的内存
?>
```

代码运行后的结果如图 11.9 所示。

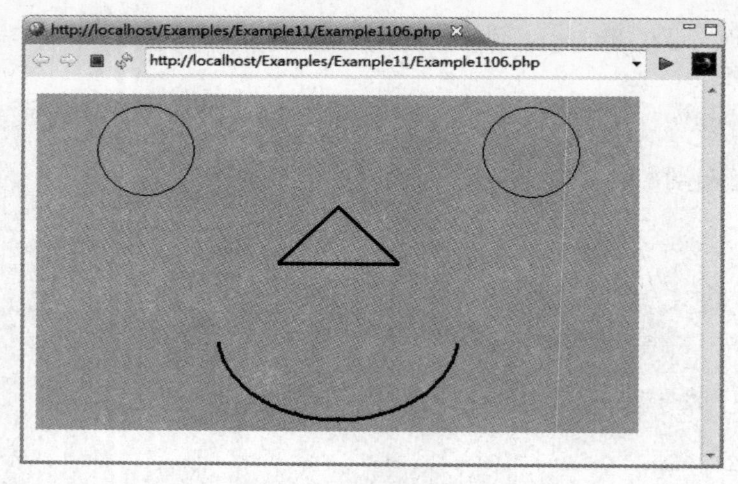

图 11.9　运行结果

11.3　添加水印

给图片添加水印是网站设计的常见内容。PHP 利用 GD 库可以方便地给图片添加水印。

11.3.1　载入图像

在添加水印前，首先要载入相应的图片。GD 库使用 imagecreatefrompng()、imagecreatefromgif()、imagecreatefromjpeg()函数分别从 PNG、GIF、JPEG 图像载入信息，并新建一个图像。这 3 个函数的使用方法类似，下面以 imagecreatefromjpeg()为例进行介绍。

```
resource imagecreatefromjpeg ( string $filename )
```

其中，$filename 为 JPEG 图像文件的路径名，也可以是 URL 地址。该函数返回一个图像句柄，类似 imagecreate()函数。句柄创建失败时，函数会返回空字符串，并输出错误信息。

例如：

```
<?php
    /*
     * 载入图像
     */
    $path = './荷花.jpg';                          //图像文件路径
    $path = iconv('utf-8','gb2312',$path);         //转码，避免中文文件名的各种问题
    $img = imagecreatefromjpeg($path);             //从图像文件创建图像句柄

    header("Content-type: image/jpeg");            //发送 Header 信息
    imagepng($img);                                //输出图像
    imagedestroy($dimg);                           //释放与图像关联的内存
?>
```

这段代码从当前目录下的 JPEG 文件创建了一个图像句柄，代码运行结果如图 11.10 所示。

图 11.10　运行结果

由于不同格式的图像需要引用不同的函数，下面的代码考虑了这个问题，使得图像载入更具通用性。

为了获得图像的格式信息，我们使用 getimagesize()函数，该函数可以返回 GIF、JPG、PNG、SWF、SWC、PSD、TIFF、BMP、IFF、JP2、JPX、JB2、JPC、XBM、 WBMP 图像文件的信息。用法如下：

```
array getimagesize ( string $filename )
```

其中，$filename 为图像文件的路径名。该函数返回一个四元素的数组，第 1、2 个元素分别为图像的宽度和高度（单位为像素），第 3 个元素用 1 个整数来表示图像的类型：1 = GIF，2 = JPG，3 = PNG，4 = SWF，5 = PSD，6 = BMP，7 = TIFF，8 = TIFF，9 = JPC，10 = JP2，11 = JPX，12 = JB2，13 = SWC，14 = IFF，15 = WBMP，16 = XBM。第 4 个元素为字符串，内容为“height="yyy" width="xxx"”，可直接用于 HTML 文档的<img>标签。 如果图像信息获取失败，该函数将返回 FALSE，并输出警告信息。

利用 getimagesize()函数获得的图像文件类型，我们可以动态地选择对应的处理函数。

例如：

```
<?php
    /*
     * 函数：由图像文件创建 GD 图像句柄
     * 输出参数：文件的路径名
     * 返回值：数组，第 1 个元素是成功创建的图像句柄，第 2 个元素是图像类型
     * 返回值：如果图像句柄创建失败，则返回 FALSE
     */
    function createImg($filepath){
        if(!file_exists($filepath)) return false;     //如果不存在该文件则返回 false

        $img_info = getimagesize($filepath);          //获取图像文件的信息

        switch($img_info[2]){                         //根据图像类型选择不同操作
            case 1:                                   //GIF
                $func_img = 'imagecreatefromgif';
                $img_type = 'gif';                    //文件类型
```

```
                break;
            case 2:                                                 //JPG
                $func_img = 'imagecreatefromjpeg';
                $img_type = 'jpeg';                                 //文件类型
                break;
            case 3:                                                 //PNG
                $func_img = 'imagecreatefrompng';
                $img_type = 'png';                                  //文件类型
                break;
            default:                                                //不能处理的类型
                return false;
        }

        $img = $func_img($filepath);                                //创建图像句柄

        return array($img, $img_type);
    }

    $path = './荷花.jpg';                                           //图像文件路径
    $path = iconv('utf-8','gb2312',$path);                  //转码，避免中文文件名的各种问题
    $img_array = createImg($path);                                  //从图像文件创建图像句柄
    $img = $img_array[0];                                           //图像句柄
    $img_type = $img_array[1];                                      //图像类型

    header("Content-type: image/$img_type")  ;                      //发送 Header 信息
    imagepng($img);                                                 //输出图像
    imagedestroy($img);                                             //释放与图像关联的内存
?>
```

上面这段代码中使用了可变函数技术，根据文件类型选择不同的处理函数（关于可变函数的知识读者可以参考第 7 章）。测试代码运行后的结果与图 11.10 一致。

11.3.2 添加文字水印

从图像文件成功创建图像句柄后，就可以着手给图像添加水印了。本节将介绍如何利用 GD 库在图像上添加文字水印。

用来给图片添加文字的函数主要有 imagestring()、imagettftext()等。前者使用方便，但中文字符显示有问题；后者可以显示中文字符，而且可以使用自定义的字体，灵活度更大。

imagestring()的用法如下：

```
    bool imagestring ( resource $image , int $font , int $x , int $y , string $s , int
$col )
```

其中，$image 是图像句柄，$font 用整数值来设置字体大小，如果取值为 1～5，则使用 PHP 内置字体。($x,$y)代表字符串左上角的坐标，用来定位字符串在图像上的位置。$s 是字符串内容，$col 是字体颜色。

例如：

```
<?php
    /*
```

```
     * 英文文字水印
     */
    $path = './荷花.jpg';                                          //图像文件路径
    $path = iconv('utf-8','gb2312',$path);        //转码，避免中文文件名的各种问题

    $img_array = getimagesize($path);                             //获取图像信息
    $img_width = $img_array[0];                                   //图像的宽度
    $img_height = $img_array[1];                                  //图像的高度

    $img = imagecreatefromjpeg($path);                            //创建图像句柄

    $pink = imagecolorallocate($img, 255, 0, 0);                  //红色

    $font = 5;                                                    //字体大小
    $str_x = $img_width / 4;                                      //字符串定位x坐标
    $str_y = $img_height / 5;                                     //字符串定位y坐标
    $str = 'Lin Love Mo! God Bless Them!';                        //英文字符串内容
    imagestring($img, $font, $str_x, $str_y, $str, $pink);//将字符串内容写到图片上

    header("Content-type: image/jpeg");                           //发送Header信息
    imagepng($img);                                               //输出图像
    imagedestroy($img);                                         //释放与图像关联的内存
?>
```

代码运行结果如图 11.11 所示。

图 11.11　运行结果

imagestring()函数无法显示中文字符，若要显示中文，则要使用 imagettftext()函数。用法如下：

```
    array imagettftext (resource $image, float $size,float $angle, int $x, int $ , int
$colo , string $fontfile, string $text )
```

其中，$image 是创建的图像句柄。$size 用一个浮点数设置字体的大小。$angle 表示字符串的角度，角度值增加表示字符串按逆时针旋转，例如 0° 为从左向右的字符串，90° 表示从下向上的字符串（如图 11.12 所示）。($x,$y)是字符串的基本点（如图 11.12 所示），表示字符串左下角的坐标（与 imagestring 不同），用来定位字符串在图像上的位置。$color 用来设置字体颜色。$fontfile 用来设置

TrueType 字体的路径（实际开发中常常将字体文件放在程序文件的当前目录下）。$text 是要显示的字符串。

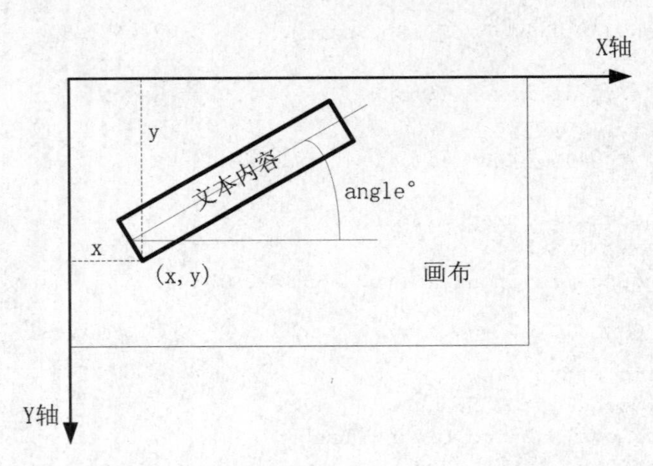

图 11.12　imagettftext()函数

该函数返回一个含有 8 个元素的数组，分别表示字符串文本框的左下角、右下角、右上角、左上角 4 个角的位置。

例如：

```
<?php
    /*
     * 中文文字水印
     */
    $path = './荷花.jpg';                                          //图像文件路径
    $path = iconv('utf-8','gb2312',$path);          //转码，避免中文文件名的各种问题

    $img_array = getimagesize($path);                              //获取图像信息
    $img_width = $img_array[0];                                    //图像的宽度
    $img_height = $img_array[1];                                   //图像的高度

    $img = imagecreatefromjpeg($path);                             //创建图像句柄

    $pink = imagecolorallocate($img, 255, 0, 0);                   //红色

    $font_file = './msyh.ttf';                                     //字体文件路径（微软雅黑）
    $font_angle = 20;                                              //字符串角度
    $font_size = 30;                                               //字体大小
    $str_x = 100;                                                  //定位 x 坐标
    $str_y = 180;                                                  //定位 y 坐标
    $str = '沫沫工作室荣誉出品';                                   //中文字符串

    //添加文字到图像
   imagettftext($img, $font_size, $font_angle, $str_x, $str_y, $pink, $font_file,
$str);
```

```
    header("Content-type: image/jpeg");                //发送 Header 信息
    imagepng($img);                                    //输出图像
    imagedestroy($img);                                //释放与图像关联的内存
?>
```

代码运行结果如图 11.13 所示。

图 11.13　运行结果

使用 imagettftext()显示中文字符时要注意，字符串的编码格式必须为 UTF-8，否则不能正常显示。

11.3.3　添加图像水印

所谓图像水印，就是将两张图片合成为一张图片。GD 库中主要使用 imagecopy()函数和 imagecopymerge()函数来完成这个功能。

imagecopy()的用法如下：

```
    bool imagecopy ( resource $dst_im , resource $src_im , int $dst_x , int $dst_y ,
int $src_x , int $src_y , int $src_w , int $src_h )
```

其中，$dst_im 是原图像的句柄，$src_im 是水印图像的句柄，所谓水印就是将$src_im 表示的图像合成到$dst_im 表示的图像中。($dst_x, $dst_y)和($src_x, $src_y)分别表示原图像和水印图像的定位坐标。$src_w 和$src_h 分别表示从水印图像上截取的宽度和高度。

该函数完成的功能是，将$src_im 图像中坐标从($src_x, $src_y)开始，宽度为$src_w，高度为$src_h 的一部分，复制合成到 $dst_im 图像中坐标为($dst_x, $dst_y)的位置上。

例如：

```
<?php
    /*
     * 图像水印
     */
    $dst_img_path = './荷花.jpg';                           //原图像路径
    $dst_img_path = iconv('utf-8','gb2312',$dst_img_path);
//转码，避免中文文件名的各种问题
    $dst_array = getimagesize($dst_img_path);              //获取原图像信息
    $dst_width = $dst_array[0];                            //原图像的宽度
    $dst_height = $dst_array[1];                           //原图像的高度
```

```
    $dst_img = imagecreatefromjpeg($dst_img_path);              //创建原图像句柄

    $src_img_path = './七仙女.jpg';                              //水印图像路径
    $src_img_path = iconv('utf-8','gb2312',$src_img_path);
//转码，避免中文文件名的各种问题
    $src_array = getimagesize($src_img_path);                   //获取水印图像信息
    $src_width = $src_array[0];                                 //水印图像的宽度
    $src_height = $src_array[1];                                //水印图像的高度
    $src_img = imagecreatefromjpeg($src_img_path);              //创建水印图像句柄

    $dst_x = ($dst_width - $src_width) / 2;                     //原图像定位 x 坐标
    $dst_y = ($dst_height - $src_height) / 2;                   //原图像定位 y 坐标
    $src_x = 0;                                                 //水印图像定位 x 坐标
    $src_y = 0;                                                 //水印图像定位 y 坐标
    $src_w = $src_width;                                        //水印图像截取宽度
    $src_h = $src_height;                                       //水印图像截取高度

    //从水印图像复制一部分到原图像
    imagecopy($dst_img, $src_img, $dst_x, $dst_y, $src_x, $src_y, $src_w, $src_h);

    header("Content-type: image/jpeg");                         //发送 Header 信息
    imagejpeg($dst_img);                                        //输出图像
    imagedestroy($dst_img);                                     //释放与图像关联的内存
?>
```

原图像为图 11.10 所示的图像，水印图像如图 11.14 所示。

代码运行后的结果如图 11.15 所示。

图 11.14　人物原图

图 11.15　运行结果

11.4　生成验证码

在互联网高速发展的今天，验证码几乎随处可见。它主要被用来区分用户是计算机还是人。通过使用验证码，可以防止刷票、论坛灌水、暴力破解密码等恶意行为。本节将讲述如何在 PHP 中利用 GD 库生成验证码。

11.4.1　生成随机码

生成校验码的一个重要步骤就是生成随机的字符。在 PHP 中，主要是靠随机函数 rand()来完成。rand()函数的用法如下：

```
int rand ([ int $min , int $max ] )
```

如果提供了$min 和$max，则该函数将返回$min 到$max 之间的随机整数；如果参数列表为空，则该函数将返回 0 到 RAND_MAX 之间的随机整数，在 Windows 系统上，RAND_MAX 为 32768。

例如：

```
<?php
    echo rand().'<br>';                          //产生 0~32768 之间的某个随机整数
    echo rand(100,1000).'<br>';                  //产生 100~1000 之间的某个随机整数
?>
```

利用随机函数 rand()产生随机字符的方法很多。

例如：

```
<?php
    $str = 'abcdefghijkmnpqrstuvwxzyABCDEFGHJKLMNPKRSTUVWXYZ23456789';
//字符序列
    $len = strlen($str);                                   //字符串长度

    $num_code = 5;                                         //验证码的字符个数
    while($num_code-->0){
        $rand_index = rand(0, $len - 1);                   //生成随机数
        echo $str[$rand_index];                            //产生随机字符
    }
?>
```

在上面这段代码中，我们去掉了一些容易被混淆的字符，例如小写字母 l、o，大小字母 I、O，数字 0、1。

下面是另一种方法：

```
<?php
    $rand_num = rand();                                    //产生一个随机数
    $str = md5($rand_num);                                 //取得该随机数的 MD5 值

    $num_code = 5;                                         //验证码的字符个数
    echo substr($str, 0, $num_code);                       //从 MD5 值中截取字符作为
验证码
?>
```

该方法利用随机数的 MD5 值来取得随机字符。

11.4.2　绘制随机码

生成随机码后，可以使用 imagestring()直接绘制到画布上。

例如：

```
<?php
    /*
     * 绘制随机码（直接输出）
```

```
    */
    $rand_num = rand();                                    //产生一个随机数
    $str = md5($rand_num);                                 //取得该随机数的 MD5 值

    $num_code = 5;                                         //验证码的字符个数
    $str_code = strtoupper(substr($str, 0, $num_code));
//从 MD5 值中截取字符作为验证码

    $width = 50;                                           //验证码图片宽度
    $height = 20;                                          //验证码图片高度
    $img = imagecreate($width, $height);                   //创建图像句柄

    $bg_color = imagecolorallocate($img, 255, 255, 255);  //背景色
    $border_color = imagecolorallocate($img, 0, 0, 0);    //边框色
    imagerectangle($img, 0, 0, $width-1, $height-1, $border_color);  //绘制边框

    $str_color = imagecolorallocate($img, 255, 0, 0);     //字体颜色
    $font_size = 5;                                        //字体大小
    $str_x = 2;                                            //字体定位 x 坐标
    $str_y = 2;                                            //字体定位 y 坐标
    imagestring($img, $font_size, $str_x, $str_y, $str_code, $str_color);
//绘制字符串

    header("Content-type: image/png");                    //发送 Header 信息
    imagepng($img);                                        //输出图像
    imagedestroy($img);                                    //释放与图像关联的内存
?>
```

代码运行后的结果如图 11.16 所示。

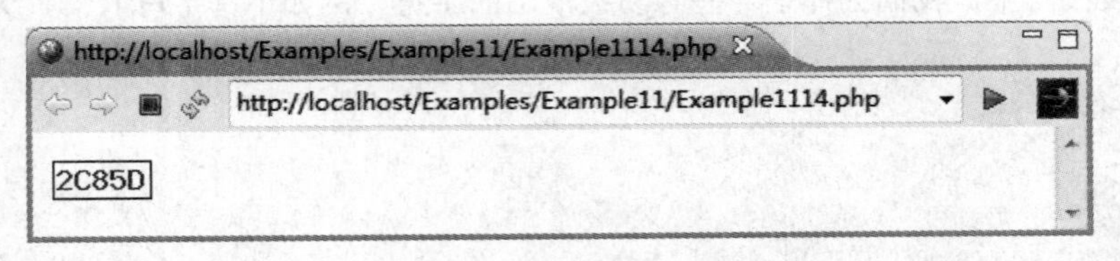

图 11.16　运行结果

有时候我们希望验证码要“难看”一点，位置要“乱”一点，这样可以降低被机器识别的概率，从而提高安全性。这时，我们可以使用 rand()产生随机颜色和随机定位坐标，然后使用 imagechar()函数一个字符一个字符地绘制。imagechar()的用法与 imagestring()类似，只是绘制的是单个字符。

```
bool imagechar ( resource $image , int $font , int $x , int $y , string $c , int
$col )
```

其中，$image 是图像句柄，$font 用整数值来设置字体大小，如果取值为 1～5，则使用 PHP 内置字体。($x,$y)代表字符串左上角的坐标，用来定位字符串在图像上的位置。$c 是单个字符内容，$col 是字体颜色。

使用 imagechar()绘制“混乱”随机码的代码如下：

```
<?php
    /*
```

```
     * 绘制随机码（逐个输出每个字符）
     */
    $rand_num = rand();                                         //产生一个随机数
    $str = md5($rand_num);                                      //取得该随机数的 MD5 值

    $num_code = 5;                                              //验证码的字符个数
    $str_code = strtoupper(substr($str, 0, $num_code));
//从 MD5 值中截取字符作为验证码

    $width = 60;                                                //验证码图片宽度
    $height = 25;                                               //验证码图片高度
    $img = imagecreate($width, $height);                        //创建图像句柄

    $bg_color = imagecolorallocate($img, 255, 255, 255); //背景色
    $border_color = imagecolorallocate($img, 0, 0, 0);   //边框色
    imagerectangle($img, 0, 0, $width-1, $height-1, $border_color);
//绘制边框

    for($i = 0; $i < $num_code; ++$i){
        $str_color  =  imagecolorallocate($img,  rand(0,255),  rand(0,255),
rand(0,255));   //随机字体颜色
        $font_size = 10;                                        //字体大小
        $str_x = floor(($width / $num_code)* $i) + rand(0,5);
//随机字体定位 x 坐标
        $str_y = rand(2, $height - 15);                         //随机字体定位 y 坐标
        imagechar($img, $font_size, $str_x, $str_y, $str_code[$i], $str_color);
    //绘制单个字符
    }

    header("Content-type: image/png");                          //发送 Header 信息
    imagepng($img);                                             //输出图像
    imagedestroy($img);                                         //释放与图像关联的内存
?>
```

代码运行后的结果如图 11.17 所示。

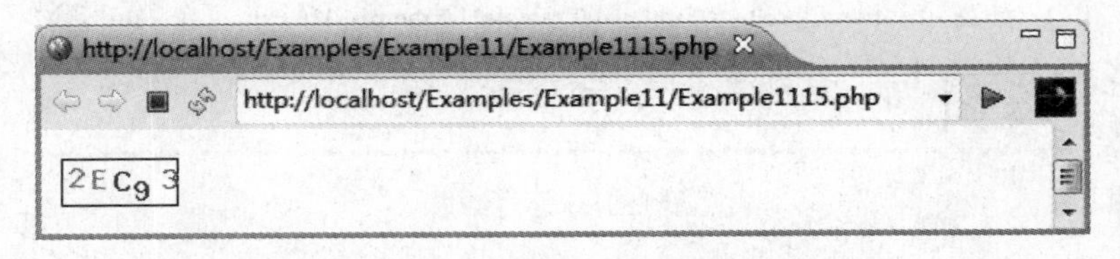

图 11.17　运行结果

11.4.3　绘制干扰点

如果随机生成的颜色和位置仍然不能满足要求，我们还可以通过给验证码图片添加干扰点的方式来增加利用机器识别验证码的难度，从而提高安全性。

绘制干扰点需要用到 GD 库中的 imagesetpixel()函数。该函数的作用是绘制一个像素点，用法如下：

```
bool imagesetpixel ( resource $image , int $x , int $y , int $color )
```

其中，$image 是图像句柄。($x, $y)是所绘制的像素点在画布上的坐标。$color 是像素点的颜色。

下面的代码在画布上随机绘制了一些干扰点（像素点）。

```
<?php
    /*
     * 绘制干扰点
     */
    $width = 60;                                                //验证码图片宽度
    $height = 25;                                               //验证码图片高度
    $img = imagecreate($width, $height);                        //创建图像句柄

    $bg_color = imagecolorallocate($img, 255, 255, 255);        //背景色
    $border_color = imagecolorallocate($img, 0, 0, 0);          //边框色
    imagerectangle($img, 0, 0, $width-1, $height-1, $border_color);
//绘制边框

    $num_disturb_points = 200;
    for($i = 0; $i < $num_disturb_points; ++$i){
        $point_color  =   imagecolorallocate($img,  rand(0,255),  rand(0,255),
rand(0,255));   //随机干扰点颜色
        $point_x = rand(2, $width - 2);                         //随机干扰点位置 x 坐标
        $point_y = rand(2, $height - 2);                        //随机干扰点位置 y 坐标

        imagesetpixel($img, $point_x, $point_y, $point_color);  //绘制干扰点
    }

    header("Content-type: image/png");                          //发送 Header 信息
    imagepng($img);                                             //输出图像
    imagedestroy($img);                                         //释放与图像关联的内存
?>
```

代码运行后的结果如图 11.18 所示。

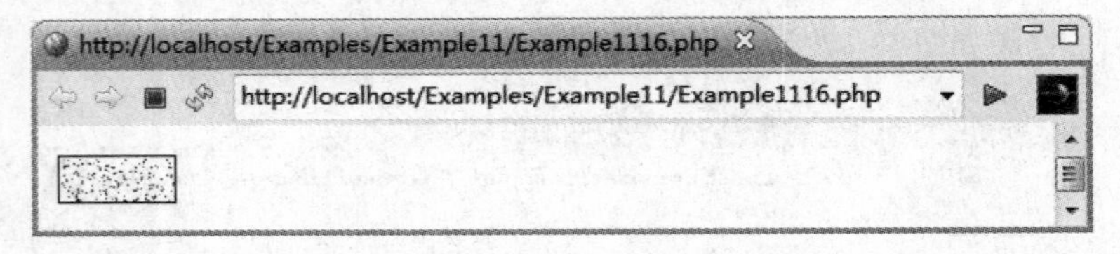

图 11.18　运行结果

11.4.4　一个完整的验证码绘制

综合 11.4.1 节、11.4.2 节、11.4.3 节的内容，可以写出一个完整的验证码生成函数。步骤如下：

- 创建画布。
- 绘制背景和边框。
- 产生随机码。
- 绘制随机码。
- 绘制干扰点。

输出图片，代码如下：

```
        <?php
        /*
         * 函数：绘制验证码
         * 输入参数：宽度（可选），高度（可选），验证码个数（可选），干扰点个数（可选）
         * 输出：输出 PNG 格式的验证码图片
         */
        function  createCheckCode($width  =  60,  $height  =  25,  $num_code  =  5,
$num_disturb_points = 200){
            /* 创建画布 */
            $img = imagecreate($width, $height);                       //创建图像句柄
            /* 绘制背景和边框 */
            $bg_color = imagecolorallocate($img, 255, 255, 255);       //背景色
            $border_color = imagecolorallocate($img, 0, 0, 0);         //边框色
            imagerectangle($img, 0, 0, $width-1, $height-1, $border_color);
        //绘制边框
            /* 产生随机码 */
            $rand_num = rand();                                    //产生一个随机数
            $str = md5($rand_num);                                 //取得该随机数的 MD5 值
            $str_code = strtoupper(substr($str, 0, $num_code));
    //从 MD5 值中截取字符作为验证码
            /* 绘制随机码 */
            for($i = 0; $i < $num_code; ++$i){
                $str_color  =  imagecolorallocate($img,  rand(0,255),  rand(0,255),
rand(0,255));    //随机字体颜色
                $font_size = 5;                                        //字体大小
                $str_x = floor(($width / $num_code)* $i) + rand(0,5);
    //随机字体定位 x 坐标
                $str_y = rand(2, $height - 15);                    //随机字体定位 y 坐标

                imagechar($img,   $font_size,   $str_x,   $str_y,   $str_code[$i],
$str_color);     //绘制单个字符
            }
            /* 绘制干扰点 */
            for($i = 0; $i < $num_disturb_points; ++$i){
                $point_color  =  imagecolorallocate($img,  rand(0,255),  rand(0,255),
rand(0,255));//随机干扰点颜色
                $point_x = rand(2, $width - 2);                    //随机干扰点位置 x 坐标
                $point_y = rand(2, $height - 2);                   //随机干扰点位置 y 坐标

                imagesetpixel($img, $point_x, $point_y, $point_color);//绘制干扰点
            }
            /* 输出图片 */
            header("Content-type: image/png");                     //发送 Header 信息
            imagepng($img);                                        //输出图像
            imagedestroy($img);                                    //释放与图像关联的内存
        }

        /* 测试代码 */
```

```
    createCheckCode();
?>
```

测试代码的运行结果如图 11.19 所示。

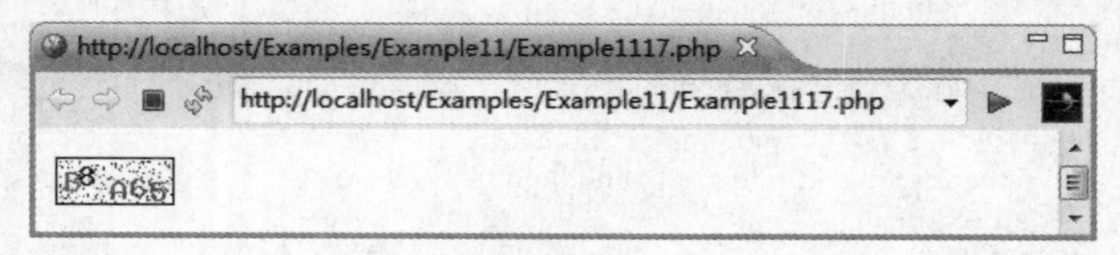

图 11.19　运行结果

11.5　本章小结

本章主要讲述了在 PHP 中使用 GD 库进行图像处理的方法。首先介绍了 GD 库的加载和简单的使用，主要包括画布的设置、颜色的设置、背景的绘制、图像的绘制以及图像的输出。然后介绍了如何利用 GD 库给图像添加文字水印和图片水印，其中介绍了解决中文字符的方法。最后介绍了利用 GD 库生成验证码的方法，并给出了实例。

第 12 章　日期与时间操作

Web 开发中有许多地方需要用到日期与时间。例如，新闻系统需要按时间先后排序新闻报道，电子商务网站需要保存每笔交易关键节点的日期和时间。PHP 提供了丰富的函数方便开发者处理日期和时间。本章将介绍 UNIX 时间戳的概念和常用的日期与时间操作。

12.1　UNIX 时间戳简介

PHP 中有两种格式的时间，一种是我们常见的日期格式，例如“2008-9-1 12:00:00”、“2012 年 7 月 27 日 22 时 35 分 22 秒”等；另一种是用一个整型数来表示的时间，被称为 UNIX 时间戳。

UNIX 时间戳（UNIX Timestamp），又称 UNIX 时间（UNIX Time）、POSIX 时间（POSIX Time），是一种时间表示方式，定义为从格林威治时间 1970 年 01 月 01 日 00 时 00 分 00 秒起至现在的总秒数。UNIX 时间戳不仅被使用在 UNIX 系统、类 UNIX 系统中，也被许多其他操作系统广泛采用。

在 PHP 中，我们可以使用 time()函数获取当前的 UNIX 时间戳。

例如：

```
<?php
    echo time();
?>
```

代码运行后将会输出一个 32 位的有符号整数。笔者在执行这段代码时，输出的结果为 1343400808。

我们还可以使用 mktime()函数获取一个指定日期的 UNIX 时间戳。mktime()的用法如下：

```
int mktime ([ int $hour [, int $minute [, int $second [, int $month [, int $day
[, int $year ]]]]]] )
```

其中，$hour 为小时数，$minute 为分钟数，$second 为秒数，$month 为月份数，$day 为天数，$year 为年份数。每个参数的默认值都是当前时间的对应值。该函数返回指定的这个时间的 UNIX 时间戳，如果参数非法，则返回 FALSE。

提醒一下读者，年份数$year 可以是四位整数，例如 1999、2008、2012 等，也可以是两位数，其中 0～69 对应 2000～2069，70～100 对应 1970～2000。

例如：

```
<?php
    echo '当前时间的时间戳：'.mktime().'<br>';
    echo '2012 年 12 月 22 日 0 时 0 分 0 秒的时间戳：'.mktime(0,0,0,12,22,2012);
?>
```

代码运行后的结果如图 12.1 所示。

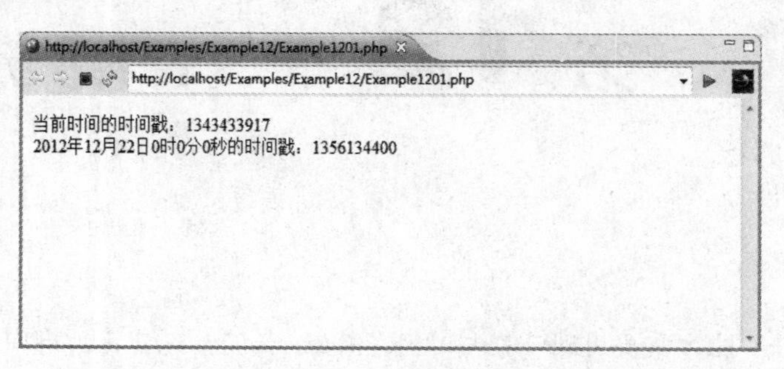

图 12.1　运行结果

12.2　常用日期与时间操作

本节将介绍如何利用 PHP 中丰富的函数进行常用的日期与时间操作。

12.2.1　设置时区

初学者在接触 PHP 时间操作时，遇到最多的可能就是关于时区的问题了。

由于 PHP 从 5.1.0 开始，在配置文件中加入了 date.timezone 选项，而该选项在默认情况下是关闭的，显示的时间默认是格林威治标准时间，和我们的时间（北京时间）正好相差 8 个小时。对此，我们有以下两种办法来解决时区问题。

（1）修改配置文件

打开 PHP 的配置文件，找到 date.timezone 选项，将其前面的分号“;”去掉，在后面加上“Asia/Shanghai”，如图 12.2 所示。然后重启 Apache 服务器。这样 PHP 引擎就知道使用我们指定的时区。

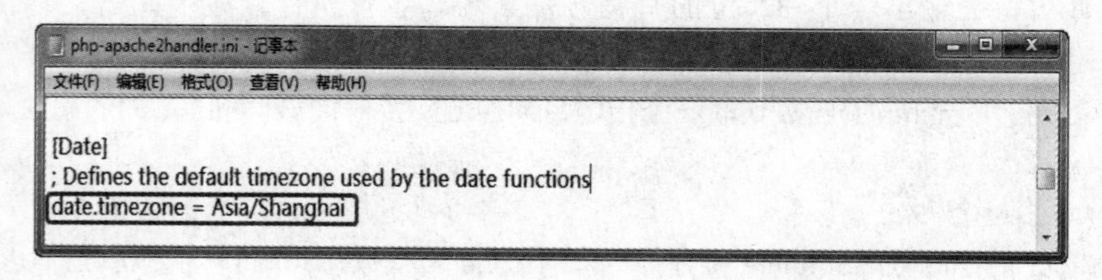

图 12.2　选项修改

（2）添加时区设置语句

PHP 中提供了一个函数 date_default_timezone_set()函数来设置指定的时区。

例如：

```
<?php
    date_default_timezone_set("Asia/Shanghai");    //设置时区
?>
```

只要在时间函数调用之前设置好对应的时区即可。

12.2.2　获取日期和时间

要在 PHP 中获取指定的时间，首先要获取该时间的 UNIX 时间戳，然后从该时间戳中获取想要的时间信息。获取 UNIX 时间戳的方法前面已经讲述过，而从 UNIX 时间戳中取得时间信息的方法在 PHP 中是通过 getdate()函数实现的。用法如下：

```
array getdate ([ int $timestamp ] )
```

其中，$timestamp 是可选参数，用来设置 UNIX 时间戳，如果省略，则默认是当前时间的 UNIX 时间戳。

该函数返回一个包含时间日期信息的关联数组，数组的键名及说明如表 12.1 所示。

表 12.1　getdate()函数返回的关联数组中的键名与键值

键　名	键　　值
seconds	秒数，用 0~59 的整数表示
minutes	分钟数，用 0~59 的整数表示
hours	小时数，用 0~23 的整数表示
mday	月份中的第几天，用 1~31 的整数表示
wday	星期中的第几天，用 0~6 的整数表示，其中 0 表示星期日，1 表示星期一，6 表示星期六
mon	月份数，用 1~12 的整数表示
year	四位整数表示的年份数
yday	年份中的第几天，用 0~365 的整数表示
weekday	星期几的完整文本表示，从 Sunday 到 Saturday
month	月份的完整文本表示，从 January 到 December
0	自 UNIX 纪元开始至今的秒数，和 time()的返回值类似

例如：

```
<?php
    date_default_timezone_set('Asia/Shanghai');                    //设置默认时区

    $week = array('星期日','星期一','星期二',
        '星期三','星期四','星期五','星期六');                          //中文星期
    /*
     * 获取当前时间戳的时间信息
     */
    $t = getdate();
    echo '<p>当前时间为: ';
    echo $t['year'].'年'.$t['mon'].'月'.$t['mday'].'日'.
        $t['hours'].'时'.$t['minutes'].'分'.$t['seconds'].'秒 ';   //当前时间
    echo $week [$t['wday']].'<br>';                                //星期
```

```
    echo '今天是一年中的第'.$t['yday'].'天<br>';                          //一年中的第几天
    /*
     * 获取指定时间戳的时间信息
     */
    $timestamp = mktime(0,0,0,12,22,2012);                               //设置 UNIX 时间戳
    $t = getdate($timestamp);                                          //从时间戳获取时间信息
    echo '<p>所设时间为: ';
    echo $t['year'].'年'.$t['mon'].'月'.$t['mday'].'日'.
        $t['hours'].'时'.$t['minutes'].'分'.$t['seconds'].'秒 ';
//当前时间
    echo $week [$t['wday']].'<br>';                                     //星期
    echo '所设时间是一年中的第'.$t['yday'].'天<br>';                      //一年中的第几天
?>
```

代码运行后的结果如图 12.3 所示。

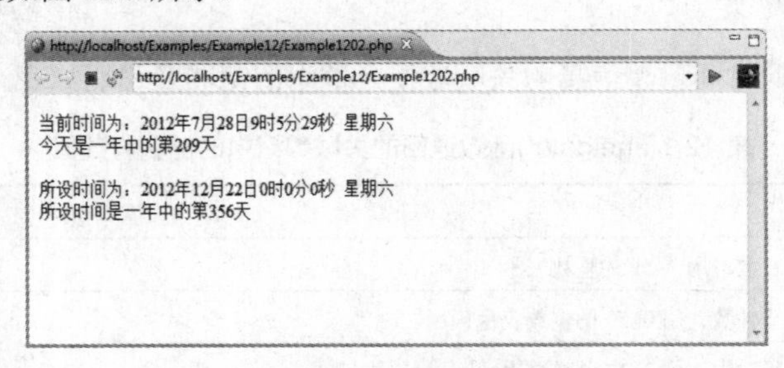

图 12.3　运行结果

12.2.3　格式化输出日期和时间

在不同的场合需要用不同的方式输出时间。例如，同样一个时间“2012 年 7 月 28 日”，有时需要输出“2012-7-28”，有时需要输出“2012/7/28”，有时又要输出“7/28/2012”。为了满足自定义格式化输出时间日期的需要，PHP 提供了 date()函数。用法如下：

```
string date ( string $format [, int $timestamp ] )
```

其中，$format 是用字符串表示的时间格式。$timestamp 是可选参数，用来设置指定的 UNIX 时间戳，如果省略，则默认是当前时间的 UNIX 时间戳。该函数返回格式化后的时间字符串。

$format 中用于格式化时间的参数字符如表 12.2 所示。

表 12.2　格式化参数

参数分类	格式化参数	参 数 说 明
日	d	月份中的第几天，有前导零，用 01~31 的整数表示
	D	星期几，分别用 Mon、Tue、Wed、Thu、Fri、Sat、Sun 表示
	j	月份中的第几天，没有前导零，用 1~31 的整数表示
	l（小写的 L）	星期几，用完整的英文单词表示，例如 Monday、Sunday 等
	N	ISO8601 格式的星期几，用 1~7 的整数分别表示星期一到星期日
	S	每月天数后面的英文后缀，用 st、nd、rd、th 表示，可以和 j 一起用
	w	星期几，数字 0 表示星期天，数字 1~6 分别表示星期一到星期六
	z	年份中的第几天，用 0~366 的整数表示

续表

参数分类	格式化参数	参 数 说 明
星期	W	ISO8601 格式年份中的第几周，每周从星期一开始，用整数表示
月	F	月份，用完整的英文单词表示，例如 January、December 等
	m	月份，有前导零，用 01~12 的整数表示
	M	月份，用三个字母的英文缩写表示，例如 Jan、Dec 等
	n	月份，没有前导零，用 1~12 的整数表示
	t	给定月份的总天数，用 28~31 的整数表示
年	L	是否是闰年，闰年则为 1，否则为 0
	o	ISO-8601 格式的年份数（不常用）
	Y	四位数字表示的年份数，例如 1999、2008、2012 等
	y	两位数字表示的年份数，例如 99、08、12 等
时间	a	用小写字母 am、pm 分别表示上午、下午
	A	用大写字母 AM、PM 分别表示上午、下午
	B	Swatch Internet 标准时，用 000~999 的整数表示
	g	12 小时格式的小时数，没有前导零，用 1~12 的整数表示
	G	24 小时格式的小时数，没有前导零，用 0~23 的整数表示
	h	12 小时格式的小时数，有前导零，用 01~12 的整数表示
	H	24 小时格式的小时数，有前导零，用 00~23 的整数表示
	i	分钟数，有前导零，用 00~59 的整数表示
	s	秒数，有前导零，用 00~59 的整数表示
时区	e	时区标识，例如 UTC、GMT、Atlantic/Azores 等
	I	是否为夏令时 如果是夏令时则为 1，否则为 0
	O	与格林威治时间相差的小时数，例如+0200
	P	与格林威治时间的差别，例如+02:00
	T	本机所在的时区
	Z	时差偏移量的秒数
完整的日期与时间	c	ISO 8601 格式的日期，例如 2004-02-12T15:19:21+00:00
	r	RFC 822 格式的日期，例如 Thu, 21 Dec 2000 16:01:07 +0200
	u	从 UNIX 纪元开始至今的秒数

例如：

```
<?php
    date_default_timezone_set('Asia/Shanghai');                    //设置默认时区

    $week = array('星期日','星期一','星期二',
        '星期三','星期四','星期五','星期六');                        //中文星期
    /*
     * 格式化当前时间戳的时间信息
     */
```

```
    $format = 'Y年m月d日H点i分s秒';                          //格式化字符串
    $time = date($format);                                   //格式化当前时间
    $dayofweek = date('w');                                  //星期中的第几天
    $dayofmonth = date('j');                                 //月份中的第几天
    $dayofyear = date('z');                                  //年份中的第几天

    echo '<p>当前时间为: ';
    echo $time;                                              //当前时间
    echo ''.$week[$dayofweek].'<br>';                        //星期
    echo '今天是该月的第'.$dayofmonth.'天<br>';               //该月的第几天
    echo '今天是今年的第'.$dayofyear.'天<br>';                //今年的第几天
    /*
     * 格式化指定时间戳的时间信息
     */
    $timestamp = mktime(0,0,0,12,22,2012);                   //设置UNIX时间戳
    $format = 'Y年m月d日H点i分s秒';                          //格式化字符串
    $time = date($format, $timestamp);                       //格式化当前时间
    $dayofweek = date('w', $timestamp);                      //星期中的第几天
    $dayofmonth = date('j', $timestamp);                     //月份中的第几天
    $dayofyear = date('z', $timestamp);                      //年份中的第几天

    echo '<p>所设时间为: ';
    echo $time;                                              //当前时间
    echo ''.$week[$dayofweek].'<br>';                        //星期
    echo '所设时间是该月的第'.$dayofmonth.'天<br>';           //该月的第几天
    echo '所设时间是该年的第'.$dayofyear.'天<br>';            //今年的第几天
?>
```

代码运行后的结果如图 12.4 所示。

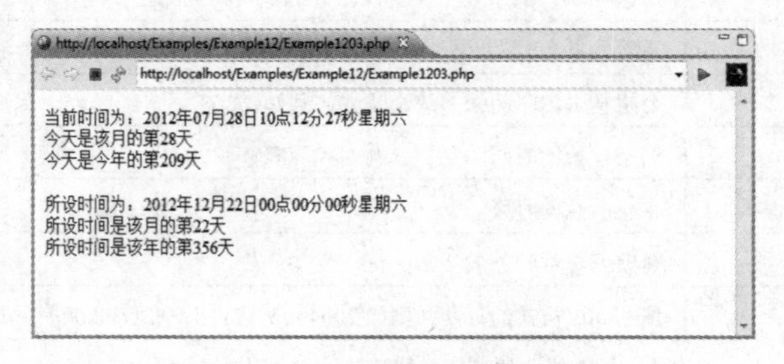

图 12.4　运行结果

最后有两点要提醒读者：

- 有效的 UNIX 时间戳范围是格林威治时间 1901 年 12 月 13 日 20:45:54 到 2038 年 1 月 19 日 03:14:07。
- 要在格式化时间的字符串中使用格式化参数的原义，需要加反斜线“\”进行转义，例如\t、\s、\H 等。

12.2.4　计算两个时间之间的间隔

计算两个时间之间的间隔在 Web 开发中很常见，例如倒计时功能，实际上就是计算当前时间与

设定时间之间的差。

由于 PHP 采用了 UNIX 时间戳处理时间，因此可以首先将要计算的时间分别转换为 UNIX 时间戳，然后相减，此时得到的是两个时间之间差值的总秒数，然后通过转换计算得出差值的天数、小时数、分钟数等。

例如：

```
<?php
    date_default_timezone_set('Asia/Shanghai');                    //设置默认时区
    /*
     * 计算两个时间之间的差值
     */
    $from_timestamp = mktime();                                    //起点时间戳
    $to_timestamp = mktime(0,0,0,12,22,2012);                      //终点时间戳

    $interval = $to_timestamp - $from_timestamp;                   //时间差值的总秒数
    $interval_days = floor($interval / (3600*24));                 //转换为天数并取整
    $interval_hours = floor(($interval - $interval_days*3600*24)/3600);
//余额转换为小时数并取整
    $interval_minutes = floor(($interval - $interval_days*3600*24
     - $interval_hours*3600)/60);                              //余额转换为分钟数并取整

    echo '起点: '.date('Y年m月d日 H时i分s秒',$from_timestamp).'<br>'; //起点
    echo '终点: '.date('Y年m月d日 H时i分s秒',$to_timestamp).'<br>';   //终点
    echo '时间间隔为: '.$interval_days.'天'.
        $interval_hours.'小时'.
        $interval_minutes.'分钟';
?>
```

代码运行后的结果如图 12.5 所示。

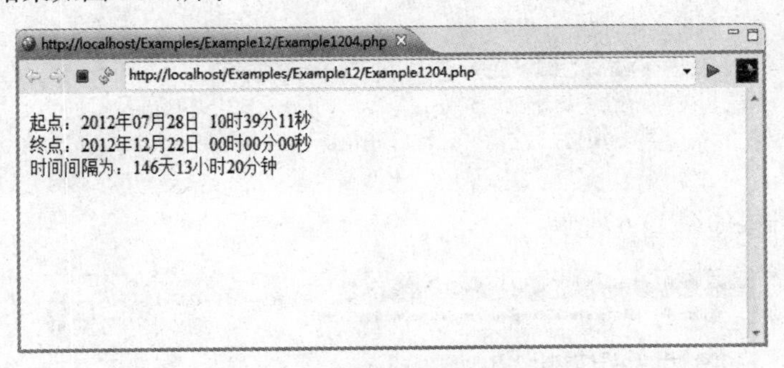

图 12.5　运行结果

12.2.5　时间的加与减

有时我们需要在某个时间的基础上加上几个月、几天或者几个小时，有时又要在某个时间的基础上减去几个月、几天或者几个小时，例如用户想查看 3 个月前的购物信息，就需要在当前时间的基础上减去 3 个月获得一个时间点，然后从数据库中查询该时间点以前的数据。

为了完成这样的功能，我们的方法有很多。其中之一就是首先将时间转换为 UNIX 时间戳，然后从时间戳中加/减指定时间间隔的秒数，然后再将结果格式化为需要的格式。

例如：

```
<?php
    date_default_timezone_set('Asia/Shanghai');                      //设置默认时区
    /*
     * 日期时间的加运算
     */
    $timestamp = time();                                        //获取当前时间的时间戳
    $hours = 1;                                                    //时间间隔的小时数
    $days = 2;                                                     //时间间隔的天数
    $months = 3;                                                   //时间间隔的月数
    $new_timestamp = $timestamp + $hours * 3600
            + $days * 24 * 3600
            + $months * 31 * 24 * 3600;                          //加运算后的时间戳

    echo '<p>现在时间是：';
    echo date('Y年m月d日 H时i分s秒',$timestamp);                    //输出当前时间
    echo '<br>'.$months.'个月'.$days.'天'.$hours.'小时后的时间为：';
    echo date('Y年m月d日 H时i分s秒',$new_timestamp);                //输出加运算后的时间
    /*
     * 日期时间的减运算
     */
    $timestamp = time();                                        //获取当前时间的时间戳
    $hours = 1;                                                    //时间间隔的小时数
    $days = 2;                                                     //时间间隔的天数
    $months = 3;                                                   //时间间隔的月数
    $new_timestamp = $timestamp - $hours * 3600
            - $days * 24 * 3600
            - $months * 31 * 24 * 3600;                          //减运算后的时间戳

    echo '<br><p>现在时间是：';
    echo date('Y年m月d日 H时i分s秒',$timestamp);                    //输出当前时间
    echo '<br>'.$months.'个月'.$days.'天'.$hours.'小时前的时间为：';
    echo date('Y年m月d日 H时i分s秒',$new_timestamp);                //输出减运算后的时间
?>
```

代码运行后的结果如图 12.6 所示。

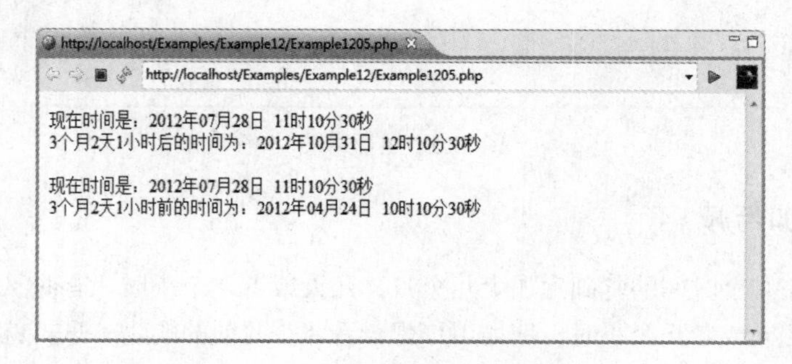

图 12.6　运行结果

但我们还有更简便的方法，那就是使用 mktime()函数。

例如：

```
<?php
    date_default_timezone_set('Asia/Shanghai');                  //设置默认时区
    /*
     * 日期时间的加运算
     */
    $timestamp = mktime();                                    //获取当前时间的时间戳
    $hours = 1;                                                 //时间间隔的小时数
    $days = 2;                                                  //时间间隔的天数
    $months = 3;                                                //时间间隔的月数
    $new_timestamp = mktime(
            date('H') + $hours,
            date('i'),
            date('s'),
            date('m') + $months,
            date('d') + $days,
            date('Y')
        );                                                      //加运算后的时间戳

    echo '<p>现在时间是: ';
    echo date('Y年m月d日 H时i分s秒',$timestamp);              //输出当前时间
    echo '<br>'.$months.'个月'.$days.'天'.$hours.'小时后的时间为: ';
    echo date('Y年m月d日 H时i分s秒',$new_timestamp);          //输出加运算后的时间
    /*
     * 日期时间的减运算
     */
    $timestamp = time();                                      //获取当前时间的时间戳
    $hours = 1;                                                 //时间间隔的小时数
    $days = 2;                                                  //时间间隔的天数
    $months = 3;                                                //时间间隔的月数
    $new_timestamp = mktime(
            date('H') - $hours,
            date('i'),
            date('s'),
            date('m') - $months,
            date('d') - $days,
            date('Y')
        );                                                      //减运算后的时间戳

    echo '<br><p>现在时间是: ';
    echo date('Y年m月d日 H时i分s秒',$timestamp);              //输出当前时间
    echo '<br>'.$months.'个月'.$days.'天'.$hours.'小时前的时间为: ';
    echo date('Y年m月d日 H时i分s秒',$new_timestamp);          //输出减运算后的时间
?>
```

代码运行后的结果如图 12.7 所示。

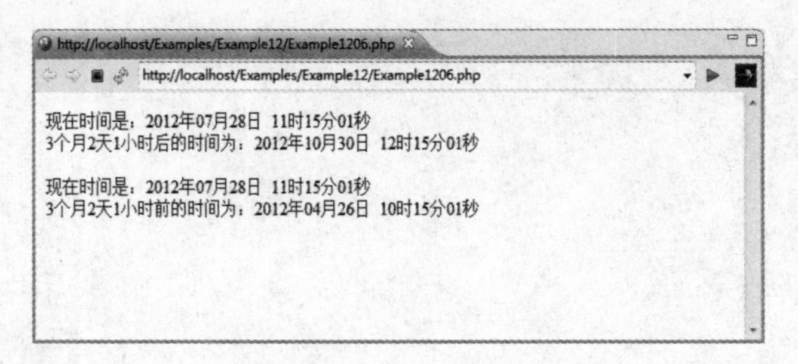

图 12.7 运行结果

在此特别提醒读者，使用 mktime()进行时间加/减计算，比简单地在时间戳上进行加/减更可靠，因为 mktime()函数会自动考虑夏令时。

12.2.6 时间的比较

比较两个时间的先后顺序，也是 Web 开发中的常见功能。首先将两个时间分别转换为 UNIX 时间戳，然后通过比较时间戳的大小，可以很方便地实行这一功能。

例如：

```
<?php
    date_default_timezone_set('Asia/Shanghai');                    //设置默认时区
    /*
     * 日期时间的比较
     */
    $timestamp1 = mktime(12,36,36,7,28,2012);                      //时间戳1
    $timestamp2 = mktime(12,56,36,7,28,2012);                      //时间戳2

    if($timestamp1 < $timestamp2){                         //时间戳1早于时间戳2
        echo date('Y年m月d日 H时i分s秒',$timestamp1).
            ' <br>早于<br> '.
            date('Y年m月d日 H时i分s秒',$timestamp2);
    }elseif($timestamp1 == $timestamp2){                   //时间戳1早于时间戳2
        echo date('Y年m月d日 H时i分s秒',$timestamp1).
            ' <br>等于<br> '.
            date('Y年m月d日 H时i分s秒',$timestamp2);
    }else{                                                 //时间戳1等于时间戳2
        echo date('Y年m月d日 H时i分s秒',$timestamp1).
            ' <br>晚于<br> '.
            date('Y年m月d日 H时i分s秒',$timestamp2);
    }
?>
```

代码运行后的结果如图 12.8 所示。

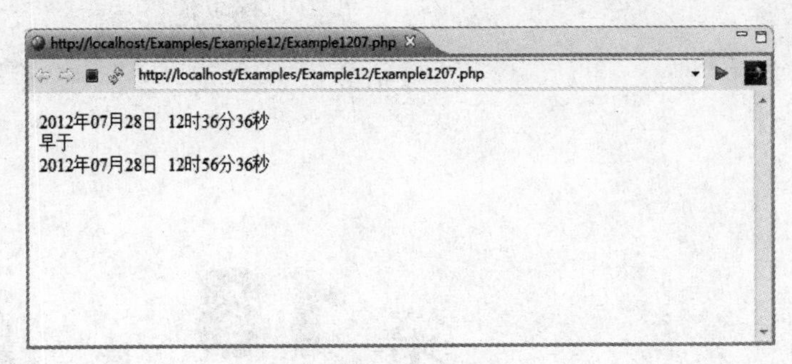

图 12.8　运行结果

12.3　本章小结

本章主要讲述了 UNIX 时间戳的概念和 PHP 中的日期与时间的处理，包括如何获取 UNIX 时间戳、如何设置时区、如何获取日期和时间、如何格式化日期和时间、如何计算两个时间之间的间隔以及时间的加/减与比较。

第 13 章 会话管理

Web 开发中常常使用会话管理跟踪用户，并根据不同的用户推送不同的内容。会话管理包括 Cookie 和 Session 两种方式。这两种会话方式采用不同的存储机制，前者将数据保存在客户端，后者将数据保存在服务器端。通过这两种会话管理方式，我们可以将客户端和服务器端有机地关联起来，从而更好地为用户提供服务和内容。本章将讲述 Cookie 和 Session 这两种会话方式在 PHP 中的应用。

13.1 概 述

当静态网站发展到动态网站时，我们就面临需要根据不同的访问用户来维护不同状态的问题。而 HTTP 协议是一个无状态的协议，此协议无法维护两个事务之间的联系。例如，当一个用户在请求一个页面后，又请求了另一个页面，此时 HTTP 协议无法告诉我们这两个请求是否是来自同一个用户。于是会话控制的思想就逐渐出现了。所谓会话控制，就是能够在网站中跟踪一个用户。通过跟踪用户，我们就可以做到对用户的个性化支持，并根据用户的授权和身份显示不同的内容和页面。会话管理包括 Cookie 和 Session 两种方式。

13.1.1 什么是 Cookie

什么是 Cookie 呢？简单来说，Cookie 就是服务器暂时存放在用户计算机中的数据，好让服务器能够知道到底是哪个用户访问的它。当我们浏览网站时，Web 服务器会把我们在网站上所留下的文字或是一些选择都记录下来，发送并保存到我们的计算机上，这些数据就是 Cookie。当下次我们再访问同一个网站时，Web 服务器会先看看有没有它上次留下的 Cookie 数据，如果有的话，就会依据 Cookie 中的内容判断使用者，送出特定的网页内容给我们。Cookie 的使用很普遍，许多提供个人化服务的网站，都是利用 Cookie 来辨认使用者，以方便送出为使用者量身定做的内容。

Cookie 文件通常是以 user@domain 格式命名的，user 是本地用户名，domain 是所访问的网站的域名。在 Windows 2000 和 Windows XP 系统中，Cookie 文件保存在“系统盘:\Documents and Settings\用户名\Local Settings\Temporary Internet Files”目录下。在 Vista 和 Windows 7 系统中，Cookie 文件保存在“系统盘:\Users\用户名\AppData\Local\Microsoft\Windows\Temporary Internet Files”目录下。

Cookie 的内容主要包括名字、值、过期时间、路径和域。路径与域一起构成 Cookie 的作用范围。若不设置过期时间，则表示这个 Cookie 的生命期为浏览器会话期间，关闭浏览器窗口，Cookie 就会消失。这种生命期为浏览器会话期的 Cookie 被称为会话 Cookie。会话 Cookie 一般不存储在硬盘上，而是保存在内存中。若设置了过期时间，浏览器就会把 Cookie 保存到硬盘上，关闭后再次打开浏览器，这些 Cookie 仍然有效直到超过设定的过期时间。存储在硬盘上的 Cookie 可以在不同的浏览器进程间共享，比如两个 IE 窗口。而对于保存在内存中的 Cookie，不同的浏览器有不同的处理方式。

Cookie 的发送是通过扩展 HTTP 协议来实现的。Web 服务器通过在 HTTP 的响应头中加上一行特殊的指示，来告诉浏览器按照指示生成相应的 Cookie。而 Cookie 的使用则是由浏览器按照一定的原则在后台自动发送给 Web 服务器的。浏览器在接收到 Web 服务器的请求后，会检查所有存储的 Cookie，如果某个 Cookie 所声明的作用范围大于等于请求资源的范围，则把该 Cookie 附在请求资源的 HTTP 请求头上发送给服务器。

13.1.2 什么是 Session

不同于在客户端保存状态数据的 Cookie，Session 采用的是在服务器端保存状态数据的方案。当程序需要为某个客户端的请求创建一个 Session 时，服务器首先检查这个客户端的请求里是否已包含了一个 Session 标识（称为 Session ID），如果已包含，则说明以前已经为此客户端创建过 Session，服务器就按照此 Session ID 把这个 Session 检索出来使用。如果该客户端的请求里不包含 Session ID，则 Web 服务器会为此客户端创建一个 Session，并且生成一个与此 Session 相关联的 Session ID。这个 Session ID 将会被在本次响应中返回给客户端保存。客户端保存这个 Session ID 的方式可以采用 Cookie，即所谓的会话 Cookie，但由于 Cookie 是可以被人为禁止的，所以客户端有其他的机制，例如 URL 重写或者隐藏表单来保证 Cookie 被禁止时，Session ID 依然能够被成功传给 Web 服务器。

一个完整的 Session 需要包括特定的客户端、特定的服务器端以及不中断的操作时间。A 用户和 C 服务器建立连接时所处的 Session，与 B 用户和 C 服务器建立连接时所处的 Session 是不同的。

13.1.3 Cookie 与 Session 的区别

Cookie 与 Session 完美解决了无连接性质的 HTTP 协议，被广泛应用在 Web 开发领域，用于保存用户信息，给用户提供个性化服务。那么 Cookie 和 Session 有什么区别呢？

Cookie 与 Session 的区别主要体现在以下几个方面：

- Cookie 机制采用在客户端保持状态的方案，也就是说，Cookie 数据存放在用户的浏览器上，而 Session 机制采用在服务器端保持状态的方案，即 Session 数据存放在服务器上。
- 单个 Cookie 文件的大小在客户端的限制是 3K 字节，而 Session 文件的大小在服务器端没有限制（只要硬件上能够满足）。
- 恶意网站可以通过暗中读取用户 Cookie 的方式来盗取用户的隐私信息，因此，考虑到安全性，应当减少 Cookie 的使用，转而使用 Session。
- Session 将数据保存在服务器上，当访问增多时，会降低服务器的性能，因此，考虑到减轻服务器的负担，应当少使用 Session，多使用 Cookie。

考虑到上述诸多因素，建议读者在实际开发中，将重要信息使用 Session 保存，其他信息使用 Cookie 保存。

13.2 Cookie 管理

Cookie 作为解决无连接 HTTP 协议保存用户状态的一种方案，在 Web 开发中得到广泛应用。本节将介绍如何在 PHP 环境下设置、读取、删除 Cookie，以及如何将 Cookie 应用到实际开发中。

13.2.1 设置 Cookie

由前面的讲述我们知道，Cookie 是 HTTP 协议头的组成部分，必须在页面的其他内容出现之前发送。因此，在设置 Cookie 之前，不能有任何文本输出，包括 HTML 标记、输出语句以及空行。

在 PHP 中，创建 Cookie 是通过 setcookie()函数实现的。用法如下：

```
bool setcookie ( string $name [, string $value [, int $expire = 0 [, string $path
[, string $domain [, bool $secure = false [, bool $httponly = false ]]]]]] )
```

除了$name 之外的其他参数都是可选参数，可以使用空字符串""（对$expire 使用数字 0）来跳过某些可选参数的设置。总的来说，该函数将设置一个名为$name 值为$value 的 Cookie。

各个参数的具体含义如下。

- $name：Cookie 的名称。
- $value：Cookie 保存在客户端的值，可以通过$_COOKIE["name"]获取名为 name 的 Cookie 的值。
- $expire：Cookie 的失效时间，用 UNIX 时间戳表示，可以使用 mktime()或 time()获取，例如 time()+3600*24，表明该 Cookie 将在 24 小时即 1 天后失效。如果设置为 0 或者省略不设置，表明该 Cookie 一直有效，直到关闭浏览器。默认值为 0。之所以使用 UNIX 时间戳而不是设置具体的时间，是因为服务器端的时间可能和客户端的时间不一致。
- $path：Cookie 在服务器端有效的网站目录，用路径表示。如果设置为“/”，则表明该 Cookie 将在整个网站目录内有效；如果设置为“/Mo/”，则表明该 Cookie 将在该网站根目录下的 Mo 目录及其子目录内有效。$path 的默认值为设置该 Cookie 脚本所在的当前目录。
- $domain：Cookie 有效的域名。例如设置成“.mo.com”，表明该 Cookie 在 mo.com 的所有子域名内有效。而设置成“www.mo.com”，则表明该 Cookie 只在 mo.com 的 www 子域名内有效。
- $secure：是否通过 HTTPS 安全连接设置 Cookie。如果设置为 TRUE，则该 Cookie 只在存在 HTTPS 安全连接的前提下才会设置。默认值为 FALSE，表明 Cookie 设置在 HTTP 和 HTTPS 上均有效。
- $httponly：是否只通过 HTTP 协议设置 Cookie。如果设置为 TRUE，则该 Cookie 将不能被 JavaScript 这样的脚本语言使用。这将有利于减少通过 XSS 跨站攻击获取用户隐私信息的非法行为。该设置项自 PHP 5.2.0 开始有效。默认值为 FALSE。

例如：

```
<?php
    $name = 'last_login_time';                              //Cookie 的名称
$value = date('Y-m-d H-i-s');                               //Cookie 的值
```

```
    //设置永久有效的 Cookie
    setcookie($name, $value);
    //设置 24 小时后失效的 Cookie
    setcookie($name, $value, time()+3600*24);
    //设置在 Mo 子目录下有效的 Cookie
    setcookie($name, $value, 0, '/Mo/');
    //设置在 Mo 子域名下有效的 Cookie
    setcookie($name, $value, 0, '', 'www.mo.com');
    //设置通过 HTTPS 安全连接的 Cookie
    setcookie($name, $value, 0, '', '', true);
    //设置只通过 HTTP 协议连接的 Cookie
    setcookie($name, $value, 0, '', '', '', true);
?>
```

例如，设置 setcookie($name, $value, time()+3600*24)后，Windows 7 系统上将在“系统盘:\Documents and Settings\用户名\Local Settings\Temporary Internet Files”目录下，生成一个 Cookie 文件，有效期为 24 小时。在笔者的计算机上运行后，产生的 Cookie 文件如图 13.1 所示。

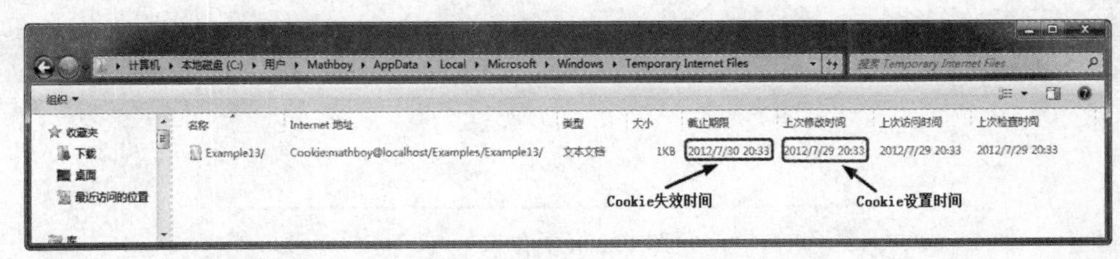

图 13.1　Cookie 文件

13.2.2　读取 Cookie

设置完 Cookie 之后，在 Cookie 的有效期内，我们可以通过预定义数组$_COOKIE 读取 Cookie 的值。设置的 Cookie 的名称，即是数组$_COOKIE 的键名，Cookie 的值就是数组$_COOKIE 对应的键值。

例如：

```
<?php
    date_default_timezone_set('Asia/Shanghai');             //设置默认时区

    $name = 'last_login_time';                              //Cookie 的名称

    if(isset($_COOKIE[$name])){                             //如果已存在该 Cookie
        echo '您上一次访问该网站的时间是'.$_COOKIE[$name].'<br>'; //则输出 Cookie 的值
    }else{
        echo '欢迎您第一次访问该网站！';
    }

    setcookie($name, date('Y 年 m 月 d 日 H 时 i 分 s 秒')); //设置或者更新 Cookie 的值

?>
```

上面这段代码利用 Cookie 保存用户每次登录的时间。代码第一次运行（用户第一次访问）后的

结果如图 13.2 所示。

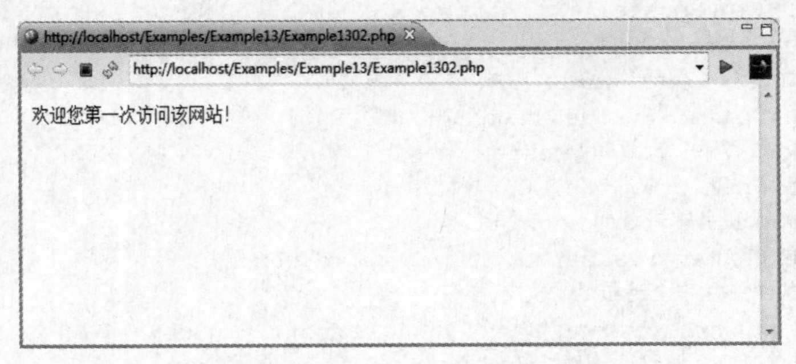

图 13.2　运行结果

代码第二次运行（用户第二次访问）后的结果如图 13.3 所示。

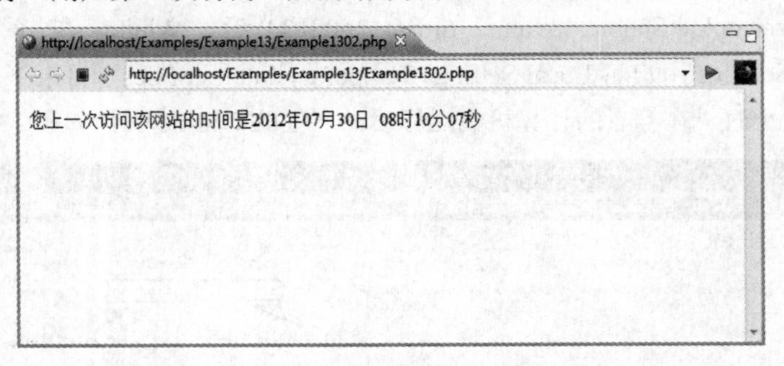

图 13.3 运行结果

13.2.3　删除 Cookie

前面讲过，如果不设置 Cookie 的失效时间，或者失效时间设置为 0，则 Cookie 会一直有效直到浏览器关闭。如果设置了 Cookie 的失效时间，则 Cookie 会直到失效时间才会失效。那么，如果想让 Cookie 提前失效怎么办？

在 PHP 中，我们可以通过将 Cookie 的失效时间设置为当前时间之前的方式来删除 Cookie。例如：

```
<?php
    setcookie('last_login_time', '', time() - 1);                    //删除 Cookie
?>
```

上面这段代码将名为 last_login_time 的 Cookie 的失效时间设置为当前 UNIX 时间戳之前 1 秒，即该 Cookie 的有效时间是过去的某个时间点，从而删除该 Cookie。

有时，我们还可以使用浏览器中的选项来删除 Cookie。

（1）IE 浏览器

选择“工具”→“Internet 选项”菜单，打开“Internet 选项”对话框，如图 13.4 所示。在“常规”选项卡中，单击“浏览历史记录”栏中的“删除”按钮，弹出图 13.5 所示的对话框，勾选“Cookie”复选框，然后单击“删除”按钮，即可删除全部 Cookie 文件。

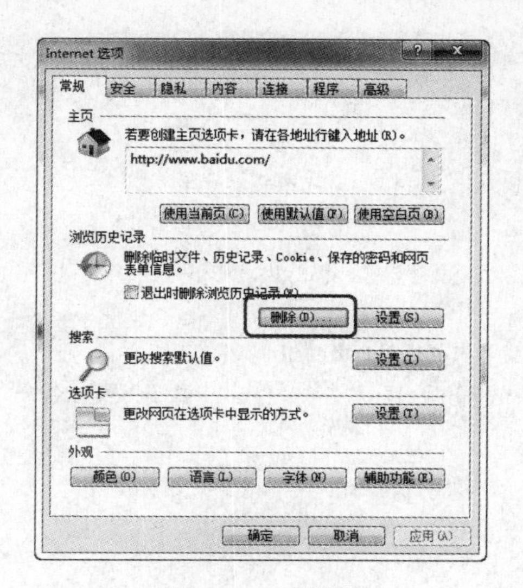

图 13.4　选择删除

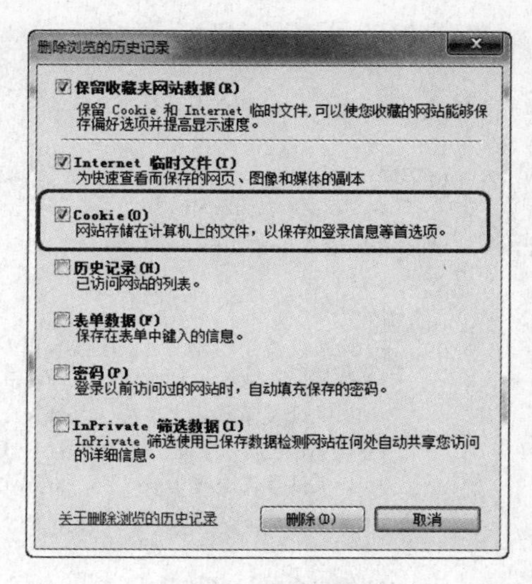

图 13.5　选择删除选项

（2）Firefox（火狐）浏览器

选择“工具”→“选项”菜单，打开“选项”对话框，如图 13.6 所示。在“隐私”选项卡中，单击“历史”栏中的“删除私人 Cookie”链接，弹出图 13.7 所示的对话框，从中选择需要删除的 Cookie 文件，然后单击“移除 Cookies”按钮，即可删除选中的 Cookie 文件。单击“移除所有 Cookie”按钮，即可删除全部 Cookie 文件。

图 13.6　移除私人

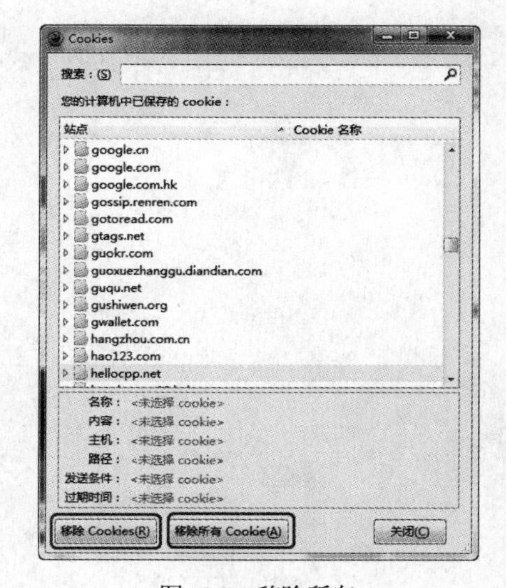

图 13.7　移除所有

13.2.4　Cookie 的应用

Cookie 在 Web 开发中的应用有很多，但是考虑到安全性，我们主要还是用它来保存用户的一些“踪迹”。例如，用户在填写表单时，对一些不太重要的信息，如用户名、邮箱等，我们可以用 Cookie 保存，以便用户下一次填写时不用做重复劳动。

看下面这个例子：

```
<?php
    /*
     * 利用 Cookie 保存表单信息
     */
    if( !isset($_POST['submit']) ){                               //尚未提交表单
        $username = '';                                           //用户名
        $email = '';                                              //邮箱
        $tel = '';                                                //电话

        //如果设置了用户名 Cookie，就从 Cookie 变量中取得用户名的值
        if(isset($_COOKIE['username'])) $username = $_COOKIE['username'];
        //如果设置了邮箱 Cookie，就从 Cookie 变量中取得邮箱的值
        if(isset($_COOKIE['email'])) $email = $_COOKIE['email'];
        //如果设置了电话 Cookie，就从 Cookie 变量中取得电话的值
        if(isset($_COOKIE['tel'])) $tel = $_COOKIE['tel'];

        //输出表单
        echo <<<FORM
        <form action="{$_SERVER['PHP_SELF']}" method = "post">
            <table>
            <tr>
                <td>用户名：</td>
                <td><input  type="text"  name="username"  value="{$username}"
/></td>
            </tr>
            <tr>
                <td>邮箱：</td>
                <td><input type="text" name="email" value="{$email}" /></td>
            </tr>
            <tr>
                <td>电话：</td>
                <td><input type="text" name="tel" value="{$tel}" /></td>
            </tr>
            <tr>
                <td colspan=2><input  type="submit"  name="submit"  value="提交"
/></td>
            </tr>
            </table>
        </fomr>
FORM;
    }else{                                                        //提交表单后
        if(empty($_POST['username'])){                            //如果用户名为空
            echo '警告：用户名不能为空！';                         //输出提示信息
        }elseif(empty($_POST['email'])){                          //如果邮箱为空
            echo '警告：邮箱不能为空！';                           //输出提示信息
        }elseif(empty($_POST['tel'])){                            //如果电话为空
            echo '警告：电话不能为空！';                           //输出提示信息
        }else{                                                    //否则输出用户信息
            echo '您的信息如下：<br>';
            echo '用户名：'.$_POST['username'].'<br>';
```

```
        echo '邮箱: '.$_POST['email'].'<br>';
        echo '电话: '.$_POST['tel'].'<br>';

    }
    //返回链接
    echo '<p><a href="'.$_SERVER['PHP_SELF'].'">返回</a>';
    //设置或者更新 Cookie 数据
    setcookie('username', $_POST['username'], time()+3600 *24);
    setcookie('email', $_POST['email'], time()+3600 *24);
    setcookie('tel', $_POST['tel'], time()+3600 *24);


  }
?>
```

代码第一次运行时，由于没有设置 Cookie，表单为空，如图 13.8 所示。

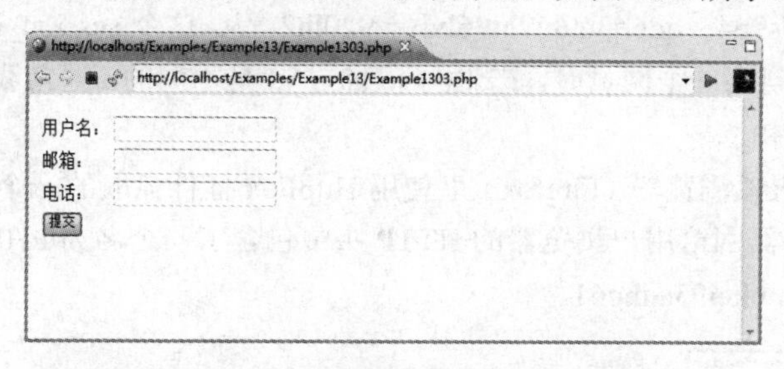

图 13.8　运行结果

填写表单后并提交，如图 13.9 所示。

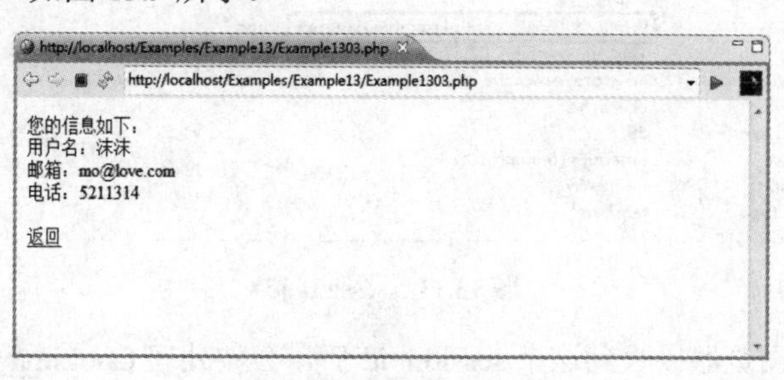

图 13.9　运行结果

单击“返回”链接后，由于已经设置了 Cookie，表单中的内容被 Cookie 的对应值填充，如图 13.10 所示。

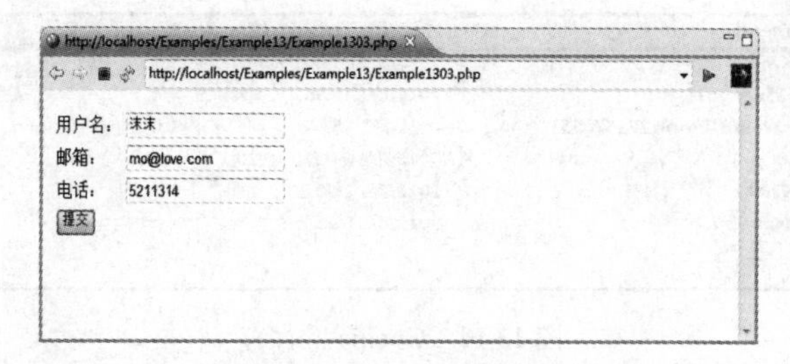

图 13.10　运行结果

13.3　Session 管理

不同于 Cookie 将用户状态数据保存在客户端的方案，Session 采用在服务器端保存用户数据的方案，这样更安全。本节将介绍如何在 PHP 环境下注册、读取、注销 Session，以及如何将 Session 应用到实际开发中。

13.3.1　启动 Session

PHP 中通过 session_start()函数开启一个会话。那么开启会话时，Web 服务器和用户浏览器具体要做哪些工作呢？

session 会话开启时，Web 服务器首先会发送一个 session_id 给用户浏览器。在 PHP 中，这个 session_id 的默认名字是 PHPSESSID，其值为 Web 服务器随机生成的字符串，例如 glmic2m8d56a5nfjdt0lsms9b4、qd6q3u9hi7ht96lvjvrv920lh2 等。这个 session_id 是唯一的，当不同的用户或不同的浏览器访问同一个网页时，产生的 session_id 是不同的。通常我们说的 session_id 其实就是指这个唯一的字符串。

图 13.11 所示为在火狐浏览器（Firefox）上使用 HttpFox 插件抓取的一个 HTTP 应答包。从图中可以看出，Apache 服务器回给用户浏览器的 HTTP 头中包含了一个名为 PHPSESSID 的 session_id，其值为 r90ojv2mnmvn4hmkei95adhg61。

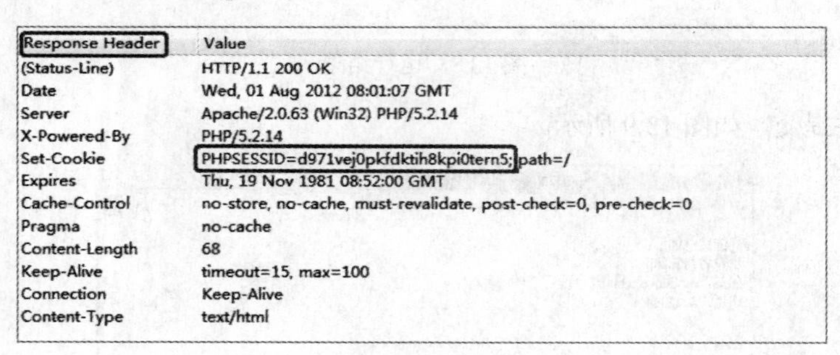

Response Header	Value
(Status-Line)	HTTP/1.1 200 OK
Date	Wed, 01 Aug 2012 08:01:07 GMT
Server	Apache/2.0.63 (Win32) PHP/5.2.14
X-Powered-By	PHP/5.2.14
Set-Cookie	PHPSESSID=d971vej0pkfdktih8kpi0tern5; path=/
Expires	Thu, 19 Nov 1981 08:52:00 GMT
Cache-Control	no-store, no-cache, must-revalidate, post-check=0, pre-check=0
Pragma	no-cache
Content-Length	68
Keep-Alive	timeout=15, max=100
Connection	Keep-Alive
Content-Type	text/html

图 13.11　session_id

一般情况下，用户浏览器接收到这个 session_id 后，会按处理 Cookie 的方式来保存它。与此同时，Web 服务器会在服务器的指定目录中生成一个诸如图 13.12 所示的文件。文件的命名格式为'sess_' + session_id。文件中包含的便是会话的具体内容。

名称	修改日期	类型	大小
sess_d971vej0pkfdktih8kpi0tern5	2012/8/1 16:03	文件	1 KB
sess_2sfk9cqatojnvuok81mlv6ff34	2012/8/1 16:00	文件	1 KB
sess_r90ojv2mnmvn4hmkei95adhg61	2012/8/1 15:56	文件	1 KB
ZendOptimizer.MemoryBase@SYSTEM@1183570551	2012/8/1 15:05	MEMORYBASE@SYSTEM@1183570551 文件	1 KB
sess_9icj7pqu7r9ca8h4k3uj0hijv4	2012/8/1 9:00	文件	0 KB
sess_qd6q3u9hi7ht96lvjvrv920lh2	2012/8/1 9:00	文件	1 KB
sess_glmic2m8d56a5nfjdt0lsms9b4	2012/8/1 8:48	文件	1 KB

图 13.12　Cookie 的保存

就这样建立起一个会话后，在下一次 HTTP 请求时，用户浏览器会将当前域名下的所有 Cookie

发给 Web 服务器，如图 13.13 所示。Web 服务器根据 Cookie 中的 session_id 读取保存在服务器上的相应的 session 文件，并从 session 文件中读取具体的会话内容。

Request Header	Value
(Request-Line)	GET /Examples/Example13/Example1304.php HTTP/1.1
Host	localhost
User-Agent	Mozilla/5.0 (Windows NT 6.1; rv:10.0) Gecko/20100101 Firefox/10.0
Accept	text/html,application/xhtml+xml,application/xml;q=0.9,*/*;q=0.8
Accept-Language	zh-cn,zh;q=0.5
Accept-Encoding	gzip, deflate
Connection	keep-alive
Cookie	PHPSESSID=d971vej0pkfdktih8kpi0tern5
Cache-Control	max-age=0

图 13.13　session_id

另外有几点补充说明。

（1）session_id 名称的默认值是由 PHP 配置文件中的 session.name 配置项决定的。该名称可以通过 session_name()函数获取或者设置。

例如：

```
<?php
    session_start();                                    //启动会话

    echo '<p>默认的 SESSION 名称为：';
    echo session_name();                                //打印当前会话的名称

    session_name("Mo");                                 //修改会话名称
    echo '<br><p>修改后的 SESSION 名称为：';
    echo session_name();                                //打印当前会话的名称
?>
```

代码运行后的结果如图 13.14 所示。

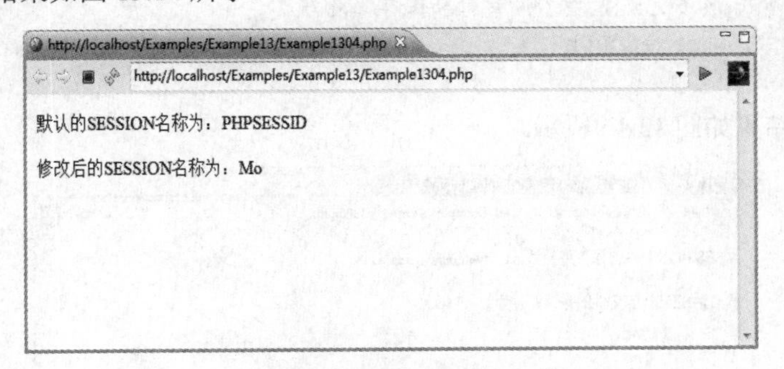

图 13.14　运行结果

（2）session_id 的值可以通过 session_id()函数来获取或者设置。

例如：

```
<?php
    session_start();                                    //启动会话

    echo '<p>原 SESSION_ID 的值为：';
    echo session_id();                                  //打印当前 SESSION_ID 的值
```

```
    session_id("linlovemogodblessthem");                //修改 SESSION_ID 的值
    echo '<br><p>修改后 SESSION_ID 的值为: ';
    echo session_id();                                  //打印当前 SESSION_ID 的值
?>
```

代码运行后的结果如图 13.15 所示。

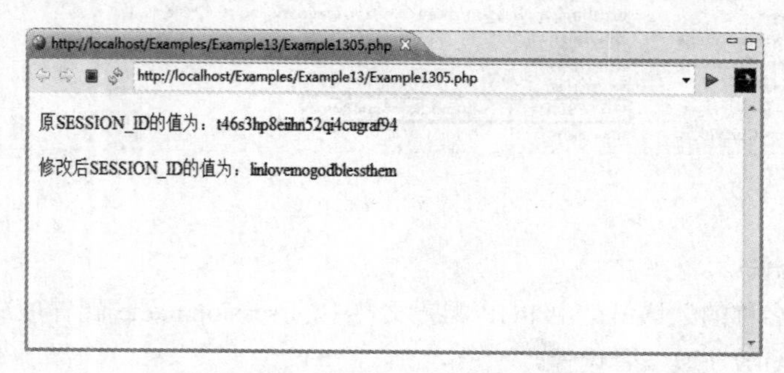

图 13.15 运行结果

（3）服务器中保存 Session 文件的路径是由 PHP 配置文件中的 session.save_path 配置项来决定的，Windows 系统上的默认值为"C:\Windows\Temp"。该默认值可以通过 session_save_path()来获取。例如：

```
<?php
    session_start();                                    //启动会话

    echo '<p>原 SESSION 文件的保存路径为: ';
    echo session_save_path();                           //打印 SESSION 文件的保存路径

    session_save_path("F:/Mo/");                        //修改 SESSION 文件的保存路径
    echo '<br><p>修改后 SESSION 文件的保存路径为: ';
    echo session_save_path();                           //打印 SESSION 文件的保存路径
?>
```

代码运行后的结果如图 13.16 所示。

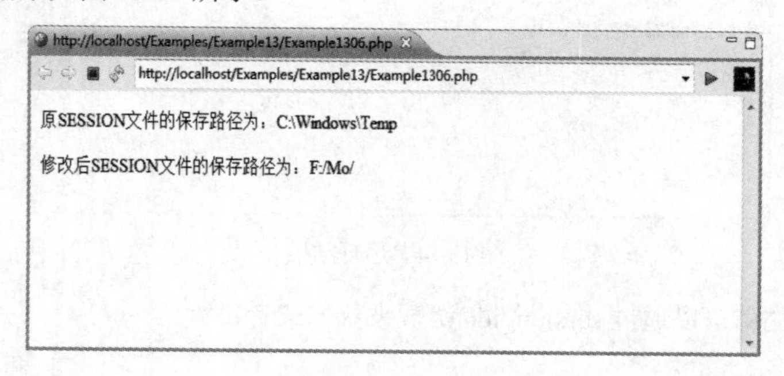

图 13.16 运行结果

13.2.2 注册 Session

启动 Session 会话之后，即可注册 Session 变量。

PHP 通过预定义数组$_SESSION 来注册 Session 变量。只要给数组添加一个元素，即可以注册一个 Session 变量。

例如：

```
<?php
    session_start();                                        //启动会话

    $_SESSION['name'] = 'Mo';                               //注册 Session 变量
?>
```

上面这段代码在启动会话后，通过给$_SESSION 数组赋值的方式，注册了一个 Session 变量。

有时我们可能需要判断是否存在某个 Session 变量，这时可以使用 isset()函数判断。

例如：

```
<?php
    /*
     * 使用 isset()函数判断 Session 变量是否已经注册
     */
    session_start();                                        //启动会话

    if(isset($_SESSION['name'])){                           //判断是否已经注册
        echo '<p>已注册 Session 变量<br>';
    }else{
        echo '<p>尚未注册 Session 变量<br>';
    }

    $_SESSION['name'] = '沫沫';                             //注册 Session 变量

    if(isset($_SESSION['name'])){                           //判断是否已经注册
        echo '<p>已注册 Session 变量<br>';
    }else{
        echo '<p>尚未注册 Session 变量<br>';
    }
?>
```

代码运行后的结果如图 13.17 所示。

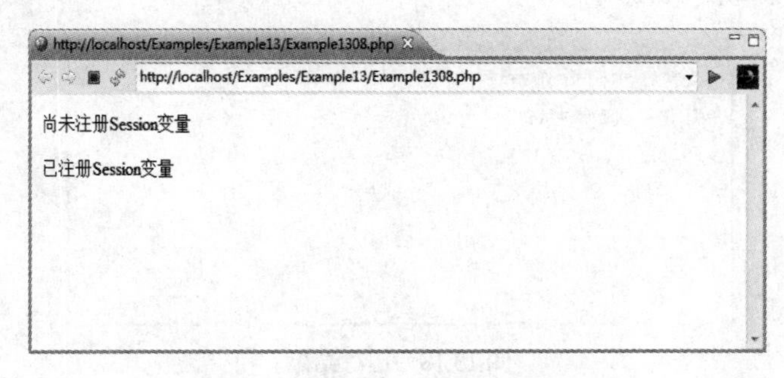

图 13.17　运行结果

此外，还可以使用 empty()函数判断。例如，上面那段代码可以改写成如下的代码，效果一样。

```
<?php
    /*
     * 使用 empty()函数判断 Session 变量是否已经注册
```

```
    */
    session_start();                                        //启动会话

    if(!empty($_SESSION['name'])){                          //判断是否已经注册
        echo '<p>已注册 Session 变量<br>';
    }else{
        echo '<p>尚未注册 Session 变量<br>';
    }

    $_SESSION['name'] = '沫沫';                              //注册 Session 变量

    if(!empty($_SESSION['name'])){                          //判断是否已经注册
        echo '<p>已注册 Session 变量<br>';
    }else{
        echo '<p>尚未注册 Session 变量<br>';
    }
?>
```

最后提醒读者，在早期，PHP 还使用 session_register()函数注册 Session 变量，使用 session_is_registered()函数判断一个 Session 变量是否已经被注册。但从 PHP5.3.0 开始，官方不再推荐使用这些函数。因此，建议读者尽量不要使用。

13.3.3 读取 Session

Session 变量一旦注册，在其有效期内，通过使用$_SESSION 数组的方式即可使用 Session 变量。例如：

```
<?php
    session_start();                                        //启动会话

    $_SESSION['name'] = '沫沫';                              //注册 Session 变量
    echo '哈罗！'.$_SESSION['name'].'，欢迎光临本网站！';       //使用 Session 变量
?>
```

代码运行后的结果如图 13.18 所示。

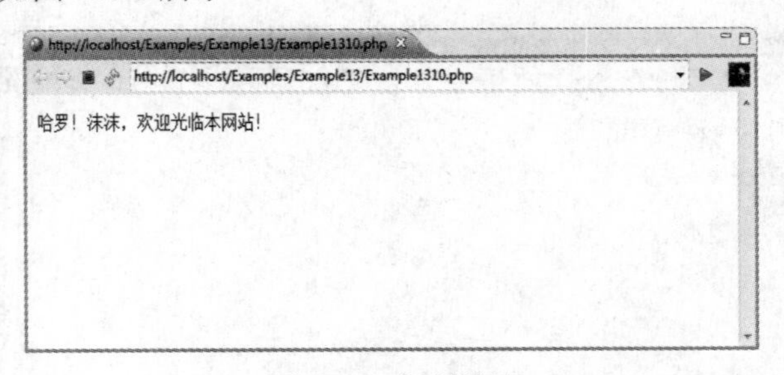

图 13.18　运行结果

至于在哪些页面可以使用注册的 Session 变量，将在 13.3.5 节中讲述。

13.3.4 注销 Session

Session 与 Cookie 一样，过了有效期（关于 Session 的有效期将在 13.3.6 节详述）会自动被删除，

从而失效。如果要在失效期到达之前注销 Session 会话，那该怎么办呢？

在 PHP 中，我们通过 unset()函数来注销一个变量，在这里我们同样可以用它来注销 Session 变量。

例如：

```
<?php
    /*
     * 使用 unset()函数注销单个 Session 变量
     */
    session_start();                                    //启动会话

    $_SESSION['name'] = '沫沫';                         //注册 Session 变量
    $_SESSION['age'] = 19;                              //注册 Session 变量

    //使用 Session 变量
    echo '<p>注销之前: ';
    print_r($_SESSION);

    unset($_SESSION['name']);                           //注销 Session 变量

    echo '<br><p>注销之后: ';
    print_r($_SESSION);
?>
```

这段代码通过 unset($_SESSION['变量名'])的方式来注销一个 Session 变量。代码运行后的结果如图 13.19 所示。

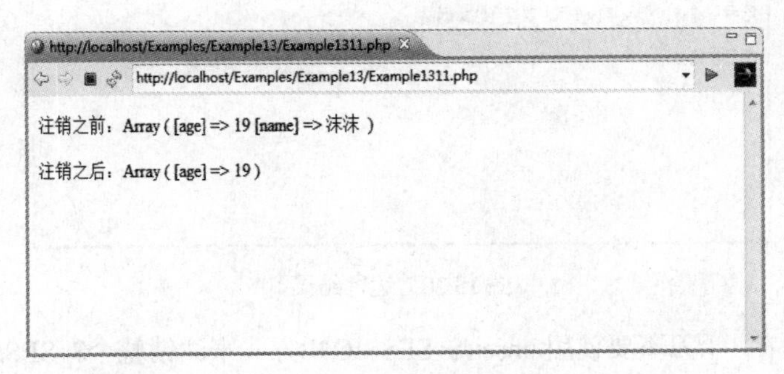

图 13.19　运行结果

如果是要注销所有的 Session 变量，结束当前的会话，则稍微麻烦一些。需要先将$_SESSION 数组中所有元素注销，然后使用 session_destroy()函数清除当前会话中的所有数据。如果使用了 Cookie 在客户端保存的 session_id，结束会话时需要连同 Cookie 一并删除。

例如：

```
<?php
    /*
     * 注销所有 Session 变量，结束当前会话
     */
    session_start();                                    //启动会话
```

```
        $_SESSION['name'] = '沫沫';                                  //注册Session变量
        $_SESSION['age'] = 19;                                       //注册Session变量

        //使用Session变量
        echo '<p>哈罗! '.$_SESSION['name'].', 您今年'.$_SESSION['age'].'岁了, 欢迎光临本
网站! <br>';

        //注销所有Session变量
        $_SESSION = array();

        //如果客户端存储了session_id, 则删除
        if (isset($_COOKIE[session_name()])) {
            setcookie(session_name(), '', time()-1);
        }

        //清除当前会话中的所有数据
        session_destroy();

        if(empty($_SESSION['name']) && empty($_SESSION['age'])){
            echo '<p>您已注销! ';
        }
    ?>
```

代码运行后的结果如图 13.20 所示。

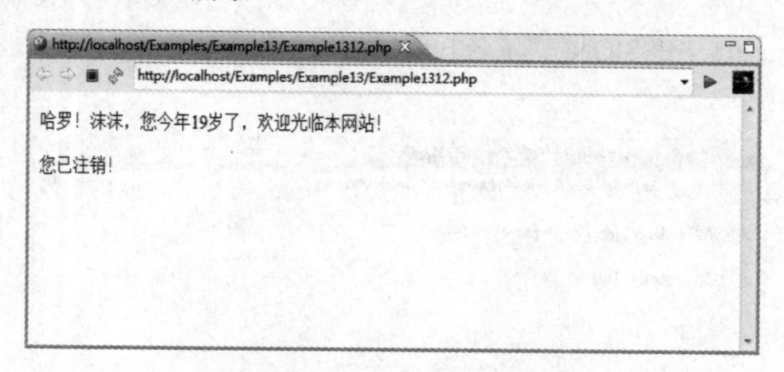

图 13.20　运行结果

再次特别提醒读者，千万不要使用 unset($_SESSION)方式来注销整个$_SESSION 数组，否则将使$_SESSION 数组的相关函数失效。

13.3.5　Session 的作用范围

我们常常利用 Session 会话来控制页面的访问权限，那么在当前页面注册的 Session，在哪些页面可以使用呢？这取决于 session_id 在客户端的保存机制。

（1）通过 Cookie 传递 session_id

一般来说，session_id 将以 Cookie 的方式在客户端保存，那么 Cookie 的作用范围也就决定了 Session 会话的作用范围。读者是否还记得我们之前介绍 Cookie 设置时，讲到一个函数 setcookie()。该函数的参数中有$path 和$domain 两个参数，分别用来设置 Cookie 在服务器端有效的网站目录和 Cookie 有效的域名。对于使用 Cookie 保存 session_id 的 Session 同样如此。

在 PHP 的配置文件中，有两个配置项 session.cookie_path 和 session.cookie_domain，用来设置通过 Cookie 的方式在客户端保存 session_id 的相关属性。其中 session.cookie 的默认值是'/'，表明通过 Cookie 方式传递的 Session 在整个域名内有效。session.cookie_path 和 session.cookie_domain 在配置文件中的设置方式，与 setcookie()函数中$path 和$domain 参数的设置方式一样。例如：

```
session.cookie_path = /Mo/
```

表明通过 Cookie 方式传递的 Session 将在该网站根目录下的 Mo 目录及其子目录内有效：

```
session.cookie_domain = .mo.com
```

表明通过 Cookie 方式传递的 Session 在 mo.com 的所有子域名内有效：

```
session.cookie_domain = www.mo.com
```

表明通过 Cookie 方式传递的 Session 只在 mo.com 的 www 子域名内有效。

除了修改 PHP 配置文件的方式，PHP 还提供了一个函数 session_set_cookie_params()设置相关参数。函数原型如下：

```
void session_set_cookie_params ( int $lifetime [, string $path [, string $domain
[, bool $secure = false [, bool $httponly = false ]]]] )
```

参数的含义和设置方法与 setcookie()函数类似。

因此，默认情况下，Session 会话创建的 Session 变量将在整个网站域名内有效。

（2）通过 URL 传递 session_id

有时，客户端浏览器出于安全的考虑，会禁用 Cookie，这就使得通过 Cookie 来传递 session_id 的方式不再可行。这时我们可以通过 GET 方式，在 URL 中添加 session_name 和 session_id，将这些参数传递给需要会话的页面。

例如：

```
<?php
    session_start();                                    //启动 Session

    $_SESSION['name'] = '沫沫';                         //注册 Session 变量
?>

<a href="link.php">普通链接</a>
<a href="link.php?<?=session_name()?>=<?=session_id()?>">传递会话的链接</a>
```

上面这段代码中包含了两个链接，一个是普通链接，页面将直接跳转到“link.php”；另一个是传递会话的链接，URL 链接中显式地通过 session_name()和 session_id()两个函数向“link.php”传递了会话信息。link.php 的代码如下。

```
<?php
    session_start();                                    //启动 Session

    if(isset($_SESSION['name'])){                       //如果已经注册 Session 变量
        echo '欢迎您，'.$_SESSION['name'].'大神！';
    }else{                                              //如果没有注册 Session 变量
        echo '你是何方神圣，胆敢来此造次？';
    }
?>
```

在运行代码前，首先需要禁用浏览器的 Cookie，以便能够看出通过 URL 传递会话信息的效果。

在 IE 浏览器中，选择“工具”|“Internet 选项”菜单，打开“Internet 选项”对话框，如图 13.21 所示，在“隐私”选项卡中，单击“高级”按钮，弹出图 13.22 所示的“高级隐私设置”对话框，勾选“替代自动 cookie 处理”复选框，在“第一方 Cookie”和“第三方 Cookie”栏中均选择“阻止”单选按钮，取消勾选“总是允许会话 cookie”复选框，然后单击“确定”按钮，并应用设置。

Firefox（火狐）浏览器中，选择“工具”|“选项”菜单，打开“选项”对话框，如图 13.23 所示，在“隐私”选项卡的“历史”栏中，选择“使用自定义历史记录设置”，然后取消勾选“接受来自站点的 Cookie”复选框，单击“确定”按钮保存设置即可。

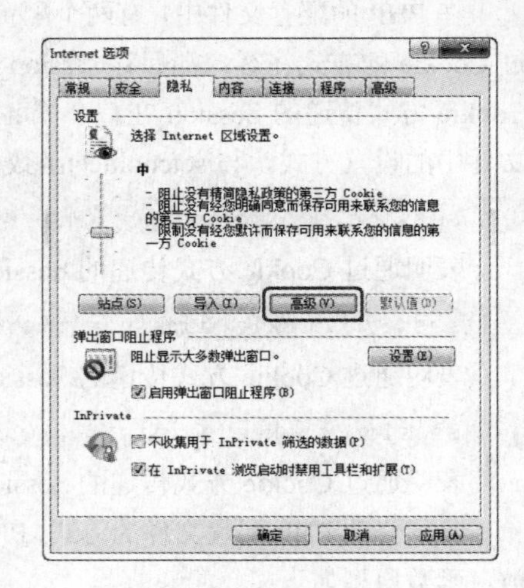

图 13.21　高级隐私设置

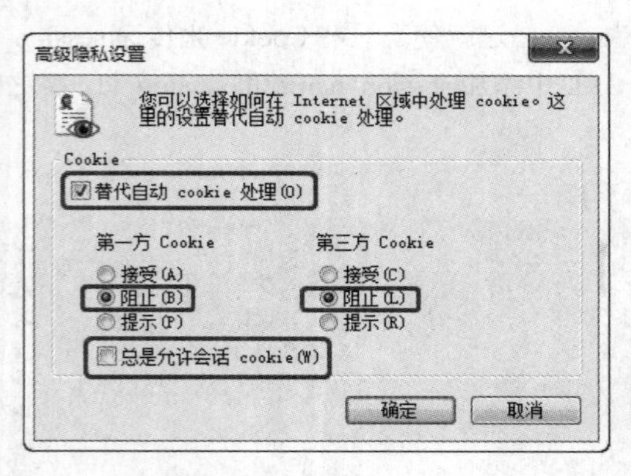

图 13.22　阻止 cookie 处理

图 13.23　自定义历史记录设置

在禁用 Cookie 后，我们可以执行上述代码，单击“普通链接”后，输出的页面如图 13.24 所示，单击“传递会话的链接”后，输出的页面如图 13.25 所示。

由此可见，通过 URL 传递会话参数可以自由地控制 Session 的作用范围，即 URL 参数传递所到之处，Session 均有效。

在通过 URL 传递会话参数时，我们也常常使用预定义常量 SID 来简化代码。SID 以 'session_name = session_id'的格式包含了会话信息。上面传递会话参数的链接代码可以用 SID 简写成如下代码：

```
<a href="link.php?<?=SID?>">传递会话的链接</a>
```

图 13.24　普通链接结果　　　　图 13.25　传递会话的链接结果

13.3.6　Session 的有效期

Session 的有效期是我们在处理会话时常常需要关注的一个问题。

由于 Session 常常通过 Cookie 的方式在客户端保存 session_id，因此客户端 Cookie 的有效期也会影响本次会话的有效期。一旦客户端的相应 Cookie 失效，本次会话也就相应失效了。如果客户端的 Cookie 依然有效，但服务器端的 Session 文件已经失效，那么本次会话也会失效。也就是说，会话的有效期是由客户端 Cookie 的有效期和服务器端 Session 文件的有效期共同决定的。

对于客户端 Cookie，我们可以使用 session_set_cookie_params()函数修改 lifetime 参数来改变 Cookie 的有效期。

下面主要讲讲服务器端 Session 文件的有效期。

PHP 配置文件中有一个配置项 session.gc_maxlifetime，它就是用来设置服务器端 Session 文件有效期的。该配置项的默认值是 1 440，单位是秒，即服务器端 Session 文件的有效期默认是 1 440 秒（24 分钟）。那么，是不是一个 Session 文件在 24 分钟后就会立即被删除呢？答案是否定的。

事实上，PHP 并没有一个后台线程来定时地扫描服务器端的 Session 文件并判断其是否失效。它的处理方法是，当一个有效请求发生时，PHP 会根据某个概率来决定是否调用一个 GC（Garbage Collector）。GC 的工作就是扫描所有的 Session 文件，用当前时间减去 Session 文件的最后修改时间（modified date），与配置文件 session.gc_maxlifetime 的值进行比较，如果生存时间已经超过 gc_maxlifetime，就把该 Session 文件删除。这是很容易理解的，因为如果每次请求都要调用 GC，那么 PHP 的效率就会变得非常低下。这个概率取决于 PHP 配置文件中两个配置项的值的商 session.gc_probability/session.gc_divisor。默认情况下，session.gc_probability = 1，session.gc_divisor=100，也就是说有 1%的可能性会启动 GC。

综上所述，服务器端的 Session 文件并不能 100%保证在其失效之后能够及时删除，这就说明 Session 文件的有效期是不精确的。为了能够精确控制 Session 文件的有效期，许多大型网站往往使用 session_set_save_handler()函数接管所有的 Session 管理工作，并通过把 Session 信息存储到数据库来精确地控制 Session 的有效期。

13.3.7　Session 的应用

用户登录控制无疑是 Session 最经典的应用，本节将以用户登录为例，介绍 Session 在 Web 开发中的应用。

在这个例子中，Session 的应用体现在以下 3 个方面：

- 利用 Session 变量保存真实的验证码，以便与用户输入的验证码进行比较。
- 利用 Session 变量保存用户登录失败的次数，用以防止暴力破解的黑客行为。
- 利用 Session 变量保存成功登录后的用户名，用以控制登录用户与非登录用户对某些页面的访问权限。

整个例子包括登录页面程序 login.php、验证码生成程序 CheckCode.php、成功登录程序 success.php。

登录页面由 CSS（控制页面元素的布局）、HTML（显示登录框）、JavaScript（刷新验证码）、PHP（校验登录信息）组成。在实际开发中，用户名和用户密码等信息一般都保存在数据库中，在登录校验时，需要从数据库中获取相关信息，然后进行匹配。在这里，为了不让数据库操作的代码影响读者对 Session 操作的理解，我们略去了数据库部分的代码，改由两个常量 NAME 和 PASSWORD 来设置用户名和密码。

登录页面 login.php 的代码如下：

```
<html>
<head>
<meta http-equiv="Content-Type" content="text/html; charset=utf-8" />
<title>用户登录</title>

<style type="text/css">
<!--
#login {
    margin: 30px auto 10px auto;
    width: 400px;
    border: #CFE4F8 1px solid;
    background-color: #FFF;
}

input {
    width: 220px;
    height: 30px;
    border: #CCC 1px solid;
    font: Georgia, "Times New Roman", Times, serif;
    font-size: 20px;
}

#button {
    width: 87px;
    height: 63px;
}

#loginform {
    font-size: 12px;
    color: #333;
}

#loginform img {
    display: inline;
    border: #999 1px solid;
```

```
        height: 30px;
        margin: 0 0 0 20px;
        cursor: pointer;
    }
    -->
    </style>

    <script type="text/javascript">
    /*
     * 刷新验证码
     */
    function refreshCheckCode(obj, url){
       obj.src = url + '?nowtime=' + new Date().getTime();
    }
    </script>
    </head>

    <body>
        <div id="login">
            <form name="loginform" id="loginform"
                action="<?=$_SERVER['PHP_SELF']?>" method="post">
                <table width="400">
                    <tr>
                        <td width="50" height="34">用户名</td>
                        <td width="241"><input type="text" name="name" id="name" />
                        </td>
                        <td  width="96"  rowspan="2"><input  type="submit"  name=
"button"
                            id="button" value="Login" />
                        </td>
                    </tr>
                    <tr>
                        <td>密码</td>
                        <td><input type="password" name="pwd" id="pwd" />
                        </td>
                    </tr>
                    <tr>
                        <td>验证码</td>
                        <td colspan="2"><input type="text" name="code" id="code" />
<img
                            src="CheckCode.php" alt="看不清楚，换一张" align="bottom"
                            onclick="javascript:refreshCheckCode(this,this.src);"
/></td>
                    </tr>
                </table>
            </form>
        </div>
    <?php
        //仅供测试用，实际开发中应从数据库获得相关数据
        define('NAME', '沫沫');
        define('PASSWORD', 'ilovelin');
        /*
```

```
     * 登录检验
     */
    if(isset($_POST['button'])){                                    //如果已经提交了表单
        session_start();                                            //启动会话

        //注册一个 Session 变量，用于统计用户的登录失败的次数
        if(!isset($_SESSION['count'])){
            $_SESSION['count']=0;
        }
        //如果登录失败次数大于 4，则不允许用户继续登录
        if($_SESSION['count']>4){
            echo '<script>alert("你已无权登录该页面！");</script>';
            exit();
        }

        $session_code = strtoupper(trim($_SESSION['code'])); //获取验证码的真实值
        $code = strtoupper(trim($_POST['code']));          //获取用户输入的验证码
        //校验用户输入的验证码
        if ($session_code != $code) {
            echo '<script>alert("验证码错误!!!");</script>';
            exit();
        }
        //校验用户名和密码
        if(isset($_POST['name']) && isset($_POST['pwd'])){
            $name = trim($_POST['name']);
            $pwd = $_POST['pwd'];

            //如果用户名和密码匹配
            //则注册 Session 变量用于保存用户名，并跳转到成功登录后的页面
            //否则登录失败次数增 1，并弹出警告信息
            if($name == NAME && $pwd == PASSWORD){
                $_SESSION['user'] = $name;
                header('location:success.php');
            }else{
                $_SESSION['count']++;
                if($_SESSION['count']>4){
                    echo '<script>alert("你已无权登录该页面！");</script>';
                    exit();
                }

                $num=5-$_SESSION['count'];
                $msg = '登录失败！\n 用户名或密码错误！\n\n 你还有'.$num.'次登录机会';
                echo '<script>alert("'.$msg.'");</script>';
            }
        }
    }
?>
</body>
</html>
```

验证码生成程序 CheckCode.php 的代码如下：

```
<?php
```

```
    /*
     * 函数：绘制验证码
     * 输入参数：宽度（可选），高度（可选），验证码个数（可选），干扰点个数（可选）
     * 输出：输出 PNG 格式的验证码图片
     */
    function createCheckCode($width = 80, $height = 30, $num_code = 5,
$num_disturb_points = 100){
        /* 创建画布 */
        $img = imagecreate($width, $height);                //创建图像句柄
        /* 绘制背景和边框 */
        $bg_color = imagecolorallocate($img, 255, 255, 255);        //背景色
        $border_color = imagecolorallocate($img, 0, 0, 0);          //边框色
        imagerectangle($img, 0, 0, $width-1, $height-1, $border_color);
  //绘制边框
        /* 产生随机码 */
        $rand_num = rand();                                 //产生一个随机数
        $str = md5($rand_num);                              //取得该随机数的 MD5 值
        $str_code = strtoupper(substr($str, 0, $num_code));
  //从 MD5 值中截取字符作为验证码
        /* 绘制随机码 */
        for($i = 0; $i < $num_code; ++$i){
            $str_color = imagecolorallocate($img, rand(0,255), rand(0,255),
rand(0,255));    //随机字体颜色
            $font_size = 5;                                 //字体大小
            $str_x = floor(($width / $num_code)* $i) + rand(0,5);
  //随机字体定位 x 坐标
            $str_y = rand(2, $height - 15);                 //随机字体定位 y 坐标

            imagechar($img, $font_size, $str_x, $str_y, $str_code[$i],
$str_color); //绘制单个字符
        }
        /* 绘制干扰点 */
        for($i = 0; $i < $num_disturb_points; ++$i){
            $point_color = imagecolorallocate($img, rand(0,255), rand(0,255),
rand(0,255));//随机干扰点颜色
            $point_x = rand(2, $width - 2);                 //随机干扰点位置 x 坐标
            $point_y = rand(2, $height - 2);                //随机干扰点位置 y 坐标

            imagesetpixel($img, $point_x, $point_y, $point_color);
  //绘制干扰点
        }
        /* 输出图片 */
        header("Content-type: image/png");                  //发送 Header 信息
        imagepng($img);                                     //输出图像
        imagedestroy($img);                                 //释放与图像关联的内存

        return $str_code;
    }

    /* 输出验证码 */
```

```
    session_start();                                          //启动会话
    $_SESSION['code'] = createCheckCode();
//保存验证码，以便与用户输入的验证码进行比对
?>
```

成功登录程序 success.php 的代码如下：

```
<?php
    header("Content-type: text/html; charset=utf-8");      //发送编码信息

   session_start();                                           //启动会话

   if (!isset($_SESSION['user'])) {                           //如果没有注册了会话变量
    header('location:login.php');                   //则视为非法访问，并跳转到登录页面
   }else{                                                     //如果已经注册了会话变量
    echo '<script>alert("欢迎您，'.$_SESSION['user'].'大神！");</script>';
//则弹出欢迎信息
   }
?>
```

实际运行时，验证码输入错误后，单击登录会出现图 13.26 所示的警告信息。

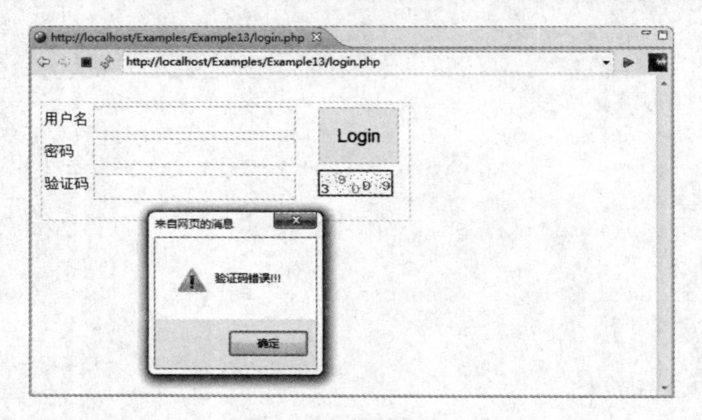

图 13.26　运行结果

用户名或者密码输入错误后，单击登录会出现图 13.27 所示的警告信息。

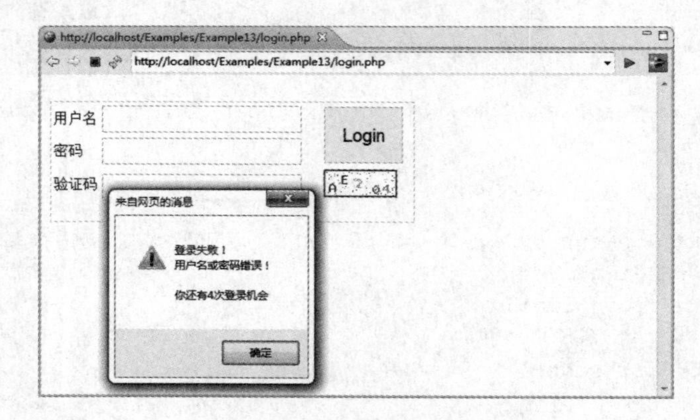

图 13.27　错误提示

用户登录失败次数超过 4 次后，再次单击登录会出现图 13.28 所示的警告信息。

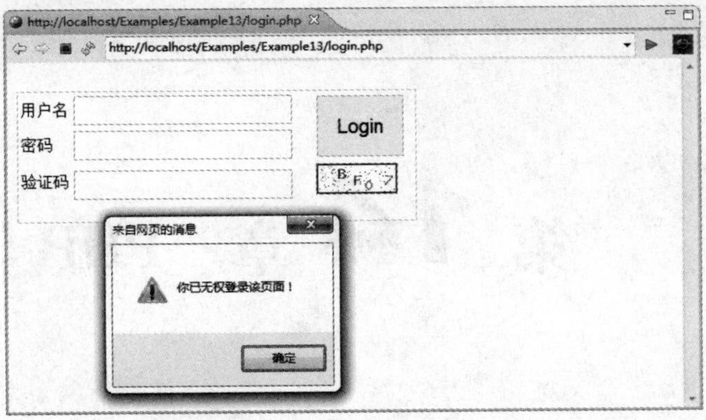

图 13.28　登录失败 4 次后

成功登录后会跳转到图 13.29 所示的页面。

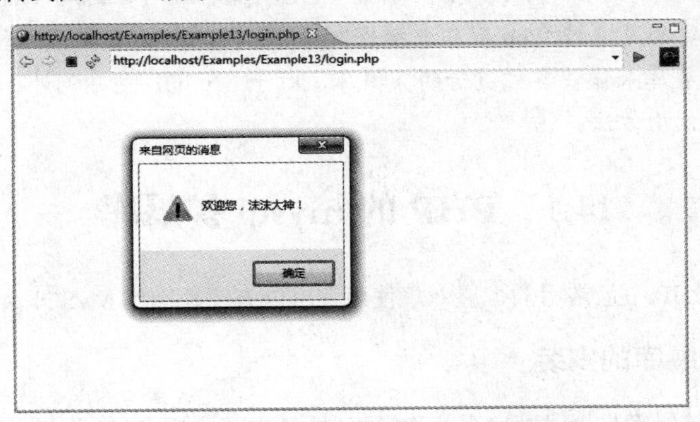

图 13.29　登录成功

13.4　本章小结

本章介绍了 PHP 中的两种会话管理方式：Cookie 和 Session。首先，介绍了 Cookie 和 Session 的原理以及二者的区别。然后又分别介绍了 Cookie 的设置、读取、删除方法和 Session 的启动、注册、读取、注销方法。对这两种会话管理方式，还给出了应用实例供读者参考学习。对于 Session，还介绍了 Session 的作用范围和有效期。

第 14 章　PHP 与 MySQL

第 13 章我们介绍了如何在命令行模式下操作 MySQL 数据库，但这对 Web 开发者来说是不够的，因为我们真正需要的是通过 Web 程序来操作数据库。PHP 作为当下最流行的服务器端脚本语言，提供了丰富的扩展库来操作各种流行的数据库，对于 MySQL 也不例外。本章将介绍 PHP 的两种 mysql 扩展库的使用方法。

14.1　PHP 的 mysql 扩展库

mysql 扩展库是 PHP 中最常用的扩展库，使用它可以方便地操作 MySQL 数据库。

14.1.1　mysql 扩展库的安装

为了检测 mysql 扩展库是否已经启用，我们可以使用下面这段 PHP 代码：

```
<?php
    if(get_extension_funcs('mysql') == false){          //如果没有安装mysql扩展库
        echo 'no mysql!';
    }else{                                               //如果已经安装mysql扩展库
        echo 'mysql is ok!';
    }
?>
```

执行这段代码，如果输出“mysql is ok!”，则说明已经启用了 mysql 扩展库，如果输出“no mysql!”，则说明没有启用 mysql 扩展库。

要启用 mysql 扩展库也很简单。打开 PHP 配置文件，找到“;extension=php_mysql.dll”配置项，去掉前面的分号“;”，然后保存配置文件，并重启 Apache 服务器。

14.1.2　连接 MySQL 数据库

要操作 MySQL 数据库，首先需要与其建立连接。连接 MySQL 数据库使用的是 mysql_connect() 函数。该函数的常见用法如下：

```
resource mysql_connect ([ string $server [, string $username [, string $password
```

```
[, bool $new_link ]]]] )
```

该函数用于打开一个到 MySQL 数据库的连接，或者重新使用一个已经打开的 MySQL 数据库连接。如果连接成功，则返回一个 MySQL 连接句柄，否则该函数将返回 FALSE。

其中：

$server 用来设置 MySQL 服务器的主机名，可以包括端口号，格式为“主机名:端口号”。主机名默认是本地主机“localhost”。如果省略端口号，则端口号默认是 3306。

$username 用来设置 MySQL 登录账户的用户名。默认值是服务器进程所有者的用户名。

$password 用来设置 MySQL 登录账户的密码。默认值是空字符串。

$new_link 如果设置为 FALSE，则用同样的参数第二次调用 mysql_connect() 函数，将不会建立新的数据库连接，而是将返回已经打开的连接句柄。否则，如果 $new_link 设置为 TRUE，则不管何时调用 mysql_connect() 函数，都将返回新的数据库连接。

对于不再使用的数据库连接，应使用 mysql_close()函数关闭。

例如：

```
<?php
    $hostname = 'localhost';                                //主机名
    $user = 'root';                                         //用户名
    $password = '3.1415926';                                //密码

    //连接 MySQl 数据库
    $link = mysql_connect($hostname, $user, $password);
    if($link){                                              //如果连接成功
        echo '数据库连接成功! ';
    }else{                                                  //如果连接失败
        die( '数据库连接失败! ');
    }
    //关闭数据库连接
    mysql_close($link);
?>
```

成功连接数据库时，这段代码将输出图 14.1 所示的信息。如果数据库连接失败（例如密码错误导致的连接失败），将会输出图 14.2 所示的结果。

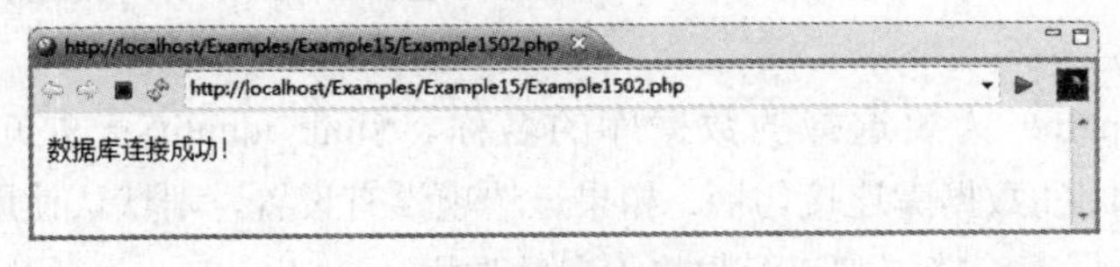

图 14.1　测试成功

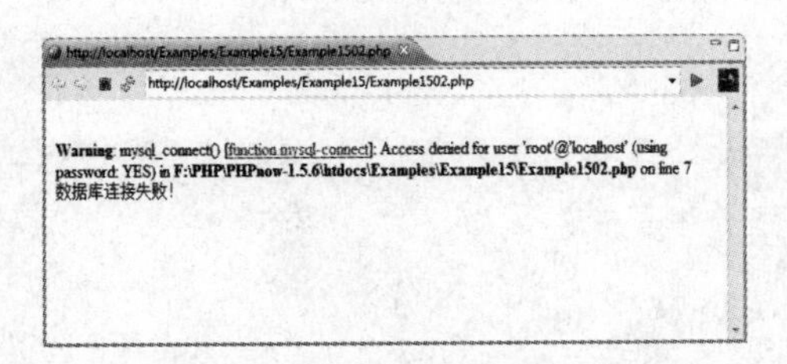

图 14.2　测试失败

Web 程序在实际运行过程中，由于种种原因，出现数据库连接失败的情况在所难免。如果每次连接失败，呈现给用户的都是图 14.2 所示的页面，那么用户的体验将会大打折扣，同时该页面暴露出的信息也有可能被黑客利用，从而增加了网站的安全隐患。

对此，我们可以使用“@”符号来屏蔽错误信息。

例如：

```
<?php
    $hostname = 'localhost';                                    //主机名
    $user = 'root';                                             //用户名
    $password = '3.141592';                                     //密码

    $link = @mysql_connect($hostname, $user, $password);
//连接 MySQL 数据库，并用@屏蔽错误信息
    if($link){                                                  //如果连接成功
        echo '数据库连接成功！';
    }else{                                                      //如果连接失败
        die( '数据库连接失败！');
    }
    //关闭数据库连接
    mysql_close($link);
?>
```

这样，数据库连接失败时，将不再会输出错误信息。

当然，在开发过程中，我们不推荐屏蔽错误信息，因为这样程序员很难发现隐含在其中的一些错误。

14.1.3 选择 MySQL 数据库

如同在命令行模式下，执行 SQL 语句之前，我们一般会先选择一个数据库。通过 PHP 连接 MySQL 数据库后，我们也要选择一个指定的数据库。选择数据库使用 mysql_select_db()函数。该函数的用法如下：

```
bool mysql_select_db ( string $database_name [, resource $link_identifier ] )
```

该函数用于选择一个 MySQL 数据库，如果成功选择了数据库，则返回 TRUE，否则返回 FALSE。

其中，$database_name 为要选择的数据库的名称。$link_identifier 是可选项，用于设置由 mysql_connect()函数返回的数据库连接句柄，如果该选项没有设置，则默认使用上一次打开的连接。如果当前没有可用的数据库连接，则该函数将无参数调用 mysql_connect()函数，尝试打开一个数据库连接并使用之。

例如：

```
<?php
    $hostname = 'localhost';                              //主机名
    $user = 'root';                                       //用户名
    $password = '3.1415926';                              //密码

    mysql_connect($hostname, $user, $password)            //连接 MySQL 数据库
```

```
        or die("数据库连接失败! ");

    mysql_select_db('school')                                    //选择数据库
        or die("数据库选择失败! ");

    //关闭数据库连接
    mysql_close();
?>
```

这里使用了 or die()语言结构，当数据库连接失败或者选择失败时，则会输出 die()中的字符串内容，如图 14.3 所示。

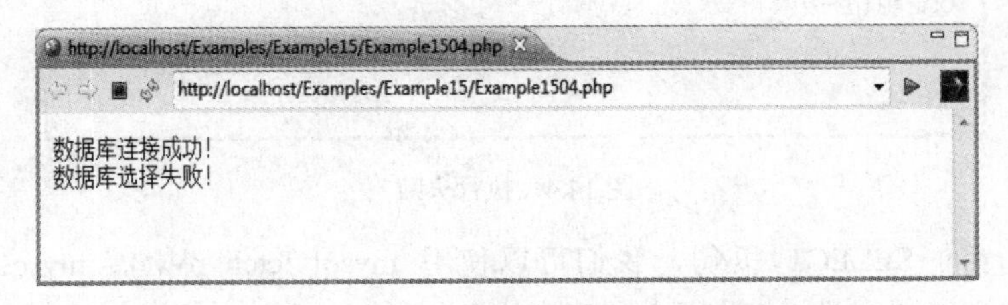

图 14.3　测试

14.1.4　查询数据

在 mysql 扩展库中，无论查询、插入、更新还是删除，PHP 操作 MySQL 数据库，均是通过执行 SQL 语句来完成的。在 PHP 中，执行 SQL 语句的函数是 mysql_query()。函数原型如下：

```
resource mysql_query ( string $query [, resource $link_identifier ] )
```

该函数将向指定连接的 MySQL 数据库发送一条 SQL 语句。对于查询（SELECT）语句，该函数成功执行后将返回一个包含查询信息的资源标识符，否则将返回 FALSE。

其中，$query 为一条 SQL 语句字符串。$link_identifier 是可选项，用于设置由 mysql_connect()函数返回的数据库连接句柄，如果该选项没有设置，则默认使用上一次打开的连接。如果当前没有可用的数据库连接，则该函数将无参数调用 mysql_connect()函数，尝试打开一个数据库连接并使用。

对于不再使用的查询资源，要使用 mysql_free_result()函数释放。

例如：

```
<?php
    $hostname = 'localhost';                                     //主机名
    $user = 'root';                                              //用户名
    $password = '3.1415926';                                     //密码

    mysql_connect($hostname, $user, $password)                   //连接 MySQL 数据库
        or die("数据库连接失败! ");

    mysql_select_db('school')                                    //选择数据库
        or die("数据库选择失败! ");

    $sql = "SELECT * FROM student";                              //SQL 查询语句
    $result = mysql_query($sql)                                  //执行 SQL 查询语句
        or die("SQL 语句执行失败! ");
```

```
    //释放查询资源
    mysql_free_result($result);
    //关闭数据库连接
    mysql_close();
?>
```

如果该 SELECT 语句执行失败，则会输出图 14.4 所示的结果。

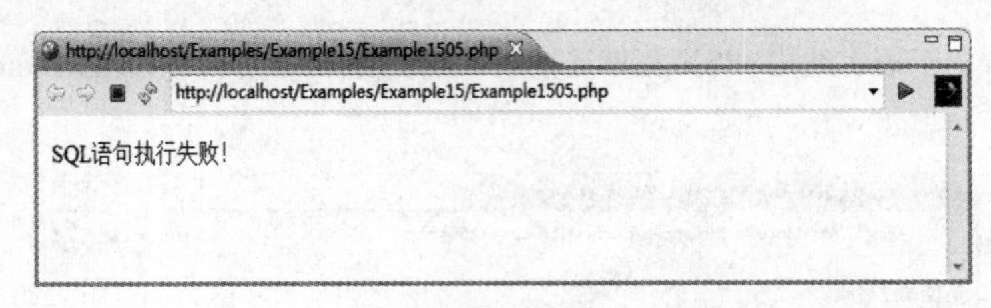

图 14.4　执行失败

对于成功执行的 SELECT 语句，我们可以使用 mysql_fetch_row()、mysql_fetch_assoc()、mysql_fetch_array()这 3 个函数来获取具体的查询信息。

（1）mysql_fetch_row()函数

```
array mysql_fetch_row ( resource $result )
```

该函数用于从 mysql_query() 函数返回的结果集中取得一行作为枚举数组，数组的下标从 0 开始。如果没有更多行，则返回 FALSE。

其中，$result 为 mysql_query() 函数成功执行 SELECT 语句后返回的结果集。

该函数常常和循环语句联用，依次调用 mysql_fetch_row()将依次返回 SELECT 结果集中的下一行。

例如：

```
<?php
    $hostname = 'localhost';                                            //主机名
    $user = 'root';                                                     //用户名
    $password = '3.1415926';                                            //密码

    mysql_connect($hostname, $user, $password)                          //连接 MySQL 数据库
        or die("数据库连接失败！");

    mysql_select_db('school')                                           //选择数据库
        or die("数据库选择失败！");

    $sql = "SELECT name,sid,major,tel,birthday FROM student"; //SQL 查询语句
    $result = mysql_query($sql)                                         //执行 SQL 查询语句
        or die("SQL 语句执行失败！");

    echo '<table border="2">';
    echo <<<TR
    <tr>
        <td>姓名</td>
        <td>学号</td>
```

```
            <td>专业</td>
            <td>电话</td>
            <td>生日</td>
        </tr>
TR;
    while($row = mysql_fetch_row($result)){                    //获取 1 行记录
        echo <<<TR
        <tr>
            <td>{$row[0]}</td>
            <td>{$row[1]}</td>
            <td>{$row[2]}</td>
            <td>{$row[3]}</td>
            <td>{$row[4]}</td>
        </tr>
TR;
    }
    echo '</table>';

    //释放查询资源
    mysql_free_result($result);
    //关闭数据库连接
    mysql_close();
?>
```

执行结果如图 14.5 所示。

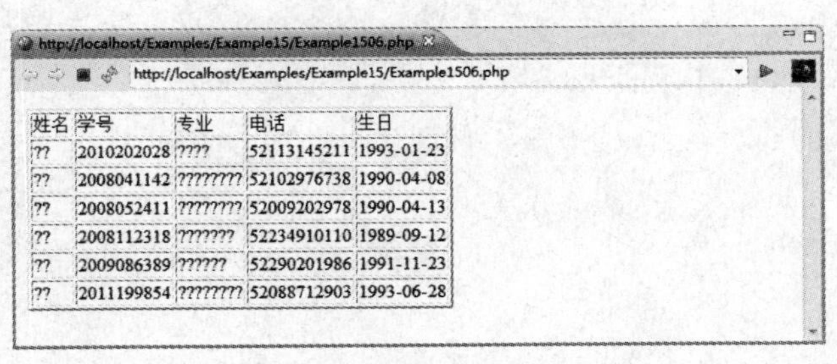

姓名	学号	专业	电话	生日
??	2010202028	????	52113145211	1993-01-23
??	2008041142	????????	52102976738	1990-04-08
??	2008052411	????????	52009202978	1990-04-13
??	2008112318	???????	52234910110	1989-09-12
??	2009086389	??????	52290201986	1991-11-23
??	2011199854	????????	52088712903	1993-06-28

图 14.5　运行结果

从图 14.5 中可以发现，查询记录中的中文显示为乱码，这是为什么呢？

原来，MySQL 数据库在执行 SQL 语句时默认使用的是 latin1 字符集，而我们的数据库使用的是 UTF8 字符集，两种字符集不兼容导致查询的记录中出现乱码。为了解决这个问题，我们需要在执行查询语句之前，通过 mysql_query()函数告诉 MySQL 服务器我们所使用的字符集。

代码如下：

```
<?php
    $hostname = 'localhost';                                   //主机名
    $user = 'root';                                            //用户名
    $password = '3.1415926';                                   //密码

    mysql_connect($hostname, $user, $password)                 //连接 MySQL 数据库
        or die("数据库连接失败！");
```

```
    mysql_select_db('school')                                //选择数据库
        or die("数据库选择失败! ");

    mysql_query("SET NAMES UTF8");          //告诉MySQL我们使用的是UTF8字符集

    $sql = "SELECT name,sid,major,tel,birthday FROM student"; //SQL查询语句
    $result = mysql_query($sql)                              //执行SQL查询语句
        or die("SQL语句执行失败! ");

    echo '<table border="2">';
    echo <<<TR
    <tr>
        <td>姓名</td>
        <td>学号</td>
        <td>专业</td>
        <td>电话</td>
        <td>生日</td>
    </tr>
TR;
    while($row = mysql_fetch_row($result)){                  //获取1行记录
        echo <<<TR
        <tr>
            <td>{$row[0]}</td>
            <td>{$row[1]}</td>
            <td>{$row[2]}</td>
            <td>{$row[3]}</td>
            <td>{$row[4]}</td>
        </tr>
TR;
    }
    echo '</table>';

    //释放查询资源
    mysql_free_result($result);
    //关闭数据库连接
    mysql_close();
?>
```

运行结果如图14.6所示。

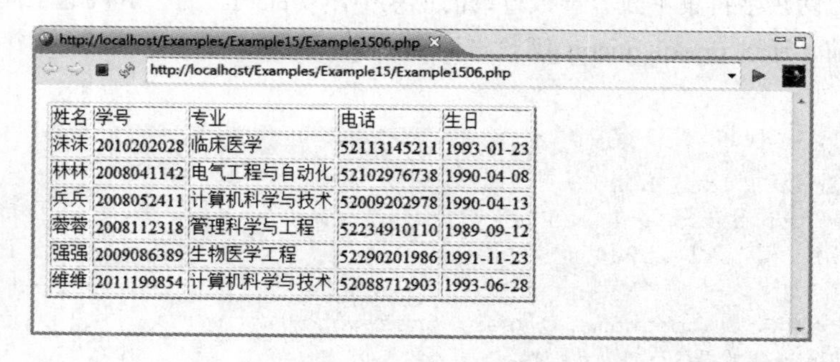

姓名	学号	专业	电话	生日
沫沫	2010202028	临床医学	52113145211	1993-01-23
林林	2008041142	电气工程与自动化	52102976738	1990-04-08
兵兵	2008052411	计算机科学与技术	52009202978	1990-04-13
蓉蓉	2008112318	管理科学与工程	52234910110	1989-09-12
强强	2009086389	生物医学工程	52290201986	1991-11-23
维维	2011199854	计算机科学与技术	52088712903	1993-06-28

图14.6　运行结果

（2）mysql_fetch_assoc()函数

```
array mysql_fetch_assoc ( resource $result )
```

该函数用于从 mysql_query() 函数返回的结果集中取得一行作为关联数组，数组的字符串索引为字段的名称。如果没有更多行，则返回 FALSE。

其中，$result 为 mysql_query() 函数成功执行 SELECT 语句后返回的结果集。

该函数常常和循环语句联用，依次调用 mysql_fetch_assoc()将依次返回 SELECT 结果集中的下一行。

例如：

```
<?php
    $hostname = 'localhost';                                    //主机名
    $user = 'root';                                             //用户名
    $password = '3.1415926';                                    //密码

    mysql_connect($hostname, $user, $password)                  //连接 MySQL 数据库
        or die("数据库连接失败！");

    mysql_select_db('school')                                   //选择数据库
        or die("数据库选择失败！");

    mysql_query("SET NAMES UTF8");              //告诉 MySQL 我们使用的是 UTF8 字符集

    $sql = "SELECT name,sid,major,mark FROM stu_mark ".
        "ORDER BY mark DESC";                                   //SQL 查询语句
    $result = mysql_query($sql)                                 //执行 SQL 查询语句
        or die("SQL 语句执行失败！");

    echo '<table border="2">';
    echo <<<TR
    <tr>
        <td>姓名</td>
        <td>学号</td>
        <td>专业</td>
        <td>分数</td>
    </tr>
TR;
    while($row = mysql_fetch_assoc($result)){                   //获取 1 行记录
        echo <<<TR
        <tr>
            <td>{$row['name']}</td>
            <td>{$row['sid']}</td>
            <td>{$row['major']}</td>
            <td>{$row['mark']}</td>
        </tr>
TR;
    }
    echo '</table>';
```

```
    //释放查询资源
    mysql_free_result($result);
    //关闭数据库连接
    mysql_close();
?>
```

运行结果如图 14.7 所示。

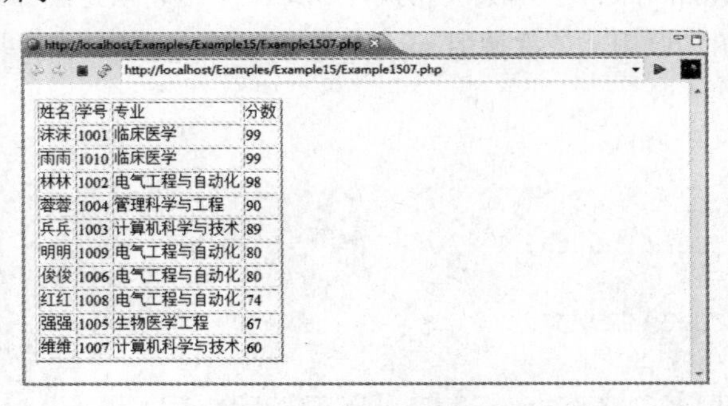

姓名	学号	专业	分数
沫沫	1001	临床医学	99
雨雨	1010	临床医学	99
林林	1002	电气工程与自动化	98
蓉蓉	1004	管理科学与工程	90
兵兵	1003	计算机科学与技术	89
明明	1009	电气工程与自动化	80
俊俊	1006	电气工程与自动化	80
红红	1008	电气工程与自动化	74
强强	1005	生物医学工程	67
维维	1007	计算机科学与技术	60

图 14.7　运行结果

需要提醒读者的是，该函数返回的关联数组中，作为字符串索引的字段名是区分大小写的。

（3）mysql_fetch_array()函数

```
array mysql_fetch_array ( resource $result [, int $result_type ] )
```

该函数综合了 mysql_fetch_row()和 mysql_fetch_assoc()的功能，既可以从 mysql_query() 函数返回的结果集中取得一行作为枚举数组，也可以获取一行作为关联数组。如果没有更多行，则返回 FALSE。

其中，$result 为 mysql_query() 函数成功执行 SELECT 语句后返回的结果集。$result_type 是可选参数，其值可为下面三者之一。

- MYSQL_NUM：返回枚举数组，此时该函数功能与 mysql_fetch_row()一样。
- MYSQL_ASSOC：返回关联数组，此时该函数功能与 mysql_fetch_assoc()一样。
- MYSQL_BOTH：返回的数组中既包含数字索引，又包含字符串索引。

例如：

```
<?php
    $hostname = 'localhost';                                    //主机名
    $user = 'root';                                             //用户名
    $password = '3.1415926';                                    //密码

    mysql_connect($hostname, $user, $password)                  //连接 MySQL 数据库
        or die("数据库连接失败！");

    mysql_select_db('school')                                   //选择数据库
        or die("数据库选择失败！");

    mysql_query("SET NAMES UTF8");                  //告诉 MySQL 我们使用的是 UTF8 字符集

    $sql = "SELECT stu_info.name as name, stu_info.sid as sid, major.major_name
as major_name ".
```

```
        "FROM stu_info ".
        "LEFT JOIN major ".
        "ON stu_info.major_id = major.major_id";                //SQL 查询语句
    $result = mysql_query($sql)                                 //执行 SQL 查询语句
        or die("SQL 语句执行失败！");

    echo '<table border="2">';
    echo <<<TR
    <tr>
        <td>姓名</td>
        <td>学号</td>
        <td>专业</td>
    </tr>
TR;
    while($row = mysql_fetch_array($result, MYSQL_BOTH)){      //获取 1 行记录
        echo <<<TR
        <tr>
            <td>{$row['name']}</td>
            <td>{$row[1]}</td>
            <td>{$row['major_name']}</td>
        </tr>
TR;
    }
    echo '</table>';

    //释放查询资源
    mysql_free_result($result);
    //关闭数据库连接
    mysql_close();
?>
```

运行结果如图 14.8 所示。

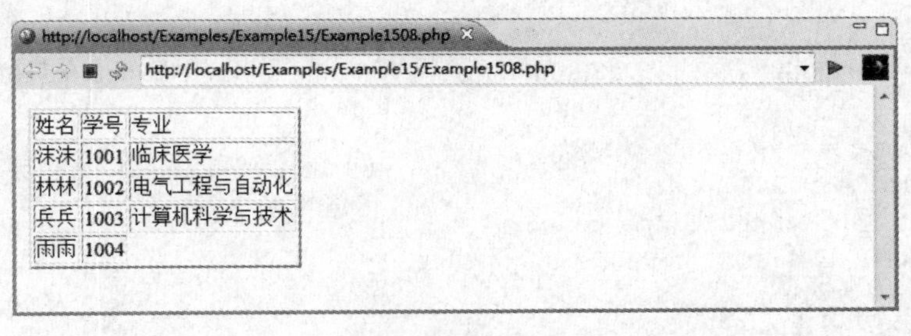

图 14.8　运行结果

与 mysql_fetch_assoc()函数一样，该函数返回的关联数组中，作为字符串索引的字段名是区分大小写的。

14.1.5　插入数据

PHP 代码向 MySQL 数据库中插入数据，也是使用 mysql_query()函数。该函数执行一条 INSERT 语句，即可向数据库中插入相应的记录。成功执行 INSERT 语句后，mysql_query()将返回 TRUE，

否则返回 FALSE。

例如：

```
<form action="<?=$_SERVER["PHP_SELF"]?>" method="post">
    <table border="2">
        <tr>
            <td>姓名</td>
            <td>学号</td>
            <td>专业</td>
            <td>分数</td>
        </tr>
        <tr>
            <td><input type="text" name="name"></td>
            <td><input type="text" name="sid"></td>
            <td><input type="text" name="major"></td>
            <td><input type="text" name="mark"></td>
        </tr>
    </table>
    <input type="submit" name="submit" value="提交">
    <input type="reset" value="重置">
</form>
<?php
    if(isset($_POST['submit'])){
        $hostname = 'localhost';                                    //主机名
        $user = 'root';                                             //用户名
        $password = '3.1415926';                                    //密码

        mysql_connect($hostname, $user, $password)                  //连接 MySQL 数据库
            or die("数据库连接失败！");

        mysql_select_db('school')                                   //选择数据库
            or die("数据库选择失败！");

        mysql_query("SET NAMES UTF8");          //告诉 MySQL 我们使用的是 UTF8 字符集

        $name = $_POST['name'];
        $sid = $_POST['sid'];
        $major = $_POST['major'];
        $mark = $_POST['mark'];

        //SQL 查询语句
        $sql = <<<SQL
            INSERT INTO stu_mark (name, sid, major, mark)
            VALUES ("{$name}", {$sid}, "{$major}", {$mark});
SQL;
        $result = mysql_query($sql)                                 //执行 SQL 查询语句
            or die("SQL 语句执行失败！");

        if($result){
            echo '<script>alert("成功插入一条记录！");</script>';     //插入成功
```

```
        }

        //关闭数据库连接
        mysql_close();
    }
?>
```

运行上面这段代码，在图 14.9 所示的表单中填入要插入的记录信息，然后单击“提交”按钮。成功插入后如图 14.10 所示。

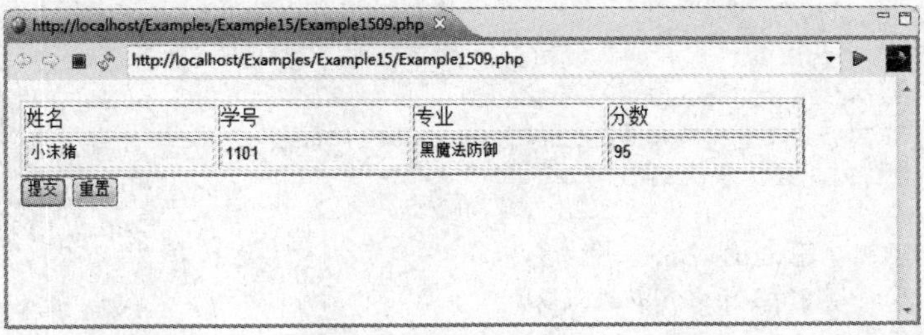

图 14.9　运行结果

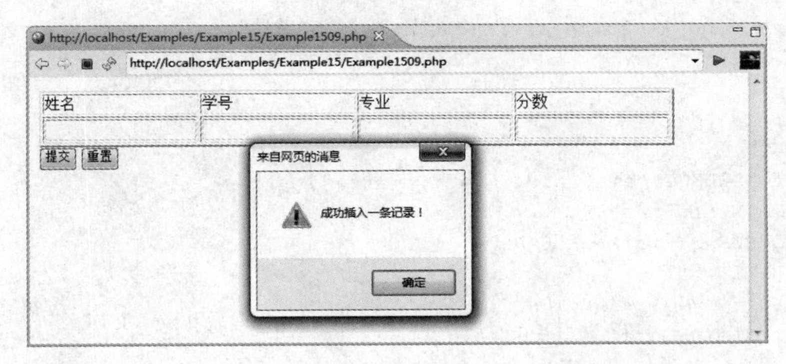

图 14.10　运行结果

14.1.6　更新数据

PHP 代码更新 MySQL 数据库中的记录数据，也是使用 mysql_query()函数。该函数执行一条 UPDATE 语句，即更新数据库中相应的记录。成功执行 UPDATE 语句后，mysql_query()将返回 TRUE，否则返回 FALSE。

例如：

```
<?php
    $hostname = 'localhost';                                    //主机名
    $user = 'root';                                             //用户名
    $password = '3.1415926';                                    //密码

    mysql_connect($hostname, $user, $password)                  //连接 MySQL 数据库
        or die("数据库连接失败！");

    mysql_select_db('school')                                   //选择数据库
        or die("数据库选择失败！");
```

```
    mysql_query("SET NAMES UTF8");            //告诉 MySQL 我们使用的是 UTF8 字符集

    //更新数据
    if(isset($_POST['submit'])){
        $sid = $_POST['sid'];
        $major = $_POST['major'];
        $mark = $_POST['mark'];

        //SQL 更新语句
        $sql = <<<SQL
            UPDATE stu_mark
            SET major = "{$major}", mark = {$mark}
            WHERE sid = {$sid}
SQL;
        $result = mysql_query($sql)                        //执行 SQL 更新语句
            or die("SQL 语句执行失败！");

        if($result){
            echo '<script>alert("成功更新一条记录！");</script>';   //更新成功
        }
    }

    //显示数据
    $sql = "SELECT name, sid, major, mark ".
        "FROM stu_mark ".
        "ORDER BY mark DESC ".
        "LIMIT 5";                                         //SQL 查询语句
    $result = mysql_query($sql)                            //执行 SQL 查询语句
        or die("SQL 语句执行失败！");

    echo '<table border="2">';
    echo <<<TR
    <tr>
        <td>姓名</td>
        <td>学号</td>
        <td>专业</td>
        <td>成绩</td>
        <td>操作</td>
    </tr>
TR;
    while($row = mysql_fetch_assoc($result)){              //获取 1 行记录
        echo <<<TR
        <form action="{$_SERVER["PHP_SELF"]}" method="post">
            <tr>
                <td>{$row['name']}</td>
                <td><input  type="hidden"  name="sid"  value="{$row['sid']}"
>{$row['sid']}</td>
                <td><input  type="text"  name="major"  value="{$row['major']}"
></td>
```

```
                <td><input type="text" name="mark" value="{$row['mark']}" ></td>
                <td><input type="submit" name="submit" value="修改" ></td>
            </tr>
        </form>
TR;
    }
    echo '</table>';

    //释放查询资源
    mysql_free_result($result);
    //关闭数据库连接
    mysql_close();
?>
```

运行上面这段代码，在图 14.11 所示的表单中修改记录信息，然后单击“修改”按钮。成功修改后如图 14.12 所示。

姓名	学号	专业	成绩	操作
沫沫	1001	临床医学	99	修改
雨雨	1010	临床医学	99	修改
林林	1002	电气工程与自动化	98	修改
小沫猪	1101	黑魔法防御	95	修改
蓉蓉	1004	管理科学与工程	90	修改

图 14.11　修改数据

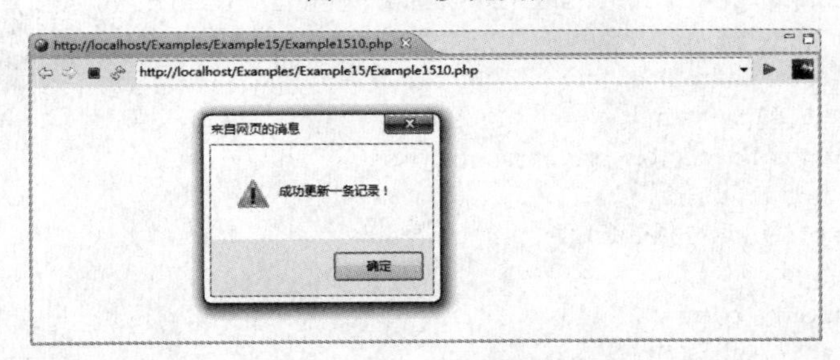

图 14.12　运行结果

14.1.7　删除数据

PHP 代码删除 MySQL 数据库中的记录数据，也是使用 mysql_query()函数。该函数执行一条 DELETE 语句，即删除数据库中相应的记录。成功执行 DELETE 语句后，mysql_query()将返回 TRUE，否则返回 FALSE。

例如：

```
<?php
    $hostname = 'localhost';                                //主机名
    $user = 'root';                                         //用户名
    $password = '3.1415926';                                //密码

    mysql_connect($hostname, $user, $password)              //连接 MySQL 数据库
```

```
            or die("数据库连接失败！");

        mysql_select_db('school')                                    //选择数据库
            or die("数据库选择失败！");

        mysql_query("SET NAMES UTF8");              //告诉 MySQL 我们使用的是 UTF8 字符集

        //删除数据
        if(isset($_POST['submit'])){
            $sid = $_POST['sid'];

            //SQL 删除语句
            $sql = <<<SQL
                DELETE FROM stu_info
                WHERE sid = {$sid}
    SQL;
            $result = mysql_query($sql)                         //执行 SQL 删除语句
                or die("SQL 语句执行失败！");

            if($result){
                echo '<script>alert("成功删除一条记录！");</script>';    //删除成功
            }
        }

        //显示数据
        $sql = "SELECT stu_info.name as name, stu_info.sid as sid, major.major_name
as major_name ".
            "FROM stu_info ".
            "LEFT JOIN major ".
            "ON stu_info.major_id = major.major_id";                //SQL 查询语句
        $result = mysql_query($sql)                                 //执行 SQL 查询语句
            or die("SQL 语句执行失败！");

        echo '<table border="2">';
        echo <<<TR
        <tr>
            <td>姓名</td>
            <td>学号</td>
            <td>专业</td>
            <td>操作</td>
        </tr>
    TR;
        while($row = mysql_fetch_assoc($result)){                   //获取 1 行记录
            echo <<<TR
            <form action="{$_SERVER["PHP_SELF"]}" method="post">
                <tr>
                    <td>{$row['name']}</td>
                    <td><input  type="hidden"  name="sid"  value="{$row['sid']}"
>{$row['sid']}</td>
                    <td>{$row['major_name']}</td>
```

```
                <td><input type="submit" name="submit" value="删除" ></td>
            </tr>
        </form>
TR;
    }
    echo '</table>';

    //释放查询资源
    mysql_free_result($result);
    //关闭数据库连接
    mysql_close();
?>
```

运行上面这段代码，在图 14.13 所示的表单中单击“删除”按钮。成功删除后如图 14.14 所示。

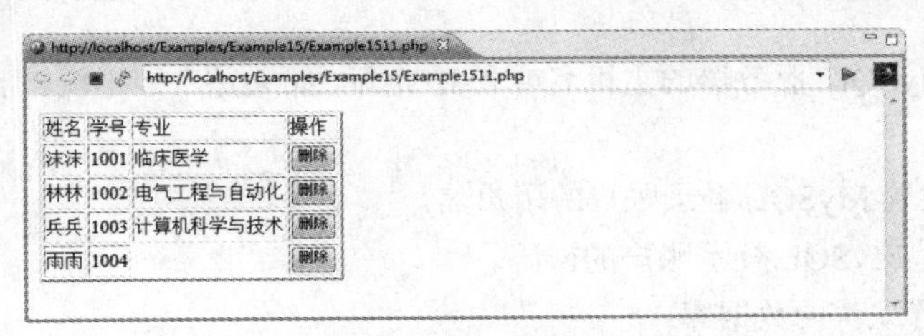

图 14.13　删除数据

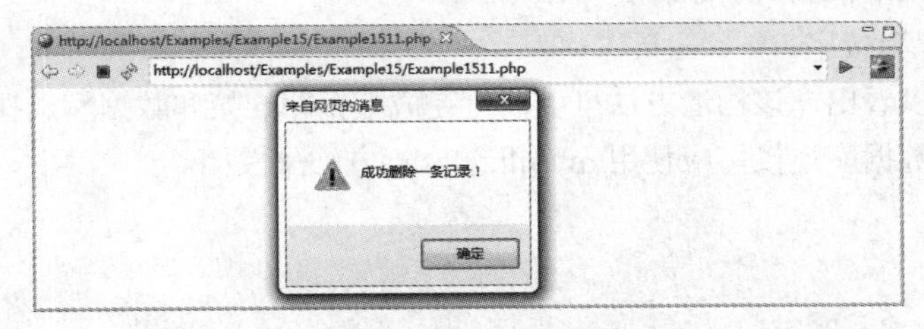

图 14.14　运行结果

14.2　PHP 的 mysqli 扩展库

从 PHP5.0 开始，在 mysql 扩展库的基础上，发展了 mysqli 扩展库。PHP 的 mysqli 扩展库采用了面向对象的技术，(i) 表示改进（improve），其执行速度更快。

14.2.1　mysqli 扩展库的安装

为了检测 mysqli 扩展库是否已经启用，我们可以使用下面这段 PHP 代码。

```
<?php
    if(get_extension_funcs('mysqli') == false){          //如果没有安装 mysqli 扩展库
        echo 'no mysqli!';
    }else{                                               //如果已经安装 mysqli 扩展库
        echo 'mysqli is ok!';
    }
?>
```

执行这段代码，如果输出“mysqli is ok!”，则说明已经启用了 mysqli 扩展库，如果输出“no

mysqli!”，则说明没有启用 mysqli 扩展库。

要启用 mysqli 扩展库也很简单。打开 PHP 配置文件，找到“;extension=php_mysqlis.dll”配置项，去掉前面的分号“;”，然后保存配置文件，并重启 Apache 服务器。

14.2.2 连接和选择 MySQL 数据库

要操作 MySQL 数据库，首先需要与其建立连接。MySQL 数据库的连接参数，可以在 mysqli 对象的构造方法中设置。用法如下：

```
    mysqli::__construct ([ string $host [, string $username [, string $passwd [, string
$dbname [, int $port [, string $socket ]]]]]] )
```

该构造方法将会建立一个到 MySQL 数据库的新的连接。

其中：

$host 用来设置 MySQL 服务器的主机名或者 IP 地址。如果是本地主机，可以设置成“localhost”或者 NULL 空值。

$username 用来设置 MySQL 登录账户的用户名。

$passwd 用来设置 MySQL 登录账户的密码。

$dbname 用来设置默认的数据库。

$port 用来设置数据库连接的端口号，默认是 3306。

$socket 用来设置套接字。

从方法参数中可以看出，该构造方法可以同时完成数据库连接和数据库选择。

对于不再使用的数据库连接，应使用 mysqli::close()方法来关闭。

例如：

```
<?php
    $host = 'localhost';                                              //主机名
    $username = 'root';                                               //用户名
    $passwd = '3.1415926';                                            //密码
    $dbname = 'school';                                               //数据库名

    //实例化 mysqli 类，建立数据库连接并选择了默认数据库
    $mysqli = new mysqli($host, $username, $passwd, $dbname);
    //关闭数据库连接
    $mysqli->close();
?>
```

与 mysql 扩展库一样，上面这段代码在数据库连接失败时会出现影响用户体验和网站安全的错误信息，如图 14.15 所示。

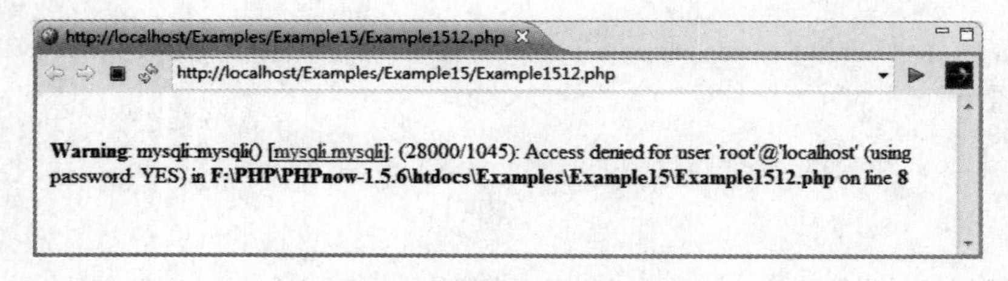

图 14.15　连接失败

为了屏蔽这样的错误信息，我们同样可以使用“@”符号。此外，我们还可以使用mysqli->connect_errno 来获取错误信息的编码，使用 mysqli->connect_error 来获取错误信息的字符串。

例如：

```
<?php
<?php
    $host = 'localhost';                                              //主机名
    $username = 'root';                                               //用户名
    $passwd = '3.1415926';                                            //密码
    $dbname = 'school';                                               //数据库名

    //实例化 mysqli 类，建立数据库连接并选择了默认数据库
    $mysqli = @new mysqli($host, $username, $passwd, $dbname);

    if ($mysqli->connect_errno) {                                     //数据库连接失败
        die('数据库连接失败! <br>' . $mysqli->connect_error);
    }else{                                                            //数据库连接成功
        echo '数据库连接成功! ';
    }
    //关闭数据库连接
    $mysqli->close();
?>
```

这样，数据库连接错误时，就会出现类似图 14.16 所示的信息。

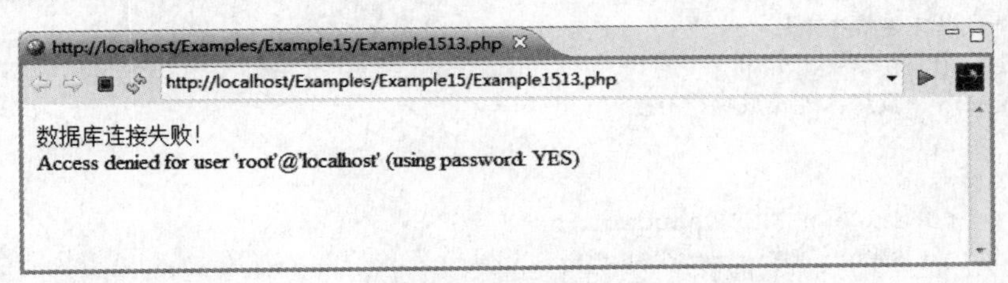

图 14.16　友好提示

同样，在开发过程中，我们可以暂时移去“@”字符来暴露更多的错误信息。

有时我们并不想在构造方法中指定数据库，或者一开始设置了数据库，但根据需要又要改变数据库，在这种情况下，我们可以使用 mysqli::select_db()方法来重新选择数据库。

例如：

```
<?php
    $host = 'localhost';                                              //主机名
    $username = 'root';                                               //用户名
    $passwd = '3.1415926';                                            //密码
    $dbname = 'school';                                               //数据库名

    //实例化 mysqli 类，建立数据库连接并选择了默认数据库
    $mysqli = @new mysqli($host, $username, $passwd, $dbname);

    if ($mysqli->connect_errno) {                                     //数据库连接失败
        die('数据库连接失败! <br>' . $mysqli->connect_error);
    }else{                                                            //数据库连接成功
```

```
        echo '数据库连接成功！';
    }

    $mysqli->select_db('hospital');                              //重新选择数据库
    //关闭数据库连接
$mysqli->close();
?>
```

14.2.3 查询数据

在 mysqli 扩展库中，无论查询、插入、更新还是删除，操作 MySQL 数据库，均是通过执行 SQL 语句来完成的。执行 SQL 语句的方法是 mysqli::query()。

例如：

```
<?php
    $host = 'localhost';                                         //主机名
    $username = 'root';                                          //用户名
    $passwd = '3.1415926';                                       //密码
    $dbname = 'school';                                          //数据库名

    //实例化 mysqli 类，建立数据库连接并选择了默认数据库
    $mysqli = @new mysqli($host, $username, $passwd, $dbname);

    if ($mysqli->connect_errno) {                                //数据库连接失败
    die('数据库连接失败！<br>' . $mysqli->connect_error);
    }else{                                                       //数据库连接成功
        echo '数据库连接成功！<br>';
    }
    //SQL 语句
    $sql = "SELECT * FROM student";
    $result = $mysqli->query($sql);                              //执行 SQL 语句
    if($result){
        echo '成功执行 1 条 SQL 语句！';
    }else{
        echo '该 SQL 语句执行失败！';
    }
    //关闭数据库连接
    $mysqli->close();
?>
```

如果该 SELECT 语句执行成功，则会输出图 14.17 所示的结果。

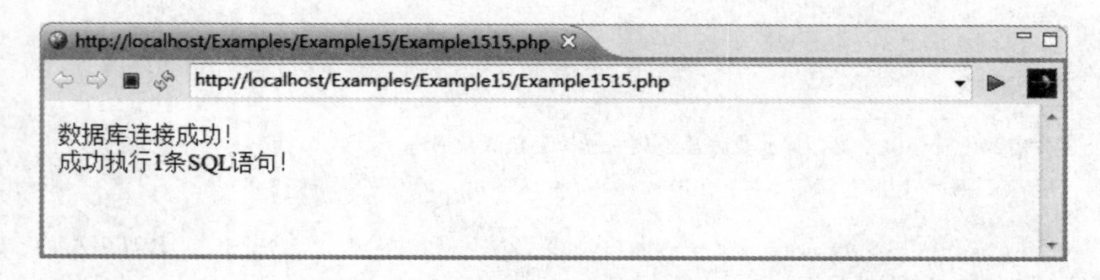

图 14.17　运行结果

mysqli::query()成功执行 SELECT 语句后，将会返回一个 mysqli_result 对象，该对象包含的成员属性和成员方法如表 14.1 和表 14.2 所示。

表 14.1　mysqli_result 类的成员属性

属 性 名	属 性 说 明
$current_field	当前查询结果中所指字段的偏移位置，从 1 开始编号
$field_count	查询结果中字段的个数
$lengths	返回一个数组，数组中的元素分别表示各个字段的长度
$num_rows	查询结果中的记录数

表 14.2　mysqli_result 类的成员方法

方 法 名	方 法 说 明
data_seek()	设置查询结果中的指定一行为当前行，从 0 开始编号
fetch_array()	以枚举数组和关联数组两种形式返回一条查询记录
fetch_assoc()	以关联数组的形式返回一条查询记录
fetch_field_direct()	获取指定字段的详细信息，以对象形式返回
fetch_field()	获取某一个字段的信息
fetch_fields()	获取所有字段的信息
fetch_object()	以对象的形式返回一条查询记录
fetch_row()	以枚举数组的形式返回一条查询记录
fetch_seek()	设置指定一列字段为当前字段，从 0 开始编号
free()	释放与查询结果关联的内存

例如：

```
<?php
    $host = 'localhost';                                        //主机名
    $username = 'root';                                         //用户名
    $passwd = '3.1415926';                                      //密码
    $dbname = 'school';                                         //数据库名

    //实例化 mysqli 类，建立数据库连接并选择了默认数据库
    $mysqli = @new mysqli($host, $username, $passwd, $dbname);

    if ($mysqli->connect_errno) {                               //数据库连接失败
    die('数据库连接失败！<br>' . $mysqli->connect_error);
    }

    //设置字符编码
    $mysqli->query("SET NAMES UTF8");
    //SQL 语句
    $sql = "SELECT name,sid,major,mark FROM stu_mark ".
        "ORDER BY mark DESC";
    $result = $mysqli->query($sql);                             //执行 SQL 语句
```

```
    if(!$result){                                              //SQL 语句执行失败
        die('该 SQL 语句执行失败! ');
    }

    echo '<table border="2">';
    echo <<<TR
    <tr>
        <td>姓名</td>
        <td>学号</td>
        <td>专业</td>
        <td>分数</td>
    </tr>
TR;
    while($row = $result->fetch_assoc()){                      //获取 1 行记录
        echo <<<TR
        <tr>
            <td>{$row['name']}</td>
            <td>{$row['sid']}</td>
            <td>{$row['major']}</td>
            <td>{$row['mark']}</td>
        </tr>
TR;
    }
    echo '</table>';

    //释放查询资源
    $result->free();
    //关闭数据库连接
    $mysqli->close();
?>
```

运行结果如图 14.18 所示。

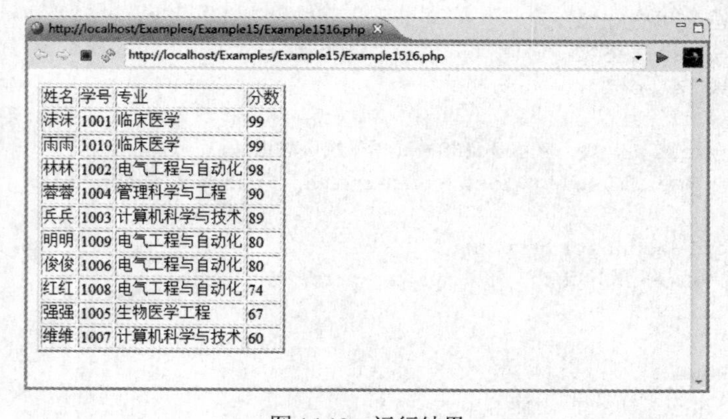

姓名	学号	专业	分数
沫沫	1001	临床医学	99
雨雨	1010	临床医学	99
林林	1002	电气工程与自动化	98
蓉蓉	1004	管理科学与工程	90
兵兵	1003	计算机科学与技术	89
明明	1009	电气工程与自动化	80
俊俊	1006	电气工程与自动化	80
红红	1008	电气工程与自动化	74
强强	1005	生物医学工程	67
维维	1007	计算机科学与技术	60

图 14.18　运行结果

14.2.4　插入数据

通过 mysqli 向 MySQL 数据库中插入数据，也是使用 mysqli::query()成员方法。该方法执行一条

INSERT 语句，即可向数据库中插入相应的记录。成功执行 INSERT 语句后，mysqli::query()将返回 TRUE，否则返回 FALSE。

例如：

```
<form action="<?=$_SERVER["PHP_SELF"]?>" method="post">
    <table border="2">
        <tr>
            <td>姓名</td>
            <td>学号</td>
            <td>专业</td>
            <td>分数</td>
        </tr>
        <tr>
            <td><input type="text" name="name"></td>
            <td><input type="text" name="sid"></td>
            <td><input type="text" name="major"></td>
            <td><input type="text" name="mark"></td>
        </tr>
    </table>
    <input type="submit" name="submit" value="提交">
    <input type="reset" value="重置">
</form>
<?php
    if(isset($_POST['submit'])){
        $host = 'localhost';                                        //主机名
        $username = 'root';                                         //用户名
        $passwd = '3.1415926';                                      //密码
        $dbname = 'school';                                         //数据库名

        //实例化 mysqli 类，建立数据库连接并选择了默认数据库
        $mysqli = @new mysqli($host, $username, $passwd, $dbname);

        if ($mysqli->connect_errno) {                               //数据库连接失败
            die('数据库连接失败! <br>' . $mysqli->connect_error);
        }
        //设置字符编码
        $mysqli->query("SET NAMES UTF8");

        $name = $_POST['name'];
        $sid = $_POST['sid'];
        $major = $_POST['major'];
        $mark = $_POST['mark'];

        //SQL 查询语句
        $sql = <<<SQL
            INSERT INTO stu_mark (name, sid, major, mark)
            VALUES ("{$name}", {$sid}, "{$major}", {$mark});
SQL;
        $result = $mysqli->query($sql);                             //执行 SQL 语句
```

```
            if(!$result){                                           //SQL 语句执行失败
                die('该 SQL 语句执行失败！');
            }else{                                                  //插入成功
                echo '<script>alert("成功插入一条记录！");</script>';
            }

            //关闭数据库连接
            $mysqli->close();
        }
?>
```

运行上面这段代码，在图 14.19 所示的表单中填入要插入的记录信息，然后单击“提交”按钮。成功插入后如图 14.20 所示。

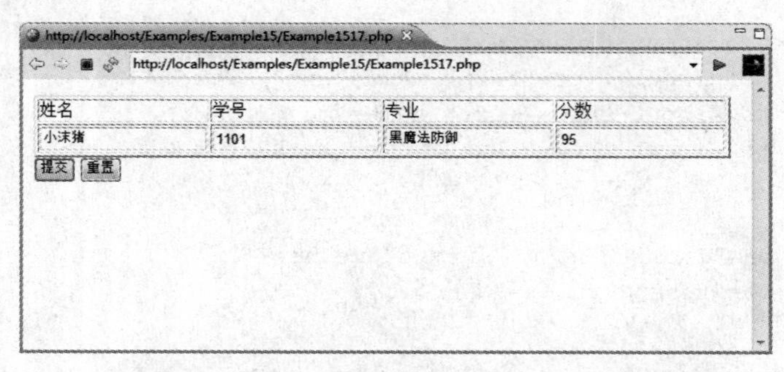

图 14.19　添加数据

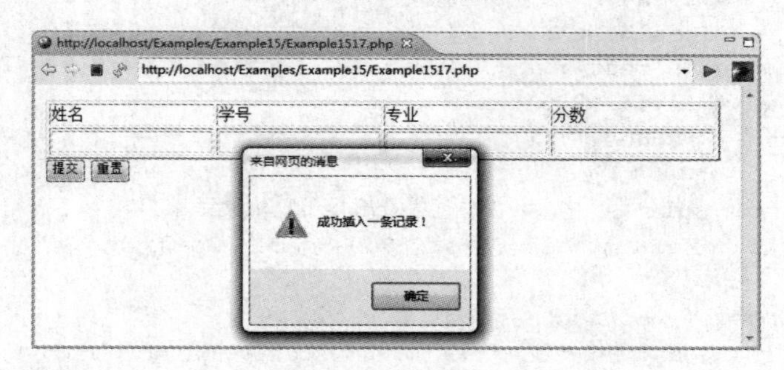

图 14.20　运行结果

14.2.5　更新数据

通过 mysqli 更新 MySQL 数据库中的记录数据，也是使用 mysqli::query()成员方法。该方法执行一条 UPDATE 语句，即更新数据库中相应的记录。成功执行 UPDATE 语句后，mysqli::query()将返回 TRUE，否则返回 FALSE。

例如：

```
<?php
    $host = 'localhost';                                            //主机名
    $username = 'root';                                             //用户名
    $passwd = '3.1415926';                                          //密码
    $dbname = 'school';                                             //数据库名
```

```
    //实例化mysqli类，建立数据库连接并选择了默认数据库
    $mysqli = @new mysqli($host, $username, $passwd, $dbname);

    if ($mysqli->connect_errno) {                              //数据库连接失败
    die('数据库连接失败! <br>' . $mysqli->connect_error);
    }
    //设置字符编码
    $mysqli->query("SET NAMES UTF8");

    //更新数据
    if(isset($_POST['submit'])){
        $sid = $_POST['sid'];
        $major = $_POST['major'];
        $mark = $_POST['mark'];

        //SQL更新语句
        $sql = <<<SQL
            UPDATE stu_mark
            SET major = "{$major}", mark = {$mark}
            WHERE sid = {$sid}
SQL;
        $result = $mysqli->query($sql);                        //执行SQL更新语句

        if(!$result){                                          //SQL语句执行失败
            die('该SQL语句执行失败! ');
        }else{                                                 //更新成功
            echo '<script>alert("成功更新一条记录! ");</script>';
        }
    }

    //显示数据
    $sql = "SELECT name, sid, major, mark ".
        "FROM stu_mark ".
        "ORDER BY mark DESC ".
        "LIMIT 5";                                             //SQL查询语句
    $result = $mysqli->query($sql);                            //执行SQL查询语句

    if(!$result){                                              //SQL语句执行失败
        die('该SQL语句执行失败! ');
    }

    echo '<table border="2">';
    echo <<<TR
    <tr>
        <td>姓名</td>
        <td>学号</td>
        <td>专业</td>
        <td>成绩</td>
        <td>操作</td>
    </tr>
```

```
TR;
        while($row = $result->fetch_assoc()){                           //获取 1 行记录
            echo <<<TR
            <form action="{$_SERVER["PHP_SELF"]}" method="post">
                <tr>
                    <td>{$row['name']}</td>
                    <td><input  type="hidden"  name="sid"  value="{$row['sid']}"
>{$row['sid']}</td>
                    <td><input  type="text"  name="major"  value="{$row['major']}"
></td>
                    <td><input type="text" name="mark" value="{$row['mark']}" ></td>
                    <td><input type="submit" name="submit" value="修改" ></td>
                </tr>
            </form>
    TR;
        }
        echo '</table>';

        //释放查询资源
        $result->free();
        //关闭数据库连接
        $mysqli->close();
    ?>
```

运行上面这段代码，在图 14.21 所示的表单中修改记录信息，然后单击“修改”按钮。成功修改后如图 14.22 所示。

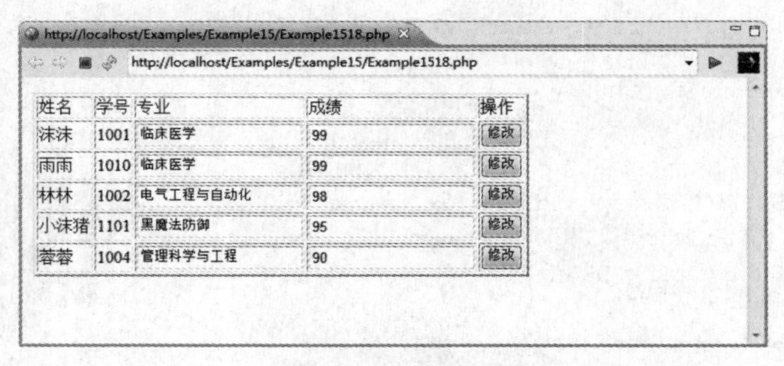

图 14.21　修改数据

图 14.22　运行结果

14.2.6　删除数据

通过 mysqli 删除 MySQL 数据库中的记录数据，也是使用 mysqli::query()成员方法。该方法执行一条 DELETE 语句，即删除数据库中相应的记录。成功执行 DELETE 语句后，mysqli::query()将返回 TRUE，否则返回 FALSE。

例如：

```
<?php
    $host = 'localhost';                                                //主机名
    $username = 'root';                                                 //用户名
    $passwd = '3.1415926';                                              //密码
    $dbname = 'school';                                                 //数据库名

    //实例化 mysqli 类，建立数据库连接并选择了默认数据库
    $mysqli = @new mysqli($host, $username, $passwd, $dbname);

    if ($mysqli->connect_errno) {                                       //数据库连接失败
    die('数据库连接失败! <br>' . $mysqli->connect_error);
    }
    //设置字符编码
    $mysqli->query("SET NAMES UTF8");

    //删除数据
    if(isset($_POST['submit'])){
        $sid = $_POST['sid'];

        //SQL 删除语句
        $sql = <<<SQL
            DELETE FROM stu_info
            WHERE sid = {$sid}
SQL;
        $result = $mysqli->query($sql);                                 //执行 SQL 删除语句

        if(!$result){                                                   //SQL 语句执行失败
            die('该 SQL 语句执行失败! ');
        }else{                                                          //删除成功
            echo '<script>alert("成功删除一条记录! ");</script>';
        }
    }

    //显示数据
    $sql = "SELECT stu_info.name as name, stu_info.sid as sid, major.major_name
as major_name ".
        "FROM stu_info ".
        "LEFT JOIN major ".
        "ON stu_info.major_id = major.major_id";                        //SQL 查询语句
    $result = $mysqli->query($sql);                                     //执行 SQL 查询语句

    if(!$result){                                                       //SQL 语句执行失败
        die('该 SQL 语句执行失败! ');
    }
```

```
        echo '<table border="2">';
        echo <<<TR
        <tr>
            <td>姓名</td>
            <td>学号</td>
            <td>专业</td>
            <td>操作</td>
        </tr>
    TR;
        while($row = $result->fetch_assoc()){                         //获取 1 行记录
            echo <<<TR
            <form action="{$_SERVER["PHP_SELF"]}" method="post">
                <tr>
                    <td>{$row['name']}</td>
                    <td><input  type="hidden"  name="sid"  value="{$row['sid']}"
>{$row['sid']}</td>
                    <td>{$row['major_name']}</td>
                    <td><input type="submit" name="submit" value="删除" ></td>
                </tr>
            </form>
    TR;
        }
        echo '</table>';

        //释放查询资源
        $result->free();
        //关闭数据库连接
        $mysqli->close();
    ?>
```

运行上面这段代码，在图 14.23 所示的表单中单击“删除”按钮。成功删除后如图 14.24 所示。

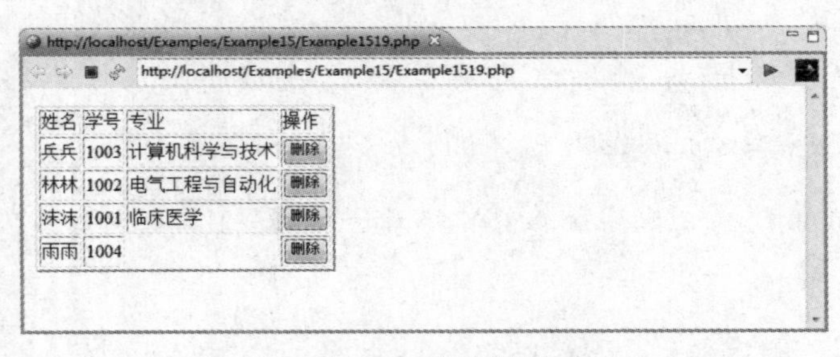

图 14.23　删除数据

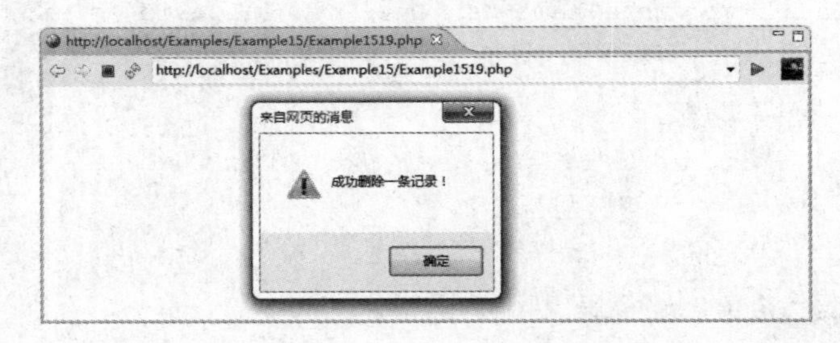

图 14.24　运行结果

14.3 本章小结

本章介绍了如何使用 PHP 代码来操作 MySQL 数据库。14.1 节介绍了 PHP 中的 mysql 扩展库，通过 mysql 扩展库可以实现过程式的数据库操作。在这一节中，我们介绍了 mysql 扩展库的安装，MySQL 数据库的连接、选择、查询、插入、更新、删除等常用的数据库操作。14.2 节介绍了 PHP 中的 mysqli 扩展库，通过 mysqli 扩展库可以实现面向对象的数据库操作。在这一节中，我们介绍了 mysqli 扩展库的安装，面向对象环境下的 MySQL 数据库的连接、选择、查询、插入、更新、删除等常用的数据库操作。

第 15 章 PHP 与 XML

XML 被称为“第二代 Web 语言”，被广泛应用在数据存储、Web 开发等领域。PHP 提供了丰富的扩展库来操作 XML，例如 libxml、SimpleXML、DOM、SAX 等。本章主要介绍常用的 SimpleXML 扩展库的使用。

15.1 XML 简介

在介绍 SimpleXML 扩展库操作 XML 之前，我们有必要了解一下，什么是 XML、XML 的结构以及 XML 的语法规则。

15.1.1 什么是 XML

XML 的全称是“可扩展标记语言（eXtensible Markup Language）”。它不是编程语言，而是一种类似 HTML 的标记语言。与 HTML 用于展示网页元素不一样，XML 主要用于描述数据和存放数据。HTML 强调数据的外观，而 XML 强调数据的内容。HTML 有自己的预定义标签，而 XML 所有的标签都要用户自己定义。XML 不是 HTML 的替代物，而是对 HTML 的补充。可以这么说，XML 一种是跨平台的、用于传输信息且独立于软件和硬件的工具。

随着 XML 在 1998 年 2 月 10 日被确立为 W3C 标准，XML 在 Web 开发中正扮演着越来越多也越来越重要的角色。

15.1.2 XML 的结构

XML 的结构很简单，主要由 XML 声明、注释、根元素、子元素等部分组成，如下面这个简单的 XML 文档：

```
<?xml version="1.0" encoding="UTF-8"?>
<!-- 一个叫沫沫的女孩 -->
<girl>
    <name>沫沫</name>
    <age>19 岁</age>
    <hobby>看书</hobby>
```

```
</girl>
```

此文档中的第一行是 XML 声明，定义了 XML 的版本和文档中使用的字符编码。在上面这个 XML 文档中，遵守的是 XML 1.0 规范，并使用了 UTF-8 字符集。

接下来的一行是注释。注释被包括在“<!--”与“-->”之间，不会被解析：

```
<!-- 一个叫沫沫的女孩 -->
```

再接下来的一行描述了文档的根元素：

```
<girl>
```

根元素后面的 3 行描述了根元素的 3 个子元素（name，age，hobby）：

```
<name>沫沫</name>
<age>19 岁</age>
<hobby>看书</hobby>
```

最后一行定义了根元素的结尾：

```
</girl>
```

这就是一个完整的 XML 文件。在浏览器中的运行结果如图 15.1 所示。

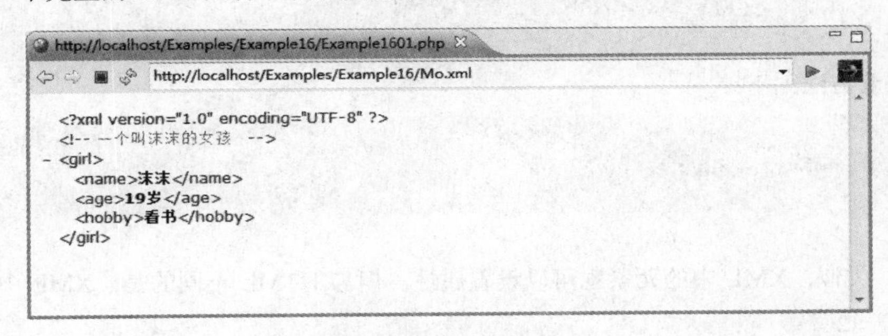

图 15.1　完整的 XML 文件

15.1.3　XML 的语法规则

XML 的语法规则很简单，但又很严格。下面介绍 XML 的一些基本语法规则。

（1）标签

在 HTML 中，有些标签可以不关闭，例如<p>、
，但在 XML 中，所有的标签都必须关闭。下面这段文档在 HTML 中是合法的，但在 XML 中却是非法的：

```
<p>沫沫是个古灵精怪的女孩
<p>沫沫是个善解人意的女孩
```

在 XML 中，必须像下面这样写才行：

```
<p>沫沫是个古灵精怪的女孩</p>
<p>沫沫是个善解人意的女孩</p>
```

此外，HTML 对标签的大小写不敏感，而 XML 却对标签的大小写敏感。在 XML 中，<name>与<Name>是两个不同的标签。

例如，下面这段文档在 XML 中是非法的：

```
<Name>丫头</name>
```

而下面这段文档则是合法的：

```
<name>丫头</name>
```

（2）元素

XML 文档主要由各种元素组成，元素的名称可由字母、数字以及其他的字符组成，但不能以数字或者标点符号开始，也不能以字符“xml”（或者 XML、Xml）开始，同时元素名称中不能包含空格。

在 XML 文档中，必须有一个根元素，其他的元素都包含在这个根元素内部。

例如：

```
<根元素>
    <!-- 其他元素 -->
</根元素>
```

元素可以嵌套，即元素可以拥有子元素，但必须正确嵌套。

下面这段 XML 文档中的元素没有正确嵌套：

```
<girl>
    <name>沫沫</girl>
</name>
```

正确的嵌套方法如下：

```
<girl>
    <name>沫沫</name>
</girl>
```

（3）属性

与 HTML 类似，XML 中的元素也可以设置属性。但与 HTML 不同的是，XML 中的属性值必须用引号（""）包含。

下面这段 XML 文档是非法的，因为元素<girl>的属性值没有用引号包含：

```
<girl age = 19岁>丫头</girl>
```

正确的写法如下：

```
<girl age = "19岁">丫头</girl>
```

15.2 PHP 的 SimpleXML 扩展库

SimpleXML 扩展库是 PHP5 新增加的一个简单的 XML 操作库，可用来实现对 XML 文档的读/写和浏览。与传统的 XML 扩展库相比，SimpleXML 的使用更简便。在 PHP5 中，该扩展库是默认启用的，因此无须安装即可使用。

15.2.1 创建 SimpleXML 对象

要使用 SimpleXML 扩展库操作 XML 文档，首先需要创建一个 SimpleXML 对象。在 SimpleXML 扩展库中，有以下 3 个函数可以用于创建 SimpleXML 对象。

（1）simplexml_load_string()函数

该函数常用的语法格式如下：

```
object simplexml_load_string ( string $data )
```

其中，$data 为字符串表示的 XML 文档。

（2）simplexml_load_file()函数

该函数常用的语法格式如下：

```
object simplexml_load_file ( string $filename )
```

其中，$filename 为 XML 文档的路径。

（3）simplexml_import_dom()函数

该函数常用的语法格式如下：

```
SimpleXMLElement simplexml_import_dom ( DOMNode $node )
```

其中，$node 为 DOM 扩展库创建的一个 XML 元素节点。

例如：

```
<?php
    /*
     * 使用 simplexml_load_string()函数
     * 创建 SimpleXML 对象
     */

    //存储 XML 文档的字符串
    $str_xml = <<<XML
<?xml version="1.0" encoding="UTF-8"?>
<!--一个叫沫沫的女孩-->
<girl>
    <name>沫沫</name>
    <age>19 岁</age>
    <hobby>看书</hobby>
</girl>
XML;
    $xml = simplexml_load_string($str_xml);                    //创建 SimpleXML 对象

    echo '<p>使用使用 simplexml_load_string()创建 SimpleXML 对象：<br>';
    var_dump($xml);                                             //打印对象信息
    echo '<br>';

    /*
     * 使用 simplexml_load_file()函数
     * 创建 SimpleXML 对象
     */
    $filepath = './Mo.xml';                                     //XML 文档的路径

    if(file_exists($filepath)){                                 //如果该文件存在
        $xml = simplexml_load_file($filepath);                  //则创建 SimpleXML 对象

        echo '<p>使用使用 simplexml_load_file()创建 SimpleXML 对象：<br>';
        var_dump($xml);                                         //打印对象信息
        echo '<br>';
    }
```

```
    /*
     * 使用 simplexml_import_dom()函数
     * 创建 SimpleXML 对象
     */
    $dom = new DomDocument();                                    //创建一个 DOM 对象
    $dom->loadXML($str_xml);                                     //载入包含 XML 的字符串

    $xml = simplexml_import_dom($dom);                         //从 DOM 创建 SimpleXML 对象

    echo '<p>使用使用 simplexml_import_dom()创建 SimpleXML 对象: <br>';
    var_dump($xml);                                              //打印对象信息
    echo '<br>';
?>
```

上面这段代码分别使用 simplexml_load_string()、simplexml_load_file()、simplexml_import_dom()这 3 种函数来创建 SimpleXML 对象。

代码执行结果如图 15.2 所示。

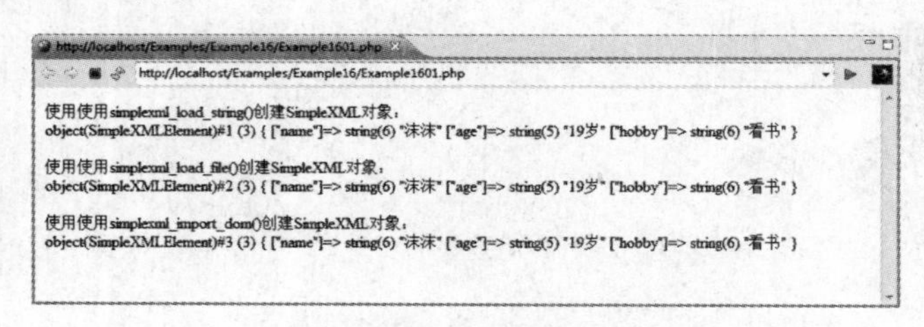

图 15.2 运行结果

15.2.2 访问 XML 的元素

通过 SimpleXML 对象访问 XML 文档的元素很简单，使用“→”即可实现，如果“→”指向的元素有多个，则可以像访问枚举数组一样，通过“[]”+数字下标的方式来访问。

例如，图 15.3 所示的 XML 文档。

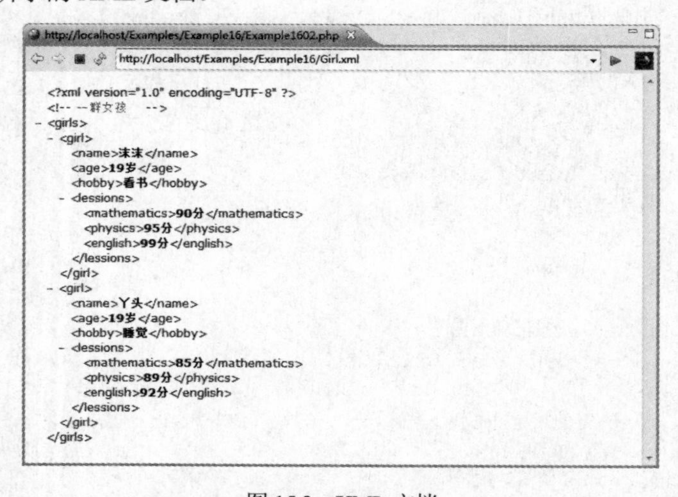

图 15.3 XML 文档

可以通过下面的代码来访问上面这个 XML 文档的元素：

```
<?php
    $filepath = './Girl.xml';                                    //XML 文档的路径

    if(file_exists($filepath)){                                  //如果该文件存在
        $xml = simplexml_load_file($filepath);                   //则创建 SimpleXML 对象

        echo '<p>第 1 个女孩：<br>';
        echo '姓名：'.$xml->girl[0]->name.'<br>';
        echo '年龄：'.$xml->girl[0]->age.'<br>';
        echo '爱好：'.$xml->girl[0]->hobby.'<br>';
        echo '数学成绩：'.$xml->girl[0]->lessons->mathematics.'<br>';
        echo '物理成绩：'.$xml->girl[0]->lessons->physics.'<br>';
        echo '英语成绩：'.$xml->girl[0]->lessons->english.'<br>';

        echo '<p>第 2 个女孩：<br>';
        echo '姓名：'.$xml->girl[1]->name.'<br>';
        echo '年龄：'.$xml->girl[1]->age.'<br>';
        echo '爱好：'.$xml->girl[1]->hobby.'<br>';
        echo '数学成绩：'.$xml->girl[1]->lessons->mathematics.'<br>';
        echo '物理成绩：'.$xml->girl[1]->lessons->physics.'<br>';
        echo '英语成绩：'.$xml->girl[1]->lessons->english.'<br>';
    }
?>
```

代码运行结果如图 15.4 所示。

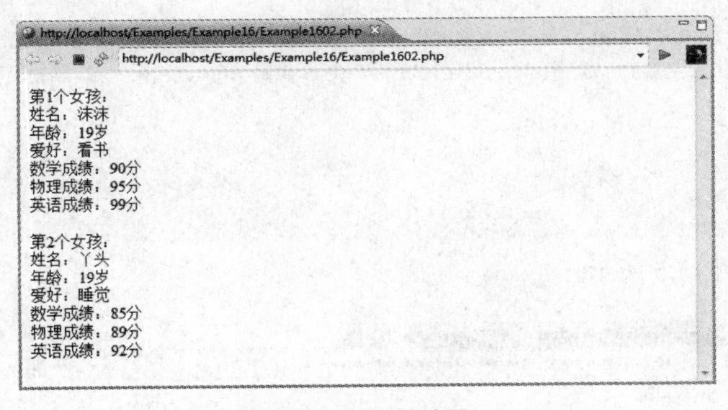

图 15.4　运行结果

上面这段代码如果配合使用 foreach 语句，则可以简化成如下代码：

```
<?php
    $filepath = './Girl.xml';                                    //XML 文档的路径

    if(file_exists($filepath)){                                  //如果该文件存在
        $xml = simplexml_load_file($filepath);                   //则创建 SimpleXML 对象

        $i = 0;
        foreach($xml->girl as $girl){
            echo '<p>第'.(++$i).'个女孩：<br>';
```

```
            echo '姓名: '.$girl->name.'<br>';
            echo '年龄: '.$girl->age.'<br>';
            echo '爱好: '.$girl->hobby.'<br>';
            echo '数学成绩: '.$girl->lessons->mathematics.'<br>';
            echo '物理成绩: '.$girl->lessons->physics.'<br>';
            echo '英语成绩: '.$girl->lessons->english.'<br>';
        }
```

代码运行的结果与图 15.4 一致。

在 SimpleXML 中，通过“父节点->children()”的方式可以获得所有的子节点元素。

例如：

```
<?php
    $filepath = './Girl.xml';                                   //XML 文档的路径

    if(file_exists($filepath)){                                 //如果该文件存在
        $xml = simplexml_load_file($filepath);                  //则创建 SimpleXML 对象

        $i = 0;
        foreach($xml->children() as $girl){
            echo '<p>第'.(++$i).'个女孩: <br>';
            echo '姓名: '.$girl->name.'<br>';
            echo '年龄: '.$girl->age.'<br>';
            echo '爱好: '.$girl->hobby.'<br>';

            foreach($girl->lessons->children() as $lesson) {
                echo '成绩: '.$lesson.'<br>';
            }
        }
    }
?>
```

代码运行结果如图 15.5 所示。

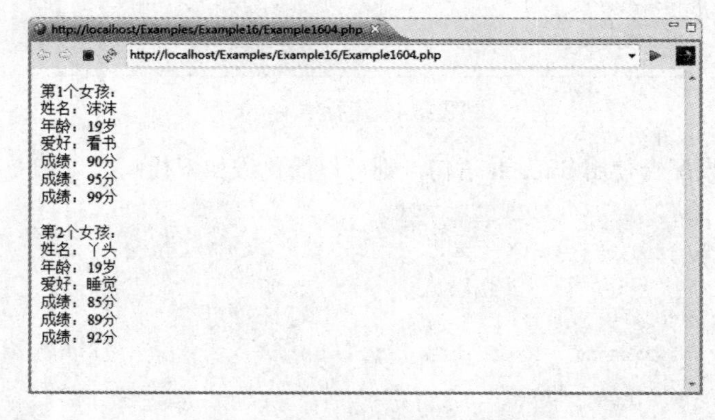

图 15.5　运行结果

SimpleXML 组件还支持基于 XML 数据路径的查询方法。XML 数据路径，即从 XML 的根节点到某个节点标签所经过的全部标签，标签名之间用“/”分隔。例如图 15.3 所示的 XML 文档，要查询<lessons>元素，从根节点开始，依次经过<girls>、<girl>、<lessons>标签，则其 XML 数据路径为“/girls/girl/lesson”。

例如：

```
<?php
    $filepath = './Girl.xml';                                    //XML 文档的路径

    if(file_exists($filepath)){                                  //如果该文件存在
        $xml = simplexml_load_file($filepath);                //则创建 SimpleXML 对象

        $xmlpath = '/girls/girl/lessons';                        //XML 数据路径
        $lessons_array = $xml->xpath($xmlpath);                  //解析 XML 数据路径

        //遍历解析后的结果
        foreach($lessons_array as $lessons){
            echo '<p>成绩: <br>';
            echo '数学成绩: '.$lessons->mathematics.'<br>';
            echo '物理成绩: '.$lessons->physics.'<br>';
            echo '英语成绩: '.$lessons->english.'<br>';
        }
    }
?>
```

这段代码中使用了 SimpleXML 对象的 xpath()方法来解析 XML 数据路径，代码运行结果如图 15.6 所示。

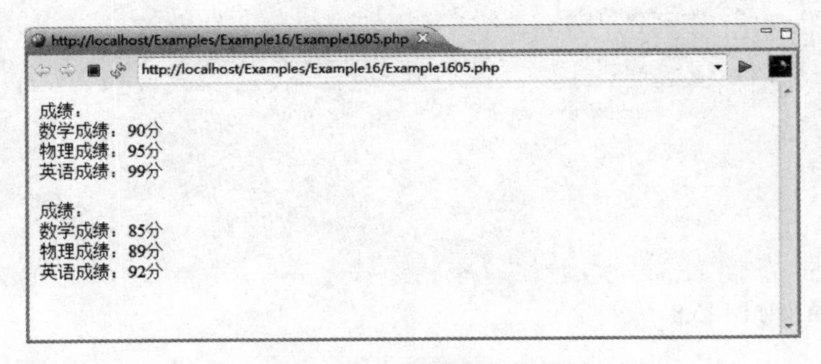

图 15.6　运行结果

15.2.3　访问 XML 的属性

有时，我们会将信息保存在 XML 标签的属性中。在 SimpleXML 中，访问 XML 的属性是通过 SimpleXML 对象的 attributes()方法来实现的，该方法将返回一个关联数组，数组中包含了所指节点元素的所有属性，每个属性的名称是数组的字符串索引，属性的值是该数组索引所对应的值。

例如图 15.7 所示的 XML 文档。

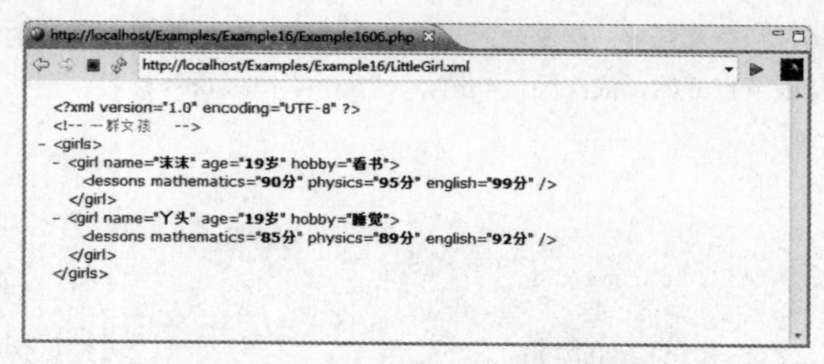

图 15.7　XML 文档

可以通过下面的代码来访问上面这个 XML 文档的元素属性：

```
<?php
    $filepath = './LittleGirl.xml';                              //XML 文档的路径

    if(file_exists($filepath)){                                  //如果该文件存在
        $xml = simplexml_load_file($filepath);                   //则创建 SimpleXML 对象

        $i = 0;
        foreach($xml->children() as $girl){
            echo '<p>第'.(++$i).'个女孩：<br>';

            //获取子元素的属性
            foreach($girl->attributes() as $name => $value){
                echo $name.': '.$value.'<br>';
            }

            //获取子元素的属性
            foreach($girl->children() as $lessons) {
                foreach($lessons->attributes() as $name => $value){
                    echo $name.': '.$value.'<br>';
                }
            }
        }
    }
?>
```

代码运行结果如图 15.8 所示。

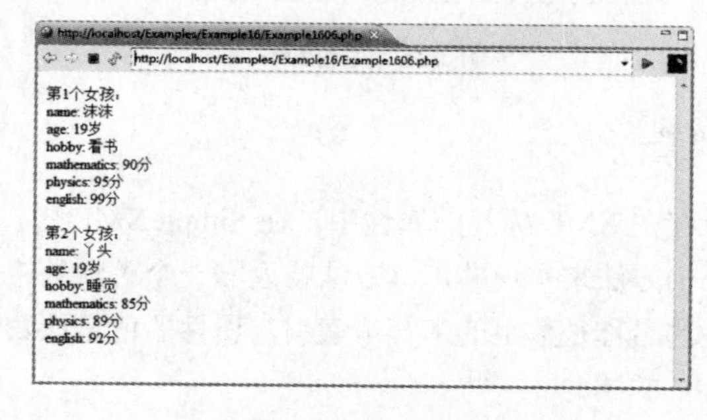

图 15.8　运行结果

既然 attributes()方法返回的是索引数组，那么当然也可以按照访问索引数组的方式来访问元素属性。

例如：

```
<?php
    $filepath = './LittleGirl.xml';                          //XML 文档的路径

    if(file_exists($filepath)){                              //如果该文件存在
        $xml = simplexml_load_file($filepath);               //则创建 SimpleXML 对象

        $i = 0;
        foreach($xml->children() as $girl){
            echo '<p>第'.(++$i).'个女孩：<br>';

            //获取子元素的属性
            echo '姓名：'.$girl["name"].'<br>';
            echo '年龄：'.$girl["age"].'<br>';
            echo '爱好：'.$girl["hobby"].'<br>';
            echo '数学成绩：'.$girl->lessons["mathematics"].'<br>';
            echo '物理成绩：'.$girl->lessons["physics"].'<br>';
            echo '英语成绩：'.$girl->lessons["english"].'<br>';
        }
    }
?>
```

代码运行结果如图 15.9 所示。

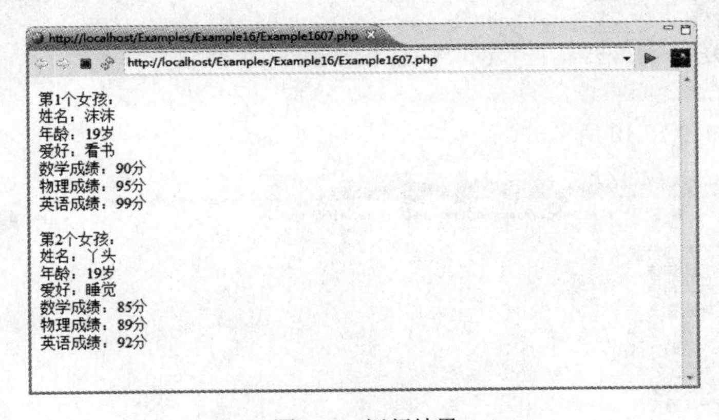

图 15.9　运行结果

15.2.4　修改 XML 的数据

在通过“->”和“[]”访问节点元素时，可以同时修改元素的值。但要注意的是，这种修改并不会反映到真实的 XML 文件中，只是会影响 SimpleXML 对象保存的 XML 的值。

例如：

```
<?php
    //存储 XML 文档的字符串
    $str_xml = <<<XML
```

```
<?xml version="1.0" encoding="UTF-8"?>
<!---一个叫沫沫的女孩-->
<girls>
    <girl>
        <name>沫沫</name>
        <age>19 岁</age>
        <hobby>看书</hobby>
    </girl>
</girls>
XML;
    $xml = simplexml_load_string($str_xml);              //创建 SimpleXML 对象

    //修改前
    echo '<p>修改前的女孩: <br>';
    echo '姓名: '.$xml->girl[0]->name.'<br>';
    echo '年龄: '.$xml->girl[0]->age.'<br>';
    echo '爱好: '.$xml->girl[0]->hobby.'<br>';

    //修改 XML 文档
    $xml->girl[0]->name = '丫头';
    $xml->girl[0]->age = '20 岁';
    $xml->girl[0]->hobby = '睡觉';

    //修改后
    echo '<p>修改后的女孩: <br>';
    echo '姓名: '.$xml->girl[0]->name.'<br>';
    echo '年龄: '.$xml->girl[0]->age.'<br>';
    echo '爱好: '.$xml->girl[0]->hobby.'<br>';
?>
```

代码运行结果如图 15.10 所示。

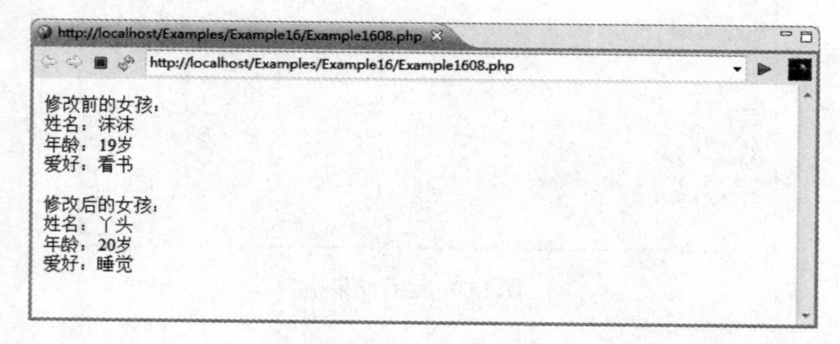

图 15.10　运行结果

对于元素属性的值，也可以用同样的方法来修改。

例如：

```
<?php
    //存储 XML 文档的字符串
    $str_xml = <<<XML
<?xml version="1.0" encoding="UTF-8"?>
<!---一个女孩的成绩-->
```

```
    <lessons>
        <lesson mathematics="90 分" physics="95 分" english="99 分">
        </lesson>
    </lessons>
    XML;
        $xml = simplexml_load_string($str_xml);                  //创建 SimpleXML 对象

        //修改前
        echo '<p>修改前的成绩: <br>';
        echo '数学成绩: '.$xml->lesson[0]["mathematics"].'<br>';
        echo '物理成绩: '.$xml->lesson[0]["physics"].'<br>';
        echo '英语成绩: '.$xml->lesson[0]["english"].'<br>';

        //修改 XML 文档
        $xml->lesson[0]["mathematics"] = '85 分';
        $xml->lesson[0]["physics"] = '89 分';
        $xml->lesson[0]["english"] = '92 分';

        //修改后
        echo '<p>修改后的成绩: <br>';
        echo '数学成绩: '.$xml->lesson[0]["mathematics"].'<br>';
        echo '物理成绩: '.$xml->lesson[0]["physics"].'<br>';
        echo '英语成绩: '.$xml->lesson[0]["english"].'<br>';
    ?>
```

代码运行结果如图 15.11 所示。

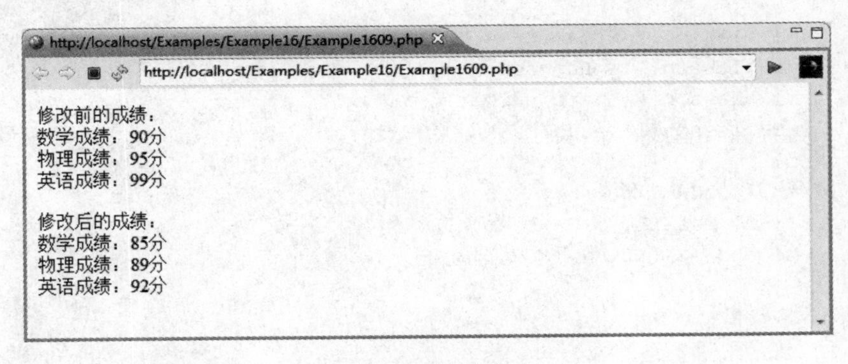

图 15.11　运行结果

15.2.5　保存 XML

15.2.4 节我们提到，通过“->”和“[]”修改节点的方式，并不会将修改反映到实际的 XML 文件中。如果要保存 XML 的修改到实际的文件中，则需要使用 SimpleXML 对象的 asXML()方法来实现。

该方法接收一个字符串参数来表示新的 XML 文件的路径和名称，格式化 XML 文档后保存。如果成功保存，则会返回 TRUE，否则返回 FALSE。

例如图 15.12 所示的 XML 文档。

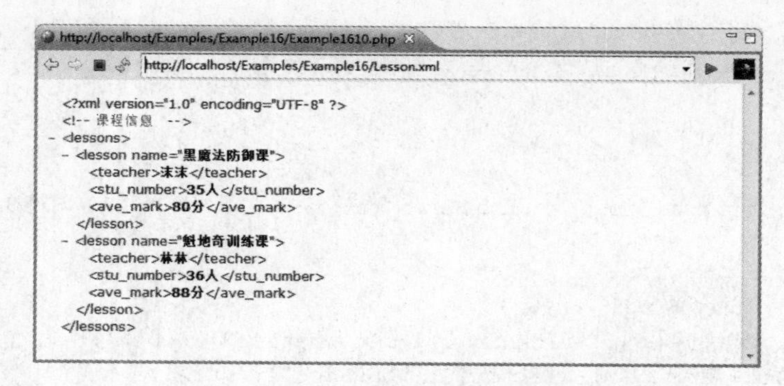

图 15.12　XML 文档

使用下面这段代码修改该 XML 文档，并保存成新的 XML 文件，如图 15.13 所示。

```
<?php
    $filepath = './Lesson.xml';                          //XML 文档的路径

    if(file_exists($filepath)){                          //如果该文件存在
        $xml = simplexml_load_file($filepath);           //则创建 SimpleXML 对象

        //修改 XML 文档
        $xml->lesson[0]["name"] = $xml->lesson[0]["name"].'（入门篇）';
        $xml->lesson[0]->teacher = '丫头';
        $xml->lesson[0]->stu_number = '36 人';
        $xml->lesson[0]->ave_mark = '82 分';

        $xml->lesson[1]["name"] = $xml->lesson[1]["name"].'（高级篇）';
        $xml->lesson[1]->teacher = '猴哥';
        $xml->lesson[1]->stu_number = '42 人';
        $xml->lesson[1]->ave_mark = '90 分';

        //标准化 XML，并保存
        if($xml->asXML('./NewLesson.xml')){
            echo 'XML 文件保存成功！';
        }
    }
?>
```

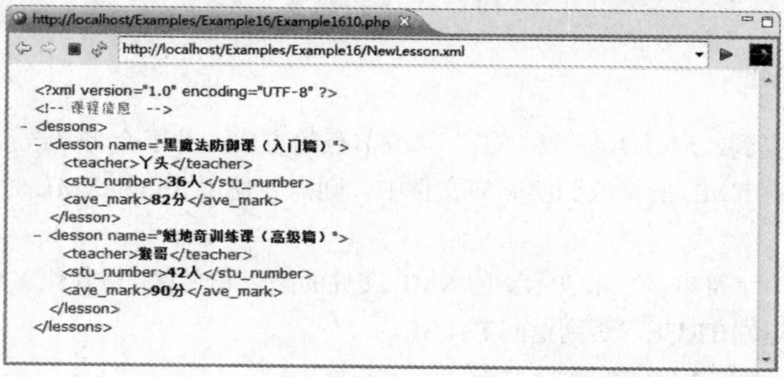

图 15.13　保存 XML 文档

我们还可以使用 PHP 的文件读/写操作来保存修改后的 XML。

例如，下面这段代码的效果与上面那段代码的效果是一样的：

```
<?php
    $filepath = './Lesson.xml';                              //XML 文档的路径

    if(file_exists($filepath)){                              //如果该文件存在
        $xml = simplexml_load_file($filepath);               //则创建 SimpleXML 对象

        //修改 XML 文档
        $xml->lesson[0]["name"] = $xml->lesson[0]["name"].'（入门篇）';
        $xml->lesson[0]->teacher = '丫头';
        $xml->lesson[0]->stu_number = '36 人';
        $xml->lesson[0]->ave_mark = '82 分';

        $xml->lesson[1]["name"] = $xml->lesson[1]["name"].'（高级篇）';
        $xml->lesson[1]->teacher = '猴哥';
        $xml->lesson[1]->stu_number = '42 人';
        $xml->lesson[1]->ave_mark = '90 分';

        //标准化 XML
        $new_xml = $xml->asXML();
        //保存 XML
        $fp = fopen('./NewLesson.xml','wb');                 //新建文件
        if(fwrite($fp, $new_xml)){                           //将 XML 写入新文件
            echo 'XML 文件保存成功！';
        }
        fclose($fp);                                         //关闭文件
    }
?>
```

15.3　使用 DOM 扩展库动态创建 XML 文档

SimpleXML 在访问和修改 XML 时很方便，但它却不提供创建 XML 文档的方法。如果需要动态创建 XML 文档，通常会使用 DOM 扩展库。DOM（Document Object Model，文档对象模型）被包含在 PHP 内核中，无须安装即可使用。

在使用 DOM 扩展库动态创建 XML 文档时，我们的一般步骤是：

- 通过 DOMDocument 类创建一个 DOM 对象。
- 使用 DOM 对象创建节点。
- 使用 DOMElement 对象添加、移除属性。
- 使用 DOMNode 对象来添加、移除、替换子节点。
- 通过 DOMDocument 类保存 XML 文档。

常用的一些对象方法如表 15.1～表 15.3 所示。

表 15.1　DOMDocument 类的常用方法

方　法　名	方　法　说　明
createAttribute	创建属性，返回一个 DOMAttr 对象
createComment	创建注释，返回一个 DOMComment 对象
createElement	创建节点元素，返回一个 DOMElement 对象
createTextNode	创建文本节点，返回一个 DOMText 对象
save	保存 XML 到文件
saveXML	保存 XML 到字符串

表 15.2　DOMElement 类的常用方法

方　法　名	方　法　说　明
getAttribute	获取节点元素的属性
removeAttribute	移除节点元素的属性
setAttribute	设置节点元素的属性

表 15.3　DOMNode 类的常用方法

方　法　名	方　法　说　明
appendChild	添加子节点到父节点后面
insertBefore	在指定节点前面添加一个新节点
removeChild	移除指定的节点
replaceChild	用新的节点替换指定的节点

例如：

```
<?php
    /*
     * 动态创建 XML 文档
     */
    $version = '1.0';                                          //XML 版本
    $encoding = 'UTF-8';                                       //XML 编码
    $dom = new DOMDocument($version, $encoding);               //创建 DOM 对象

    $rootEle = $dom->createElement('girls');                   //创建根节点
    $dom->appendChild($rootEle);                               //添加根节点到 DOM 对象

    $girl = $dom->createElement('girl');                       //创建子节点 girl
    $girl->setAttribute('name', '沫沫');                       //添加 name 属性
    $girl->setAttribute('age', '19 岁');                       //添加 age 属性
    $girl->setAttribute('hobby', '看书');                      //添加 hobby 属性
    $rootEle->appendChild($girl);                              //添加 girl 节点到根节点

    $lessons = $dom->createElement('lessons');                 //创建子节点 lessons
    $girl->appendChild($lessons);                              //添加 lessons 节点到 girl 节点
```

```
    $mathematics = $dom->createElement('mathematics','90 分');
//创建子节点 mathematics
    $lessons->appendChild($mathematics);      //添加 mathematics 节点到 lessons 节点

    $physics = $dom->createElement('physics','95 分');     //创建子节点 physics
    $lessons->appendChild($physics);          //添加 physics 节点到 lessons 节点

    $english = $dom->createElement('english','99 分');     //创建子节点 english
    $lessons->appendChild($english);          //添加 english 节点到 lessons 节点

    echo $dom->saveXML();
?>
```

代码运行结果如图 15.14 所示。

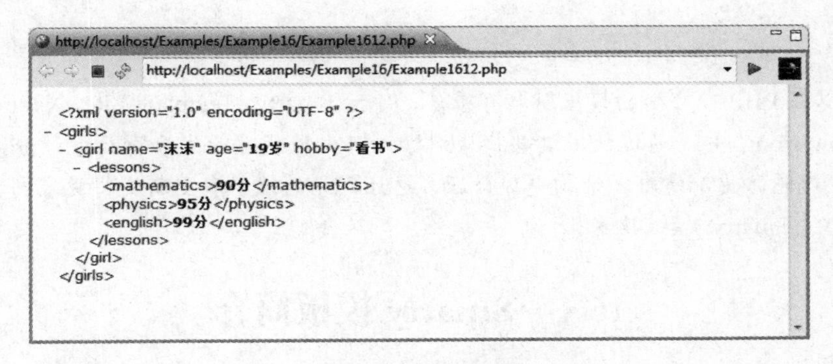

图 15.14　运行结果

15.4　本章小结

本章主要介绍了如何使用 PHP 访问、修改和动态创建 XML 文档。首先，介绍了 XML 的结构和基本语法。然后介绍了 PHP 中广泛使用的 SimpleXML 扩展库，以及利用该扩展库创建 SimpleXML 对象、访问 XML 元素和属性、修改 XML 数据、保存 XML 文件的方法。最后，介绍了如何使用 DOM 扩展库动态创建 XML 文档的方法。

第 16 章　Smarty 模板技术

目前，可以在 PHP 中应用的模板引擎有很多，例如 Smarty、Template Lite、XTemplate、Dwoo、Sugar、TinyButStrong 等。通过使用这些模板引擎，可以使代码开发和页面设计分离，从而使得我们的 PHP 代码脉络更加清晰，结构更加合理，也让网站的维护和更新变得更容易。本章将介绍这其中最著名的 Smarty 模板技术。

16.1　Smarty 模板简介

PHP 模板引擎分离了逻辑代码和外在内容，明确了程序员和 Web 前端设计人员的分工，给大型项目的团队协作开发带来了福音。而 Smarty 则是众多模板引擎中的杰出代表。

16.1.1　什么是模板引擎

PHP 是一种嵌入在 HTML 中的服务器端脚本语言，PHP 开发者需要身兼程序员和美工设计人员两种身份，开发出来的 Web 程序往往是 PHP 和 HTML 混杂在一起。一个人要同时精通两种角色的技能实在是太难了，要知道，程序员们不懂美工，而美工们则不喜欢代码，这早已是不争的事实。而且不只 PHP，其他诸如 JSP、ASP 等脚本语言都面临同样的问题。那么能不能把网页呈现与代码逻辑分离开呢？

就这样，模板引擎应运而生。模板引擎的目标就是要达到上述提到的逻辑分离的功能。它能让程序开发者专注于逻辑的控制或功能的达成，而让前端设计师专注于网页排版，让网页看起来更美观。因此，模板引擎特别适合做大型项目的开发团队使用，它能让团队中的每个人都能发挥其专长。

模板引擎技术的核心其实也很简单。以 PHP 为例，只要将前端页面（不包含任何 PHP 代码）指定为模板文件，并将这个模板文件中有活动的内容，如数据库输出、用户交互等部分，定义成使用特殊定界符（例如“{}”）包含的变量，然后放在模板文件中相应的位置。当用户浏览时，由 PHP 脚本程序打开该模板文件，并将模板文件中定义的变量进行替换。这样，模板中的特殊变量被替换为不同的动态内容时，就会输出不同的页面。

模板引擎有诸多优点，但并不是任何时候都适合使用模板。对于一些小项目，程序编写与美工设计兼于一人之手，使用模板反而会丧失 PHP 开发迅速的优点。此外，对于一些更新频繁的页面，使用模板也会使处理速度变慢。

16.1.2　Smarty 模板的特点

PHP 的模板引擎有很多，而 Smarty 是其中最著名的一个。

相比于其他模板引擎，Smarty 有如下一些特点。

- 速度快：采用 Smarty 模板编写的程序，相对于其他的模板引擎速度要更快。
- 编译型模板：Smarty 是一种编译型模板引擎，采用 Smarty 编写的程序在运行时要编译成一个非模板的 PHP 文件，这个文件是由 PHP 代码与 HTML 文档混合编写的。如果源程序没有变动，那么在下一次访问模板时将会直接使用之前编译好的文件，而不会再重新进行编译。
- 缓存技术：Smarty 使用了一种缓存技术，它可以将最终呈现给用户的网页页面缓存成一个静态的 HTML 文件。这样，当用户下一次请求该页面时就会直接调用该缓存文件，而不必调用模板。
- 插件技术：Smarty 可以自定义插件。所谓插件，实际就是一些用户自定义函数。

16.2　Smarty 安装

Smarty 安装很简单，本节将介绍如何安装 Smarty，并开始我们的第一个 Smarty 程序。

16.2.1　安装和配置 Smarty

首先我们要去 Smarty 的官网 http://smarty.php.net 下载 包含 Smarty 文件的压缩包。Smarty 的最新版本是 Smarty 3.1.11。本书使用的是 Smarty 2.6.26，该版本的 Smarty 对 PHP 版本的要求是 PHP 4.0.6 以上。

将压缩包解压，找到根目录下的 libs 子目录，这里包含了 Smarty 的所有核心文件。包括 Smarty.class.php、Smarty_Compiler.class.php、Config_File.class.php、debug.tpl 四个文件以及 internals、plugins 两个文件夹。将 libs 目录复制到我们的网站目录下。根据喜好可以将该文件夹重命名，本书将其重命名为 smarty。注意，以后就不要乱动这个目录下的文件，除非是升级 Smarty。

然后在 smarty 目录下新建 4 个目录，分别是 templates、templates_c、cache、configs，如图 16.1 所示。这 4 个目录分别用来存放模板文件、模板编译文件、缓存文件、配置文件。

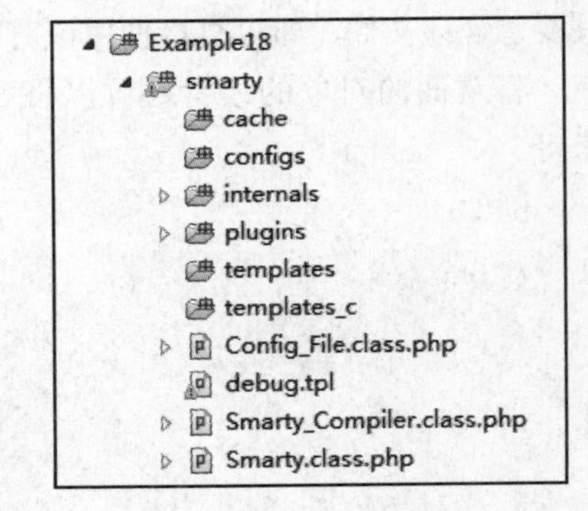

图 16.1　smarty 目录

然后，我们在根目录下新建一个 PHP 文件，命名为 smarty_config.php。该文件用来设置 Smarty 的配置信息，包括设置模板文件、模板编译文件、缓存文件、配置文件的路径。设置路径时，我们可以使用绝对路径，也可以使用相对路径。

（1）绝对路径

```
<?php
```

```
    /*
     * Smarty 相关配置（绝对路径）
     */

    //设置 Smarty 的路径
    define('SMARTY_PATH',$_SERVER['DOCUMENT_ROOT'].'/Examples/Example18/smarty/');
    //加载 Smarty 类文件
    require SMARTY_PATH.'Smarty.class.php';

    $smarty = new Smarty();                                     //实例化一个 Smarty 对象
    $smarty->template_dir = SMARTY_PATH.'templates';           //设置模板文件的路径
    $smarty->compile_dir = SMARTY_PATH.'templates_c';          //设置模板编译文件的路径
    $smarty->config_dir = SMARTY_PATH.'configs';               //设置配置文件的路径
    $smarty->cache_dir = SMARTY_PATH.'cache';                  //设置缓存文件的路径
?>
```

（2）相对路径

```
<?php
    /*
     * Smarty 相关配置（相对路径）
     */

    //设置 Smarty 的路径
    define('SMARTY_PATH','./smarty/');
    //加载 Smarty 类文件
    require SMARTY_PATH.'Smarty.class.php';

    $smarty = new Smarty();                                     //实例化一个 Smarty 对象
    $smarty->template_dir = SMARTY_PATH.'templates';           //设置模板文件的路径
    $smarty->compile_dir = SMARTY_PATH.'templates_c';          //设置模板编译文件的路径
    $smarty->config_dir = SMARTY_PATH.'configs';               //设置配置文件的路径
    $smarty->cache_dir = SMARTY_PATH.'cache';                  //设置缓存文件的路径

?>
```

我们在 smarty_config.php 文件中实例化了一个 Smarty 对象，并设置了该对象的一些属性，以后只要包含该文件，即可直接使用该对象。

喜欢面向对象的读者还可以将 Smarty 相关配置封装到自己的类中，以后只要包含自己的类即可。

例如：

```
<?php
    /*
     * MySmarty 类
     */

    //设置 Smarty 的路径
    define('SMARTY_PATH','./smarty/');
    //加载 Smarty 类文件
    require SMARTY_PATH.'Smarty.class.php';
```

```
    class MySmarty extends Smarty {
        /* 构造方法 */
        function MySmarty(){
            $this->template_dir = SMARTY_PATH.'templates';    //设置模板文件的路径
            $this->compile_dir = SMARTY_PATH.'templates_c';
//设置模板编译文件的路径
            $this->config_dir = SMARTY_PATH.'configs';        //设置配置文件的路径
            $this->cache_dir = SMARTY_PATH.'cache';           //设置缓存文件的路径
        }
    }
?>
```

至此，Smarty 的安装配置已经完成，16.2.2 节将使用 Smarty 写一个简单的程序。

16.2.2　第一个 Smarty 程序

Smarty 作为模板引擎，它的作用是分离 HTML 文档与 PHP 代码。因此，在 Smarty 程序中，我们主要关心两类文件：一类是模板文件，它们是一些 HTML 文档，其中夹杂着一些用定界符隔离开的 Smarty 变量，当程序运行时，这些变量将会被真实值代替；另一类是 PHP 文件，它们实现了程序的逻辑，并且通过 Smarty 对象的 assign()方法给模板文件中的 Smarty 变量赋值。

模板文件的命名默认是使用 .tpl 作为扩展名，但更多的时候我们喜欢使用 .html 作为扩展名，这样会让美工设计师们感到亲切，因为模板文件主要还是给美工们看的。当然，不管如何命名，模板文件必须放在我们先前设置的 template 目录下。

下面这段代码是一个简单的模板文件（Example1801.html）：

```
<html>
<head>
<meta http-equiv="Content-Type" content="text/html; charset=UTF-8">
<title>第一个 Smarty 程序</title>
</head>
<body>
    <table border="1">
        <tr>
            <td colspan="2" align="center">{$title}</td>
        </tr>
        <tr>
            <td colspan="2">{$author}</td>
        </tr>
        <tr>
            <td width="120">{$poem1}</td>
            <td width="120">{$poem2}</td>
        </tr>
        <tr>
            <td>{$poem3}</td>
            <td>{$poem4}</td>
        </tr>
    </table>
</body>
</html>
```

该模板文件实质上就是一个 HTML 文件，其中掺杂了一些用定界符“{}”分隔开的 Smarty 变量，例如{$title}、{$author}、{$poem1}等。这些变量是通过 PHP 代码来赋值的。

例如：

```
<?php
    //包含 Smarty 文件
    require './MySmarty.class.php';
    //实例化 Smarty 类
    $smarty = new MySmarty();
    //给 Smarty 模板中的变量赋值
    $smarty->assign('title','《凤求凰•琴歌》');
    $smarty->assign('name','佚名');
    $smarty->assign('poem1','有美人兮');
    $smarty->assign('poem2','见之不忘');
    $smarty->assign('poem3','一日不见兮');
    $smarty->assign('poem4','思之如狂');
    //调用并显示模板
    $smarty->display('Example1801.html');
?>
```

这段 PHP 代码实例化了一个 Smarty 类，然后通过 assign()方法给诸如 title、name、poem1 等变量赋值。当执行这段 PHP 代码时，模板中用定界符“{}”分隔开的变量会被真实值代替。

运行结果如图 16.2 所示。

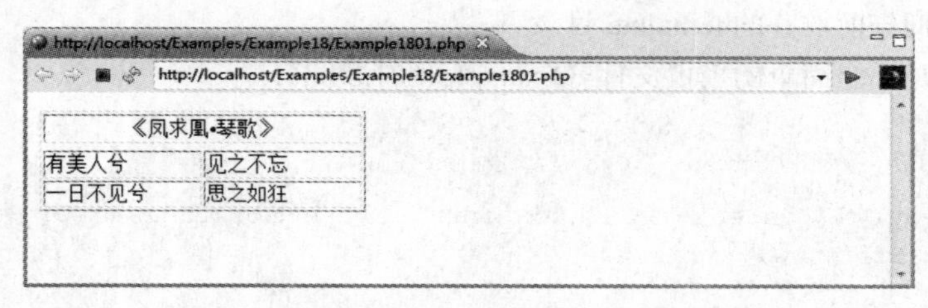

图 16.2 运行结果

16.3 Smarty 基本语法

16.2 节我们介绍了 Smarty 的安装配置方法，并编写了一个简单的 Smarty 程序。所谓万物有章法，Smarty 虽然简单，但也有它自己的规则。本节我们学习 Smarty 的基本语法，为进一步使用 Smarty 奠定基础。

16.3.1 定界符

什么是定界符呢？16.2 节的例子中，我们可以在模板文件中看到“{}”包裹的变量名，例如{$title}、{$author}、{$poem1}等。“{}”就是所谓的定界符。定界符的作用是区分 HTML 代码和 Smarty 代码。与模板文件关联的 PHP 代码在执行后，会把模板定界符中的代码全部替换，然后生成真正的 HTML 页面文件呈现给用户。

Smarty 的默认定界符是使用“{}”，但 Smarty 允许我们自定义定界符。有时这是必要的，因为有些 HTML 文件中会有 JavaScript 代码，而在 JavaScript 代码中常常会出现“{}”，为了避免冲突，我们需要自定义定界符。

在 Smarty 类中，有$left_delimiter 和 $right_delimiter 两个属性，分别表示左定界符和右定界符。只要给这两个属性分别重新赋值，即可设置新的定界符。

例如，我们常常会把定界符重新设置为“<!--{“和”}-->”。

```
$smarty->left_delimiter = "<!--{";
$smarty->right_delimiter = "}-->";
```

16.3.2　注释

无论是 PHP、JavaScript 这样的脚本语言，还是 HTML、XML 这样的标记语言，都允许设计者添加关于代码的注释，Smarty 也不例外。在 Smarty 中，注释文档被添加在两个星号“*”之间。

例如：

```
{* 我是注释 *}
```

注意，不要忘记在“*”外还裹着一层定界符。所以，如果定界符被修改为 "<!--{" 和 "}-->"，则注释文档应该这样写。

```
"<!--{* 我是注释 *}-->}
```

时刻要记住，所有关于 Smarty 的东西都要被包含在 Smarty 定界符内，否则会被当成 HTML 文档的一部分。

16.3.3　变量

变量是 Smarty 的重要概念，它被包裹在 Smarty 定界符中，最终会被真实值替换。Smarty 变量可分为以下 3 种：

- 从 PHP 代码中通过 assign()方法分配的变量。
- 从 Smarty 配置文件中加载的变量。
- Smarty 保留变量。

下面分别介绍。

（1）PHP 分配的变量

这一类变量是在 PHP 代码中通过 assign()方法分配，之前举的几个例子中的变量都属于这一类。值得注意的是，虽然 assign()方法在分配变量时，变量名前没有加 "$" 符号，但我们在 Smarty 中引用这类变量时，变量名前必须加“$”符号，或者可以说“$”符号是变量名的一部分。通过 PHP 既可以分配普通的变量，也可以分配数组和对象。

PHP 中的枚举数组（数字索引数组）在 Smarty 中可以按照同样的方式引用。比如，对于 PHP 中的 $girl[0] 变量，在 Smarty 中的引用方式同样为 $girl[0]。

例如：

PHP 文件

```
<?php
    //包含 Smarty 文件
    require './MySmarty.class.php';
```

```
    //实例化 Smarty 类
    $smarty = new MySmarty();

    //定义枚举数组
    $girl = array(
        "沫沫",
        19,
        array(
            "看书",
            "睡觉"
        )
    );
    //给 Smarty 模板中的变量赋值
    $smarty->assign('girl',$girl);
    //调用并显示模板
    $smarty->display('Example1802.html');
?>
```

模板文件

```
<html>
<head>
<meta http-equiv="Content-Type" content="text/html; charset=UTF-8">
</head>
<body>
    <table border="1">
        <tr>
            <td width="100">姓名</td>
            <td width="150">{$girl[0]}</td>
        </tr>
        <tr>
            <td>年龄</td>
            <td>{$girl[1]}岁</td>
        </tr>
        <tr>
            <td>兴趣爱好</td>
            <td>{$girl[2][0]} + {$girl[2][1]}</td>
        </tr>
    </table>
</body>
</html>
```

运行 PHP 文件后的结果如图 16.3 所示。

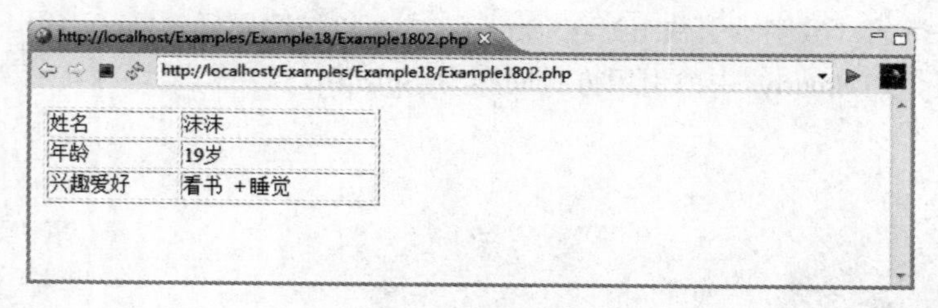

图 16.3　运行结果

而关联数组则是按照类似 JavaScript 的方式引用。比如，对于 PHP 中的 $girl["name"] 变量，在 Smarty 中的引用方式为 $girl.name。

例如：

PHP 文件

```
<?php
    //包含 Smarty 文件
    require './MySmarty.class.php';
    //实例化 Smarty 类
    $smarty = new MySmarty();

    //定义枚举数组
    $girl = array(
        "name" => "丫头",
        "sid" => 1001,
        "lessons" => array(
                        "magic" => "黑魔法防御",
                        "math" => "魔法数学"
                    )
    );
    //给 Smarty 模板中的变量赋值
    $smarty->assign('girl',$girl);
    //调用并显示模板
    $smarty->display('Example1803.html');
?>
```

模板文件

```
<html>
<head>
<meta http-equiv="Content-Type" content="text/html; charset=UTF-8">
</head>
<body>
    <table border="1">
        <tr>
            <td width="100">姓名</td>
            <td width="150">{$girl.name}</td>
        </tr>
        <tr>
            <td>学号</td>
            <td>{$girl.sid}</td>
        </tr>
        <tr>
            <td rowspan="2">课程</td>
            <td>{$girl.lessons.magic}</td>
        </tr>
        <tr>
            <td>{$girl.lessons.math}</td>
        </tr>
    </table>
</body>
```

```
</html>
```

运行 PHP 文件后的结果如图 16.4 所示。

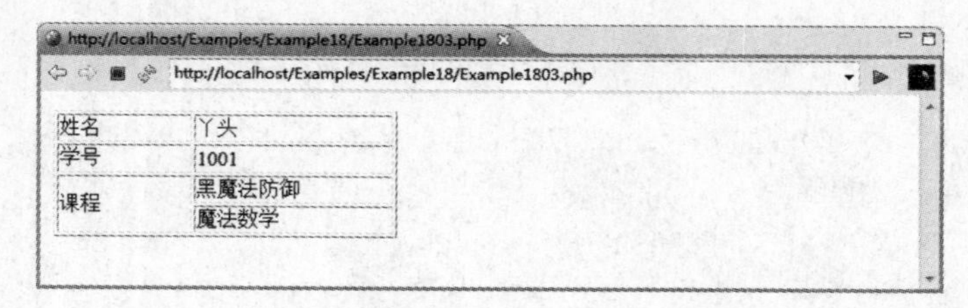

图 16.4　运行结果

当然，枚举数组与关联数组混合使用也是可以的。

例如：

PHP 文件

```
<?php
    //包含 Smarty 文件
    require './MySmarty.class.php';
    //实例化 Smarty 类
    $smarty = new MySmarty();

    //定义枚举数组
    $girl = array(
        "name" => "丫头",
        "sid" => 1001,
        "lessons" => array(
                        "magic" => array("黑魔法防御",95),
                        "math" => array("魔法数学",90)
                    )
    );
    //给 Smarty 模板中的变量赋值
    $smarty->assign('girl',$girl);
    //调用并显示模板
    $smarty->display('Example1804.html');
?>
```

模板文件

```
<html>
<head>
<meta http-equiv="Content-Type" content="text/html; charset=UTF-8">
</head>
<body>
    <table border="1">
        <tr>
            <td width="100">姓名</td>
            <td width="150" colspan="2">{$girl.name}</td>
        </tr>
        <tr>
            <td>学号</td>
```

```
            <td colspan="2">{$girl.sid}</td>
        </tr>
        <tr>
            <td rowspan="2">课程</td>
            <td>{$girl.lessons.magic[0]}</td>
            <td>{$girl.lessons.magic[1]}分</td>
        </tr>
        <tr>
            <td>{$girl.lessons.math[0]}</td>
            <td>{$girl.lessons.math[1]}分</td>
        </tr>
    </table>
</body>
</html>
```

运行 PHP 文件后的结果如图 16.5 所示。

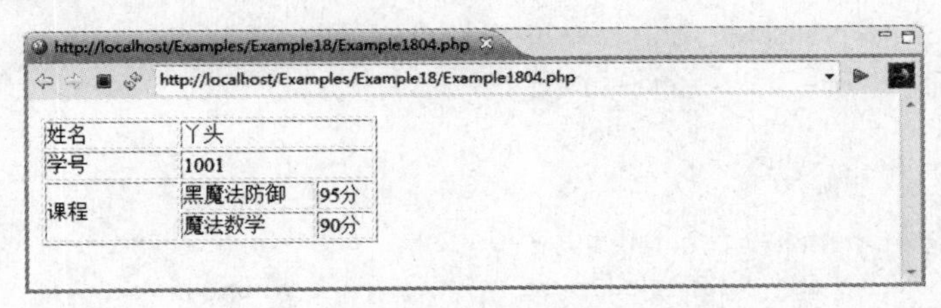

图 16.5　运行结果

PHP 中的对象变量在 Smarty 中可以按照同样的方式引用。比如，对于 PHP 中的对象属性$girl->name，在 Smarty 中的引用方式同样为$girl->name。

例如：

PHP 文件

```
<?php
    //包含 Smarty 文件
    require './MySmarty.class.php';
    //实例化 Smarty 类
    $smarty = new MySmarty();

    //定义类
    class Girl {
        public $name;
        public $sid;
        public $lessons;

        function Girl($name,$sid,$lessons){
            $this->name = $name;
            $this->sid = $sid;
            $this->lessons = $lessons;
        }
    }

    //实例化 Girl 类
```

```
    $name = "小沫猪";
    $sid = 1001;
    $lessons = array(
                    "magic" => array("黑魔法防御",95),
                    "math" => array("魔法数学",90)
                );
    $girl = new Girl($name, $sid, $lessons);
    //给 Smarty 模板中的变量赋值
    $smarty->assign('girl',$girl);
    //调用并显示模板
    $smarty->display('Example1805.html');
?>
```

模板文件

```
<html>
<head>
<meta http-equiv="Content-Type" content="text/html; charset=UTF-8">
</head>
<body>
    <table border="1">
        <tr>
            <td width="100">姓名</td>
            <td width="150" colspan="2">{$girl->name}</td>
        </tr>
        <tr>
            <td>学号</td>
            <td colspan="2">{$girl->sid}</td>
        </tr>
        <tr>
            <td rowspan="2">课程</td>
            <td>{$girl->lessons.magic[0]}</td>
            <td>{$girl->lessons.magic[1]}分</td>
        </tr>
        <tr>
            <td>{$girl->lessons.math[0]}</td>
            <td>{$girl->lessons.math[1]}分</td>
        </tr>
    </table>
</body>
</html>
```

运行 PHP 文件后的结果如图 16.6 所示。

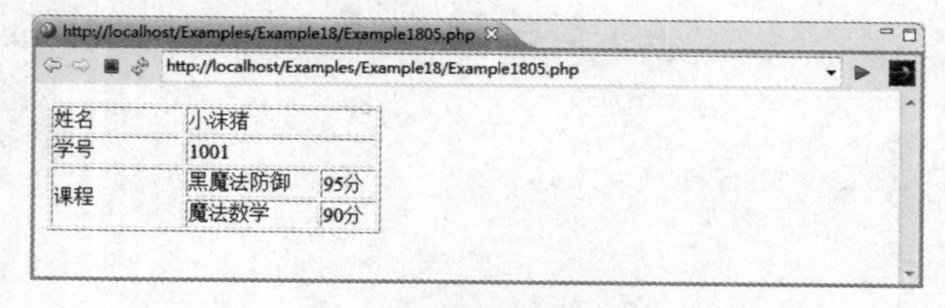

图 16.6　运行结果

（2）配置文件中的变量

16.2 节我们在介绍 Smarty 安装时，曾经在 smarty 目录下新建了一个 configs 目录，该目录是用来存放 Smarty 的配置文件的。模板设计者们常常把模板的一些全局变量存放在配置文件中，要使用时再从配置文件中加载。这样，只要修改配置文件中变量的值即可改变全局配置，而不必逐个修改每个模板文件。

（3）Smarty 保留变量

类似 PHP 中的预定义变量，Smarty 中还有一些保留变量。这些保留变量无须在 PHP 中通过 assign()方法分配，而可以直接使用。常用的一些保留变量如表 16.1 所示。

表 16.1　Smarty 中的常用保留变量

保留变量名	说　　明
get	通过 GET 方式传递的变量，相当于 PHP 中的$_GET
post	通过 POST 方式传递的变量，相当于 PHP 中的$_POST
request	REQUEST 变量，相当于 PHP 中的$_REQUEST
cookies	COOKIE 变量，相当于 PHP 中的$_COOKIE
session	SESSION 变量，相当于 PHP 中的$_SESSION
server	服务器变量，相当于 PHP 中的$_SERVER
env	环境变量，相当于 PHP 中的$_ENV
now	当前时间的时间戳
const	常量，通过它可以获得 PHP 中的预定义常量
config	配置文件变量，通过它可以获得 Smarty 配置文件中的变量
template	模板变量，通过它可以获得当前模板的名称

使用保留变量要按照如下格式：

```
$smarty.保留变量名
```

例如：

PHP 文件

```
<?php
    //包含 Smarty 文件
    require './MySmarty.class.php';
    //实例化 Smarty 类
    $smarty = new MySmarty();
    //调用并显示模板
    $smarty->display('Example1806.html');
?>
```

模板文件

```
<html>
<head>
<meta http-equiv="Content-Type" content="text/html; charset=UTF-8">
</head>
```

```
<body>
    <table border="1">
        <tr>
            <td width="100">当前时间戳</td>
            <td width="150">{$smarty.now}</td>
        </tr>
        <tr>
            <td>主机名</td>
            <td>{$smarty.server.SERVER_NAME}</td>
        </tr>
        <tr>
            <td>PHP 版本</td>
            <td>{$smarty.const.PHP_VERSION}</td>
        </tr>
        <tr>
            <td>模板文件</td>
            <td>{$smarty.template}</td>
        </tr>
    </table>
</body>
</html>
```

运行结果如图 16.7 所示。

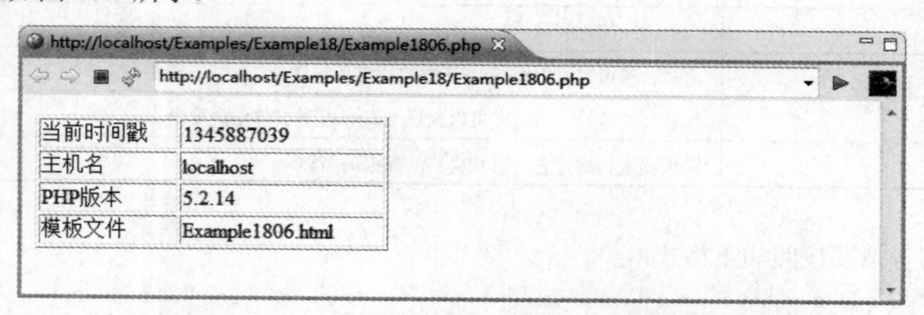

图 16.7　运行结果

16.3.4　变量修饰符

上一节的最后一个例子中，通过 Smarty 的保留变量 now 获得了当前时间，但该时间是以时间戳的形式给出的，当然不能给用户显示。不用担心，Smarty 提供了丰富的变量修饰符对变量值进行设置。

比如，对于时间，我们可以这样修饰：

```
{$smarty.now|date_format:"%Y-%m-%d  %H:%M:%S"}
```

其中，$smarty.now 是变量名，date_format 是修饰符，"%Y-%m-%d　%H:%M:%S"是修饰符的参数。变量名与修饰符之间通过 "|" 连接，修饰符和参数之间通过 ":" 连接。要注意，变量名与修饰符之间以及修饰符和参数之间不能有空格。这样修饰后的时间将显示为类似“2012-08-25 11:36:19”这样的格式。

Smarty 中的变量修饰符还有很多，常见的修饰符如表 16.2 所示。

表 16.2　Smarty 中常见的变量修饰符

修　饰　符	说　　　明
capitalize	将变量字符串中每个单词的首字母大写
count_characters	统计变量字符串中字符个数
cat	通过修饰符参数指定一个字符串，并将其连接到变量字符串后面
count_paragraphs	统计变量字符串中的段落数
count_sentences	统计变量字符串中的句子数
count_words	统计变量字符串中的单词数
date_format	格式化日期变量，格式化参数在修饰符参数中指定
default	设置变量的默认值，默认值在修饰符参数中指定
escape	用于 HTML、URL、JavaScript 等转码，转换类型在修饰符参数中指定
indent	用于设置字符串的缩进，缩进的字符数以及用哪个字符来代替缩进字符可以在修饰符参数中设置。在 HTML 中需要使用 （空格）来代替缩进，否则没有效果
lower	将变量字符串所有字符小写
upper	将变量字符串所有字符大写
nl2br	将变量字符串中的换行符替换成
regex_replace	寻找并替换变量字符串中符合正则表达式的子串，正则表达式和替换字符串在在修饰符参数中指定
replace	替换变量字符串中的某个子串为指定的字符串
spacify	在变量字符串的每个字符之间插入指定的字符或字符串
string_format	格式化变量字符串，格式化参数在修饰符参数中指定
strip	去除变量字符串中多余的空格以及换行符和制表符
strip_tags	去除变量字符串中的 HTML 标签
truncate	从变量字符串中截取子串，并可以在修饰符参数中指定续接在被截处后面的字符串
wordwrap	指定段落的宽度

例如：

PHP 文件

```
<?php
    //包含 Smarty 文件
    require './MySmarty.class.php';
    //实例化 Smarty 类
    $smarty = new MySmarty();

    $str = "lin love mo!\ngod bless them.";
    $str_html = 'Lin <font color="red">Love</font> Mo!';
    $num = 3.1415926;
    //给 Smarty 模板中的变量赋值
    $smarty->assign('str',$str);
    $smarty->assign('str_html',$str_html);
    $smarty->assign('num',$num);
```

```
    //调用并显示模板
    $smarty->display('Example1807.html');
?>
```

模板文件

```
<html>
<head>
<meta http-equiv="Content-Type" content="text/html; charset=UTF-8">
</head>
<body>
    <table border="1">
        <tr>
            <td width="100">首字母大写</td>
            <td width="150">{$str|capitalize}</td>
        </tr>
        <tr>
            <td>字符个数</td>
            <td>{$str|count_characters}</td>
        </tr>
        <tr>
            <td>字符串连接</td>
            <td>{$str|cat:"丫头，我爱你！"}</td>
        </tr>
        <tr>
            <td>段落数</td>
            <td>{$str|count_paragraphs}</td>
        </tr>
        <tr>
            <td>句子数</td>
            <td>{$str|count_sentences}</td>
        </tr>
        <tr>
            <td>格式化时间</td>
            <td>{$smarty.now|date_format:"%Y-%m-%d  %H:%M:%S"}</td>
        </tr>
        <tr>
            <td>默认值</td>
            <td>{$no_str|default:"我等你，好吗？"}</td>
        </tr>
        <tr>
            <td>URL 转码</td>
            <td>{$str|escape:"url"}</td>
        </tr>
        <tr>
            <td>缩进</td>
            <td>{$str|indent:4:" "}</td>
        </tr>
        <tr>
            <td>字母小写</td>
            <td>{$str|lower}</td>
```

```
        </tr>
        <tr>
            <td>字母大写</td>
            <td>{$str|upper}</td>
        </tr>
        <tr>
            <td>换行符转&lt;br&gt;</td>
            <td>{$str|nl2br}</td>
        </tr>
        <tr>
            <td>正则替换</td>
            <td>{$str|regex_replace:"/[\r\t\n]/":"***"}</td>
        </tr>
        <tr>
            <td>普通替换</td>
            <td>{$str|replace:" ":"+++"}</td>
        </tr>
        <tr>
            <td>插入字符</td>
            <td>{$str|spacify:"@"}</td>
        </tr>
        <tr>
            <td>格式化字符串</td>
            <td>{$num|string_format:"%.4f"}</td>
        </tr>
        <tr>
            <td>去除多余字符</td>
            <td>{$str|strip}</td>
        </tr>
        <tr>
            <td>去除 HTML 标签</td>
            <td>{$str_html|strip_tags}</td>
        </tr>
        <tr>
            <td>截取子串</td>
            <td>{$str|truncate:5}</td>
        </tr>
        <tr>
            <td>指定段落宽度</td>
            <td>{$str|wordwrap:6}</td>
        </tr>
    </table>
</body>
</html>
```

运行结果如图 16.8 所示。

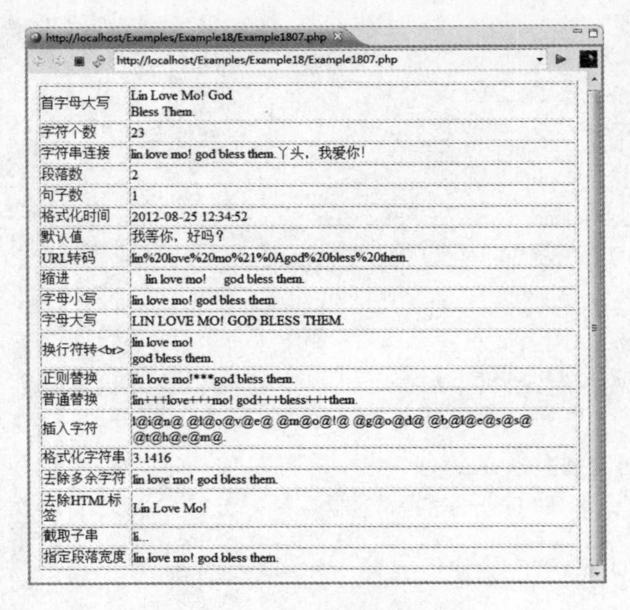

首字母大写	Lin Love Mo! God Bless Them.
字符个数	23
字符串连接	lin love mo! god bless them.丫头，我爱你!
段落数	2
句子数	1
格式化时间	2012-08-25 12:34:52
默认值	我等你，好吗？
URL转码	lin%20love%20mo%21%0Agod%20bless%20them.
缩进	lin love mo! god bless them.
字母小写	lin love mo! god bless them.
字母大写	LIN LOVE MO! GOD BLESS THEM.
换行符转 	lin love mo! god bless them.
正则替换	lin love mo!***god bless them.
普通替换	lin+++love+++mo! god+++bless+++them.
插入字符	l@i@n@ @l@o@v@e@ @m@o@!@ @g@o@d@ @b@l@e@s@s@ @t@h@e@m@.
格式化字符串	3.1416
去除多余字符	lin love mo! god bless them.
去除HTML标签	Lin Love Mo!
截取子串	li...
指定段落宽度	lin love mo! god bless them.

图 16.8　运行结果

通过 "|" 可以连接多个修饰符，形成一个组合修饰符。

例如：

PHP 文件

```
<?php
    //包含 Smarty 文件
    require './MySmarty.class.php';
    //实例化 Smarty 类
    $smarty = new MySmarty();

    $str1 = "lin love mo!";
    $str2 = 'lin love mo!\ngod bless them.';
    $str3 = 'Lin <font color="red">Love</font> Mo!\tGod bless them.';
    //给 Smarty 模板中的变量赋值
    $smarty->assign('str',$str1);
    $smarty->assign('str2',$str2);
    $smarty->assign('str3',$str3);
    //调用并显示模板
    $smarty->display('Example1808.html');
?>
```

模板文件

```
<html>
<head>
<meta http-equiv="Content-Type" content="text/html; charset=UTF-8">
</head>
<body>
    <table border="1">
        <tr>
```

```
            <td>{$str1|capitalize|cat:"丫头，我爱你！"}</td>
        </tr>
        <tr>
            <td>{$str2|upper|nl2br|indent:4:" "}</td>
        </tr>
        <tr>
            <td>{$str3|strip_tags|strip|spacify:"@"}</td>
        </tr>
    </table>
</body>
</html>
```

运行结果如图 16.9 所示。

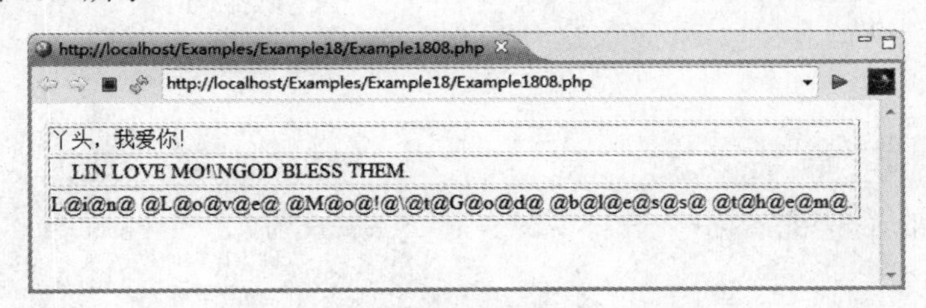

图 16.9　运行结果

16.3.5　流程控制函数

除了保留变量，Smarty 还自带了一些内置函数帮助我们更方便地实行功能。Smarty 中的函数不同于编程语言中的函数，它的概念比较宽泛。比如在 Smarty 中，流程控制也是通过函数来实现的。可以将 Smarty 中的函数理解为带输入参数的特殊标记符。当然，与变量一样，所有的 Smarty 函数都必须包含在定界符中。

本节介绍 Smarty 中的流程控制函数。

（1）条件控制函数

与 PHP 一样，Smarty 也有自己的 if 语句。可以使用 else 和 elseif，但 if 必须与结束标记 /if 成对出现。

if 语句的语法格式如下：

```
{if 条件表达式 1}
    语句 1
{elseif 条件表达式 2}
    语句 2
{else}
    语句 3
{/if}
```

这里的条件表达式，除了可以使用 PHP 中的 ==、!=、>、<、<=、>= 等运算符外，还可以使用 eq、ne、neq、gt、lt、lte、le、gte、ge、is even、is odd、is not even、is not odd、not、mod、div by、even by、odd by 等条件修饰词。这些修饰词都是英文单词的简写，读者不难理解它们的含义。比如，eq 是 equal 的简写，与 == 等价。neq 是 not equal 的简写，与 != 等价。

例如：

PHP 文件

```
<?php
    //包含 Smarty 文件
    require './MySmarty.class.php';
    //实例化 Smarty 类
    $smarty = new MySmarty();
    //今天是星期中的第几天
    $week = date('w');
    //给 Smarty 模板中的变量赋值
    $smarty->assign('week',$week);
    //调用并显示模板
    $smarty->display('Example1809.html');
?>
```

模板文件

```
<html>
<head>
<meta http-equiv="Content-Type" content="text/html; charset=UTF-8">
</head>
<body>
    {if $week == 1}
        亲，今天是礼拜一，晚上可以看李艾、彭宇主持的《幸福晚点名》哦!
    {elseif $week == 2}
        亲，今天是礼拜二，晚上可以看周立波的《壹周立波秀》哦!
    {elseif $week == 3}
        亲，今天是礼拜三，晚上可以看何炅主持的《我们约会吧》哦!
    {elseif $week == 4}
        亲，今天是礼拜四，晚上有《鲁豫有约》，千万不要错过哦!
    {elseif $week == 5}
        亲，今天是礼拜五，晚上可以看朱丹、华少主持的《我爱记歌词》哦!
    {elseif $week == 6}
        亲，今天是礼拜六，晚上可以去《快乐大本营》happy 哦! "
    {else}
        亲，今天是礼拜天，白天睡懒觉，晚上别忘了江苏卫视的《非诚勿扰》哦!
    {/if}
</body>
</html>
```

运行后的结果如图 16.10 所示。

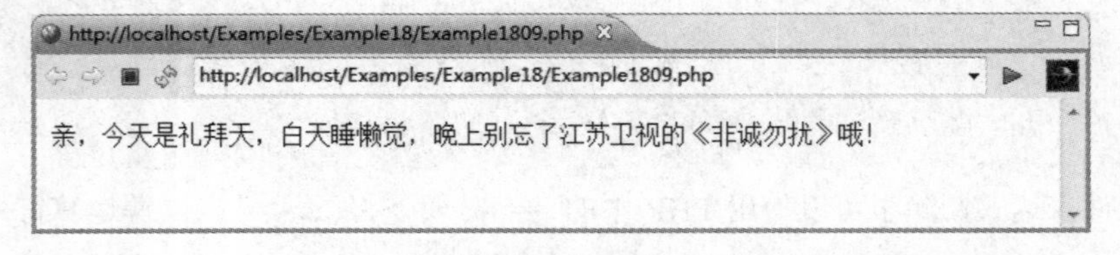

图 16.10 运行结果

（2）循环控制函数

在 Smarty 中有两种循环控制函数，一种是 foreach 函数，另一种是 section 函数。foreach 函数比 section 函数简单许多，但功能较弱，只能处理简单数组。

foreach 函数遍历枚举数组（数字索引数组）时的语法格式如下：

```
{foreach from=数组名 item=数组元素名}
    语句
{/foreach}
```

例如：

PHP 文件

```
<?php
    //包含 Smarty 文件
    require './MySmarty.class.php';
    //实例化 Smarty 类
    $smarty = new MySmarty();

    $girl = array("沫沫",19,"看书睡觉");
    //给 Smarty 模板中的变量赋值
    $smarty->assign('girl',$girl);
    //调用并显示模板
    $smarty->display('Example1810.html');
?>
```

模板文件

```
<html>
<head>
<meta http-equiv="Content-Type" content="text/html; charset=UTF-8">
</head>
<body>
    <table border="1">
    {foreach from=$girl item=info}
    <tr>
        <td>{$info}</td>
    </tr>
    {/foreach}
    </table>
</body>
</html>
```

运行后的结果如图 16.11 所示。

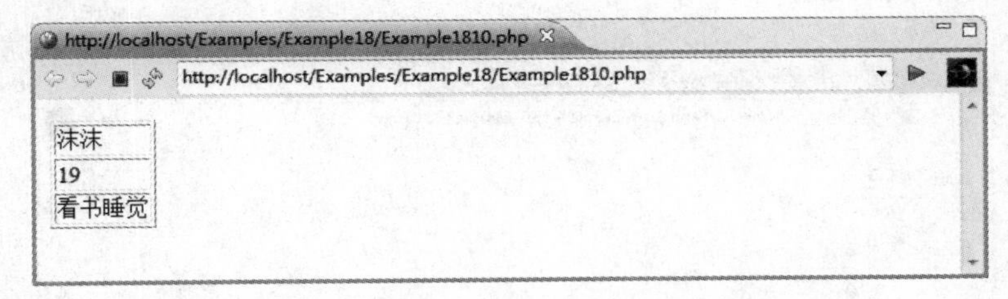

图 16.11　运行结果

foreach 函数遍历关联数组（字符串索引数组）时的语法格式如下：

```
{foreach from=数组名 key=键名 item=键值}
    语句
{/foreach}
```

例如：

PHP 文件

```
<?php
    //包含 Smarty 文件
    require './MySmarty.class.php';
    //实例化 Smarty 类
    $smarty = new MySmarty();

    $girl = array(
        "name" => "沫沫",
        "age" => 19,
        "hobby" => "看书睡觉"
        );
    //给 Smarty 模板中的变量赋值
    $smarty->assign('girl',$girl);
    //调用并显示模板
    $smarty->display('Example1811.html');
?>
```

模板文件

```
<html>
<head>
<meta http-equiv="Content-Type" content="text/html; charset=UTF-8">
</head>
<body>
    <table border="1">
    {foreach from=$girl key=key item=info}
    <tr>
        <td>{$key}</td>
        <td>{$info}</td>
    </tr>
    {/foreach}
    </table>
</body>
</html>
```

运行后的结果如图 16.12 所示。

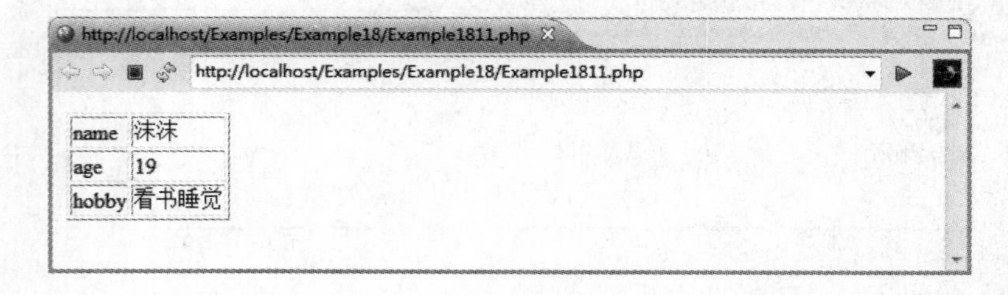

图 16.12　运行结果

foreach 函数也允许嵌套来遍历多维数组。

例如：

PHP 文件

```
<?php
    //包含 Smarty 文件
    require './MySmarty.class.php';
    //实例化 Smarty 类
    $smarty = new MySmarty();

    $programs = array(
        array(
            "weekday" => "星期一",
            "program" => "幸福晚点名"
        ),
        array(
            "weekday" => "星期二",
            "program" => "壹周立波秀"
        ),
        array(
            "weekday" => "星期三",
            "program" => "我们约会吧"
        ),
        array(
            "weekday" => "星期四",
            "program" => "鲁豫有约"
        ),
        array(
            "weekday" => "星期五",
            "program" => "我爱记歌词"
        ),
        array(
            "weekday" => "星期六",
            "program" => "快乐大本营"
        ),
        array(
            "weekday" => "星期日",
            "program" => "非诚勿扰"
        )
    );
    //给 Smarty 模板中的变量赋值
    $smarty->assign('programs',$programs);
    //调用并显示模板
    $smarty->display('Example1812.html');
?>
```

模板文件

```
<html>
<head>
<meta http-equiv="Content-Type" content="text/html; charset=UTF-8">
</head>
<body>
    <table border="1">
```

```
        {foreach from=$programs item=program}
            <tr>
            {foreach from=$program item=program_info}
                <td>{$program_info}</td>
            {/foreach}
            <tr>
        {/foreach}
        </table>
    </body>
</html>
```

运行后的结果如图 16.13 所示。

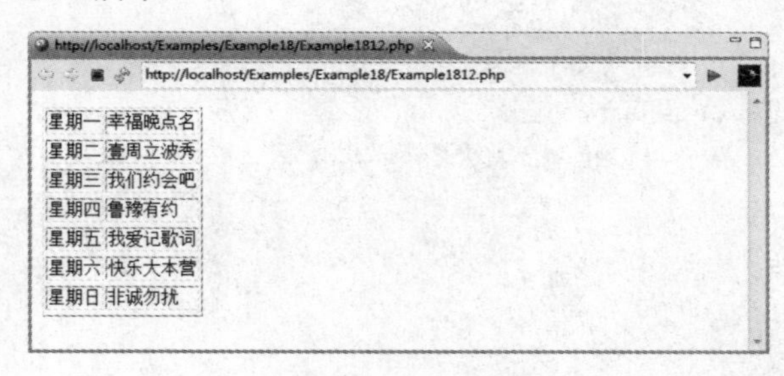

图 16.13　运行结果

对于上面这样的多维数组，使用 section 函数遍历更为简单。section 函数遍历枚举数组时的语法格式如下：

```
{section name=循环名 loop=数组名 from=数组名 start=起始位置 step=步长}
    语句
{/section}
```

例如：

PHP 文件

```
<?php
    //包含 Smarty 文件
    require './MySmarty.class.php';
    //实例化 Smarty 类
    $smarty = new MySmarty();

    $programs = array(
        array(
            "weekday" => "星期一",
            "program" => "幸福晚点名"
        ),
        array(
            "weekday" => "星期二",
            "program" => "壹周立波秀"
        ),
        array(
            "weekday" => "星期三",
            "program" => "我们约会吧"
        ),
```

```
            array(
                "weekday" => "星期四",
                "program" => "鲁豫有约"
            ),
            array(
                "weekday" => "星期五",
                "program" => "我爱记歌词"
            ),
            array(
                "weekday" => "星期六",
                "program" => "快乐大本营"
            ),
            array(
                "weekday" => "星期日",
                "program" => "非诚勿扰"
            )
        );
        //给 Smarty 模板中的变量赋值
        $smarty->assign('programs',$programs);
        //调用并显示模板
        $smarty->display('Example1813.html');
?>
```

模板文件

```
<html>
<head>
<meta http-equiv="Content-Type" content="text/html; charset=UTF-8">
</head>
<body>
    <table border="1">
    {section name=i loop=$programs start=0 step=2}
    <tr>
        <td>{$programs[i].weekday}</td>
        <td>{$programs[i].program}</td>
    </tr>
    {/section}
    </table>
</body>
</html>
```

运行后的结果如图 16.14 所示。

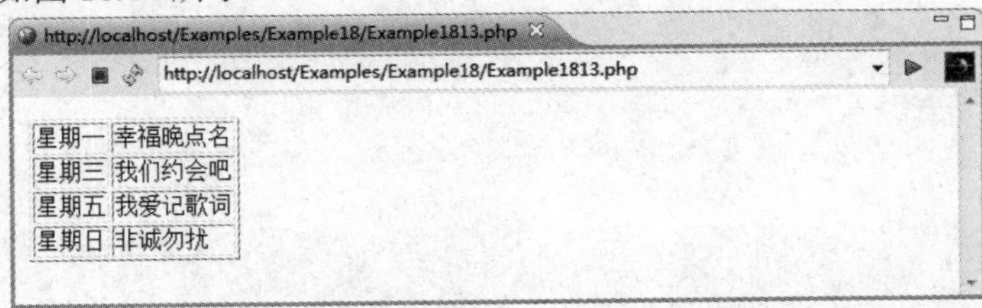

图 16.14　运行结果

section 函数也可以嵌套使用。

例如：

PHP 文件

```
<?php
    //包含 Smarty 文件
    require './MySmarty.class.php';
    //实例化 Smarty 类
    $smarty = new MySmarty();

    $programs = array(
        array(
            "weekday" => "星期一",
            "program" => array("幸福晚点名","李艾,彭宇")
        ),
        array(
            "weekday" => "星期二",
            "program" => array("壹周立波秀","周立波")
        ),
        array(
            "weekday" => "星期三",
            "program" => array("我们约会吧","邱启明")
        ),
        array(
            "weekday" => "星期四",
            "program" => array("鲁豫有约","陈鲁豫")
        ),
        array(
            "weekday" => "星期五",
            "program" => array("我爱记歌词","华少,伊一")
        ),
        array(
            "weekday" => "星期六",
            "program" => array("快乐大本营","何炅,谢娜")
        ),
        array(
            "weekday" => "星期日",
            "program" => array("非诚勿扰","孟非")
        )
    );
    //给 Smarty 模板中的变量赋值
    $smarty->assign('programs',$programs);
    //调用并显示模板
    $smarty->display('Example1814.html');
?>
```

模板文件

```
<html>
<head>
<meta http-equiv="Content-Type" content="text/html; charset=UTF-8">
</head>
<body>
```

```
    <table border="1">
    {section name=i loop=$programs start=0 step=2}
    <tr>
        <td>{$programs[i].weekday}</td>
        {section name=j loop=$programs[i].program}
            <td>{$programs[i].program[j]}</td>
        {/section}
    </tr>
    {/section}
    </table>
</body>
</html>
```

运行后的结果如图 16.15 所示。

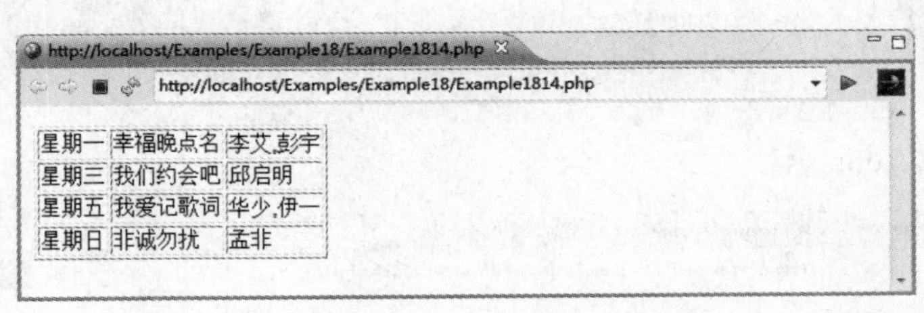

图 16.15　运行结果

16.3.6　文件包含函数

Smarty 中也有类似 PHP 的 include()、require() 这样的文件包含函数。Smarty 中的文件包含函数有两种，一种是 include，用于包含模板文件，另一种是 include_php，用于包含 PHP 文件。另外还有一个 insert 函数，类似 include，区别在于 insert 函数包含的文件不会被缓存，也就是说每次调用模板都会执行该函数。

（1）include 函数

indude 函数用于包含模板文件，需在 file 属性中指定要包含模板的位置，还可以向被包含模板传递参数。

语法格式如下：

```
{include file="模板路径" 参数名=参数值 ...}
```

例如：

PHP 文件

```
<?php
    //包含 Smarty 文件
    require './MySmarty.class.php';
    //实例化 Smarty 类
    $smarty = new MySmarty();
    //调用并显示模板
    $smarty->display('Example1815.html');
?>
```

被包含的模板文件

```
<div id="nav">
```

```
    <ul>
        <li>首页</li>
        <li>{$menu1}</li>
        <li>{$menu2}</li>
        <li>{$menu3}</li>
    </ul>
</div>
```

模板文件

```
<html>
<head>
<meta http-equiv="Content-Type" content="text/html; charset=UTF-8">
</head>
<body>
    {include file="head.html" menu1="菜单 1" menu2="菜单 2" menu3="菜单 3"}
</body>
</html>
```

运行结果如图 16.16 所示

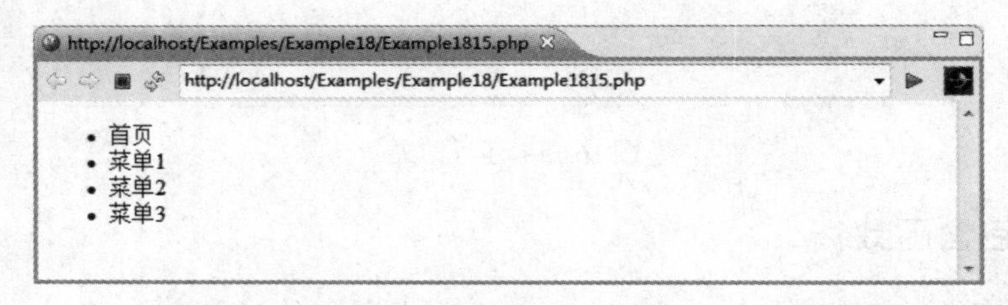

图 16.16　运行结果

（2）include_php 函数

include-php 函数用于包含 PHP 文件，需在 file 属性中指定要包含模板的位置。默认只被包含一次，可以通过 once 属性值设定是否允许重复包含。在待包含的 php 文件中可以通过 $this 访问 Smarty 对象。

语法格式如下：

```
{include_php file="模板路径" 属性名=属性值 ...}
```

例如：

PHP 文件

```
<?php
    //包含 Smarty 文件
    require './MySmarty.class.php';
    //实例化 Smarty 类
    $smarty = new MySmarty();
    //调用并显示模板
    $smarty->display('Example1816.html');
?>
```

待包含的 PHP 文件

```
<?php
    $this->assign("menu1","沫沫");
```

```
    $this->assign("menu2","丫头");
    $this->assign("menu3","小沫猪");
?>
```

模板文件

```
{include_php file="head.php"}
<html>
<head>
<meta http-equiv="Content-Type" content="text/html; charset=UTF-8">
</head>
<body>
    <div id="nav">
        <ul>
            <li>首页</li>
            <li>{$menu1}</li>
            <li>{$menu2}</li>
            <li>{$menu3}</li>
        </ul>
    </div>
</body>
</html>
```

运行结果如图 16.17 所示

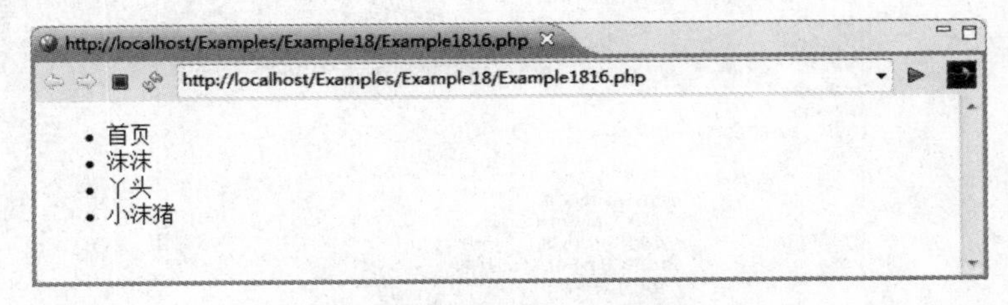

图 16.17　运行结果

16.3.7　文本处理函数

Smarty 中的文本处理函数主要包括 ldelim、rdelim、literal。ldelim 和 rdelim 分别用于输出左定界符和右定界符。而 literal 则用于将该函数区域内的所有字符当作文本处理，这在输出 JavaScript、PHP 等脚本语言的代码时特别有用。

例如：

PHP 文件

```
<?php
    //包含 Smarty 文件
    require './MySmarty.class.php';
    //实例化 Smarty 类
    $smarty = new MySmarty();
    //调用并显示模板
    $smarty->display('Example1816.html');
?>
```

模板文件

```
<html>
<head>
<meta http-equiv="Content-Type" content="text/html; charset=UTF-8">
</head>
<body>
    {ldelim}PHP 文件{rdelim}<br><p>
    {literal}
    <?php
        //包含 Smarty 文件
        require './MySmarty.class.php';
        //实例化 Smarty 类
        $smarty = new MySmarty();
        //调用并显示模板
        $smarty->display('Example1817.html');
    ?>
    {/literal}
</body>
</html>
```

由于 HTML 文档中含有“<”和“>”这些需要转义的字符，所以无法正常显示，但我们可以查看 HTML 的源文件，如图 16.18 所示。

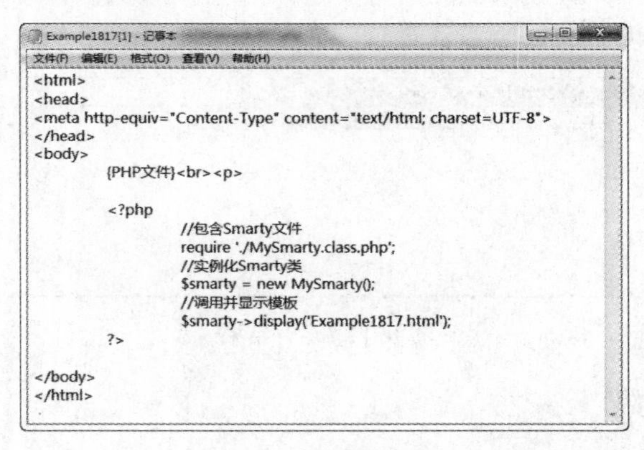

图 16.18　运行结果

16.3.8　配置文件

Smarty 的配置文件常常被网页设计者们用来存放全局变量，这样一旦全局变量改变，他们就不用逐个去修改每个模板文件。

Smarty 配置文件的命名没有特殊要求，通常我们习惯使用扩展名为.conf 的名称来命名。配置文件的语法也很简单，就是“变量名=变量值”的形式，还可以通过“#”号添加注释。

例如：

```
#一个女孩
name = "丫头"
age = 19
hobby = "看书睡觉"
```

通过内置函数 config_load 可以在模板中加载配置文件。要在模板文件中调用配置文件中的变量也有两种方式，一种是用两个“#”来区分普通变量和配置变量，另一种是使用 Smarty 的保留变量 $smarty.config 来调用。

例如，对于上面这个配置文件，我们可以这样调用：

```
{config_load file="girl.conf"}
<html>
<head>
<meta http-equiv="Content-Type" content="text/html; charset=UTF-8">
</head>
<body>
    <table border="1">
        <tr>
            <td>姓名</td>
            <td>{#name#}</td>
        </tr>
        <tr>
            <td>年龄</td>
            <td>{#age#}岁</td>
        </tr>
        <tr>
            <td>兴趣爱好</td>
            <td>{#hobby#}</td>
        </tr>
    </table>
</body>
</html>
```

也可以这样调用：

```
{config_load file="girl.conf"}
<html>
<head>
<meta http-equiv="Content-Type" content="text/html; charset=UTF-8">
</head>
<body>
    <table border="1">
        <tr>
            <td>姓名</td>
            <td>{$smarty.config.name}</td>
        </tr>
        <tr>
            <td>年龄</td>
            <td>{$smarty.config.age}岁</td>
        </tr>
        <tr>
            <td>兴趣爱好</td>
            <td>{$smarty.config.hobby}</td>
        </tr>
    </table>
</body>
</html>
```

二者的运行结果一样，如图 16.19 所示。

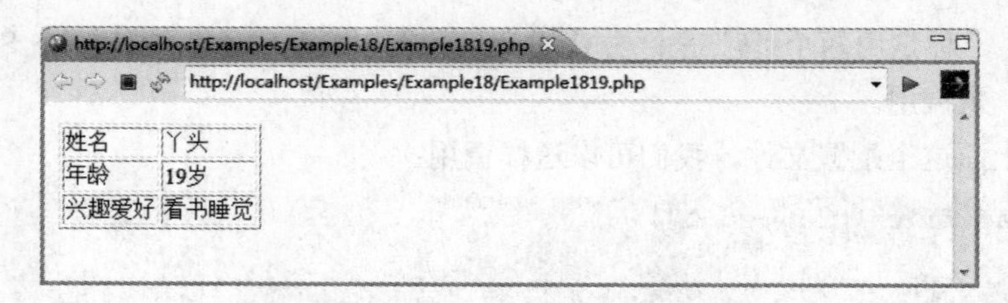

图 16.19　运行结果

配置文件中可以分段，用"["、"]"添加段名。在通过 config_load 函数加载配置文件时需要指定段名。

例如：

配置文件

```
#一个女孩
[Mo]
name = "丫头"
age = 19
hobby = "看书睡觉"
#一个男孩
[Lin]
name = "猴哥"
age = 22
hobby = "编程睡觉"
```

模板文件

```
{config_load file="girl_boy.conf" section="Lin"}
<html>
<head>
<meta http-equiv="Content-Type" content="text/html; charset=UTF-8">
</head>
<body>
    <table border="1">
        <tr>
            <td>姓名</td>
            <td>{#name#}</td>
        </tr>
        <tr>
            <td>年龄</td>
            <td>{#age#}岁</td>
        </tr>
        <tr>
            <td>兴趣爱好</td>
            <td>{#hobby#}</td>
        </tr>
    </table>
</body>
</html>
```

运行结果如图 16.20 所示。

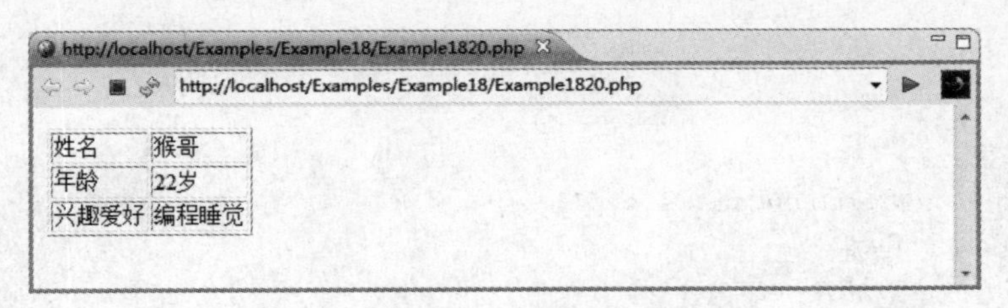

图 16.20　运行结果

16.4　Smarty 缓存

Smarty 使用了一种缓存技术，它可以将最终呈现给用户的网页页面缓存成一个静态的 HTML 文件这样，当用户下一次请求该页面时就会直接调用该缓存文件，而不必调用模板。通过缓存机制，Smarty 可以加快页面的显示速度。

16.4.1　启用和禁止缓存

使用缓存虽然可以加快页面的显示速度，但这一技术并不是到处都适用。有些页面，如股票信息显示，需要实时刷新，这时使用缓存就不合适了。

在 Smarty 对象中，有一个属性 $caching 可以控制是否启用缓存。将其设为 true，则启用缓存，设为 false 则禁止缓存。

例如：

```
<?php
    //包含 Smarty 文件
    require './MySmarty.class.php';
    //实例化 Smarty 类
    $smarty = new MySmarty();
    //启用缓存
    $smarty->caching = true;
    //调用并显示模板
    $smarty->display('Example1821.html');
?>
```

运行这段代码后，将会在 cache 目录下生成一个图 16.21 所示的文件。以后再次运行这段代码时，将会直接调用 cache 目录下对应的缓存文件。

图 16.21　运行结果

16.4.2　设置缓存的有效期

启用缓存后，缓存的默认有效期是 3 600 秒，即 1 个小时该缓存就会失效，届时将会重新执行模板，并生成新的缓存文件。Smarty 对象中的 $cache_lifetime 属性可以设置缓存的有效期，单位是秒。

例如：

```
<?php
    //包含Smarty文件
    require './MySmarty.class.php';
    //实例化Smarty类
    $smarty = new MySmarty();
    //启用缓存
    $smarty->caching = true;
    //设置缓存有效期为30分钟
    $smarty->cache_lifetime = 1800;
    //调用并显示模板
    $smarty->display('Example1820.html');
    //调用并显示模板
    $smarty->display('Example1821.html');
?>
```

这样设置后，两个模板文件的有效期均为 1 800 秒。

当然，我们也可以通过设置 Smarty 的属性$caching=2 来分别控制每个模板的缓存时间。例如：

```
<?php
    //包含Smarty文件
    require './MySmarty.class.php';
    //实例化Smarty类
    $smarty = new MySmarty();
    //启用缓存
    $smarty->caching = true;

    /* 设置Example1820.html的缓存时间*/
    $smarty->caching = 2;
    //设置缓存有效期为15分钟
    $smarty->cache_lifetime = 900;
    //调用并显示模板
    $smarty->display('Example1820.html');

    /* 设置Example1821.html的缓存时间*/
    $smarty->caching = 2;
    //设置缓存有效期为30分钟
    $smarty->cache_lifetime = 1800;
    //调用并显示模板
    $smarty->display('Example1821.html');
?>
```

16.4.3 清除缓存

如何在缓存有效期之前删除缓存呢？这要通过 Smarty 对象的 clear_all_cache() 和 clear_cache() 方法来实现。从方法的名称即可看出，前者是删除所有的模板缓存，后者是删除指定的模板缓存。

（1）clear_all_cache()

```
void clear_all_cache ([int expire_time])
```

其中，expire_time 是可选参数，单位为秒。指定该参数后，超过这个时间的缓存都将被清除掉。

例如：

```
<?php
    //包含 Smarty 文件
    require './MySmarty.class.php';
    //实例化 Smarty 类
    $smarty = new MySmarty();
    //启用缓存
    $smarty->caching = true;
    //清除所有超过两个小时的缓存
    $expire_time = 7200;
    $smarty->clear_all_cache($expire_time);
?>
```

（2）clear_cache()

```
void clear_cache (string template [, string cache_id [, string compile_id [, int expire_time]]])
```

其中， template 用来指定要删除的缓存模板。cache_id 和 compile_id 是可选参数，分别用来设置缓存号和编译号。expire_time 也是可选参数，用来设置缓存时间，超过这个时间的缓存都将被清除。

例如：

```
<?php
    //包含 Smarty 文件
    require './MySmarty.class.php';
    //实例化 Smarty 类
    $smarty = new MySmarty();
    //启用缓存
    $smarty->caching = true;
    //清除 Example1820.html 的缓存
    $template = 'Example1820.html';
    $smarty->clear_cache($template);
?>
```

16.5 本章小结

本章主要介绍了 Smarty 模板的使用。首先，介绍了什么是模板引擎以及 Smarty 模板的特点。接着，又介绍了如何安装和配置 Smarty，并给出了一个简单的 Smarty 程序。然后，详细介绍了 Smarty 的基本语法知识。最后，介绍了 Smarty 缓存的启用、禁止、设置有效期以及清除方法。

第 17 章 PHP 开发框架基础

PHP 以其简单易用的特点成为世界上最流行的脚本语言，不过在写 PHP 代码时，人们也常常陷入单调重复的窘境。于是 PHP 开发框架诞生了，它大大减少了开发者重复编写代码的劳动，使得开发者能够把精力放在实际开发程序上。目前，国外流行的 PHP 开发框架主要有 Zend Framework、CakePHP、Symfony、Codelgniter、Seagull。而在国内，在互联网热潮的推动下，也涌现出许多国产的PHP开发框架。本章将给读者介绍一款国产的优秀PHP开发框架——ThinkPHP。

17.1 PHP 开发框架简介

在 PHP 大行其道的今天，也是 PHP 开发框架大展拳脚的时候。本章将介绍什么是 PHP 开发框架以及一些常见的流行的 PHP 开发框架。

17.1.1 什么是开发框架

框架，即 Framework，其实就是某种应用的半成品，或者说是一系列组件，供我们选用它来完成我们自己的应用。换句话说，使用框架开发程序，就好比使用别人已经搭好的舞台来表演，我们无须费心搭建舞台这样烦琐又底层的事情，这样我们就可以在如何更好地表演上尽心尽力。例如，微软的.NET Framework ，我们使用它来开发 Windows 应用程序效率就会高很多。

PHP 开发框架也是如此。PHP 开发框架封装了底层的操作，把 Web 程序开发摆到了流水线上。换句话说，PHP 开发框架有助于促进快速软件开发（RAD）。使用 PHP 框架既节约了开发者的时间，也有助于开发者创建更为稳定的程序，并减少开发者重复编写代码的劳动。PHP 开发框架使得开发者可以花更多的时间去创造真正的 Web 程序，而不是编写重复性的代码。

PHP 开发框架多采用“模型—视图—控制器”（MVC）架构模式。MVC 架构最早存在于桌面应用程序中，M 是指数据模型，V 是指用户界面，C 则是指控制器。使用 MVC 的目的是将 M 和 V 的实现代码分离，即隔离了业务逻辑与用户界面，不管哪一方改变都不会影响另一方。在 MVC 架构中，模型（Model）负责数据，视图（View）负责表现，控制器（Controller）负责业务逻辑。从本质上说，MVC 拆分了一个程序的开发过程，这样你就可以修改独立的每一部分，而其他部分不受影响，这使得编写 PHP 代码更为快捷简单。

17.1.2　常见的 PHP 开发框架

随着 PHP 不断被更多开发者使用，越来越多的 PHP 开发框架如雨后春笋般涌现。这里列举并简要介绍一些流行的 PHP 开发框架。

（1）Zend Framework

Zend Framework 是一款高品质的 PHP 开源框架，它由 Zend 公司支持开发，Google、Microsoft 等公司以及开源社区的许多成员都为其做出了贡献，可以说是 PHP 大家之作。Zend Framework 完全基于 PHP5 编写，并采用了 MVC 架构模式，以及提供良好的 AJAX 支持。同时，在 Zend Framework 中还有丰富的组件可以使用，如用于表单验证的 Zend_Form 组件、用于用户认证的 Zend_Auth 组件、用于数据库操作的 Zend_Db 组件等。

（2）CakePHP

CakePHP 是一个免费开源的 PHP 框架。CakePHP 持有灵活的 MIT 开源许可证，又拥有友好活跃的开源社区的支持，使得其快速发展，并成为 PHP 开发框架的佼佼者。CakePHP 的设计者最初从 Ruby On Rails 框架中得到灵感，也采用了 MVC 架构模式，同时还兼容 PHP4 和 PHP5。在数据库方面，CakePHP 运用了 CRUD（CREATE, READ, UPDATE, DELETE）模式。除此之外，CakePHP 还具有代码生成器，可以自动产生代码。

（3）CodeIgniter

CodeIgniter 是由 Ellislab 公司的 CEO RickEllis 开发的，他的灵感也来自于 Ruby On Rails 框架。CodeIgniter 以小巧但功能强大著称。CodeIgniter 也采用了 MVC 架构模式，拥有对多种数据库平台全特性支持的数据库类，还有支持附件发送的邮件发送类。此外，CodeIgniter 还支持表单与数据验证、Session 管理、 本地化、数据加密、文件上传等。

17.2　ThinkPHP 开发框架基础

ThinkPHP 作为一款国产的优秀 PHP 开发框架，已经获得了越来越多的认可。

17.2.1　ThinkPHP 概述

ThinkPHP 是一款轻量级的国产 PHP 开发框架，诞生于 2006 年年初，原名 FCS，2007 年元旦正式更名为 ThinkPHP。ThinkPHP 遵循 Apache2 开源协议发布，从 Struts 架构中获得灵感，同时也借鉴了国外很多优秀的框架和模式，使用面向对象的开发结构和 MVC 模式，融合了 Struts 的思想和 TagLib（标签库）、RoR 的 ORM 映射和 ActiveRecord 模式，封装了 CURD 和一些常用操作，单一入口模式等，在模板引擎、缓存机制、认证机制和扩展性方面均有独特的表现，也已经越来越多地受到国内 PHP 开发人员的认可。

ThinkPHP 的官方开发手册推荐了如下一些特性。

- 类库导入：采用基于类库包和命名空间的方式导入类库，让类库导入看起来更加简单清晰，而且还支持冲突检测和别名导入。
- URL 模式：支持普通模式、PATHINFO 模式、REWRITE 模式和兼容模式的 URL 方式，支持不同的服务器和运行模式的部署。

- 编译机制：独创核心编译和项目的动态编译机制。
- ORM：简洁轻巧的 ORM 实现，支持 CURD 以及 AR 模式。
- 查询语言：内建丰富的查询机制，包括组合查询、复合查询、区间查询、统计查询、定位查询、动态查询和原生查询。
- 动态模型：无须创建任何对应的模型类，即可完成 CURD 操作，支持多种模型之间的动态切换。
- 高级模型：支持序列化字段、文本字段、只读字段、延迟写入、乐观锁、数据分表等高级特性。
- 视图模型：允许动态地创建数据库视图，简化多表查询。
- 关联模型：简化多表的关联操作。
- 分组模块：适用于大型项目的分工协调和部署。
- 模板引擎：内建基于 XML 的编译型模板引擎，支持两种类型的模板标签，融合了 Smarty 和 JSP 标签库的思想，支持标签库扩展。通过驱动还可以支持 Smarty、EaseTemplate、TemplateLite、Smart 等第三方模板引擎。
- AJAX 支持：内置 AJAX 数据返回方法，支持 JSON、XML 和 EVAL 格式返回客户端，并且系统不绑定任何 AJAX 类库，可随意使用自己熟悉的 AJAX 类库进行操作。
- 多语言支持：系统支持语言包功能，可以自动检测浏览器语言自动载入对应的语言包。
- 模式扩展：除了标准模式外，系统内置了 Lite、Thin 和 Cli 模式，针对不同级别的应用开发提供最佳核心框架，还可以自定义模式扩展。
- 自动验证和完成：自动完成表单数据的验证和过滤，生成安全的数据对象。
- 字段类型检测：字段类型强制转换，确保数据写入和查询更安全。
- 数据库特性：系统支持多数据库连接和动态切换机制，支持分布式数据库。
- 缓存机制：系统支持包括文件方式、APC、Db、Memcache、Shmop、Eaccelerator 和 Xcache 在内的多种动态数据缓存类型，以及可定制的静态缓存规则，并提供了快捷方法进行存取操作。
- 扩展机制：系统支持包括类库扩展、驱动扩展、应用扩展、模型扩展、控制器扩展、标签库扩展、模板引擎扩展、Widget 扩展、行为扩展和模式扩展在内的强大灵活的扩展机制。

17.2.2 ThinkPHP 安装与配置

首先我们要去 ThinkPHP 的官网 http:/http://thinkphp.cn/down-frame.html 下载 包含 ThinkPHP 文件的压缩包。ThinkPHP 的最新版本是 ThinkPHP 3.0。本书使用的是 ThinkPHP 2.2，该版本的 ThinkPHP 对 PHP 版本的要求是 PHP 5.0 以上，但官方推荐使用 PHP 5.2.0 以上版本。

将压缩包解压，找到根目录下的 ThinkPHP 子目录，这里面包含了 ThinkPHP 的所有核心文件。包括 ThinkPHP.php 以及 Common 、Lang、Lib、Mode、Tpl、Vendor 六个文件夹。其中，ThinkPHP.php 是框架的公共入口文件。Common 目录中包含了框架的一些公共文件、系统定义、系统函数和惯例配置等。Lang 目录中包含了系统语言文件。Lib 目录是系统基类库目录。Mode 目录是框架模式扩展目录。Tpl 目录是系统模板目录。Vendor 目录是第三方类库目录。

将 ThinkPHP 目录复制到我们的网站目录下。注意，以后就不要乱动这个目录下的文件，除非是升级 ThinkPHP。

在网站目录下新建一个 index.php 文件，输入如下内容：

```
<?php
    // 加载框架入口文件
    require("./ThinkPHP/ThinkPHP.php");
    //实例化一个网站应用实例
    App::run();
?>
```

执行该 PHP 文件，如果出现图 17.1 所示的页面，说明 ThinkPHP 已经安装成功。

此时，网站目录下会出现 ThinkPHP 自动生成的几个目录 Common、Conf 、Lang、Lib、Runtime、Tpl，如图 17.2 所示。

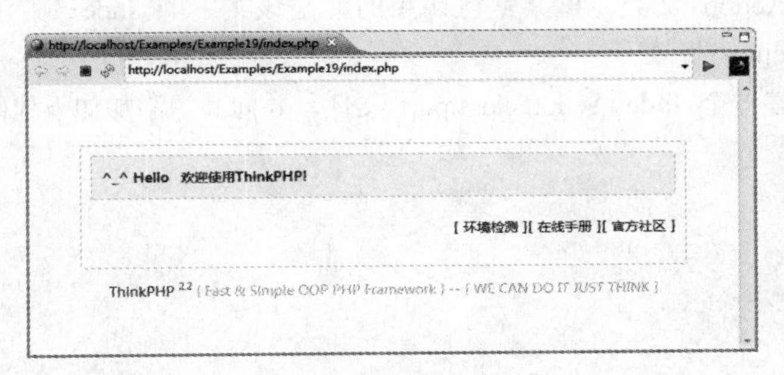

图 17.1　安装成功

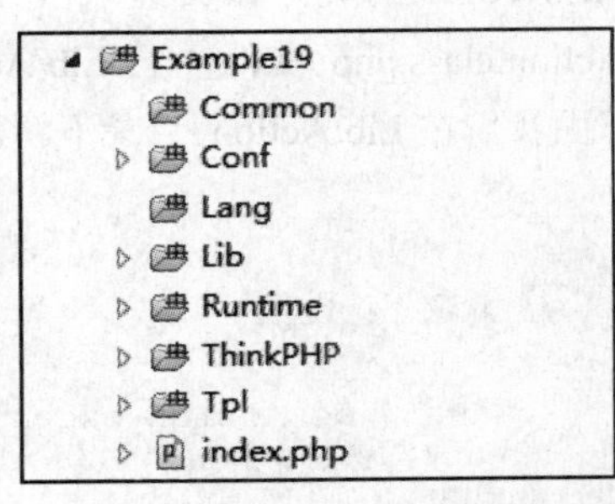

图 17.2　ThinkPHP 目录

Common 是项目公共文件目录，一般用来放置项目的公共函数。Conf 是项目配置目录，所有的配置文件都放在这里。Lang 是项目的语言包目录。Lib 是项目类库目录，通常包括 Action 和 Model 子目录。Tpl 是项目模板目录，支持模板主题。Runtime 是项目运行时目录，包括 Cache（模板缓存）、Temp（数据缓存）、Data（数据目录）和 Logs（日志文件）子目录。

在 Conf 目录下有一个 config.php 文件，这是 ThinkPHP 自动为我们创建的配置文件，允许我们以关联数组的形式向其中添加配置信息。

例如：

```
<?php
    /*
     * 配置信息
     */
    return array(
        //'配置项'=>'配置值'
        'APP_DEBUG' => true,                    // 开启调试模式
        'DB_TYPE'=> 'mysql',                    // 数据库类型
        'DB_HOST'=> 'localhost',                // 数据库服务器地址
        'DB_NAME'=>'demo',                      // 数据库名称
        'DB_USER'=>'root',                      // 数据库用户名
        'DB_PWD'=>'',                           // 数据库密码
        'DB_PORT'=>'3306',                      // 数据库端口
        'DB_PREFIX'=>'think_',                  // 数据表前缀
    );
?>
```

17.2.3 第一个 ThinkPHP 程序

Thinkphp 是单一入口模式，也就是说所有流程都是从 index.php 开始的。项目目录下的 index.php 称之为入口文件。一般来说，index.php 中的内容为：

```
<?php
    // 加载框架入口文件
    require("./ThinkPHP/ThinkPHP.php");
    //实例化一个网站应用实例
    App::run();
?>
```

当我们执行该入口文件时，框架默认调用 IndexAction.class.php 文件，该文件中定义了一个名为 IndexAction 的类，该类继承自 Action 父类。框架默认调用的就是该类中的 index 方法。IndexAction.class.php 文件位于 Lib/Action 目录下。

下面我们在 Lib/Action 目录下新建一个 IndexAction.class.php 文件，并向其中添加如下代码：

```
<?php
    /*
    * 默认 Action
    */
    class IndexAction extends Action {
        /* 默认方法 */
        public function index() {
            echo '欢迎你，丫头！';
        }
    }
?>
```

然后执行 index.php，出现图 17.3 所示的页面。

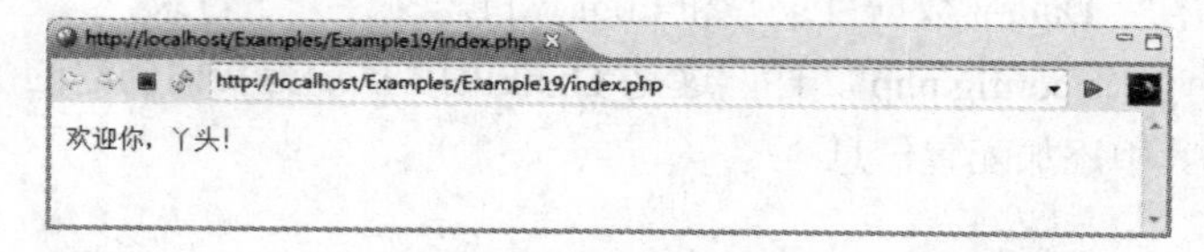

图 17.3 运行结果

当然，我们可以创建自己的 Action，而不是使用默认的 Action。例如，我们在 Lib/Action 目录下新建一个 ButterflyAction.class.php 文件，并向其中添加如下代码：

```
<?php
    /*
    * ButterflyAction
    */
    class ButterflyAction extends Action {
        /* 默认方法（显示法文歌词） */
        public function index() {
            echo <<<SONG
            <table border="1">
                <tr><td>《蝴蝶》主题曲（法文）</td></tr>
                <tr><td>Pourquoi les poules pondent des oeufs?</td></tr>
```

```
                <tr><td>Pour que les oeufs fassent des poules.</td></tr>
                <tr><td>Pourquoi les amoureux s'embrassent?</td></tr>
                <tr><td>C'est pour que les pigeons roucoulent.</td></tr>
                <tr><td>Pourquoi les jolies fleurs se fanent?</td></tr>
                <tr><td>Parce que &ccedil;a fait partie du charme.</td></tr>
                <tr><td>Pourquoi le diable et le bon Dieu?</td></tr>
                <tr><td>C'est pour faire parler les curieux.</td></tr>
            </table>
SONG;
        }
        /* 显示中文歌词方法 */
        public function chinese() {
            echo <<<SONG
            <table border="1">
                <tr><td>《蝴蝶》主题曲（中文）</td></tr>
                <tr><td>为什么鸡会下蛋?</td></tr>
                <tr><td>因为蛋都变成小鸡</td></tr>
                <tr><td>为什么情侣要亲吻?</td></tr>
                <tr><td>因为鸽子们咕咕叫</td></tr>
                <tr><td>为什么漂亮的花会凋谢?</td></tr>
                <tr><td>因为那是游戏的一部分</td></tr>
                <tr><td>为什么会有魔鬼又会有上帝?</td></tr>
                <tr><td>是为了让好奇的人有话可说</td></tr>
            </table>
SONG;
        }
    }
?>
```

然后在浏览器中接着 index.php 输入/Butterfly，然后按下回车键，运行结果如图 17.4 所示。如果接着 index.php 输入/Butterfly/chinese，然后按下回车键，运行结果如图 17.5 所示。

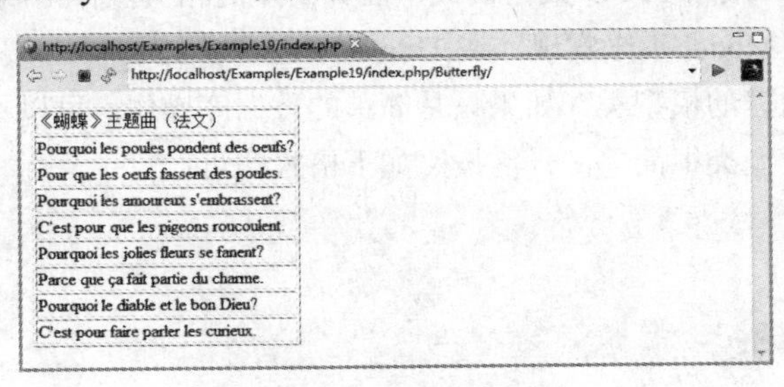

图 17.4　运行结果

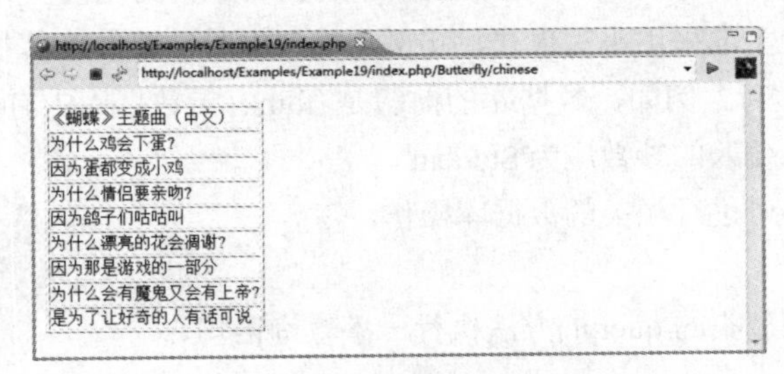

图 17.5　运行结果

也许读者已经发现，在 ThinkPHP 中，URL 地址是按“http://主机名/项目名/index.php/Action名/function 名”的形式访问的，如果省略 function 名，则默认访问该 Action 类的 index 方法。如果同时省略 Action 名和 function 名，则默认访问 IndexAction 类的 index 方法。此外，我们应确保 Action 名称大小写与文件名一致。

17.2.4 ThinkPHP 中的 CURD 操作

ThinkPHP 提供了简便的 CURD 来操作数据库。

在操作数据库之前，我们首先要配置与数据库相关的参数，比如设置数据库的主机、用户名、密码、端口号以及设置数据库名。打开/Conf 目录下的 config.php 文件，输入如下内容（读者根据自己的实际情况修改）：

```
<?php
    return array(
        'DB_TYPE'=>'mysql',                     //数据库类型
        'DB_HOST'=>'localhost',                 //主机名
        'DB_NAME'=>'school',                    //数据库名
        'DB_USER'=>'root',                      //用户名
        'DB_PWD'=>'3.1415926',                  //密码
        'DB_PORT'=>'3306',                      //端口号
        'DB_PREFIX'=>'',                        //数据库前缀
        'APP_DEBUG' => true                     //开启调试模式
    );
?>
```

其中，APP_DEBUG 参数用来设置是否开启调试模式。开启调试模式后，ThinkPHP 将会开启页面 Trace 输出功能，Trace 能输出更多的调试信息，方便我们的调试。因此，开发阶段应开启调试模式，部署应用时再关闭。

我们知道，ThinkPHP 采用 MVC 架构模式，而数据库的相关操作则属于 Model（模型层），这在 ThinkPHP 中需要通过 Model 类来实现。在 ThinkPHP 2.0 以上版本中，只有在需要封装单独的业务逻辑时，才需要定义自己的模型类。如果只是简单的数据库操作，可以不进行任何模型定义。

因此，实例化一个模型类很简单，只需按照如下格式即可：

```
变量名 = new Model('数据表名')
```

或简写成：

```
变量名 = M('数据表名')
```

这里需要注意的是，ThinkPHP 要求设计数据库的表名和实例化模型类时要遵循一定的规范，首先数据库的表名和字段全部采用小写形式，实例化模型类时，数据表名参数应是除去表前缀的数据表名称，并且首字母大写。例如，数据库的前缀是 think_，数据库中有一张 think_student 表，那么在实例化模型类时，传入的参数应为'Student'。

实例化模型类后，即可进行相关的数据库操作。

（1）读取数据

我们可以直接使用模型类的 query()方法执行一条查询语句。

例如：

```
<?php
    /*
    * CURD Action
    */
    class CURDAction extends Action {

        /* 读取数据（通过 SQL）*/
        public function readBySQL() {
            //实例化模型类
            $stu = new Model("Student");
            //SQL 语句
            $sql =<<<SQL
                SELECT name,sid,major,tel,birthday
                FROM student
                WHERE YEAR(birthday) >= 1990
                ORDER BY birthday DESC
                LIMIT 3
SQL;
            //执行 SQL 语句
            $result = $stu->query($sql);
            //输出结果
            echo '<table border="2">';
            echo <<<TITLE
                <tr>
                    <td>姓名</td>
                    <td>学号</td>
                    <td>专业</td>
                    <td>电话</td>
                    <td>生日</td>
                <tr>
TITLE;
            foreach ($result as $row){
                echo <<<TR
                    <tr>
                        <td>{$row["name"]}</td>
                        <td>{$row["sid"]}</td>
                        <td>{$row["major"]}</td>
                        <td>{$row["tel"]}</td>
                        <td>{$row["birthday"]}</td>
                    </tr>
TR;
            }
            echo '</table>';
        }
    }
?>
```

query()方法执行 SELECT 查询语句后，返回包含记录信息的关联数组，运行结果如图 17.6 所示。

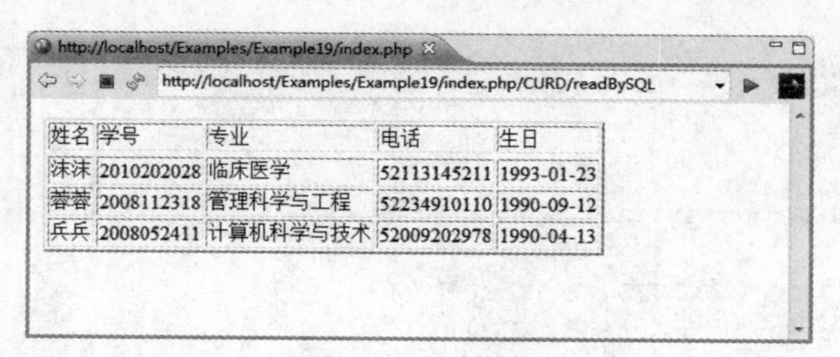

图 17.6 运行结果

当然，我们还有更好的选择，那就是使用模型类的一些数据库查询方法，这样我们就可以不用写 SQL 语句了。

例如：

```
<?php
    /*
     * CURD Action
     */
    class CURDAction extends Action {

        /* 读取数据 */
        public function read() {
            //实例化模型类
            $stu = new Model("Student");
            //读取数据
            $result = $stu->where('YEAR(birthday) >= 1990')
                    ->order('birthday ASC')
                    ->limit(4)
                    ->select();
            //输出结果
            echo '<table border="2">';
            echo <<<TITLE
                <tr>
                    <td>姓名</td>
                    <td>学号</td>
                    <td>专业</td>
                    <td>电话</td>
                    <td>生日</td>
                <tr>
TITLE;
            foreach ($result as $row){
                echo <<<TR
                    <tr>
                        <td>{$row["name"]}</td>
                        <td>{$row["sid"]}</td>
                        <td>{$row["major"]}</td>
                        <td>{$row["tel"]}</td>
                        <td>{$row["birthday"]}</td>
                    </tr>
TR;
```

```
            }
            echo '</table>';
        }
    }
?>
```

运行结果如图 17.7 所示。

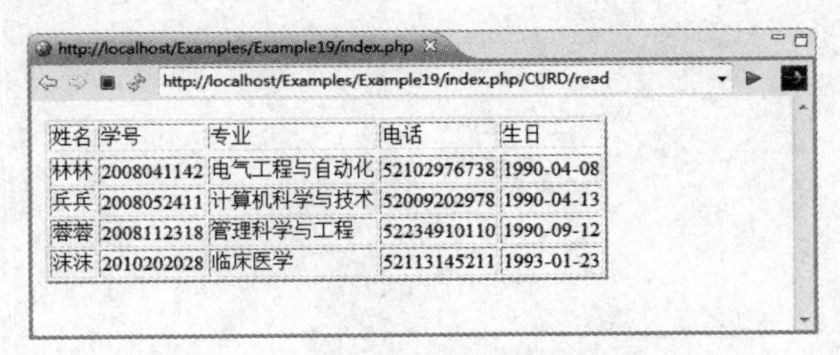

姓名	学号	专业	电话	生日
林林	2008041142	电气工程与自动化	52102976738	1990-04-08
兵兵	2008052411	计算机科学与技术	52009202978	1990-04-13
蓉蓉	2008112318	管理科学与工程	52234910110	1990-09-12
沫沫	2010202028	临床医学	52113145211	1993-01-23

图 17.7　运行结果

（2）插入数据

插入数据同样可以直接使用 query()方法。

例如：

```
?php
    /*
    * CURD Action
    */
    class CURDAction extends Action {

        /* 添加数据（通过 SQL） */
        public function addBySQL() {
            //实例化模型类
            $stu = new Model("Student");
            //准备待插入的数据
            $new_stu = array(
                "name" => "猴哥",
                "sid" => 1221263315,
                "major" => "电机与电器",
                "tel" => "87891394572",
                "birthday" => "1990-04-08"
            );
            //SQL 语句
            $sql =<<<SQL
                INSERT INTO student
                (name,sid,major,tel,birthday)
                VALUES(

  '{$new_stu["name"]}',{$new_stu["sid"]},'{$new_stu["major"]}','{$new_stu["tel"]
}','{$new_stu["birthday"]}'
                )
  SQL;
            //执行 SQL 语句
```

```
            $result = $stu->query($sql);
            //输出结果
            if($result !== false){
                $new_stu = $stu->where('sid = 1221263315')
                            ->select();
                echo '新插入的数据为: <br>';
                echo <<<TABLE
                    <table border="2">
                        <tr>
                            <td>姓名</td>
                            <td>学号</td>
                            <td>专业</td>
                            <td>电话</td>
                            <td>生日</td>
                        <tr>
                        <tr>
                            <td>{$new_stu[0]["name"]}</td>
                            <td>{$new_stu[0]["sid"]}</td>
                            <td>{$new_stu[0]["major"]}</td>
                            <td>{$new_stu[0]["tel"]}</td>
                            <td>{$new_stu[0]["birthday"]}</td>
                        </tr>
                    </table>
TABLE;
            }else{
                echo '数据插入失败! ';
            }
        }
}
?>
```

运行结果如图 17.8 所示。

图 17.8　运行结果

此外，我们还可以使用更方便的 add()方法。

例如：

```
<?php
    /*
    * CURD Action
    */
    class CURDAction extends Action {

        /* 添加数据 */
```

```
        public function add() {
            //实例化模型类
            $stu = new Model("Student");
            //准备待插入的数据
            $new_stu = array(
                "name" => "仲尼",
                "sid" => 1332374426,
                "major" => "四书五经",
                "tel" => "98902305483",
                "birthday" => "1990-04-13"
            );
            //添加数据
            $result = $stu->add($new_stu);
            //输出结果
            if($result !== false){
                $new_stu = $stu->where('sid = 1332374426')
                        ->select();
                echo '新插入的数据为: <br>';
                echo <<<TABLE
                    <table border="2">
                        <tr>
                            <td>姓名</td>
                            <td>学号</td>
                            <td>专业</td>
                            <td>电话</td>
                            <td>生日</td>
                        <tr>
                        <tr>
                            <td>{$new_stu[0]["name"]}</td>
                            <td>{$new_stu[0]["sid"]}</td>
                            <td>{$new_stu[0]["major"]}</td>
                            <td>{$new_stu[0]["tel"]}</td>
                            <td>{$new_stu[0]["birthday"]}</td>
                        </tr>
                    </table>
TABLE;
            }else{
                echo '数据插入失败! ';
            }
        }
    }
?>
```

运行结果如图 17.9 所示。

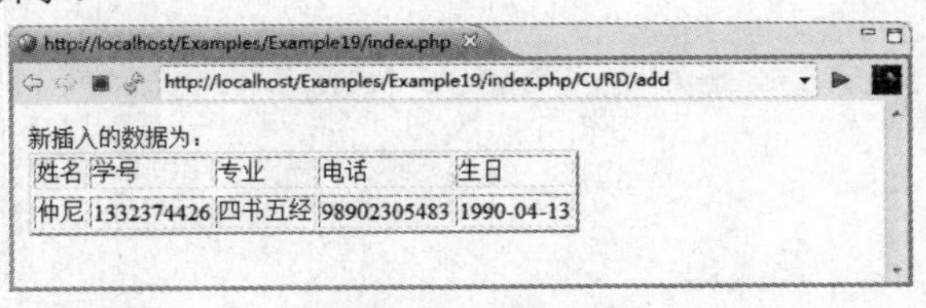

图 17.9　运行结果

（3）更新数据

更新数据同样可以直接使用 query()方法。

例如：

```
<?php
    /*
    * CURD Action
    */
    class CURDAction extends Action {

        /* 更新数据（通过 SQL） */
        public function updateBySQL() {
            //实例化模型类
            $stu = new Model("Student");
            //更新前
            $before_update_stu = $stu->where('sid = 1221263315')
                                    ->select();
                echo '更新前的数据为：<br>';
                echo <<<TABLE
                    <table border="2">
                        <tr>
                            <td>姓名</td>
                            <td>学号</td>
                            <td>专业</td>
                            <td>电话</td>
                            <td>生日</td>
                        <tr>
                        <tr>
                            <td>{$before_update_stu[0]["name"]}</td>
                            <td>{$before_update_stu[0]["sid"]}</td>
                            <td>{$before_update_stu[0]["major"]}</td>
                            <td>{$before_update_stu[0]["tel"]}</td>
                            <td>{$before_update_stu[0]["birthday"]}</td>
                        </tr>
                    </table>
TABLE;
            //准备待更新的数据
            $update_stu = array(
                "major" => "临床医学",
                "tel" => "18902305483"
            );
            //SQL 语句
            $sql =<<<SQL
                UPDATE student
                SET    major    =    '{$update_stu["major"]}',    tel    =
'{$update_stu["tel"]}'
                WHERE sid = 1221263315
SQL;
            //执行 SQL 更新语句
            $result = $stu->query($sql);
```

```
            //更新后的结果
            if($result !== false){
                $after_update_stu = $stu->where('sid = 1221263315')
                                ->select();
                echo '更新后的数据为: <br>';
                echo <<<TABLE
                    <table border="2">
                        <tr>
                            <td>姓名</td>
                            <td>学号</td>
                            <td>专业</td>
                            <td>电话</td>
                            <td>生日</td>
                        <tr>
                        <tr>
                            <td>{$after_update_stu[0]["name"]}</td>
                            <td>{$after_update_stu[0]["sid"]}</td>
                            <td>{$after_update_stu[0]["major"]}</td>
                            <td>{$after_update_stu[0]["tel"]}</td>
                            <td>{$after_update_stu[0]["birthday"]}</td>
                        </tr>
                    </table>
TABLE;
            }else{
                echo '数据更新失败! ';
            }
        }
    }
?>
```

运行结果如图 17.10 所示。

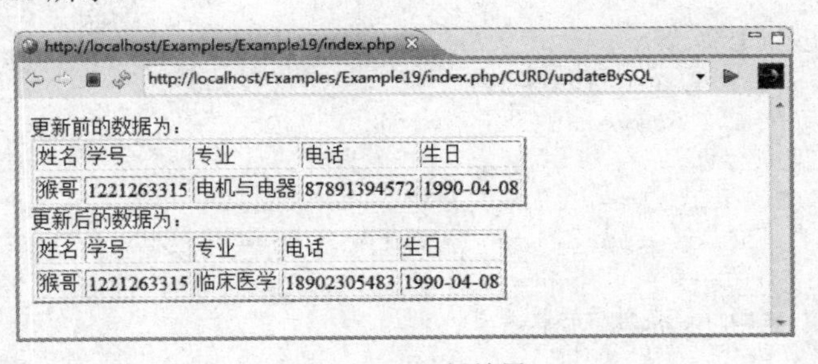

图 17.10　运行结果

此外，我们还可以使用更方便的 save()方法。

例如：

```
<?php
    /*
    * CURD Action
    */
    class CURDAction extends Action {
```

```
        /* 更新数据 */
        public function update() {
            //实例化模型类
            $stu = new Model("Student");
            //更新前
            $before_update_stu = $stu->where('sid = 1332374426')
                                  ->select();
            echo '更新前的数据为: <br>';
            echo <<<TABLE
                <table border="2">
                    <tr>
                        <td>姓名</td>
                        <td>学号</td>
                        <td>专业</td>
                        <td>电话</td>
                        <td>生日</td>
                    <tr>
                    <tr>
                        <td>{$before_update_stu[0]["name"]}</td>
                        <td>{$before_update_stu[0]["sid"]}</td>
                        <td>{$before_update_stu[0]["major"]}</td>
                        <td>{$before_update_stu[0]["tel"]}</td>
                        <td>{$before_update_stu[0]["birthday"]}</td>
                    </tr>
                </table>
TABLE;
            //准备待更新的数据
            $update_stu = array(
                "major" => "二十四史",
                "tel" => "19932305483"
            );
            //更新数据
            $result = $stu->where('sid = 1332374426')
                    ->save($update_stu);
            //更新后的结果
            if($result !== false){
                $after_update_stu = $stu->where('sid = 1332374426')
                                  ->select();
                echo '更新后的数据为: <br>';
                echo <<<TABLE
                    <table border="2">
                        <tr>
                            <td>姓名</td>
                            <td>学号</td>
                            <td>专业</td>
                            <td>电话</td>
                            <td>生日</td>
                        <tr>
                        <tr>
                            <td>{$after_update_stu[0]["name"]}</td>
```

```
                        <td>{$after_update_stu[0]["sid"]}</td>
                        <td>{$after_update_stu[0]["major"]}</td>
                        <td>{$after_update_stu[0]["tel"]}</td>
                        <td>{$after_update_stu[0]["birthday"]}</td>
                    </tr>
                </table>
TABLE;
            }else{
                echo '数据更新失败！';
            }
        }
    }
?>
```

运行结果如图 17.11 所示。

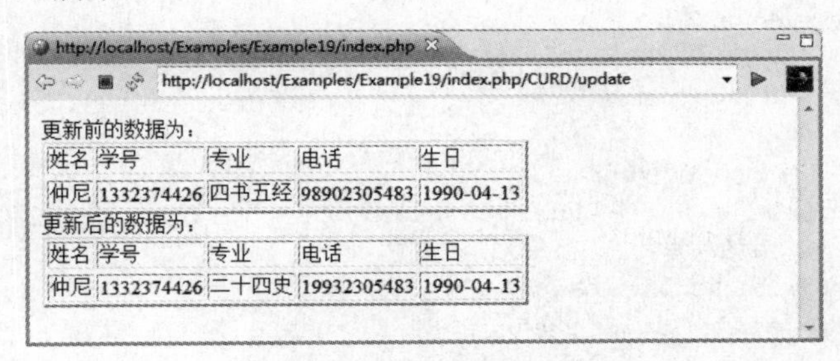

图 17.11　运行结果

（4）删除数据

删除数据同样可以直接使用 query()方法。

例如：

```
<?php
    /*
    * CURD Action
    */
    class CURDAction extends Action {

        /* 删除数据（通过 SQL）*/
        public function deleteBySQL() {
            //实例化模型类
            $stu = new Model("Student");
            //删除前
            $before_delete_stu = $stu->where("birthday = '1990-04-08'")
                                     ->select();
            echo '删除前的数据为：<br>';
            echo '<table border="2">';
            echo <<<TITLE
                <tr>
                    <td>姓名</td>
                    <td>学号</td>
                    <td>专业</td>
                    <td>电话</td>
                    <td>生日</td>
```

```
                <tr>
TITLE;
            foreach ($before_delete_stu as $row){
                echo <<<TR
                    <tr>
                        <td>{$row["name"]}</td>
                        <td>{$row["sid"]}</td>
                        <td>{$row["major"]}</td>
                        <td>{$row["tel"]}</td>
                        <td>{$row["birthday"]}</td>
                    </tr>
TR;
            }
            echo '</table>';
            //SQL 语句
            $sql =<<<SQL
                DELETE FROM student
                WHERE sid = 1221263315
SQL;
            //执行 SQL 更新语句
            $result = $stu->query($sql);
            //删除后的结果
            if($result !== false){
                $after_delete_stu = $stu->where("birthday = '1990-04-08'")
                                ->select();
                echo '删除后的数据为: <br>';
                echo '<table border="2">';
                echo <<<TITLE
                    <tr>
                        <td>姓名</td>
                        <td>学号</td>
                        <td>专业</td>
                        <td>电话</td>
                        <td>生日</td>
                    <tr>
TITLE;
                foreach ($after_delete_stu as $row){
                    echo <<<TR
                        <tr>
                            <td>{$row["name"]}</td>
                            <td>{$row["sid"]}</td>
                            <td>{$row["major"]}</td>
                            <td>{$row["tel"]}</td>
                            <td>{$row["birthday"]}</td>
                        </tr>
TR;
                }
                echo '</table>';
            }
        }
    }
?>
```

运行结果如图 17.12 所示。

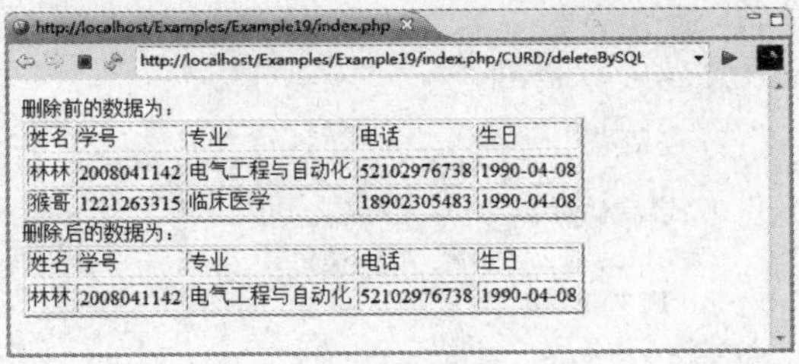

http://localhost/Examples/Example19/index.php/CURD/deleteBySQL

删除前的数据为：

姓名	学号	专业	电话	生日
林林	2008041142	电气工程与自动化	52102976738	1990-04-08
猴哥	1221263315	临床医学	18902305483	1990-04-08

删除后的数据为：

姓名	学号	专业	电话	生日
林林	2008041142	电气工程与自动化	52102976738	1990-04-08

图 17.12　运行结果

此外，我们还可以使用更方便的 delete()方法。

例如：

```
<?php
    /*
    * CURD Action
    */
    class CURDAction extends Action {

        /* 删除数据 */
        public function delete() {
            //实例化模型类
            $stu = new Model("Student");
            //删除前
            $before_delete_stu = $stu->where("birthday = '1990-04-13'")
                                   ->select();
            echo '删除前的数据为: <br>';
            echo '<table border="2">';
            echo <<<TITLE
                <tr>
                    <td>姓名</td>
                    <td>学号</td>
                    <td>专业</td>
                    <td>电话</td>
                    <td>生日</td>
                <tr>
TITLE;
            foreach ($before_delete_stu as $row){
                echo <<<TR
                    <tr>
                        <td>{$row["name"]}</td>
                        <td>{$row["sid"]}</td>
                        <td>{$row["major"]}</td>
                        <td>{$row["tel"]}</td>
                        <td>{$row["birthday"]}</td>
                    </tr>
TR;

            echo '</table>';
            //删除数据
```

```
            $result = $stu->where("sid = 1332374426")
                         ->delete();
            //删除后的结果
            if($result !== false){
                $after_delete_stu = $stu->where("birthday = '1990-04-13'")
                                 ->select();
                echo '删除后的数据为：<br>';
                echo '<table border="2">';
                echo <<<TITLE
                    <tr>
                        <td>姓名</td>
                        <td>学号</td>
                        <td>专业</td>
                        <td>电话</td>
                        <td>生日</td>
                    <tr>
TITLE;
                foreach ($after_delete_stu as $row){
                    echo <<<TR
                        <tr>
                            <td>{$row["name"]}</td>
                            <td>{$row["sid"]}</td>
                            <td>{$row["major"]}</td>
                            <td>{$row["tel"]}</td>
                            <td>{$row["birthday"]}</td>
                        </tr>
TR;
                }
                echo '</table>';
            }
        }
    }
?>
```

运行结果如图 17.13 所示。

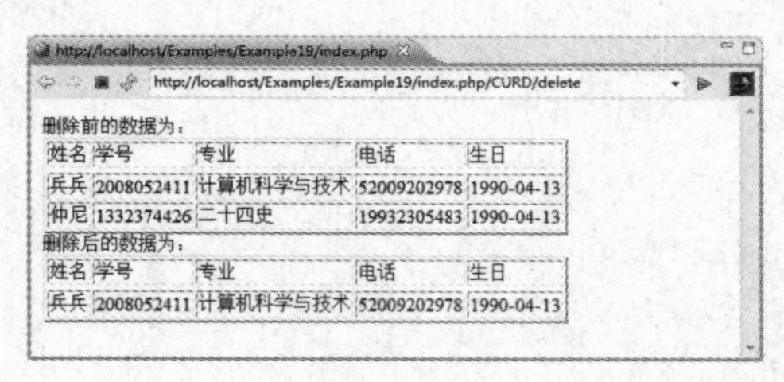

图 17.13　运行结果

17.3　本章小结

本章主要介绍了 PHP 开发框架的一些基本知识。首先，介绍了什么是开发框架以及常见的 PHP 开发框架。然后，以 ThinkPHP 为例，介绍了 ThinkPHP 的概况、安装与配置方法，以及一个简单的 ThinkPHP 程序。最后，介绍了 ThinkPHP 常用的 CURD 操作。

第 18 章　校园二手书交易网站开发

本章综合前面所讲的内容，基于 PHP + MySQL + Smarty + jQuery 框架，开发一个用于校园二手书交易的网站。本章将涉及 PHP 基本操作、MySQL 数据库设计、Smarty 模板设计、jQuery UI 控件使用、AJAX 编程等诸多知识，是对前面章节所述内容的总结和提高。

18.1　概　述

在大学校园里，每到开学和毕业季节，许多新生不愿意花更多钱去买新书，而会选择购买更廉价的二手书，而许多老生也希望在毕业离校之前，将一些不再使用的旧书卖出去。但很多时候，想买书的人不知道谁有他要的书，想卖书的人不知道谁要他的书。因此，有必要为这类人群提供一个二手书的信息平台，提供二手书的买卖信息。

本网站实现的功能包括：

- 最新买书信息显示。
- 最新卖书信息显示。
- 用户登录与注册。
- 用户积分管理。
- 书籍分类查询。
- 书籍关键字查询。
- 意见邮件发送。
- 通知与公告。

网站主页如图 18.1 所示。

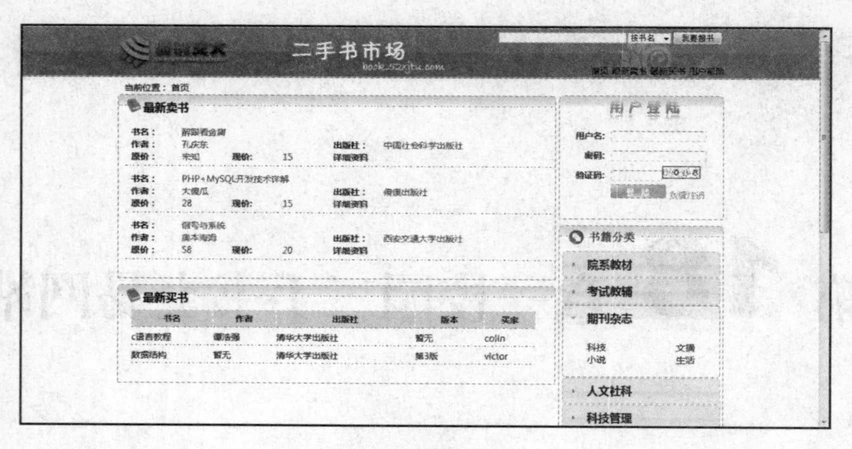

图 18.1　网站主页

18.2　整体设计

18.2.1　系统功能结构

网站的功能结构如图 18.2 所示。

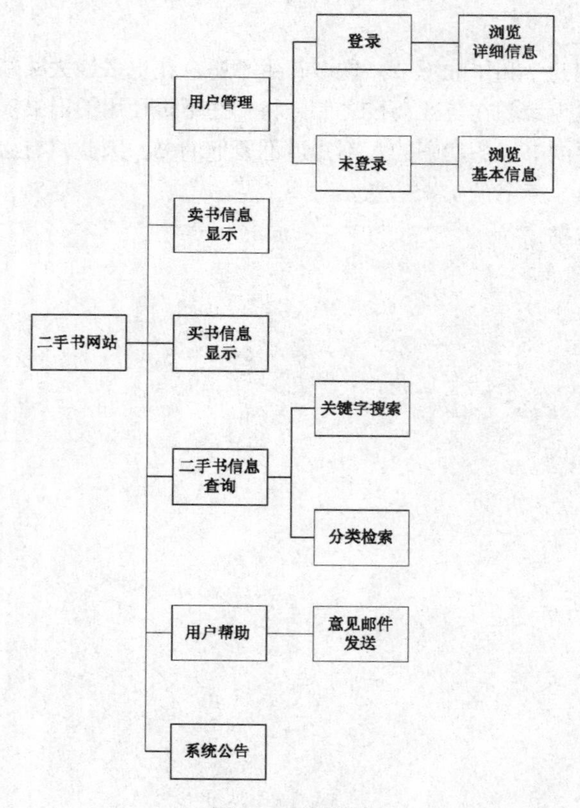

图 18.2　流程图

18.2.2　软件开发环境

本网站的软件开发环境如下。

- 操作系统：Windows 7。
- 服务器：Apache 2.0.63。
- PHP：PHP 5.2.14。
- 数据库：MySQL 5.0.90。
- 数据库管理工具：phpMyAdmin 3.3.7。
- Smarty：Smarty 2.6.26。
- jQuery：jquery 1.8.0 & jquery-ui 1.8.23。
- 浏览器：IE 8 & Firefox 10。
- 开发工具：Eclipse for PHP Developers （Helios Service Release 2）。

18.2.3　代码组织结构

代码组织结构如图 18.3 所示。

图 18.3　组织结构

18.3　数据库设计

本网站系统采用 MySQL 数据库，包括 user（用户信息表）、b_book（买书信息表）、p_book（卖书信息表）、class（书籍分类表）、news（系统公告表）5 张数据表。

18.3.1　用户信息表（user）

user 表的设计如图 18.4 所示。

字段	类型	空	默认	注释
id	int(10)	否		自动编号
name	varchar(20)	否		用户名
pwd	varchar(32)	否		密码
address	varchar(30)	否		用户地址
tel	varchar(11)	否		手机号
qq	varchar(15)	否		QQ号
email	varchar(50)	否		Email
ip	varchar(15)	否		IP地址
scores	int(5)	否		积分

图 18.4　user 表

18.3.2　买书信息表（b_book）

b_book 表的设计如图 18.5 所示。

字段	类型	空	默认	注释
b_id	int(10)	否		自动编号
b_uid	int(10)	否		买书者ID
b_pid	int(11)	否		提供者ID
b_date	datetime	否		发布时间
b_name	varchar(50)	否		书名
b_version	varchar(10)	否	不详	版本
b_author	varchar(20)	否	不详	作者
b_press	varchar(15)	否	不详	出版社
b_state	tinyint(1)	否	1	书的状态

图 18.5　b_book 表

18.3.3　卖书信息表（p_book）

p_book 表的设计如图 18.6 所示。

字段	类型	空	默认	注释
p_id	int(10)	否		自动编号
p_cid	int(3)	否		书籍分类ID
p_uid	int(10)	否		卖书者ID
p_bid	int(11)	否		买书者ID
p_date	datetime	否		发布时间
p_name	varchar(50)	否		书名
p_version	varchar(10)	否	暂无	版本
p_author	varchar(20)	否	佚名	作者
p_press	varchar(15)	否	不详	出版社
p_ori_price	varchar(15)	否	未给出	原价
p_price	varchar(15)	否	价格面议	现价
p_picture	varchar(200)	否	images/book.jpg	图片路径
p_remark	blob	否		书籍简介
p_state	tinyint(1)	否	1	状态

图 18.6　p_book 表

18.3.4　书籍分类表（class）

class 表的设计如图 18.7 所示。

字段	类型	空	默认	注释
id	int(3)	否		id
f_id	int(3)	否		父id
name	varchar(10)	否		分类名称

图 18.7 class 表

18.3.5 系统公告表（news）

news 表的设计如图 18.8 所示。

字段	类型	空	默认	注释
id	int(11)	否		自动编号
addtime	datetime	否		发布时间
title	varchar(50)	否		公告标题
content	mediumtext	否		公告内容

图 18.8 news 表

18.4 功能模块设计

本网站系统分为用户登录模块、用户注册模块、卖书信息显示模块、买书信息显示模块、关键字搜索模块、书籍分类模块、通知公告模块、活跃用户显示模块、邮件发送模块等几个部分。下面分别介绍。

18.4.1 用户登录模块

登录模块用于实现用户的登录，用户登录后可以有权限浏览到更详细的书籍信息，主要涉及的知识是 PHP 下的 MySQL 数据库操作、校验码生成以及 jQuery 下的 DOM 和 AJAX 操作。

smarty 模板文件如下：

```
{if $is_login == false}
<!-- 登录模块 -->
<div class="rblock_l">
    <div class="rblock_h"></div>
    <div class="rblock_m">
        <div class="login">
            <table border="0" cellpadding="0" cellspacing="0">
                <tr>
                    <td class="lword"><label>用户名:</label>
                    </td>
                    <td class="linput"><input type="text" name="username"
                        id="username" />
                    </td>
                </tr>
                <tr>
                    <td class="lword"><label>密码:</label>
                    </td>
                    <td  class="linput"><input  type="password"  name="pwd"  id=
```

```
"pwd" />
                        </td>
                    </tr>
                    <tr>
                        <td class="lword"><label>验证码:</label>
                        </td>
                        <td class="lcheck"><input type="text" name="checkcode"
                            id="checkcode" /><img src="comm/checkCode.php" alt="验
证码,看不清楚请点击"
                            style="cursor: hand"
                            onclick="this.src= 'comm/checkCode.php?'+ Math.random();"
/> </td>
                    </tr>
                    <tr>
                        <td></td>
                        <td class="lbutton"><input type="image"
                            src="css/images/login.gif" /> <a href="register.php">
我要注册 </a>
                        </td>
                    </tr>
                </table>
            </div>
        </div>
    </div>
    {else}
    <div class="rblock_l">
        <div class="rblock_h" id="lchd"></div>
        <div class="rblock_m">
            <div class="login_chd">
                <label>欢迎您,</label><label class="import">{$smarty.session.member}
</label>
                <br /> 你的积分为: <label class="import">{$score}</label><label
                    id="fright"> <a href="session_destory.php" class="cclick">注销</a>
                </label>
            </div>
        </div>
    </div>
    {/if}
```

校验生成文件如下：

```
    <?php
        session_start();
        /*
         * 函数: 绘制验证码
         * 输入参数: 宽度(可选), 高度(可选), 验证码个数(可选), 干扰点个数(可选)
         * 输出: 输出 PNG 格式的验证码图片
         */
        function  createCheckCode($width = 60, $height = 20, $num_code = 4,
$num_disturb_points = 100){
            /* 创建画布 */
```

```
        $img = imagecreate($width, $height);                              //创建图像句柄
        /* 绘制背景和边框 */
        $bg_color = imagecolorallocate($img, 255, 255, 255);       //背景色
        $border_color = imagecolorallocate($img, 0, 0, 0);          //边框色
        imagerectangle($img, 0, 0, $width-1, $height-1, $border_color);
    //绘制边框
        /* 产生随机码 */
        $rand_num = rand();                                      //产生一个随机数
        $str = md5($rand_num);                                   //取得该随机数的MD5 值
        $str_code = strtoupper(substr($str, 0, $num_code));
    //从MD5 值中截取字符作为验证码
        /* 绘制随机码 */
        for($i = 0; $i < $num_code; ++$i){
            $str_color = imagecolorallocate($img, rand(0,255), rand(0,255),
rand(0,255));    //随机字体颜色
            $font_size = 5;                                               //字体大小
            $str_x = floor(($width / $num_code)* $i) + rand(0,5);
    //随机字体定位x 坐标
            $str_y = rand(2, $height - 15);                                    //随机字体
定位y 坐标

            imagechar($img,   $font_size,   $str_x,   $str_y,   $str_code[$i],
$str_color);    //绘制单个字符
        }
        /* 绘制干扰点 */
        for($i = 0; $i < $num_disturb_points; ++$i){
            $point_color = imagecolorallocate($img, rand(0,255), rand(0,255),
rand(0,255));//随机干扰点颜色
            $point_x = rand(2, $width - 2);                       //随机干扰点位置x 坐标
            $point_y = rand(2, $height - 2);                      //随机干扰点位置y 坐标

            imagesetpixel($img, $point_x, $point_y, $point_color);
    //绘制干扰点
        }
        /* 将校验码保存到SESSION */
        $_SESSION["check_pic_num"] = $str_code;
        /* 输出图片 */
        header("Content-type: image/png");                        //发送Header 信息
        imagepng($img);                                           //输出图像
        imagedestroy($img);                                       //释放与图像关联的内存
    }

    /* 测试代码 */
    createCheckCode();
?>
```

登录信息处理的 JavaScript 代码如下：

```
// JavaScript Document
$('document').ready(function(){
    $('.lbutton input').click(function(){
```

```
    if(is_empty()){
            dialog("登录信息不能为空");
        }else{
            login();
        }
    });
    //登录
    function login(){
        $.post('ajax_login.php', {
          'username': encodeURIComponent($.trim($('#username').val())),
          'pwd': encodeURIComponent($.trim($('#pwd').val())),
          'checkcode': encodeURIComponent($.trim($('#checkcode').val()))
      }, function(data){
          if (data == 0) {
            dialog("验证码错误");
          }else if(data == 1){
            dialog("账号不存在");
          }else if(data == 2){
            dialog("密码错误");
          }else if(data == 3) {
            function goto_home(){
                window.location.href = "index.php";
            }
            dialog_func("成功登录",goto_home);
          }
      });
    }
    //检查是否为空
    function is_empty(){
        var a = $.trim($('#username').val()) == "" ? 1 : 0;
        var b = $.trim($('#pwd').val()) == "" ? 1 : 0;
        var c = $.trim($('#checkcode').val()) == "" ? 1 : 0;
        if(a+b+c == 0){
            return false;
        }else{
            return true;
        }
    }
    //对话框
    function dialog(str){
        $(".dialog").html(str);
        $(".dialog").dialog({
            modal: true,
        width: 280,
            title: "系统提示",
            resizable:false,
        buttons: {
          "确定": function(){
             $(this).dialog("close");
             $(this).fadeOut("slow");
```

```
            }
        },
        hide: 'slide',
        show: 'slide'
        });
    }
    //带函数参数的对话框
    function dialog_func(str,func){
        $(".dialog").html(str);
        $(".dialog").dialog({
            modal: true,
        width: 280,
            title: "系统提示",
            resizable:false,
        buttons: {
          "确定": function(){
             $(this).dialog("close");
             func();
            }
        },
        hide: 'slide',
        show: 'slide'
        });
    }
});
```

登录信息处理的 PHP 代码如下：

```
<?php
    include_once('comm/conn.php');

    session_start();

    if(strtolower($_POST['checkcode']) != strtolower($_SESSION['check_pic_num'])){
//验证码错误
        echo 0;
    }else{
        $name = $_POST['username'];                     //用户名
        $pwd = md5(md5($_POST['pwd']));                 //密码
        $sql = "SELECT * FROM 'user' WHERE 'name'='".$name."'";
        $result = mysql_query($sql);
        $row = mysql_fetch_assoc($result);
        if(mysql_num_rows($result)==0){                 //账号不存在
            echo 1;
        }elseif($row['pwd']!=$pwd){                     //密码错误
            echo 2;
        }else{                                          //成功登录
            $ip = $_SERVER['REMOTE_ADDR'];
            $sql="UPDATE 'user' SET 'ip'='".$ip."' WHERE 'id'='".$row['id']."'";
            mysql_query($sql);
```

```
                $_SESSION['member_id']=$row['id'];
                $_SESSION['member']=$row['name'];

                echo 3;
            }
        }
?>
```

登录信息注销代码如下：

```
<?php
    if(session_start()){
        session_destroy();
    }
    header('location:index.php');
?>
```

登录前的页面如图 18.9 所示。登录后的页面如图 18.10 所示。

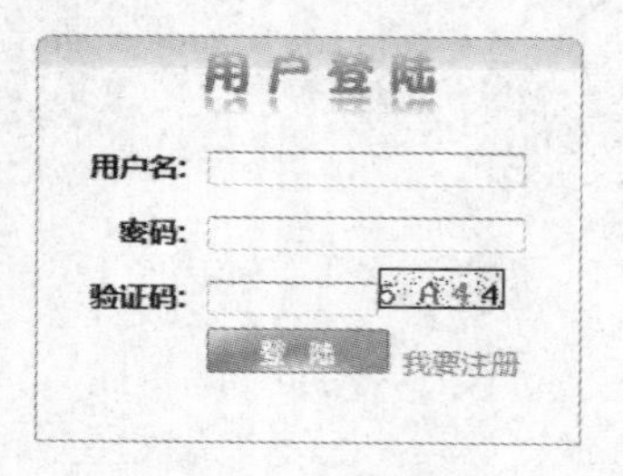

图 18.9　登录界面

图 18.10　登录成功

18.4.2　用户注册模块

注册模块用于实现网站用户的信息注册，注册的信息包括用户名、密码、用户住址、QQ 号、手机号、电子邮箱，涉及的知识包括 PHP 下的 MySQL 操作、jQuery 下的 DOM 和 AJAX 操作、数据有效性的验证等。

Smarty 模板文件如下：

```
    <!DOCTYPE    html    PUBLIC    "-//W3C//DTD    XHTML    1.0    Transitional//EN"
"http://www.w3.org/TR/xhtml1/DTD/xhtml1-transitional.dtd">
    <html xmlns="http://www.w3.org/1999/xhtml">
    <head>
    <meta http-equiv="Content-Type" content="text/html; charset=utf-8" />
    <link rel="shortcut icon" href="favicon.ico" />
    <link rel="stylesheet" type="text/css" href="css/style.css" />
    <link                    rel="stylesheet"                    type="text/css"
href="js/jquery/jquery-ui-1.8.23.custom.css" />
    <script type="text/javascript" src="js/jquery/jquery-1.8.0.min.js"></script>
    <script                                                type="text/javascript"
src="js/jquery/jquery-ui-1.8.23.custom.min.js"></script>
    <script type="text/javascript" src="js/register.js"></script>
    <title>二手书网站-注册</title>
    </head>
    <body>
```

```
    <div class="main">
        <!-- banner -->
        {include file="banner.html"}
       <!-- main -->
       <br/><br/>
       <div id="reg_main">
       <h3>用户注册</h3>
       请填写以下信息，全部为必填
       <div id="reg_table">
    <table width="548" border="0">
         <tr>
           <td width="126" align="right">用户名:</td>
           <td   width="449"   align="left"><input   name="username"   type="text"
id="username" value="" maxlength="20" />
             由不超过 20 个字母或数字组成</td>
         </tr>
         <tr>
           <td align="right">登录密码:</td>
           <td align="left"><input type="password" name="pwd" id="pwd" /></td>
         </tr>
         <tr>
           <td align="right">重填密码:</td>
           <td align="left"><input type="password" name="pwd2" id="pwd2" />
             重复上面的密码</td>
         </tr>
         <tr>
           <td align="right">地址:</td>
           <td   align="left"><input   name="address"   type="text"   id="address"
maxlength="30" />
             填写你的联系地址</td>
         </tr>
         <tr>
           <td align="right">QQ:</td>
           <td  align="left"><input  name="qq"  type="text"  id="qq"  maxlength="15"
/></td>
         </tr>
         <tr>
           <td align="right">Email:</td>
           <td align="left"><input name="email" type="text" id="email" maxlength="50" />
             填写你的邮箱名</td>
         </tr>
         <tr>
           <td align="right">手机号码:</td>
           <td align="left"><input name="tel" type="text" id="tel" maxlength="11" />
             填写你的联系电话</td>
         </tr>
         <tr>
           <td   colspan="2"   align="center"><input   name="check"   type="checkbox"
id="checkbox" value="read" />
             我已经阅读了<a href="user_help.php">注册协议</a> </td>
```

```
        </tr>
        <tr>
          <td colspan="2" align="center">
          <input type="submit" name="submit" id="submit" value="完成注册" />
          <input type="reset" name="reset" id="reset" value="重置" /></td>
        </tr>
</table>
      </div>
用户名不可更改，请仔细核对
</div>
<!-- footer -->
{include file="footer.html"}
</div>
</body>
<div class="dialog" style="display: none;"></div>
</html>
```

JavaScript 文件如下，主要实现注册信息有效性的校验以及注册信息的 AJAX 交互：

```
// JavaScript Document
$('document').ready(function(){
    //注册信息验证
    $('#submit').click(function(){
        if(is_empty()){
            dialog("注册信息不能为空");
        }else if(!is_name_valid()){
            dialog("用户名只能由数字和字母组成");
        }else if(!is_pwd_equ()){
            dialog("两次输入的密码不相等");
        }else if(!is_email_valid()){
            dialog("邮箱格式不正确");
        }else if(!is_qq_valid()){
            dialog("QQ格式不正确");
        }else if(!is_tel_valid()){
            dialog("手机格式不正确");
        }else if(!is_read()){
            dialog("还没勾选注册协议吧");
        }else{//注册
            register();
        }


    });
    //重置信息
    $('#reset').click(function(){
        reset();
    });
    //注册
    function register(){
        $.post('ajax_register.php', {
          'username': encodeURIComponent($.trim($('#username').val())),
```

```
        'pwd': encodeURIComponent($.trim($('#pwd').val())),
        'address': encodeURIComponent($.trim($('#address').val())),
        'qq': encodeURIComponent($.trim($('#qq').val())),
        'email': encodeURIComponent($.trim($('#email').val())),
        'tel': encodeURIComponent($.trim($('#tel').val()))
    }, function(data){
        if (data == 0) {
          dialog("相同的用户名已经存在");
        }
        else if(data == 1) {
          function goto_home(){
              window.location.href = "index.php";
          }
          dialog_func("注册成功",goto_home);
        }
    });
}
//检查是否选中“已经阅读注册协议”
function is_read(){
    return $('#checkbox').attr("checked");
}
//检查手机号的合法性
function is_tel_valid(){
    var tel = $.trim($('#tel').val());

    var exp = /^1[3|4|5|8][0-9]\d{8,8}$/;
    if(tel.search(exp) == -1){
        return false;
    }else{
        return true;
    }
}
//检查QQ号的合法性
function is_qq_valid(){
    var qq = $.trim($('#qq').val());

    var exp = /^[0-9][0-9]{4,}$/;
    if(qq.search(exp) == -1){
        return false;
    }else{
        return true;
    }
}
//检查邮箱的合法性
function is_email_valid(){
    var email = $.trim($('#email').val());

    var exp = /^\w+([-+.]\w+)*@\w+([-.]\w+)*\.\w+([-.]\w+)*$/;
    if(email.search(exp) == -1){
        return false;
```

```
        }else{
            return true;
        }
    }
    //检查用户名是否合法（只由数字和字母组成）
    function is_name_valid(){
        var name = $.trim($('#username').val());

        var exp = /^[A-Za-z0-9]+/;
        if(name.search(exp) == -1){
            return false;
        }else{
            return true;
        }
    }

    //检查两次输入的密码是否相等
    function is_pwd_equ(){
        var a = $.trim($('#pwd').val());
        var b = $.trim($('#pwd2').val());

        if(a == b){
            return true;
        }else{
            return false;
        }
    }
    //检查是否为空
    function is_empty(){
        var a = $.trim($('#username').val()) == "" ? 1 : 0;
        var b = $.trim($('#pwd').val()) == "" ? 1 : 0;
        var c = $.trim($('#pwd2').val()) == "" ? 1 : 0;
        var d = $.trim($('#address').val()) == "" ? 1 : 0;
        var e = $.trim($('#qq').val()) == "" ? 1 : 0;
        var f = $.trim($('#email').val()) == "" ? 1 : 0;
        var g = $.trim($('#tel').val()) == "" ? 1 : 0;
        if(a+b+c+d+e+f+g == 0){
            return false;
        }else{
            return true;
        }
    }
    //重置
    function reset(){
        $('#username').attr("value","");
        $('#pwd').attr("value","");
        $('#pwd2').attr("value","");
        $('#address').attr("value","");
        $('#qq').attr("value","");
        $('#email').attr("value","");
```

```
        $('#tel').attr("value","");
    }
    //对话框
    function dialog(str){
        $(".dialog").html(str);
        $(".dialog").dialog({
            modal: true,
        width: 280,
            title: "系统提示",
            resizable:false,
        buttons: {
          "确定": function(){
              $(this).dialog("close");
              $(this).fadeOut("slow");
            }
        },
        hide: 'slide',
        show: 'slide'
        });
    }
    //带函数参数的对话框
    function dialog_func(str,func){
        $(".dialog").html(str);
        $(".dialog").dialog({
            modal: true,
        width: 280,
            title: "系统提示",
            resizable:false,
        buttons: {
          "确定": function(){
              $(this).dialog("close");
              func();
            }
        },
        hide: 'slide',
        show: 'slide'
        });
    }
});
```

PHP 文件如下：

```
<?php
    session_start();

    //包含 Smarty 文件
    require 'class/MySmarty.class.php';
    //实例化 Smarty 类
    $smarty = new MySmarty();

    //调用并显示模板
```

```
    $smarty->display('register.html');
?>
```

运行页面如图 18.11 所示。

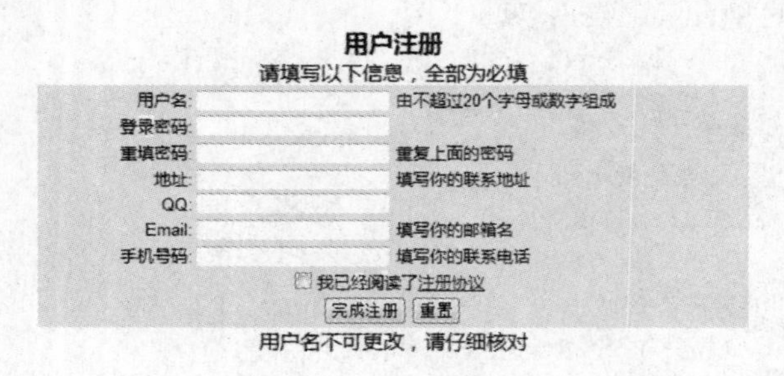

图 18.11　用户注册

18.4.3　卖书信息显示模块

卖书信息显示模块主要用来显示卖书信息，涉及的知识主要包括 PHP 下的 MySQL 操作、PHP 下的分页显示、jQuery 下的 AJAX 操作（显示详细书籍信息）。

Smarty 模板文件如下：

```
<!-- 最新卖书 -->
<div class="lblock_s">
    <div class="lblock_h">
        <div class="label">
            <a>最新卖书</a>
        </div>
    </div>
    <div class="lblock_m">
        {section name=i loop=$sell_info}
        <div class="inf">
            <table cellpadding="0" cellspacing="0">
                <tr>
                    <td width="80px" class="bname">书名：</td>
                    <td colspan="5" class="bbody">{$sell_info[i].p_name}</td>
                </tr>
                <tr>
                    <td width="80px" class="bname">作者：</td>
                    <td                colspan="3"                width="240px"
class="bbody">{$sell_info[i].p_author}</td>
                    <td width="80px" class="bname">出版社：</td>
                    <td                                           width="240px"
class="bbody">{$sell_info[i].p_press}</td>
                </tr>
                <tr>
                    <td width="80px" class="bname">原价：</td>
                    <td                                            width="80px"
class="bbody">{$sell_info[i].p_ori_price}</td>
                    <td width="80px" class="bname">现价:</td>
```

```
                        <td width="80px" class="bbody">{$sell_info[i].p_price}</td>
                        <td      colspan="2"      width="320px"      class="bname"><a
class="cclick"
                            id="contact"> 详 细 资 料  <input  class="hiden_value"
type="hidden"
                                value="{$sell_info[i].p_id}" /> </a></td>
                    </tr>
                </table>
            </div>
            {/section}
            <div class="divition">
                <label  class="flabel"> 共  {$total_page}  页   第
 {$curr_page} 页 </label>
                <a class="cclick" href="book_tosell.php?page=1">首页</a><label
                    class="flabel"> </label> <a class="cclick"
                    href="book_tosell.php?page={$pre_page}">  上  一  页  </a><label
class="flabel"> </label>
                {section name=i loop=$pages} <a class="cclick"

    href="book_tosell.php?page={$pages[i]}">[{$pages[i]}]</a><label
                    class="flabel"> </label> {/section} <a class="cclick"
                    href="book_tosell.php?page={$next_page}">下一页</a><label
                    class="flabel"> </label> <a class="cclick"
                    href="book_tosell.php?page={$total_page}">末页</a>
            </div>
        </div>
    </div>
```

实现分页显示的 PHP 类文件如下：

```
    <?php
        require_once 'comm/conn.php';

        /*
         * 分页显示类
         */
        class Page
        {
            private $page_size;                             //每页显示的结果数
            public $curr_page;                              //当前页码
            public $total_page;                             //总页码数
            public $pre_page;                               //上一页页码
            public $next_page;                              //下一页页码
            public $pages;                                  //页码数字
            public $sell_info;                              //卖书信息

            //构造函数
            function __construct($page_size = 5){
                $this->page_size=$page_size;
            }
            //初始化设置（卖书）
```

```
function initSellPage($curr_page){
  $sql = 'SELECT COUNT(*) FROM p_book WHERE p_state = 1';
  $result = mysql_query($sql);
  $row = mysql_fetch_row($result);

  $this->total_page = ceil($row[0]/$this->page_size);

  if($curr_page > $this->total_page){
    $this->curr_page = $this->total_page;
  }elseif($curr_page < 1){
    $this->curr_page = 1;
  }else{
    $this->curr_page = $curr_page;
  }

  $this->pre_page = $this->curr_page - 1 < 1 ? 1 : $this->curr_page - 1;
    $this->next_page  =  $this->curr_page  +  1  >  $this->total_page  ?
$this->total_page : $this->curr_page + 1;

    $this->pages = array();
    $i = 5;
    $page = $this->curr_page;
    if($this->curr_page + $i > $this->total_page){
        $page = $this->total_page - $i + 1;
        if($page < 1){
            $page = 1;
        }
    }

    while($page<=$this->total_page && $i>0){
        array_push($this->pages, $page);
        ++$page;
        --$i;
    }

    $start = ($this->curr_page - 1)*$this->page_size;
    $sql = <<<SQL
        SELECT p_name,p_author,p_press,p_ori_price,p_price,p_id
        FROM p_book
        WHERE p_state = 1
        ORDER BY p_id DESC
        LIMIT {$start},{$this->page_size}
SQL;
    $result = mysql_query($sql);
    $this->sell_info = array();
    if(mysql_num_rows($result)){
        while($row = mysql_fetch_assoc($result)){
            array_push($this->sell_info, $row);
        }
    }
```

```
        }
    }
?>
```

利用 AJAX 方式实现详细书籍信息显示的 JavaScript 文件如下：

```
// JavaScript Document
$('document').ready(function(){
        /*
         * jQuery:待购书籍具体信息显示
         */
        $(".lblock_s").find(".cclick").click(function(){
            $id = $(this).find(".hiden_value").val();
            $.get("./ajax_sell.php?id=" + $id, function(data){
                if (data == "no_login") {
                    $(".dialog").html("您还没有登录");
                    $(".dialog").dialog({
                        bgiframe: true,
                        title: 'Sorry',
                        modal: true,
                        width: 200,
                        buttons: {
                            "OK": function(){
                                $(this).dialog("close");
                                $(this).fadeOut("slow");
                            }
                        },
                        hide: 'slide',
                        show: 'slide'
                    });
                }else {
                    $(".dialog").html(data);
                    $(".dialog").dialog({
                        title: '详细信息',
                        modal: true,
                        width: 600,
                        buttons: {
                            "OK": function(){
                            $(this).dialog("close");
                            }

                        },
                        hide: 'slide',
                        show: 'slide'
                    });
                }

            });
        });

});
```

利用 AJAX 方式实现详细书籍信息显示的 PHP 文件如下：

```
<?php
require_once ('comm/conn.php');
require ('class/GetClassName.class.php');
require ('class/ChangPBookState.class.php');
require ('class/UpdateScore.class.php');


session_start();
if (isset($_SESSION['member']) && isset($_SESSION['member_id'])) {
    $mid = $_SESSION['member_id'];
    if (isset($_GET['id'])) {
        $id = $_GET['id']; //接收ajax传送过来的数据
        $query = 'SELECT * FROM p_book as a,user as b WHERE a.p_uid = b.id AND a.p_id
= '.$id;
        $result = mysql_query($query);
        $row = mysql_fetch_assoc($result);
        //获取书籍分类
        $get_class = new GetClassName($row['p_cid']);
        $class = $get_class->name;
        if ($row['p_uid'] == $mid) {
            $state = '<font color=#ff8040>这是你自己的书啊</font>';
        } elseif ($row['p_state'] != 4) {
            $state    =    '<input    type="checkbox"    name="checkbox"
value="'.$row['p_id'].'"/><font color=#ff8040>预约此书</font>';
        } else {
            $state = '<font color=#ff8040>此书已被预约</font>';
        }
        $info =<<<INFO
          <div class="more">
               <table cellpadding="0" cellspacing="0" border="0">
                <tr>
                    <td colspan="2" align="center"><img src="{$row['p_picture']}"
width="200" height="100px;"/>   {$state}</td>
                 </tr>
              <tr>
                <td width="150px" class="th">发布时间</td>
                <td width="270px">{$row['p_date']}</td>
                    <td width="130px" rowspan="5"></td>
              </tr>
              <tr>
                 <td width="150px" class="th">二手书分类</td>
                 <td width="270px">{$class}</td>
              </tr>
              <tr>
                 <td width="150px" class="th">书名</td>
                 <td width="270px">{$row['p_name']}</td>
                 </tr>
              <tr>
                    <td width="150px" class="th">版次</td>
```

```
                <td width="270px">{$row['p_version']}</td>
            </tr>
            <tr>
                <td width="150px" class="th">作者</td>
                <td width="270px">{$row['p_author']}</td>
            </tr>
            <tr>
                <td width="150px" class="th">出版社</td>
                <td width="270px">{$row['p_press']}</td>
            </tr>
            <tr>
                <td width="150px" class="th">二手价</td>
                <td width="270px">{$row['p_price']}</td>
            </tr>
            <tr>
                <td width="150px" class="th">书籍介绍</td>
                <td width="270px">{$row['p_remark']}</td>
            </tr>
                <tr>
                <td width="150px" class="th">发布者</td>
                <td width="270px">{$row['name']}</td>
            </tr>
             </table>
                </div>
INFO;
        echo $info;
    } elseif (isset($_GET['p_id'])) {
        $p_id = $_GET['p_id'];
        $state = new ChangPBookState($p_id, 4);
        $score = new UpdateScore();
          $score->getScore($_SESSION['member_id'],'order');
    }
} else {
    echo "no_login";
}
?>
```

调用模板的 PHP 文件部分内容如下：

```
<?php
    session_start();

    //包含 Smarty 文件
    require 'class/MySmarty.class.php';
    //实例化 Smarty 类
    $smarty = new MySmarty();
    /* 查询并显示卖书信息 */
    require 'class/Page.class.php';
    require_once 'comm/conn.php';

    $page = new Page();
```

```
    $page->initSellPage($_GET['page']);

    $smarty->assign('sell_info',$page->sell_info);
    $smarty->assign('curr_page',$page->curr_page);
    $smarty->assign('total_page',$page->total_page);
    $smarty->assign('pre_page',$page->pre_page);
    $smarty->assign('next_page',$page->next_page);
    $smarty->assign('pages',$page->pages);

    //调用并显示模板
    $smarty->display('book_tosell.html');
?>
```

页面显示效果如图 18.12 所示。单击“详细资料”后显示的详细信息如图 18.13 所示。

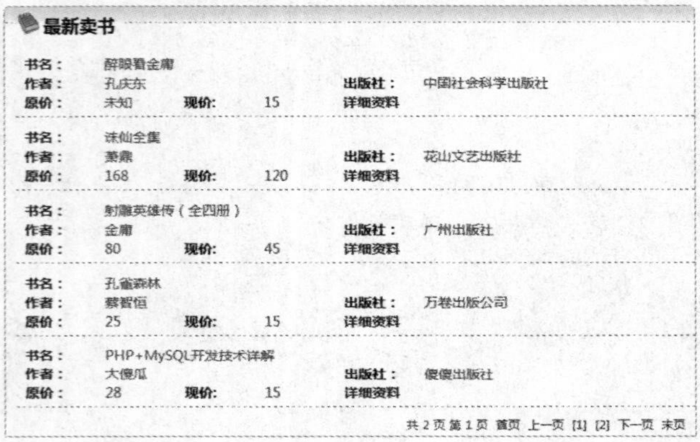

最新卖书
书名： 醉眼看金庸
作者： 孔庆东
原价： 未知 现价: 15
出版社： 中国社会科学出版社
详细资料
书名： 诛仙全集
作者： 萧鼎
原价： 168 现价: 120
出版社： 花山文艺出版社
详细资料
书名： 射雕英雄传（全四册）
作者： 金庸
原价： 80 现价: 45
出版社： 广州出版社
详细资料
书名： 孔雀森林
作者： 蔡智恒
原价： 25 现价: 15
出版社： 万卷出版公司
详细资料
书名： PHP+MySQL开发技术详解
作者： 大傻瓜
原价： 28 现价: 15
出版社： 傻傻出版社
详细资料
共 2 页 第 1 页 首页 上一页 [1] [2] 下一页 末页

图 18.12　页面显示

详细信息
这是你自己的书啊
发布时间 2012-08-22 00:00:00
二手书分类 管理
书名 醉眼看金庸
版次 2005年版
作者 孔庆东
出版社 中国社会科学出版社
二手价 15
书籍介绍 暂无介绍
发布者 colin
OK

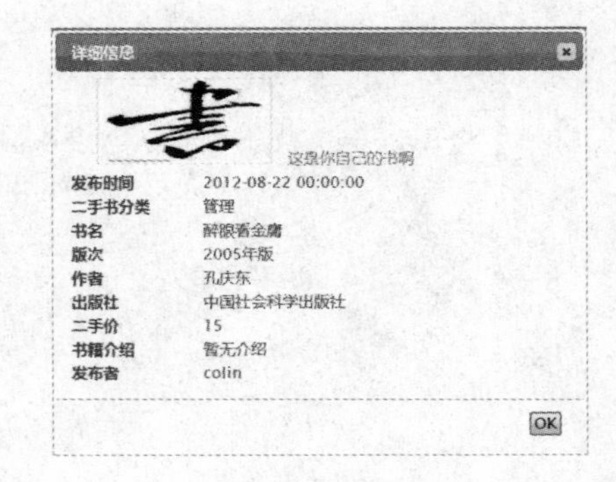

图 18.13　详细信息

18.4.4　买书信息显示模块

买书信息显示模块主要用来显示买书信息，涉及的知识主要包括 PHP 下的 MySQL 操作、PHP 下的分页显示、jQuery 下的 AJAX 操作（显示详细书籍信息）。

Smarty 模板文件如下：

```
<!-- 最新买书 -->
<div class="lblock_b">
    <div class="lblock_h">
        <div class="label">
            <a>最新买书</a>
        </div>
    </div>
    <div class="lblock_m">
        <div class="sinf">
            <table cellpadding="0" cellspacing="1px" width="642px">
                <tr class="inf_head">
                    <td width="130">书名</td>
                    <td width="100">作者</td>
                    <td width="220">出版社</td>
```

```
                    <td width="110">版本</td>
                    <td width="">买家</td>
                </tr>
                {section name=i loop=$buy_info}
                <tr class="inf_body">
                    <td width="130">{$buy_info[i].b_name}</td>
                    <td width="100">{$buy_info[i].b_author}</td>
                    <td width="220">{$buy_info[i].b_press}</td>
                    <td width="110">{$buy_info[i].b_version}</td>
                    <td width="80">{$buy_info[i].name}</td>
                </tr>
                {/section}
            </table>
        </div>
        <div class="divition">
            <label  class="flabel"> 共  {$total_page}  页   第
 {$curr_page} 页 </label>
            <a class="cclick" href="book_tobuy.php?page=1">首页</a><label
                class="flabel"> </label> <a class="cclick"
                href="book_tobuy.php?page={$pre_page}"> 上 一 页 </a><label
class="flabel"> </label>
            {section name=i loop=$pages} <a class="cclick"
                href="book_tobuy.php?page={$pages[i]}">[{$pages[i]}]</a><label
                class="flabel"> </label> {/section} <a class="cclick"
                href="book_tobuy.php?page={$next_page}"> 下 一 页 </a><label
class="flabel"> </label>
            <a class="cclick" href="book_tobuy.php?page={$total_page}">末页</a>
        </div>
    </div>
</div>
```

实现分页显示的 PHP 类文件如下：

```
<?php
  require_once 'comm/conn.php';

   /*
    * 分页显示类
    */
   class Page
   {
       private $page_size;                              //每页显示的结果数
       public $curr_page;                               //当前页码
       public $total_page;                              //总页码数
       public $pre_page;                                //上一页页码
       public $next_page;                               //下一页页码
       public $pages;                                   //页码数字
       public $buy_info;                                //买书信息

       //构造函数
       function __construct($page_size = 5){
```

```
            $this->page_size=$page_size;
        }
        //初始化设置（买书）
        function initBuyPage($curr_page){
            $sql = 'SELECT COUNT(*) FROM b_book WHERE b_state = 1';
          $result = mysql_query($sql);
          $row = mysql_fetch_row($result);

          $this->total_page = ceil($row[0]/$this->page_size);

          if($curr_page > $this->total_page){
            $this->curr_page = $this->total_page;
          }elseif($curr_page < 1){
            $this->curr_page = 1;
          }else{
            $this->curr_page = $curr_page;
          }

          $this->pre_page = $this->curr_page - 1 < 1 ? 1 : $this->curr_page - 1;
            $this->next_page  =  $this->curr_page  +  1  >  $this->total_page  ?
$this->total_page : $this->curr_page + 1;

            $this->pages = array();
            $i = 5;
            $page = $this->curr_page;
            if($this->curr_page + $i > $this->total_page){
                $page = $this->total_page - $i + 1;
                if($page < 1){
                    $page = 1;
                }
            }

            while($page<=$this->total_page && $i>0){
                array_push($this->pages, $page);
                ++$page;
                --$i;
            }

            $start = ($this->curr_page - 1)*$this->page_size;
            $sql = <<<SQL
                SELECT  b_name,b_author,b_press,b_version,b_uid,b_id,user.name
as name
                FROM b_book,user
                WHERE b_state = 1 AND b_uid = user.id
                ORDER BY b_id DESC
                LIMIT {$start},{$this->page_size}
    SQL;
            $result = mysql_query($sql);
            $this->buy_info = array();
            if(mysql_num_rows($result)){
```

```
                while($row = mysql_fetch_assoc($result)){
                    array_push($this->buy_info, $row);
                }
            }


        }
    }
?>
```

调用模板的 PHP 文件部分内容如下：

```
<?php
    session_start();

    //包含 Smarty 文件
    require 'class/MySmarty.class.php';
    //实例化 Smarty 类
    $smarty = new MySmarty();
    /* 查询并显示买书信息 */
    require 'class/Page.class.php';
    require_once 'comm/conn.php';

    $page = new Page();
    $page->initBuyPage($_GET['page']);

    $smarty->assign('buy_info',$page->buy_info);
    $smarty->assign('curr_page',$page->curr_page);
    $smarty->assign('total_page',$page->total_page);
    $smarty->assign('pre_page',$page->pre_page);
    $smarty->assign('next_page',$page->next_page);
    $smarty->assign('pages',$page->pages);

    //调用并显示模板
    $smarty->display('book_tobuy.html');
?>
```

页面显示效果如图 18.14 所示。

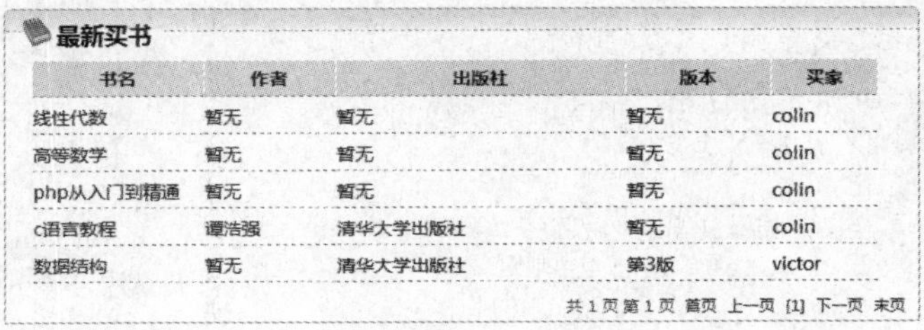

最新买书

书名	作者	出版社	版本	买家
线性代数	暂无	暂无	暂无	colin
高等数学	暂无	暂无	暂无	colin
php从入门到精通	暂无	暂无	暂无	colin
c语言教程	谭浩强	清华大学出版社	暂无	colin
数据结构	暂无	清华大学出版社	第3版	victor

共 1 页 第 1 页 首页 上一页 [1] 下一页 末页

图 18.14 分页

18.4.5 关键字搜索模块

关键字搜索模块实现通过关键字进行书籍信息的搜索，涉及的知识主要包括 PHP 下的 MySQL 操作、PHP 下的分页显示、jQuery 下的 AJAX 操作等。

Smarty 模板文件如下：

```
    <!--搜索结果 -->
    <div class="lblock_s">
        <div class="lblock_h">
            <div class="label">
                <a>搜索结果</a>
            </div>
        </div>
        <div class="lblock_m">
            {section name=i loop=$search_info}
            <div class="inf">
                <table cellpadding="0" cellspacing="0">
                    <tr>
                        <td width="80px" class="bname">书名：</td>
                        <td colspan="5" class="bbody">{$search_info[i].p_name}</td>
                    </tr>
                    <tr>
                        <td width="80px" class="bname">作者：</td>
                        <td      colspan="3"      width="240px"      class="bbody">
{$search_info[i].p_author}</td>
                        <td width="80px" class="bname">出版社：</td>
                        <td  width="240px"  class="bbody">{$search_info[i].p_press}
</td>
                    </tr>
                    <tr>
                        <td width="80px" class="bname">原价：</td>
                       <td width="80px" class="bbody">{$search_info[i].p_ori_price}
</td>
                        <td width="80px" class="bname">现价:</td>
                        <td  width="80px"  class="bbody">{$search_info[i].p_price}
</td>
                        <td  colspan="2"  width="320px"  class="bname"><a  class=
"cclick"
                            id="contact"> 详 细 资 料  <input  class="hiden_value"
type="hidden"
                                value="{$search_info[i].p_id}" /> </a></td>
                    </tr>
                </table>
            </div>
            {/section}
            <div class="divition">
                <label  class="flabel"> 共  {$total_page}  页   第
 {$curr_page} 页 </label>
                <a class="cclick"

    href="search_results.php?page=1&keyword={$keyword}&keyword_index={$keyword_ind
ex}">首页</a><label
                    class="flabel"> </label> <a class="cclick"

    href="search_results.php?page={$pre_page}&keyword={$keyword}&keyword_index={$k
```

```
eyword_index}">上一页</a><label
                    class="flabel"> </label> {section name=i loop=$pages} <a
                    class="cclick"

    href="search_results.php?page={$pages[i]}&keyword={$keyword}&keyword_index={$k
eyword_index}">[{$pages[i]}]</a><label
                    class="flabel"> </label> {/section} <a class="cclick"

    href="search_results.php?page={$next_page}&keyword={$keyword}&keyword_index={$
keyword_index}">下一页</a><label
                    class="flabel"> </label> <a class="cclick"

    href="search_results.php?page={$total_page}&keyword={$keyword}&keyword_index={
$keyword_index}">末页</a>
            </div>
        </div>
    </div>
```

实现分页显示的 PHP 类文件如下：

```
    <?php
       require_once 'comm/conn.php';

        /*
         * 分页显示类
         */
        class Page
        {
            private $page_size;                              //每页显示的结果数
            public $curr_page;                               //当前页码
            public $total_page;                              //总页码数
            public $pre_page;                                //上一页页码
            public $next_page;                               //下一页页码
            public $pages;                                   //页码数字
            public $search_info;                             //搜索信息

            //构造函数
            function __construct($page_size = 5){
                $this->page_size=$page_size;
            }
            //初始化设置（关键字搜索结果）
            function initSearchPage($curr_page,$keyword,$keyword_index){
                $sql = <<<SQL
                    SELECT COUNT(*)
                   FROM p_book
                    WHERE {$keyword_index} LIKE "%{$keyword}%"
    SQL;
              $result = mysql_query($sql);
              $row = mysql_fetch_row($result);

              $this->total_page = ceil($row[0]/$this->page_size);
```

```
            if($curr_page > $this->total_page){
              $this->curr_page = $this->total_page;
            }elseif($curr_page < 1){
              $this->curr_page = 1;
            }else{
              $this->curr_page = $curr_page;
            }

            $this->pre_page = $this->curr_page - 1 < 1 ? 1 : $this->curr_page - 1;
              $this->next_page  =  $this->curr_page  +  1  >  $this->total_page  ?
$this->total_page : $this->curr_page + 1;

              $this->pages = array();
              $i = 5;
              $page = $this->curr_page;
              if($this->curr_page + $i > $this->total_page){
                  $page = $this->total_page - $i + 1;
                  if($page < 1){
                      $page = 1;
                  }
              }

              while($page<=$this->total_page && $i>0){
                  array_push($this->pages, $page);
                  ++$page;
                  --$i;
              }

              $start = ($this->curr_page - 1)*$this->page_size;
              $sql = <<<SQL
                  SELECT p_name,p_author,p_press,p_ori_price,p_price,p_id
                  FROM p_book
                  WHERE {$keyword_index} LIKE "%{$keyword}%"
                  ORDER BY p_id DESC
                  LIMIT {$start},{$this->page_size}
SQL;
              $result = mysql_query($sql);
              $this->search_info = array();
              if(mysql_num_rows($result)){
                  while($row = mysql_fetch_assoc($result)){
                      array_push($this->search_info, $row);
                  }
              }

          }
      }
?>
```

处理搜索事件的 JavaScript 文件如下：

```
// JavaScript Document
$('document').ready(function(){
    /*
     * 开始搜索
     */
    function startSearch(){
     var keyword = $("#keyword").val();
         var keywordIndex = $("#keyword_index").val();
         if(keyword == ""){
             dialog("搜索关键词不能为空");
         }else{
             var      href      =      "search_results.php?page=1&keyword="      +
encodeURIComponent(keyword) +
                  "&keyword_index="+encodeURIComponent(keywordIndex);

             window.location.href = href;
         }
    }
    /*
     * Jquery:处理搜索回车
     */
    $("#search_form").keydown(function(event){
       if (event.keyCode == 13) {
         startSearch();
       }
    });
    /*
     * jQuery:单击搜索图标
     */
    $('.sbutton').bind('click',function(){
     startSearch();
     });
});
```

调用模板的 PHP 文件部分内容如下。

```
<?php
     session_start();

     //包含 Smarty 文件
     require 'class/MySmarty.class.php';
     //实例化 Smarty 类
     $smarty = new MySmarty();
     /* 查询并显示关键字搜索信息 */
     require 'class/Page.class.php';
     require_once 'comm/conn.php';

     $page = new Page();
     $page->initSearchPage($_GET['page'],$_GET['keyword'],$_GET['keyword_index']);

     $smarty->assign('search_info',$page->search_info);
```

```
    $smarty->assign('curr_page',$page->curr_page);
    $smarty->assign('total_page',$page->total_page);
    $smarty->assign('pre_page',$page->pre_page);
    $smarty->assign('next_page',$page->next_page);
    $smarty->assign('pages',$page->pages);
    $smarty->assign('keyword',$_GET['keyword']);
    $smarty->assign('keyword_index',$_GET['keyword_index']);

    //调用并显示模板
    $smarty->display('search_results.html');
?>
```

例如，输入关键字“孔雀”，搜索结果如图 18.15 所示。

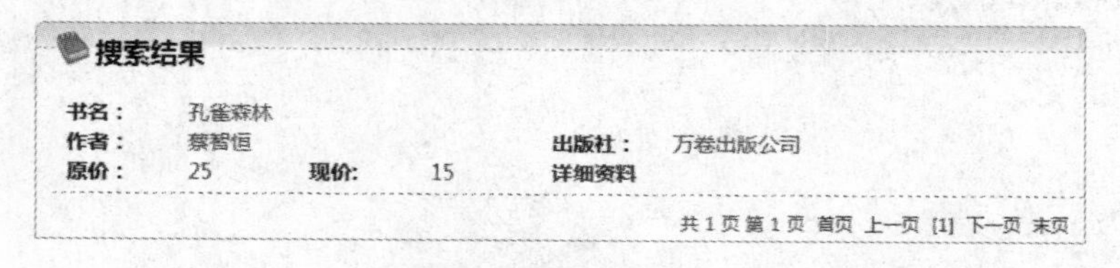

图 18.15 搜索页面

18.4.6 书籍分类模块

书籍分类模块用于实现二手书的分类，并通过分类进行书籍信息的搜索，涉及的知识主要包括 PHP 下的 MySQL 操作、PHP 下的分页显示、jQuery 下的 AJAX 操作以及 jQuery 下的 UI 等。

Smarty 模板文件如下：

```
<!-- 分类 -->
<div class="rblock_d">
    <div class="rblock_h"></div>
    <div class="rblock_m">
        <div id="accordion">
            <h3>
                <a href="#">院系教材</a>
            </h3>
            <div>{$book1}</div>
            <h3>
                <a href="#">考试教辅</a>
            </h3>
            <div>{$book2}</div>
            <h3>
                <a href="#">期刊杂志</a>
            </h3>
            <div>{$book3}</div>
            <h3>
                <a href="#">人文社科</a>
            </h3>
            <div>{$book4}</div>
            <h3>
                <a href="#">科技管理</a>
```

```
                </h3>
                <div>{$book5}</div>
                <h3>
                    <a href="#">工具书</a>
                </h3>
                <div>{$book6}</div>
            </div>
        </div>
    </div>
```

实现分类的 PHP 类文件如下：

```
    <?php
        require_once('./comm/conn.php');

        /*
         * 获取类名称的类
         * 相关 css 文件:  classification.css
         */
        class Classification
        {
            public $clssification_array;      //保存类名称

            //构造函数
            function __construct(){
                $query = 'SELECT * FROM class WHERE f_id = 0';
                $result = mysql_query($query);
                while($row = mysql_fetch_array($result)){
                    $query_son = 'SELECT * FROM class WHERE f_id = '.$row[0];
                    $result_son = mysql_query($query_son);
                    $i=0;
                    while($row_son = mysql_fetch_array($result_son)){
                        $this->clssification_array[$row[2]][$i++] = array($row_son[0],
$row_son[2]);
                    }
                }

            }

            //方法: 显示分类
            function display_class($name){
                $flag = 0;

                $str = '<div class="classification1">';
                foreach($this->clssification_array[$name] as $value){
                    if(++$flag %2 == 1){
                        $str      .=      '<a      href="class_search.php?page=1&id=
'.$value[0].'">'.$value[1].'</a><br>';
                    }
                }
                $str .= '</div>';
```

```
                $flag = 0;
                $str .= '<div class="classification2">';
                foreach($this->clssification_array[$name] as $value){
                    if(++$flag %2 == 0){
                        $str      .=      '<a      href="class_search.php?page=1&id=
'.$value[0].'">'.$value[1].'</a><br>';
                    }
                }
                $str .= '</div>';

                return $str;
            }

        }

    ?>
```

获取分类名称的 PHP 类文件如下：

```
<?php
    require_once('./comm/conn.php');
     /*
      * 获取书籍分类名称的类
      */
     class GetClassName
     {
         private $id;                        //分类 id
         private $sheet;                     //表名
         public $name;                       //书籍分类名

         //构造函数
         function __construct($id,$sheet="class")
         {
             $this->id = $id;
             $this->sheet = $sheet;

             $sql = ' SELECT name '.
                    ' FROM '.$this->sheet.
                     ' WHERE id = '.$id;
             $result = mysql_query($sql);
             $row = mysql_fetch_assoc($result);

             $this->name = $row['name'];
         }
     }
?>
```

实现分页显示的 PHP 类文件如下：

```
<?php
    require_once 'comm/conn.php';
```

```
    /*
     * 分页显示类
     */
    class Page
    {
        private $page_size;                         //每页显示的结果数
        public $curr_page;                          //当前页码
        public $total_page;                         //总页码数
        public $pre_page;                           //上一页页码
        public $next_page;                          //下一页页码
        public $pages;                              //页码数字
        public $classSearch_info;                   //按种类搜索信息

        //构造函数
        function __construct($page_size = 5){
            $this->page_size=$page_size;
        }

        //初始化设置（分类查询结果）
        function initClassSearchPage($curr_page,$id){
            $sql = <<<SQL
                SELECT COUNT(*)
               FROM p_book
                WHERE p_cid = {$id}
                ORDER BY p_id DESC
SQL;
          $result = mysql_query($sql);
          $row = mysql_fetch_row($result);

          $this->total_page = ceil($row[0]/$this->page_size);

          if($this->total_page >0 && $curr_page > $this->total_page){
            $this->curr_page = $this->total_page;
          }elseif($curr_page < 1){
            $this->curr_page = 1;
          }else{
            $this->curr_page = $curr_page;
          }

          $this->pre_page = $this->curr_page - 1 < 1 ? 1 : $this->curr_page - 1;
            $this->next_page  =  $this->curr_page  +  1  >  $this->total_page  ?
$this->total_page : $this->curr_page + 1;

            $this->pages = array();
            $i = 5;
            $page = $this->curr_page;
            if($this->curr_page + $i > $this->total_page){
                $page = $this->total_page - $i + 1;
                if($page < 1){
                    $page = 1;
```

```
                    }
                }

                while($page<=$this->total_page && $i>0){
                    array_push($this->pages, $page);
                    ++$page;
                    --$i;
                }

                $start = ($this->curr_page - 1)*$this->page_size;
                $sql = <<<SQL
                    SELECT p_name,p_author,p_press,p_ori_price,p_price,p_id
                    FROM p_book
                    WHERE p_cid = {$id}
                    ORDER BY p_id DESC
                    LIMIT {$start},{$this->page_size}
SQL;
                $result = mysql_query($sql);
                $this->classSearch_info = array();
                if(mysql_num_rows($result)){
                    while($row = mysql_fetch_assoc($result)){
                        array_push($this->classSearch_info, $row);
                    }
                }

            }
        }
?>
```

实现手风琴特效分类栏的 jQuery 代码如下：

```
// JavaScript Document
$('document').ready(function(){
    /*
     * jQuery UI:手风琴风格的分类栏
     */
    $("#accordion").accordion({
        event: "mouseover",
        autoHeight: false
    });
});
```

调用 Smarty 模板的部分 PHP 代码如下：

```
<?php
    session_start();

    //包含 Smarty 文件
    require 'class/MySmarty.class.php';
    //实例化 Smarty 类
    $smarty = new MySmarty();
```

```
    //书籍分类信息
    require 'class/Classification.class.php';
    $book_class = new Classification();
    $smarty->assign('book1',$book_class->display_class('院系教材'));
    $smarty->assign('book2',$book_class->display_class('考试教辅'));
    $smarty->assign('book3',$book_class->display_class('期刊杂志'));
    $smarty->assign('book4',$book_class->display_class('人文社科'));
    $smarty->assign('book5',$book_class->display_class('科技管理'));
    $smarty->assign('book6',$book_class->display_class('工具书'));
    //调用并显示模板
    $smarty->display('index.html');
?>
```

分类结果如图 18.16 所示。

单击分类链接后，出现图 18.17 所示的查询信息。

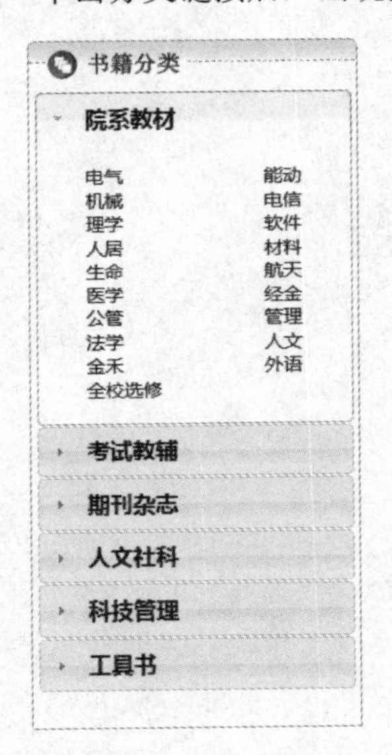

图 18.16　分类导航

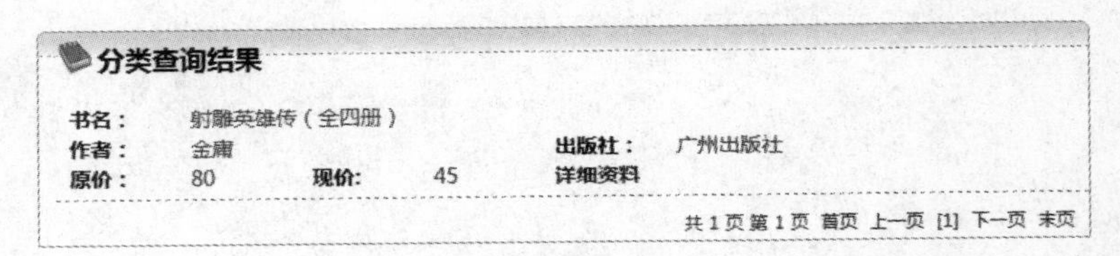

图 18.17　查询结果

18.4.7　通知公告模块

通知公告模块用于显示系统公告信息，涉及的知识主要是 PHP 下的 MySQL 操作。

右侧栏显示滚动公告信息的 Smarty 模板文件如下：

```
<!—公告 -->
<div class="rblock_n">
    <div class="rblock_h"></div>
    <div class="rblock_m">
        <div class="news">
            <marquee direction="up" scrollamount="2" scrolldelay="0">
                {$anno}
            </marquee>
        </div>
    </div>
```

```
</div>
```

显示详细公告信息的 Smarty 模板文件如下：

```
<!-- 公告 -->
<div class="lblock_s">
    <div class="lblock_h">
        <div class="label">
            <a href="newbook_tosell.php">公告</a>
        </div>
    </div>
    <div class="lblock_m">{$news}</div>
</div>
```

处理公告信息的 PHP 类文件如下：

```
<?php
    require_once('./comm/conn.php');

    /*
     * 公告类
     */
    class Announcement{
        private $count;

        function __construct($count = 8){
            $this->count = $count;
        }

        public function getAnno()
        {
            $query = 'SELECT id,title FROM news LIMIT '.$this->count;
            $result = mysql_query($query);

            $str = '<ul>';
            if(mysql_num_rows($result)){
                while($row = mysql_fetch_array($result,MYSQL_ASSOC)){
                    $str  .=  '<li><a  href="news.php?news_id='.$row['id'].'">
'.$row['title'].'</a></li>';
                }
            }
            $str .= '</ul>';

            return $str;
        }
    }
?>
```

调用 Smarty 模板的部分 PHP 代码如下：

```
<?php
    session_start();
    //包含 Smarty 文件
    require 'class/MySmarty.class.php';
```

```
    //实例化 Smarty 类
    $smarty = new MySmarty();

    //显示公告信息
    require_once('comm/conn.php');
    if(isset($_GET['news_id'])){
        $news_id = $_GET['news_id'];
        $sql = "SELECT content FROM news WHERE id = ".$news_id;
        $result = mysql_query($sql);
        $row = mysql_fetch_array($result);
        $smarty->assign("news",$row['content']);
    }
    //通知公告
    require 'class/Announcement.class.php';
    $anno = new Announcement();
    $smarty->assign('anno',$anno->getAnno());
    //调用并显示模板
    $smarty->display('index.html');
?>
```

右侧栏显示滚动公告信息显示效果如图 18.18 所示。详细公告信息如图 18.19 所示。

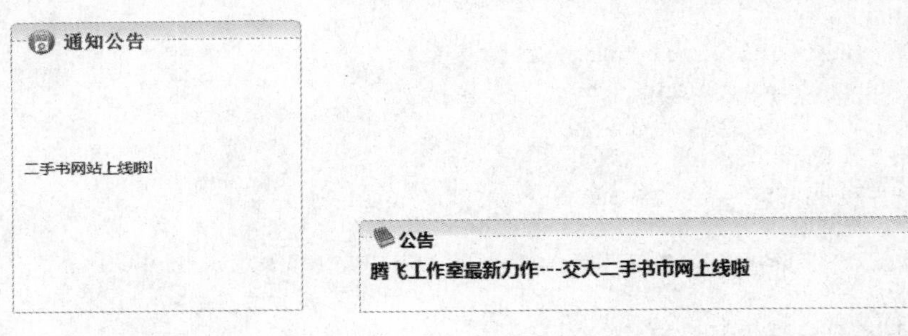

图 18.18　公告　　　　图 18.19　公告信息

18.4.8　活跃用户显示模块

活跃用户显示模块用于显示积分排名靠前的用户，涉及的知识主要是 PHP 下的 MySQL 操作。Smarty 模板文件如下：

```
<!-- users -->
<div class="rblock_u">
    <div class="rblock_h"></div>
    <div class="rblock_m">
        <div class="user">
            <table>
                <tr class="user_head">
                    <td class="uname">用户名</td>
                    <td class="uscor">积分</td>
                    <td class="urank">排名</td>
                </tr>
                {section name=i loop=$users}
                <tr class="user_body">
```

```
                        <td class="name">{$users[i].name}<input type="hidden"
                            value="{$users[i].id}" />
                        </td>
                        <td class="uscor">{$users[i].scores}</td>
                        <td class="urank">{$users[i].rank}</td>
                    </tr>
                    {/section}
                </table>
            </div>
        </div>
    </div>
```

处理活跃用户的 PHP 类文件如下：

```
<?php
require_once ('./comm/conn.php');
/*
 * 首页活跃用户处理类
 */
class ActiveUser {

    private $user_num;
    //构造函数
    function __construct($user_num = 10) {
        $this->user_num = $user_num;
    }
    //获取活跃用户信息
     public function getUserInfo()
     {
         $query = 'SELECT * FROM user '.' ORDER BY scores DESC '.'LIMIT
'.$this->user_num;
        $result = mysql_query($query);

        $users = array();
        $rank = 0;
        if (mysql_num_rows($result)>0) {
            while ($row = mysql_fetch_assoc($result)) {
                $row['rank'] = $rank;
                array_push($users, $row);
            }
        }

        return $users;
     }
     //获取用户积分
     public function getUserScore($member_id)
     {
         $sql = "SELECT scores FROM user WHERE id = ".$member_id;
        $result = mysql_query($sql);
        $row = mysql_fetch_assoc($result);
```

```
            return $row['scores'];
        }
    }
?>
```

调用 Smarty 模板的部分 PHP 代码如下：

```
<?php
    session_start();
    //包含 Smarty 文件
    require 'class/MySmarty.class.php';
    //实例化 Smarty 类
    $smarty = new MySmarty();

    //活跃用户
    require 'class/ActiveUser.class.php';
    $users = new ActiveUser();
    $smarty->assign('users',$users->getUserInfo());
    //调用并显示模板
    $smarty->display('index.html');
?>
```

右侧栏显示活跃用户信息显示效果如图 18.20 所示。

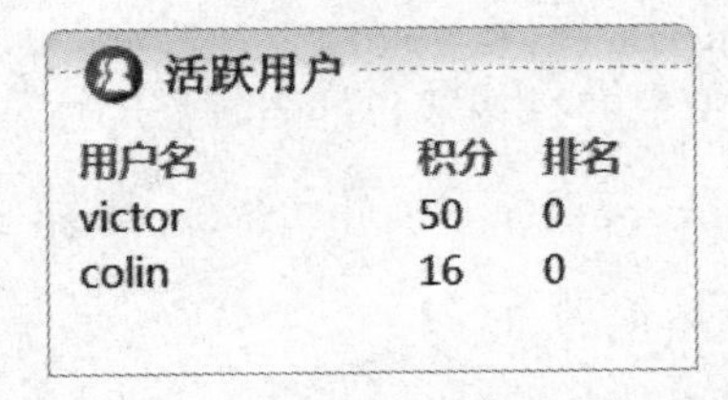

图 18.20　用户排行信息

18.4.9　邮件发送模块

邮件发送模块用于发送邮件到指定系统指定邮箱，从而收集用户意见，涉及的知识主要是 PHP 下的 Socket 操作。

实现邮件发送的 PHP 类文件如下：

```
<?php
/*
 * 邮件发送类
 */
class smtp {
    /* Public 公共变量 */
    var $smtp_port;
    var $time_out;
    var $host_name;
    var $relay_host;
    var $auth;
    var $user;
    var $pass;
```

```
        /* 私有变量 */
        var $sock;

        /* 构造方法 */
        function smtp($relay_host = "", $smtp_port = 25, $auth = false, $user, $pass) {
            $this->smtp_port = $smtp_port;
            $this->relay_host = $relay_host;
            $this->time_out = 30;
            #
            $this->auth = $auth;
            $this->user = $user;
            $this->pass = $pass;
            #

            $this->sock = FALSE;
        }

        /*方法: 发送邮件 */
        function sendmail($to, $from, $subject = "", $body = "", $mailtype, $cc = "",
$bcc = "", $additional_headers = "") {
            $mail_from = $this->get_address($this->strip_comment($from));
            $body = ereg_replace("(^|(\r\n))(\\.)", "\\1.\\3", $body);
            $header = "MIME-Version:1.0\r\n";
            if ($mailtype == "HTML") {
                $header .= "Content-Type:text/html;charset=utf-8\r\n";
            }
            $header .= "To: ".$to."\r\n";
            if ($cc != "") {
                $header .= "Cc: ".$cc."\r\n";
            }
            $header .= "From: $from<".$from.">\r\n";
            $header .= "Subject: ".$subject."\r\n";
            $header .= $additional_headers;
            $header .= "Date: ".date("r")."\r\n";
            $header .= "X-Mailer:By Redhat (PHP/".phpversion().")\r\n";
            list($msec, $sec) = explode(" ", microtime());
            $header    .=    "Message-ID:    <".date("YmdHis",    $sec).".".($msec    *
1000000).".".$mail_from.">\r\n";
            $TO = explode(",", $this->strip_comment($to));

            if ($cc != "") {
                $TO = array_merge($TO, explode(",", $this->strip_comment($cc)));
            }

            if ($bcc != "") {
                $TO = array_merge($TO, explode(",", $this->strip_comment($bcc)));
            }

            $sent = TRUE;
```

```
        foreach ($TO as $rcpt_to) {
            $rcpt_to = $this->get_address($rcpt_to);
            if (!$this->smtp_sockopen($rcpt_to)) {
                $sent = FALSE;
                continue;
            }
            if ($this->smtp_send($this->host_name, $mail_from, $rcpt_to, $header,
$body)) {
            } else {
                $sent = FALSE;
            }
            fclose($this->sock);
        }
        return $sent;
    }

    function smtp_send($helo, $from, $to, $header, $body = "") {
        if (!$this->smtp_putcmd("HELO", $helo)) {
            return $this->smtp_error("sending HELO command");
        }
        #auth
        if ($this->auth) {
            if (!$this->smtp_putcmd("AUTH LOGIN", base64_encode($this->user))) {
                return false;
            }

            if (!$this->smtp_putcmd("", base64_encode($this->pass))) {
                return false;
            }
        }
        #
        if (!$this->smtp_putcmd("MAIL", "FROM:<".$from.">")) {
            return false;
        }

        if (!$this->smtp_putcmd("RCPT", "TO:<".$to.">")) {
            return false;
        }

        if (!$this->smtp_putcmd("DATA")) {
            return false;
        }

        if (!$this->smtp_message($header, $body)) {
            return false;
        }

        if (!$this->smtp_eom()) {
            return false;
        }
```

```
        if (!$this->smtp_putcmd("QUIT")) {
            return false;
        }

        return TRUE;
    }

    function smtp_sockopen($address) {
        if ($this->relay_host == "") {
            return $this->smtp_sockopen_mx($address);
        } else {
            return $this->smtp_sockopen_relay();
        }
    }

    function smtp_sockopen_relay() {
        $this->sock = @fsockopen($this->relay_host, $this->smtp_port, $errno,
$errstr, $this->time_out);
        if (!($this->sock && $this->smtp_ok())) {
            return FALSE;
        }

        return TRUE;
    }

    function smtp_sockopen_mx($address) {
        $domain = ereg_replace("^.+@([^@]+)$", "\\1", $address);
        if (!@getmxrr($domain, $MXHOSTS)) {
            return FALSE;
        }
        foreach ($MXHOSTS as $host) {
            $this->sock = @fsockopen($host, $this->smtp_port, $errno, $errstr,
$this->time_out);
            if (!($this->sock && $this->smtp_ok())) {
                continue;
            }
            return TRUE;
        }
        return FALSE;
    }

    function smtp_message($header, $body) {
        fputs($this->sock, $header."\r\n".$body);

        return TRUE;
    }

    function smtp_eom() {
        fputs($this->sock, "\r\n.\r\n");
```

```
        return $this->smtp_ok();
    }

    function smtp_ok() {
        $response = str_replace("\r\n", "", fgets($this->sock, 512));

        if (!ereg("^[23]", $response)) {
            fputs($this->sock, "QUIT\r\n");
            fgets($this->sock, 512);
            return FALSE;
        }
        return TRUE;
    }

    function smtp_putcmd($cmd, $arg = "") {
        if ($arg != "") {
            if ($cmd == "")
                $cmd = $arg;
            else
                $cmd = $cmd." ".$arg;
        }

        fputs($this->sock, $cmd."\r\n");

        return $this->smtp_ok();
    }

    function strip_comment($address) {
        $comment = "\\([^()]*\\)";
        while (ereg($comment, $address)) {
            $address = ereg_replace($comment, "", $address);
        }

        return $address;
    }

    function get_address($address) {
        $address = ereg_replace("([ \t\r\n])+", "", $address);
        $address = ereg_replace("^.*<(.+)>.*$", "\\1", $address);

        return $address;
    }
}
?>
```

实现邮件发送的 JavaScript 代码如下：

```
// JavaScript Document
$('document').ready(function(){
    /*
    * jQuery:联系我们-发送邮件
    */
```

```
    $(".user_help").find(".contact_us").click(function(){
        $(".email").dialog({
            title: 'Thank You For Advice',
            modal: true,
            width: 400,
            buttons: {
                "点击发送邮件": function(){
                    $name = $(this).find("#name").val();
                    $advice = $(this).find("#advice").val();
                    if ($name != "" && $advice != "") {
                        $.post('ajax_email.php', {
                            'name': encodeURIComponent($name),
                            'advice': encodeURIComponent($advice)
                        }, function(data){
                            var length = data.length;
                            if (data.substr(length - 2, 2) == 'ok') {
                                alert("邮件发送成功! \n 衷心感谢你对交大二手书网的支持! ");
                                $(".email").dialog("close");
                            }
                            else {
                                alert("邮件发送失败，请稍后再试! ");
                                $(".email").dialog("close");
                            }
                        });
                    }
                    else {
                        alert("内容不能为空");
                    }
                }
            },
            hide: 'slide',
            show: 'slide'
        });
    });

});
```

处理该 JavaScript 代码相关的 PHP 代码如下：

```
<?
    require 'class/Email.class.php';

    $name = urldecode($_POST['name']);                          //姓名
    $advice = urldecode($_POST['advice']);                      //建议

    $smtpserver = "smtp.sina.com";                              //邮件服务器
    $smtpserverport = 25;                                       //端口号
    $smtpusermail = "mathboylinlin@sina.com";                   //发送邮箱
    $smtpemailto = "mathboylinlin@sina.com";                    //接收邮箱
    $smtpuser = "mathboylinlin";                                //用户名
    $smtppass = "mathboy051103";                                //用户密码
```

```
        $mailsubject = "Adice From ".$name;                     //邮件主题
        $mailbody = $advice;                                    //邮件内容
        $mailtype = "HTML";                                     //邮件类型

        $smtp = new smtp($smtpserver, $smtpserverport, true, $smtpuser, $smtppass);
        //$smtp->debug = FALSE;
        $smtp->sendmail($smtpemailto,   $smtpusermail,   $mailsubject,   $mailbody,
$mailtype);

        if ($smtp) {
        echo 'ok';
        } else {
        echo 'error';
        }
    ?>
```

邮件发送的效果如图 18.21 所示。

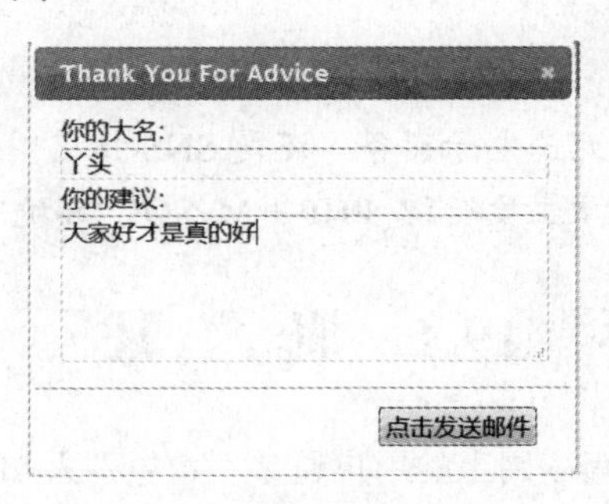

图 18.21　邮件发送

18.5　本章小结

本章综合前面所讲内容，以校园二手书交易网站开发为例，从系统设计、数据库设计、各个功能模块设计等方面，详细介绍了基于 PHP + MySQL + Smarty + jQuery 框架的网站开发。

第 19 章　加强安全：使用 PHP 和 MySQL 实现身份验证

在互联网日益发展的今天，无论电子商务，还是 SNS 社交网络，都需要进行用户身份认证。用户身份认证的方式有很多，本章主要介绍 PHP + MySQL 环境下的常用身份认证。

19.1　概　　述

互联网是一个匿名的网络，互联网上的用户通常不希望别人知道他们的个人信息，因为信息一旦泄露，可能从此永无宁日，比如会收到大量垃圾短信、包含广告和木马病毒的垃圾邮件，还可能会收到骚扰威胁诈骗电话等。总之，用户们习惯在互联网上，或是表达自己的独特观点，或是吐槽拍砖自嘲，但就是不想让别人知道他们究竟是谁。以前互联网上流传一个段子，说是你每天在网上和别人聊天很欢，但你却不知道对方是猫是狗还是一个人。这些都说明，互联网用户是不希望泄露个人的真实信息。

但很多时候，很多网站却需要鉴别访问者的身份，或是基于此向用户推送个性化内容，或是基于此保障用户的个人信息安全（例如网上银行）。通常在这种情况下，每个登录用户都拥有一个自己的账户名和密码，网站通过账户名和密码的匹配来识别用户。这就是常见的用户身份认证。

用户身份认证的方式有很多，例如有基于 HTTP 协议的、有基于服务器的、有基于数据库的，还有就是在电子商务发展浪潮中兴起的动态密码、短信密码、USB KEY 等。本章主要介绍在 PHP + MySQL 环境下的用户身份认证方式。

19.2　实现身份验证的几种方式

19.2.1　基于 HTTP 的单用户身份验证

HTTP 协议本身内置了用户身份验证。在 PHP 环境下，我们可以利用函数 header()发送 HTTP 头来强制进行验证。在这种情况下，客户端浏览器会弹出对话框，要求访问者输入用户名和密码。

然后，客户端用户输入的信息会被传送到服务端，并保存在 $_SERVER['PHP_AUTH_USER'] 和 $_SERVER['PHP_AUTH_PW'] 这两个全局变量中。利用这些变量，即可实现用户身份验证。

例如：

```
<?php
  if (!isset($_SERVER['PHP_AUTH_USER'])) {
    header('WWW-Authenticate: Basic realm="My Realm"');
    header('HTTP/1.0 401 Unauthorized');
    echo '您已取消认证，这将造成无法登录该网站。';
    exit;
  } else {
    echo "<p>您好，".$_SERVER['PHP_AUTH_USER']."! </p>";
    echo "<p>您的密码是: ".$_SERVER['PHP_AUTH_PW']."，请妥善保管。</p>";
  }
?>
```

执行这段代码后将会弹出一个对话框，要求访问者输入用户名和密码。在 IE 浏览器下，对话框如图 19.1 所示。在 Firefox 浏览器下，对话框如图 19.2 所示。

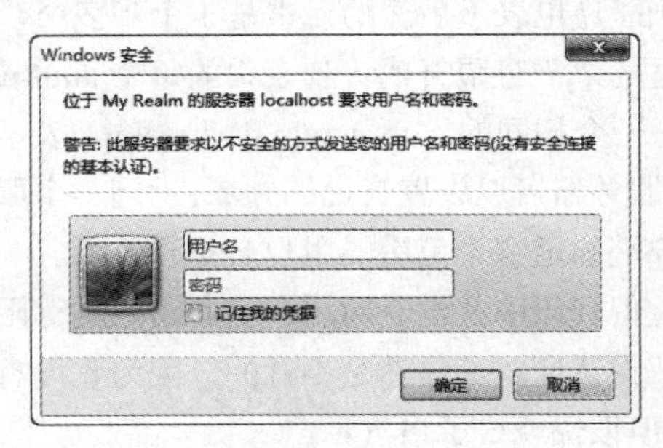

图 19.1　登录界面

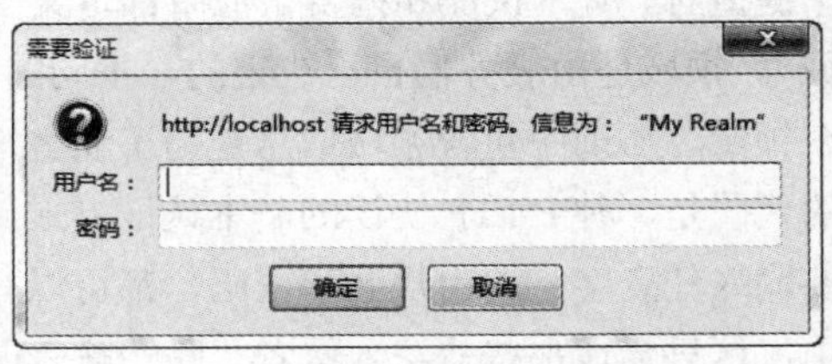

图 19.2　验证信息

如果用户单击对话框中的“取消”按钮，将会输出图 19.3 所示的页面。如果用户输入了用户名（例如 Mo）和密码（例如 3.1415926），并单击“确定”按钮，将会输出图 19.4 所示的页面。

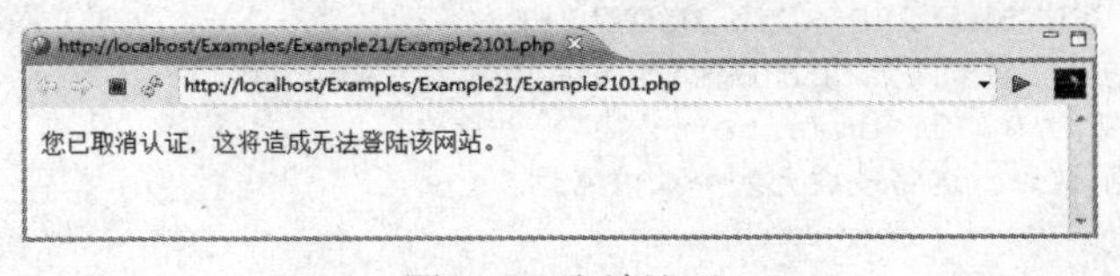

图 19.3　取消认证

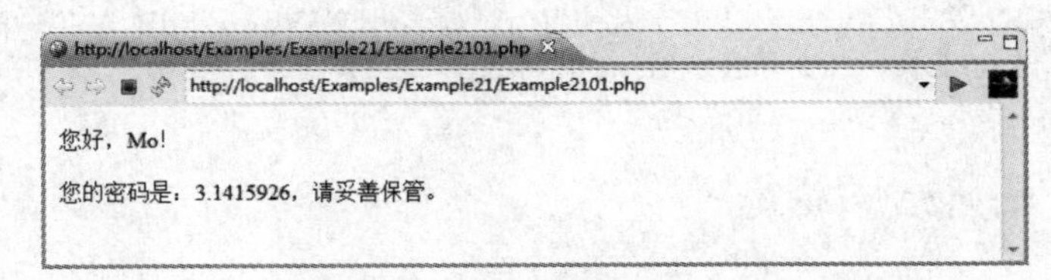

图 19.4　登录成功

上面这段代码采用的 HTTP 认证，实质上是一种“质询-响应（Challenge-Response）”机制的认证方式。“质询”是服务器端对客户端的质询，即要求客户端发送认证信息。“响应”是客户端对“质询”的响应，即发送带有认证信息的 HTTP 请求。

一般来说，客户端第一次请求一个 URI 时，并不知道是否需要认证，因此总是不带认证信息的，这时服务器端就会找不到认证信息，认证失败，于是向客户端发出一个“质询”。所谓“发出质询”，就是给客户端发送一个 HTTP 响应，其状态码为 401 (Unauthorized)，并且包含消息头 WWW-Authenticate，客户端看到这个响应就知道这个 URI 需要认证。服务器端对认证信息进行判断，只有认证通过，才会响应客户端的请求。

WWW-Authenticate 消息头格式为：

```
WWW-Authenticate:challenge
```

其中，challenge 就是质询信息，它的具体定义为：

```
challenge = auth-scheme 1*SP 1#auth-param
```

其中，auth-scheme 表示认证方案，它被定义为一个 token。所谓 token，就是一些具有特定的含义的字符串。auth-scheme 的取值只能是 Basic 或 Digest，分别表示基本认证和摘要认证。token 还可以进行扩展，也就是说可以取其他符号，只要服务器端和客户端互相约定好即可。

1*SP 表示 1 个或多个空格符。其中，1*表示数量为 1 个到多个，SP 表示空格符。

1#auth-param 表示一个 auth-param 的列表。其中的 1#也表示后面的元素是 1 个到多个，但与 1* 不同的是，1# 表示一个“列表”，即元素之间是用逗号“,”分隔开的。列表中的每个 auth-param 被定义为一个键值对。基本认证和摘要认证中都定义了一个相同的 auth-param，即 realm，表示要求认证的“领域”。领域是由服务器自己决定的，不同的服务器可以设置自己的领域， 同一个服务器也可以有多个领域。质询中包含领域信息是为了让客户端知道哪个范围的用户名是合法的。

上面的代码是一种 HTTP 协议的基本认证方式，但代码中并没有对用户名和密码进行限制，这意味着只要输入任意字符的用户名和密码，都可以获得认证。这显然是不行的，因为它没有起到认证的的作用，这只会让那些非法入侵者“吓一跳”，但很快就松了口气。

因此，我们需要在代码中对用户名和密码进行限制，使得不是所有的用户名和密码都可以登录。例如：

```
<?php
  if (!isset($_SERVER['PHP_AUTH_USER'])) {
    header('WWW-Authenticate: Basic realm="My Realm"');
    header('HTTP/1.0 401 Unauthorized');
    echo '您已取消认证，这将造成无法登录该网站。';
    exit;
  } else {
    if($_SERVER['PHP_AUTH_USER'] == "Mo" && $_SERVER['PHP_AUTH_PW'] == "3.14"){
        echo "<p>您好，".$_SERVER['PHP_AUTH_USER']."! </p>";
    echo "<p>您已成功登录。</p>";
    }else{
        echo "用户名或密码错误! ";
    }
  }
?>
```

这段代码对用户名和密码进行了限制，用户名必须为 Mo，密码必须为 3.14。成功输入用户名和密码后，会输出图 19.5 所示的页面。输入错误的用户名和密码后，会输出图 19.6 所示的页面。

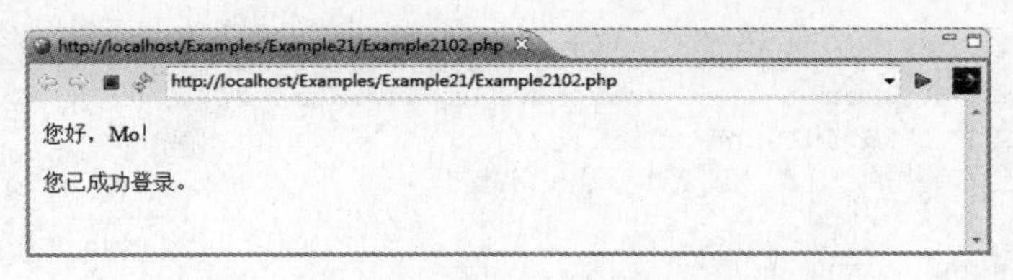

图 19.5　成功登录

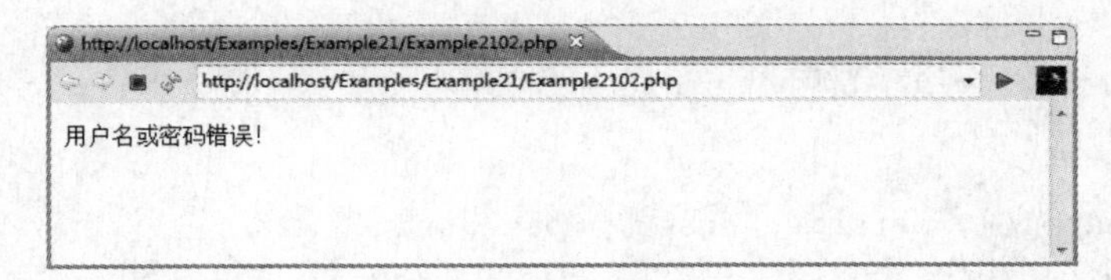

图 19.6　错误提示

19.2.2　基于 HTTP 的多用户身份验证

上一节最后一段代码实现了对用户名和代码的限制，但它有一个致命的缺陷，那就是它的用户名和密码只有一对，没法实现对多个访问者的认证，因为每个访问者需要各自不同的用户名和密码。而且，用户名和密码暴露在 PHP 代码中，这是非常危险的。因为非法入侵者很有可能看到该文件，从而获得用户名和密码。此外，将用户名和密码直接写在代码中，一旦需要修改用户名和密码，还必须要修改代码，这是很多管理员不愿意做的事。

因此，我们有必要结合数据库来实现更安全更灵活的身份验证。这里的数据库采用 MySQL。

首先，我们在 MySQL 中新建一个数据库 auth，然后新建一张 user 表，用来存放用户名和密码。

生成数据库的 SQL 语句如下：

```
CREATE DATABASE'auth'
DEFAULT CHARACTER SET utf8
COLLATE utf8_general_ci;
```

生成数据表的 SQL 语句如下：

```
CREATE TABLE IF NOT EXISTS'user'
(
  'name' varchar(20) NOT NULL COMMENT '用户名',
 'pwd' varchar(20) NOT NULL COMMENT '密码'
);
```

向其中插入几条记录：

```
INSERT INTO 'user' ('name', 'pwd') VALUES
 ('Mo', '3.14'),
 ('Colin', '142857'),
 ('Lin', '54321');
```

生成的数据表如图 19.7 所示。

name 用户名	pwd 密码
Mo	3.14
Colin	142857
Lin	54321

图 20.7　用户表

我们将用户名存放在 MySQL 数据库中，然后使用 PHP 代码从数据库中查询，从而实现多用户认证。

例如：

```
<?php
```

```
    if (!isset($_SERVER['PHP_AUTH_USER'])) {
      header('WWW-Authenticate: Basic realm="My Realm"');
      header('HTTP/1.0 401 Unauthorized');
      echo '您已取消认证，这将造成无法登录该网站。';
      exit;
    } else {
       $hostname = 'localhost';                                    //主机名
       $user = 'root';                                             //用户名
       $password = '3.1415926';                                    //密码
       $database = 'auth';                                         //数据库名

       mysql_connect($hostname, $user, $password)                  //连接 MySQL 数据库
           or die("数据库连接失败！");

       mysql_select_db($database)                                  //选择数据库
           or die("数据库选择失败！");

       mysql_query("SET NAMES UTF8");

       $sql =<<<SQL
           SELECT * FROM user
           WHERE  name  =  '{$_SERVER['PHP_AUTH_USER']}'  AND  pwd  =  '{$_SERVER
['PHP_AUTH_PW']}';
   SQL;
       $result = mysql_query($sql);

       if(mysql_num_rows($result) >0 ){
           echo "<p>您好，".$_SERVER['PHP_AUTH_USER']."! </p>";
       echo "<p>您已成功登录。</p>";
       }else{
           echo "不存在该用户或者登录密码错误！";
       }

       //释放查询资源
       mysql_free_result($result);
       //关闭数据库连接
       mysql_close();
    }
   ?>
```

这段代码将用户名和密码限制到了数据表 user 的记录中。成功输入用户名和密码后，会输出图 19.8 所示的页面。输入错误的用户名和密码后，会输出图 19.9 所示的页面。

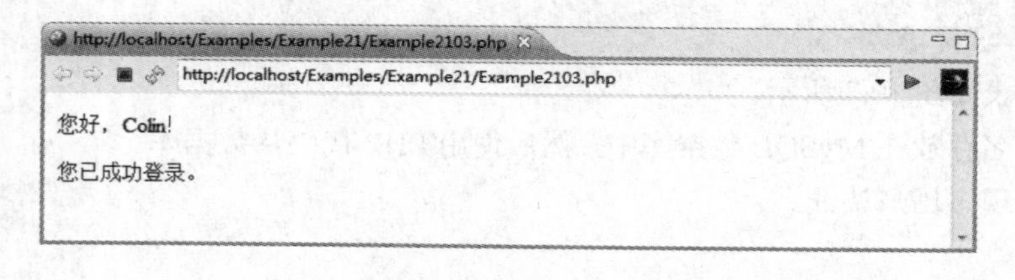

图 19.8　登录成功

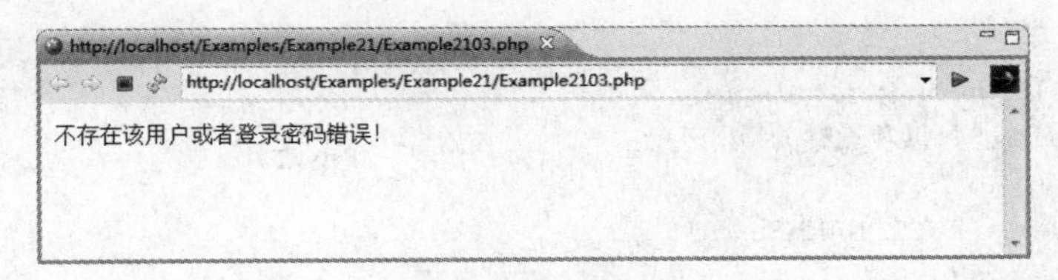

图 19.9　登陆失败

这样一来，无论增加还是删除用户，或者是修改用户密码，都只需修改数据库，而不需修改 PHP 代码。

不过这样的代码看似很好，实际上隐藏了一个巨大的 SQL 注入漏洞，黑客们可以轻易入侵。比如，我们随意输入一个用户名（例如 nobody），密码输入如下内容：

```
pwd' OR '1' = '1
```

单击“确定”按钮后居然成功登录了，如图 19.10 所示。

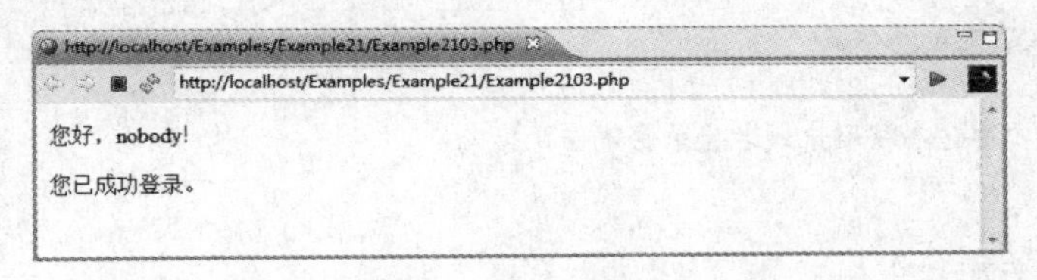

图 19.10　登录成功

这是为什么呢？原来，我们的 SQL 语句存在漏洞。我们将用户名和密码填入到上面的 PHP 代码中，可以得到如下的 SQL 语句。

```
SELECT * FROM user WHERE name = 'nobody' AND pwd = 'pwd' OR '1' = '1';
```

这下明白了吧，该 SQL 语句中，WHERE 子语句的条件是恒成立，也就是说不管用户名是什么，不管有没有这样的用户名和密码，只要执行了该 SQL 语句，就都能登录。

那怎么办呢？常用的方法就是过滤特殊字符。也许读者已经发现，造成 SQL 语句漏洞的罪魁祸首就是单引号 '，只要我们在 SQL 语句执行之前将单引号转义，即可避免这样的漏洞。

过滤 MySQL 语句的特殊字符，我们常常使用 mysql_real_escape_string()函数。

例如：

```
<?php
  if (!isset($_SERVER['PHP_AUTH_USER'])) {
    header('WWW-Authenticate: Basic realm="My Realm"');
    header('HTTP/1.0 401 Unauthorized');
    echo '您已取消认证，这将造成无法登录该网站。';
    exit;
  } else {
    $hostname = 'localhost';                                  //主机名
    $user = 'root';                                           //用户名
    $password = '3.1415926';                                  //密码
    $database = 'auth';                                       //数据库名

    mysql_connect($hostname, $user, $password)              //连接 MySQL 数据库
        or die("数据库连接失败！");
```

```
    mysql_select_db($database)                                         //选择数据库
        or die("数据库选择失败！");

    mysql_query("SET NAMES UTF8");

    $user = mysql_real_escape_string($_SERVER['PHP_AUTH_USER']); //过滤用户名
    $pwd = mysql_real_escape_string($_SERVER['PHP_AUTH_PW']);     //过滤用户名
    $sql =<<<SQL
        SELECT * FROM user
        WHERE name = '{$user}' AND pwd = '{$pwd}';
SQL;
    $result = mysql_query($sql);

    if(mysql_num_rows($result) >0 ){
        echo "<p>您好，".$_SERVER['PHP_AUTH_USER']."！</p>";
    echo "<p>您已成功登录。</p>";
    }else{
        echo "不存在该用户或者登录密码错误！";
    }

    //释放查询资源
    mysql_free_result($result);
    //关闭数据库连接
    mysql_close();
  }
?>
```

当我们再次随意输入一个用户名（例如 nobody），密码输入如下内容：

```
pwd' OR '1' = '1
```

输出图 19.11 所示的页面。

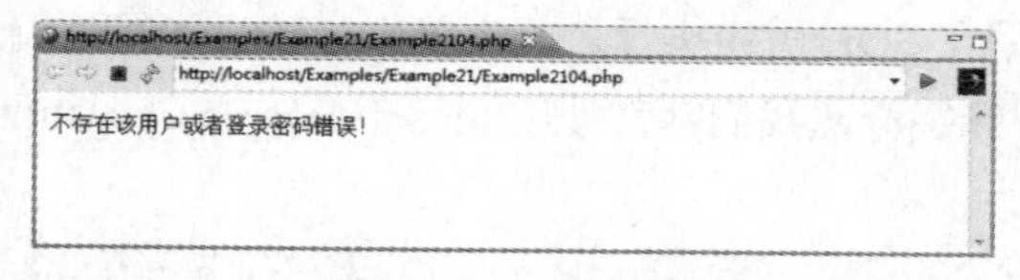

图 19.11　登录失败

已经不能登录了。因为此时执行的 SQL 语句已经变成如下语句。

```
SELECT * FROM user WHERE name = 'nobody' AND pwd = 'pwd\' OR \'1\' = \'1';
```

该语句无法成功返回一条匹配的记录。

而当我们输入正确的用户名（例如 Lin）和密码（例如 54321）时，将会输出图 19.12 所示的页面。

图 19.12　登录成功

此时执行的 SQL 语句如下：

```
SELECT * FROM user WHERE name = 'Lin' AND pwd = '54321';
```

19.2.3　基于信息加密的用户身份验证

前两节介绍的用户身份验证，用户密码都是以明文的形式存在，这再一次成为安全隐患。通常，我们会选择对密码进行加密，然后才存入数据库中。这样一来，即使是数据库管理员，他有权限能够看到用户的密码，但那也是加密后的，无法还原。

我们在第 9 章曾介绍过 PHP 中的一些字符串加密函数，例如 md5()、sha1()、crc32()、uniqid()、crypt()等。常用的则是 md5()和 sha1()。

下面我们以 MD5 加密为例，介绍如何实现基于信息加密的用户身份验证。

由于 md5()默认会返回 32 个字符的散列字符串，因此我们的 user 数据表需要重新设计，使得能够存入 32 个字符：

```
ALTER TABLE 'user'
CHANGE 'pwd'
'pwd' VARCHAR( 32 ) NOT NULL COMMENT '用户名'
```

向其中插入如下几条记录：

```
INSERT INTO 'user' ('name', 'pwd') VALUES
 ('Mo', '4beed3b9c4a886067de0e3a094246f78'),
 ('Colin', 'a420384997c8a1a93d5a84046117c2aa'),
 ('Lin', '01cfcd4f6b8770febfb40cb906715822');
```

生成的数据表如图 19.13 所示。

name 用户名	pwd 密码
Mo	4beed3b9c4a886067de0e3a094246f78
Colin	a420384997c8a1a93d5a84046117c2aa
Lin	01cfcd4f6b8770febfb40cb906715822

图 19.13　用户表

数据库表中的密码字符串是一次 MD5 加密后的数据，对应的明码分别为“3.14”、“142857”、“54321”。

实现认证的 PHP 代码如下：

```
<?php
  if (!isset($_SERVER['PHP_AUTH_USER'])) {
    header('WWW-Authenticate: Basic realm="My Realm"');
    header('HTTP/1.0 401 Unauthorized');
    echo '您已取消认证，这将造成无法登录该网站。';
    exit;
  } else {
    $hostname = 'localhost';                                    //主机名
    $user = 'root';                                             //用户名
    $password = '3.1415926';                                    //密码
    $database = 'auth';                                         //数据库名

    mysql_connect($hostname, $user, $password)                  //连接 MySQL 数据库
```

```
            or die("数据库连接失败！");

        mysql_select_db($database)                                   //选择数据库
            or die("数据库选择失败！");

        mysql_query("SET NAMES UTF8");

        $user = mysql_real_escape_string($_SERVER['PHP_AUTH_USER']); //过滤用户名
        $pwd = mysql_real_escape_string($_SERVER['PHP_AUTH_PW']);     //过滤用户名

        $md5_pwd = md5($pwd);                                        //MD5 加密

        $sql =<<<SQL
            SELECT * FROM user
            WHERE name = '{$user}' AND pwd = '{$md5_pwd}';
SQL;
        $result = mysql_query($sql);

        if(mysql_num_rows($result) >0 ){
            echo "<p>您好，".$_SERVER['PHP_AUTH_USER']."！</p>";
        echo "<p>您已成功登录。</p>";
        }else{
            echo "不存在该用户或者登录密码错误！";
        }

        //释放查询资源
        mysql_free_result($result);
        //关闭数据库连接
        mysql_close();
    }
?>
```

当输入正确的用户名和密码后，例如用户名为“Mo”，密码为“3.14”，则会输出图 19.14 所示的页面。

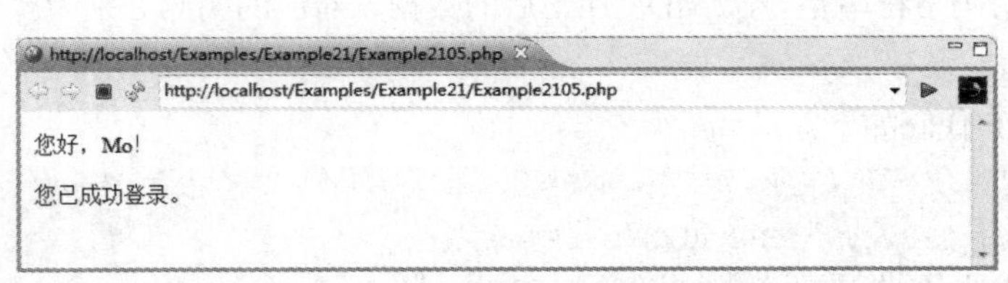

图 19.14　登录成功

19.2.4　基于.htaccess 文件的用户身份验证

.htaccess 文件是 Apache 服务器中的一个配置文件，它负责相关目录下的网页配置。通过 .htaccess 文件，我们可以实现诸如网页 301 重定向、自定义 404 错误页面、改变文件扩展名、允许/阻止特定的用户或者目录的访问、禁止目录列表、配置默认文档等功能。有时我们也用它来实现用户身份认证。

.htaccess 文件的原理，就是在一个特定的文档目录中放置一个包含一个或多个指令的文件，指令的作用范围为当前目录及其所有子目录。

（1）配置 Apache 服务器

要在 Apache 服务器下使用.htaccess 文件，需要修改 Apache 服务器的默认设置。

在 Apache 配置文件中找到如下配置项：

```
<Directory />
    Options FollowSymLinks
    AllowOverride None
</Directory>
```

修改成：

```
<Directory />
    Options FollowSymLinks
    AllowOverride All
</Directory>
```

再找到如下配置项：

```
LoadModule rewrite_module modules/mod_rewrite.so
```

确保前面的#已经去除。

修改完毕后保存配置文件，并重启 Apache 服务器。

至此，Apache 服务器上的配置已经完成。

（2）创建.htaccess 文件

接下来我们要创建一个名为.htaccess 的文件。

也许读者会想到新建一个记事本文件“新建文本文档.txt”，然后将其重命名为“.htaccess”。但是 Windows 不允许重命名时，文件名为空字符串。那该怎么办呢？

① 在 DOS 环境下用记事本命令新建一个名为“.htaccess”的文件，如图 20-15 所示。

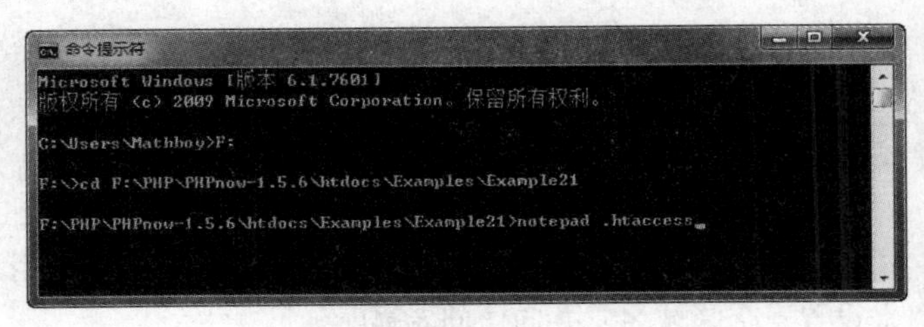

图 19.15　.htaccess 文件

执行 DOS 命令时弹出图 19.16 所示的对话框，选择“是”，创建一个名为.htaccess”的文件。

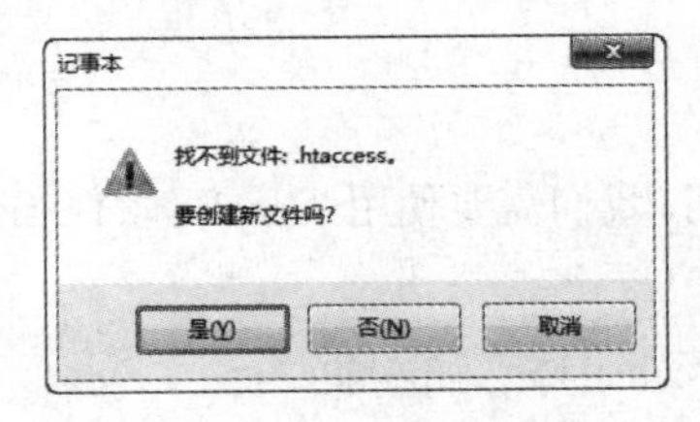

图 19.16　创建文件

② 使用 Windows 系统中常见的 WinRAR 解压缩软件，打开该软件，进入指定目录，找到我们新建的记事本文件“新建文本文档.txt”，右击并从弹出的快捷菜单中选择“重命名”，将其重命名为

“.htaccess”，如图 19.17 所示。

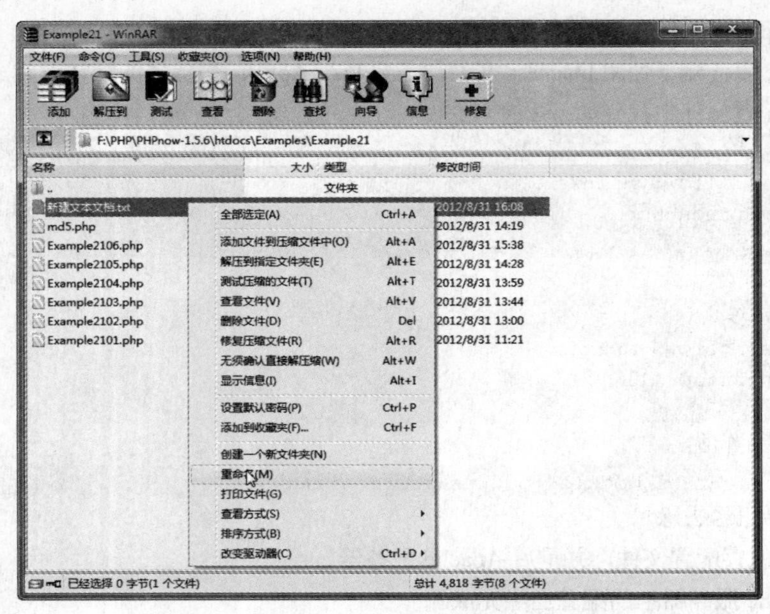

图 19.17　重命名

（3）向.htaccess 文件中添加内容

创建完.htaccess 文件后，就要向其中添加内容。.htaccess 文件是纯文本文件，可以使用任何编辑工具打开并修改其中的内容。

常见的用来进行用户认证的内容如下：

```
AuthUserFile F:\PHP\PHPnow-1.5.6\htdocs\Examples\Example21\.htpasswd
AuthName "Please Enter Your Password"
AuthType Basic
require valid-user
```

其中：

- AuthUserFile：用来设置一个包含已经通过身份验证的用户名和对于的用户密码的文件。
- AuthName：用来设置一个区域名，并向访问者显示。
- AuthType：用来设置认证的类型。
- Require：用来指定允许访问的用户，require valid-user 则表示允许所有合法的用户，即在密码文件中列出的用户。

（4）创建.htpasswd 文件

在 htpasswd 文件中保存了密码。我们需要使用 Apache 软件 bin 目录下的 htpasswd.exe 工具来生成加密的密码文件。

进入 Apache 软件 bin 目录，按如下格式输入命令：

```
htpasswd -c 密码文件名 用户名
```

如图 19.18 所示，输入如下命令：

```
htpasswd -c F:\PHP\PHPnow-1.5.6\htdocs\Examples\Example21\.htpasswd Mo
```

根据提示输入密码，然后即可生成一个包含用户名为 Mo 的密码文件。

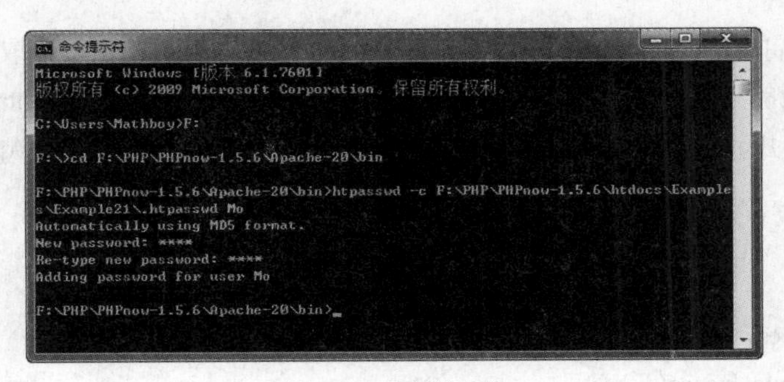

图 19.18　密码文件

打开该密码文件，可以看到如下内容：

```
Mo:$apr1$dM/.....$CBKOJiiWSPJ/93H7bd8v80
```

（5）执行结果

至此，我们已经完成了.htaccess 文件和.htpasswd 文件的创建和设置。当我们将这两个文件放到一个指定的目录下，即可对访问者进行认证。

当访问者访问.htaccess 文件所在目录下的文件，或者访问 htaccess 文件所在目录的子目录下的文件时，会弹出图 19.19（IE 浏览器下）、图 19.20（Firefox 浏览器下）所示的界面。

图 19.19　登录界面

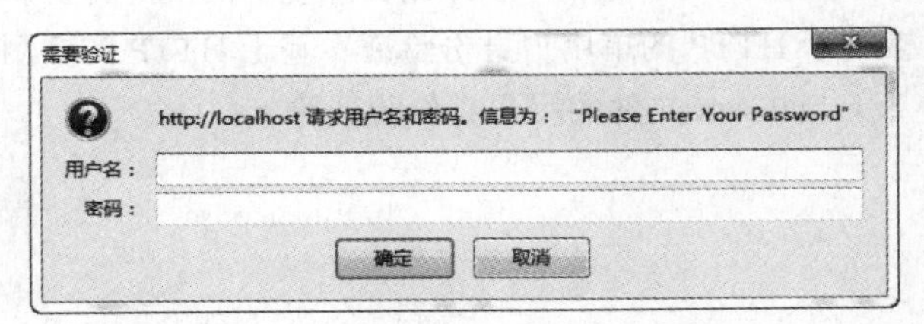

图 19.20　验证界面

当用户输入正确的用户名和密码后即可浏览网站的内容。当用户输入了不正确的用户名和密码，默认会出现图 19.21 所示的内容。

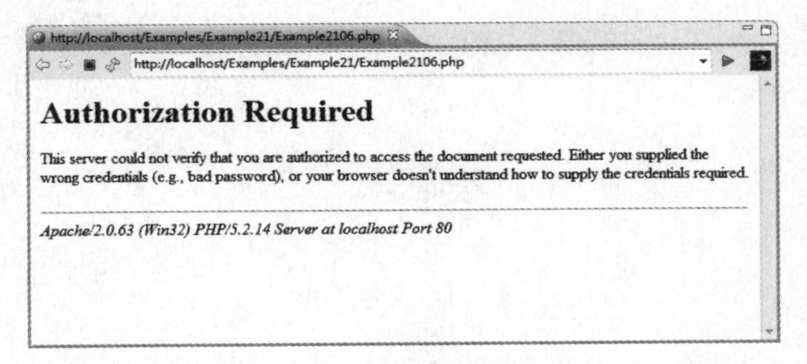

图 19.21　登录失败

.htaccess 文件还有更多的配置选项，这里不再一一叙述。

但更多情况下，使用 .htaccess 文件并不是明智之举。首先，如果 Apache 服务器在配置文件中通过 AllowOverride 启用了 .htaccess 文件，则每一次对文件的请求，都需要读取一次.htaccess 文件，从而造成服务器性能的下降。另外，Apache 还必须在所有的上级目录中查找.htaccess 文件，以使所有有效的指令都起作用。例如，如果请求 /www/htdocs/example 中的页面，则 Apache 必须查找以下文件：

/.htaccess

/www/.htaccess

/www/htdocs/.htaccess

/www/htdocs/example/.htaccess

总共要访问 4 个额外的文件，即使这些文件都不存在。这种方式下，对服务器资源的消耗可想而知。

19.2.5 基于自定义界面的用户身份验证

基于自定义界面的用户身份验证就是使用 Session 会话机制，这样可以定制更加个性化的身份验证，这在第 13 章和第 19 章均有介绍，这里不再赘述。

19.3 本章小结

本章主要介绍了 PHP + MySQL 环境下的用户身份认证方式。本章介绍的用户身份认证方式主要包括基于 HTTP 的单用户身份验证、基于 HTTP 的多用户身份验证、基于信息加密的用户身份验证、基于.htaccess 文件的用户身份验证等。

读者意见反馈表

亲爱的读者：

感谢您对中国铁道出版社的支持，您的建议是我们不断改进工作的信息来源，您的需求是我们不断开拓创新的基础。为了更好地服务读者，出版更多的精品图书，希望您能在百忙之中抽出时间填写这份意见反馈表发给我们。随书纸制表格请在填好后剪下寄到：北京市西城区右安门西街8号中国铁道出版社综合编辑部 荆波 收（邮编：100054）。或者采用传真（010-63549458）方式发送。此外，读者也可以直接通过电子邮件把意见反馈给我们，E-mail地址是：jb@163.jb18803242@yahoo.com.cn。我们将选出意见中肯的热心读者，赠送本社的其他图书作为奖励。同时，我们将充分考虑您的意见和建议，并尽可能地给您满意的答复。谢谢！

所购书名：______

个人资料：

姓名：______ 性别：______ 年龄：______ 文化程度：______

职业：______ 电话：______ E-mail：______

通信地址：______ 邮编：______

您是如何得知本书的：

□书店宣传 □网络宣传 □展会促销 □出版社图书目录 □老师指定 □杂志、报纸等的介绍 □别人推荐

□其他（请指明）______

您从何处得到本书的：

□书店 □邮购 □商场、超市等卖场 □图书销售的网站 □培训学校 □其他

影响您购买本书的因素（可多选）：

□内容实用 □价格合理 □装帧设计精美 □带多媒体教学光盘 □优惠促销 □书评广告 □出版社知名度

□作者名气 □工作、生活和学习的需要 □其他

您对本书封面设计的满意程度：

□很满意 □比较满意 □一般 □不满意 □改进建议

您对本书的总体满意程度：

从文字的角度 □很满意 □比较满意 □一般 □不满意

从技术的角度 □很满意 □比较满意 □一般 □不满意

您希望书中图的比例是多少：

□少量的图片辅以大量的文字 □图文比例相当 □大量的图片辅以少量的文字

您希望本书的定价是多少：

本书最令您满意的是：

1.

2.

您在使用本书时遇到哪些困难：

1.

2.

您希望本书在哪些方面进行改进：

1.

2.

您需要购买哪些方面的图书？对我社现有图书有什么好的建议？

您更喜欢阅读哪些类型和层次的计算机书籍（可多选）？

□入门类 □精通类 □综合类 □问答类 □图解类 □查询手册类 □实例教程类

您在学习计算机的过程中有什么困难？

您的其他要求：